Word/Excel/PPT 2016 应用大全

徐宁生 编著

清华大学出版社

北京

内 容 简 介

本书由 Office 资深培训讲师编写,通过 Word、Excel、PPT 2016 基础知识的学习,再结合大量的实际操作范例进行讲解,让读者"学"与"用"完美结合起到事半功倍的效果。

全书共分 21 章,分别介绍 Office 2016 基础知识、Office 文档的基本操作、Word 文本输入与编辑、文字的格式设置、文档的排版、文档的图文混排、长文档操作及文档自动化处理、文档页面设置及打印、工作表及单元格的基本操作、表格数据的输入与编辑、表格的美化设置及打印、表格数据的管理与分析、表格数据的计算、数据的透视分析、编辑 Excel 图表、幻灯片新建及整体布局、文本型幻灯片的编排、图文混排型幻灯片的编排、在幻灯片中应用表格与图表、多媒体应用及动画效果实现,以及演示文稿的放映及输出等内容。

本书定位于 Word、Excel、PPT 2016 初学者和对 Word、Excel、PPT 2016 有一定经验的办公人员,适合不同年龄段的公司行政与文秘人员、HR 人员、管理工作者、商务人员等相关人员学习和参考,也可作为大中专院校和各种电脑培训班的财务管理教材。

图书在版编目(CIP)数据

Word/Excel/PPT 2016 应用大全/徐宁生编著. —北京:清华大学出版社,2018

ISBN 978-7-302-51146-5

Ⅰ.①W… Ⅱ.①徐… Ⅲ.①办公自动化—应用软件 Ⅳ.①TP317.1

中国版本图书馆 CIP 数据核字(2018)第 203173 号

责任编辑:王金柱
封面设计:王　翔
责任校对:闫秀华
责任印制:刘海龙

出版发行:清华大学出版社
网　　　址:http://www.tup.com.cn,http://www.wqbook.com
地　　　址:北京清华大学学研大厦 A 座　　　邮　　编:100084
社 总 机:010-62770175　　　　　　　　　　　邮　　购:010-62786544
投稿与读者服务:010-62776969,c-service@tup.tsinghua.edu.cn
质量反馈:010-62772015,zhiliang@tup.tsinghua.edu.cn
印 刷 者:三河市君旺印务有限公司
经　　销:全国新华书店
开　　本:190mm×260mm　　印　　张:35.5　　字　　数:908 千字
版　　次:2018 年 12 月第 1 版　　　　　　　印　　次:2018 年 12 月第 1 次印刷
定　　价:99.00 元

产品编号:074904-01

前　言

如今，绝大多数公司在招聘新员工时强调应聘者具备熟练操作办公软件的能力。在这个注重效率的职场中，在尽可能使用简便工具实现工作目标的时代背景下，Office 演变成人们展示自我、获得职业发展的一大利器，Word、Excel 与 PPT 更是职场人员必须掌握的办公工具。

作为从事多年职场技能培训的一线讲师，我们发现培训的群体越来越趋向职场精英，而且数量明显呈上升趋势。这些精英人士在工作中非常努力、干劲十足、升职也快，当然自身的不足也慢慢呈现出来，职场充电势在必行。不管你是职场新人，还是职场精英，学习新知识要讲究方法，正确的学习方法能使人快速进步；反之会使人止步不前，甚至失去学习的兴趣，所以学习方法很重要。带着问题学习、有明确目的学习，其效率会事半功倍。

- "Office 软件经常听人提起，但它们都是干什么用的？都有什么功能？"
- "有没有轻松简便的方法？不想拿起一本书就看不进去！"
- "应该学些什么？如何立即解决我现在遇到的问题？"
- "这些数据好麻烦，怎样可以避免重复，实现自动化操作？"
- "那些复杂的图表和表格如何制作？"
- "这个 PPT 设计的太棒了，我什么时候也能制作出这样的作品？"

本书为了便于读者更好地学习和使用，具体写作时突出如下的特点：

采用真实职场数据： 本书由职场培训团队策划与编写，所有写作范例的素材选用真实的工作数据。这样读者可以即学即用，又可获得宝贵的行业专家的真实操作经验。

全程图解讲解细致： 详细步骤+图解方式，让读者掌握更加直观、更加符合现在快节奏的学习方式。

突出重点解疑排惑： 本书内容讲解过程中，遇到重点知识和问题时会以"提示""知识扩展"等形式进行突出讲解。让读者不会因为某处的讲解不明了、不理解而产生疑惑，而是让读者能彻底读懂、看懂，这样让读者少走弯路。

触类旁通直达本质： 日常工作的问题可能很多，逐一列举问题既繁杂也无必要。本书注意选择一类问题，给出思路、方法和应用扩展，方便读者触类旁通。

手机即扫即看教学视频： 为了全面提高学习效率，让读者像在课堂上听课一样轻松掌握，我们花费了数月的不眠之夜，全程录制本书的教学视频。读者只需要打开手机扫描书中的二维码，即可看到该处的知识点教学视频，认真看完后，根据书中的素材和讲解步骤能快速完成该知识点的学习与实操。

为了让广大读者更快捷地学习和使用本书，本书提供了素材文件和教学视频文件。读者可以从以下地址下载本书的素材文件和教学视频文件：

https://pan.baidu.com/s/1Oe_kqU0ikzMeZIfdLE-w0A（注意区分数字和英文字母大小写）

也可扫描二维码进行下载：

如果下载有问题，请发送电子邮件至 booksaga@126.com 获得帮助，邮件标题为"Word/Excel/PPT 2016 应用大全配书文件"。

本书是由徐宁生策划与编写，参与编写的人员还有：唐龙祥、严满清、王成香、程中道、王成义、王梦、王永军、黄乐乐、徐冬冬、薛莹、殷永盛、李翠利、柳琪、杨素英、喻从梅、袁红英、计勇、徐全锋、殷齐齐等。

尽管作者对书中的列举文件精益求精，但疏漏之处仍然在所难免。如果读者朋友在学习的过程中遇到一些难题或者有好的建议，欢迎直接通过 QQ 交流群在线交流。

QQ 交流群

编　者

2018 年 6 月

目 录

第1章

初识 Office 2016

应用环境

了解 Office 程序，熟悉主界面中的功能区、标题栏、状态栏以及快速访问工具栏，为后面的文件创建、应用打好基础。

本章知识点

① 在桌面上创建启动程序的快速方式

② 了解功能区各个功能按钮作用

③ 添加功能按钮到快速访问工具栏中

1.1 快速启动程序

当计算机中安装了 Office 软件后，在"开始"菜单中可以看到所有安装的 Office 软件程序，单击即可启动程序。下面以启动 Word 程序为例进行介绍。

1.1.1 启动程序

步骤01 在桌面上单击左下角的"开始"按钮，在展开的菜单中单击"所有程序"命令（如图 1-1 所示），展开所有程序。

步骤02 单击"Word 2016"命令（如图 1-2 所示），即可启用 Microsoft Word 2016 程序。

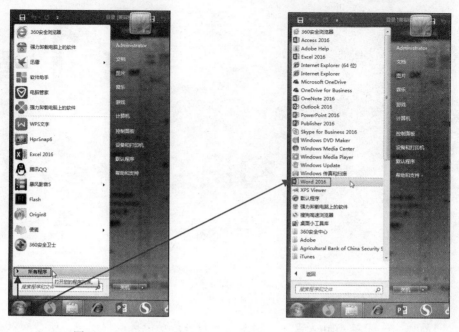

图 1-1   图 1-2

1.1.2　在桌面上创建 Microsoft Office 程序的快捷方式

Office 程序是日常办公必备软件，因此为了使用方便，可以创建 Office 程序的快捷方式到桌面上，这样以后要启动程序时，在桌面上双击即可。下面以发送 Word 2016 程序快捷方式到桌面上为例介绍操作方法。

步骤 01 在桌面上单击左下角的"开始"按钮，在展开的菜单中单击"所有程序"，展开所有程序。

步骤 02 将鼠标指针指向"Word 2016"命令，然后单击鼠标右键，在弹出的快捷菜单中依次单击"发送到"→"桌面快捷方式"命令（如图 1-3 所示），即可在桌面上创建"Word 2016"的快捷方式，如图 1-4 所示。

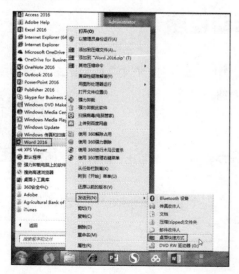

图 1-3

图 1-4

1.2 了解 Office 2016 的功能区

要想使用 Office 2016 办公，首先需要了解 Office 2016 的功能区。Office 2016 的功能区比之前的版本可视效果更好一些，同时也有一些新增的功能按钮。

1.2.1 认识 Office 2016 的功能区

功能区位于 Office 屏幕顶端的带状区域，它包含用户使用 Office 程序时需要的几乎所有功能。以 Word 2016 为例进行介绍，有"文件""开始""插入""设计""布局""引用""邮件""审阅""视图"10 个选项卡，如图 1-5 所示。

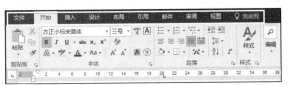

图 1-5

- "开始"选项卡：包括剪贴板、字体、段落、样式和编辑五个选项组，主要用于帮助用户对 Word 2016 文档进行文字编辑和格式设置，是用户比较常用的选项卡。
- "插入"选项卡：包括页面、表格、插图、应用程序、媒体、链接、批注、页眉和页脚、文本和符号几个选项组，主要用于在 Word 2016 文档中插入各种元素。
- "设计"选项卡：包括文档格式和页面背景两个选项组，主要用于文档的格式以及背景的设置。
- "布局"选项卡：包括页面设置、稿纸、段落和排列四个选项组，主要用于帮助用户设置 Word 2016 文档页面的样式。
- "引用"选项卡：包括目录、脚注、引文与书目、题注、索引和引文目录几个选项组，主要用于实现在 Word 2016 文档中插入目录等比较高级的功能。
- "邮件"选项卡：包括创建、开始邮件合并、编写和插入域、预览结果和完成几个组，该选项卡的作用专门用于在 Word 2016 文档中进行邮件合并方面的操作。
- "审阅"选项卡：包括校对、语言、中文简繁转换、批注、修订、更改、比较和保护几个选项组，主要用于对 Word 2016 文档进行校对和修订等操作，适用于多人协作处理 Word 2016 长文档。
- "视图"选项卡：包括视图、显示、显示比例、页面移动、窗口和宏几个选项组，主要用于帮助用户设置 Word 2016 操作窗口的视图类型，以方便操作。

1.2.2 查看"文件"选项卡

"文件"选项卡代替了 Office 2007 版的 Office 按钮，它在功能区的左上角，是选项卡那一行中的第一个按钮，如图 1-6 所示。

步骤01 单击"文件"选项卡，展开列表，列表中提供了"信息""新建""打开""保存""打印"等标签，系统默认定位到"信息"标签，如图 1-7 所示。单击不同标签时，右侧窗口中会展开相应的设置项。

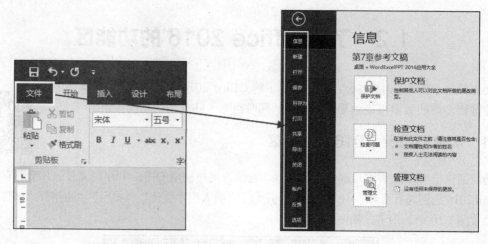

图 1-6   图 1-7

步骤 02 如果要新建文档，则依次单击"文件"→"新建"标签，在右侧的窗口中选择文档的模板类型，单击即可创建，如图 1-8 所示。比如单击"空白文档"类型，即可新建空白文档。

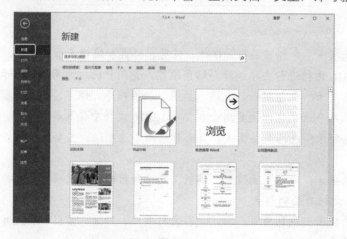

图 1-8

步骤 03 单击"文件"→"打印"标签，在右侧的窗口中可对当前文档的打印操作进行设置，如图 1-9 所示。

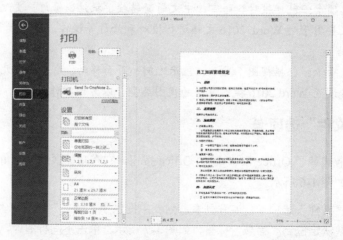

图 1-9

除此之外，"文件"选项卡中，还有"打开""保存""另存为"等标签按钮，单击即可进行相应的操作。

另外，"选项"标签是一个特殊项，单击"选项"标签，可以打开"Word 选项"对话框，如图 1-10 所示。一般对于程序的一些默认属性的修改、个性化设置等操作都可以在此进行。在后面的章节中我们会穿插讲解一些实用的设置，读者也可以自己打开对话框逐一切换标签，在右侧查看可以进行哪些实用的设置，一般都是复选框式的选项，操作起来非常方便。

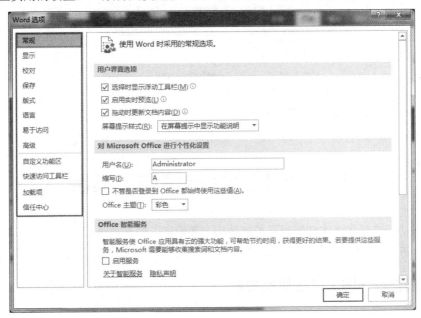

图 1-10

1.2.3　查看快速访问工具栏

Office 2016（如 Word）快速访问工具栏位于操作界面左上角，我们可以将常用的命令放在这里，可以实现快速操作。

在默认设置中，快速访问工具栏的常用命令有"保存""撤销键入""重复键入"以及"自定义快速访问工具栏" 按钮，如图 1-11 所示。

图 1-11

1.2.4　查看标题栏和状态栏

标题栏和状态栏是 Windows 操作系统下应用程序界面必备的组成部分，在 Office 2016 中仍得以保留。

标题栏位于程序界面的顶端，用于显示当前应用程序的名称和正在编辑的文档名称。标题栏右侧有 4 个控制按钮，分别是"功能区显示选项"按钮，以及程序窗口的最小化、最大化（或还原）和关闭按钮，如图 1-12 所示。

状态栏位于 Office 2016 应用程序窗口的最底部，通常会显示页码以及字数统计等，如图 1-12 所示。

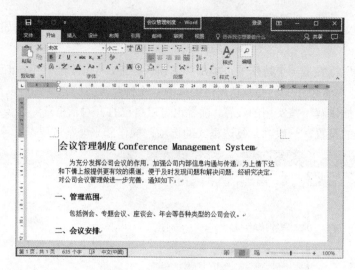

图 1-12

1.3 实用的快速访问工具栏

如果有些功能按钮在操作文档时要频繁使用，我们可以将其放置到快速访问工具栏中。快速访问工具栏位于程序窗口的左上角位置。

1.3.1 增删快速访问工具栏快捷按钮

将常用的功能命令按钮添加到快速访问工具栏中，就可以实现一键操作。例如当我们要新建文档时，正常的操作需要单击"文件"→"新建"→"空白文档"命令，才可以新建文档。而如果将"新建"命令添加到快速访问工具栏中，则可以单击此按钮就能迅速新建文档。

步骤 01 单击"自定义快速访问工具栏"下拉按钮，展开下拉菜单，如要添加"新建"命令，则单击"新建"命令（如图 1-13 所示），即可将该命令添加到快速访问工具栏中，如图 1-14 所示。

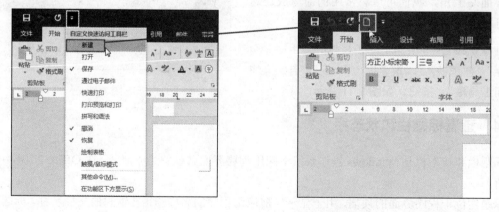

图 1-13   图 1-14

步骤 02 已经添加到快速访问工具栏中的命令，在"自定义快速访问工具栏"下拉菜单中，其左侧会出现"√"符号，如果要将某一命令从快速访问工具栏中删除，如删除"新建"命令，那么可以依次单击"自定义快速访问工具栏"→"新建"命令（如图 1-15 所示），即可将该命令删除。

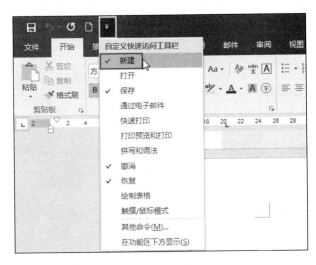

图 1-15

如果只是添加"自定义快速访问工具栏"下拉菜单中的命令到快速访问工作栏中，操作很容易，只要对其进行勾选即可。但要将其他命令添加到快速访问工具栏中，则需要打开"Word 选项"对话框进行操作。

步骤 01 单击"自定义快速访问工具栏"下拉按钮，展开下拉菜单，单击"其他命令"（如图 1-16 所示），打开"Word 选项"对话框。

步骤 02 在"从下列位置选择命令"的下拉列表框中，可以选择要添加的选项卡中的命令，这样可以缩小查找范围，如图 1-17 所示。

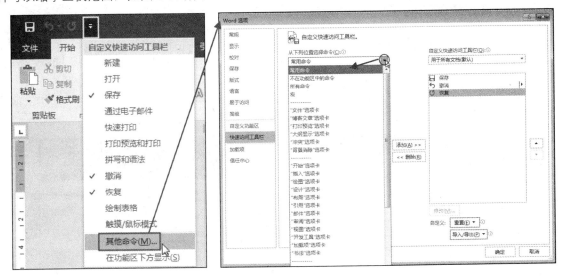

图 1-16   图 1-17

步骤 03 选择选项卡后，在列表中找到要添加的命令，如"边框和底纹"命令，单击"添加"按钮（如图 1-18 所示），即可将其添加到"自定义快速访问工具栏"中，如图 1-19 所示。

步骤 04 单击"确定"按钮，返回到文档中，即可在快速访问工具栏中看到所添加的"边框与底纹"按钮，如图 1-20 所示。

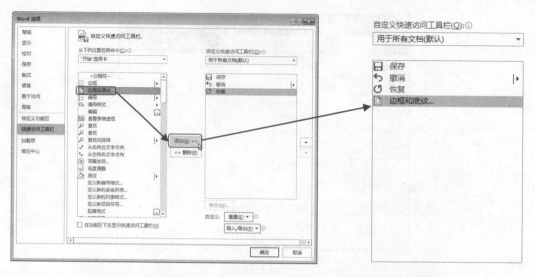

图 1-18   图 1-19

图 1-20

1.3.2 改变快速访问工具栏的位置

快速访问工具栏的默认位置是在功能区的上方，用户也可以根据习惯，将快速访问工具栏调整到功能区的下方，具体操作如下。

单击"自定义快速访问工具栏"下拉按钮，展开下拉菜单，单击"在功能区下方显示"命令（如图 1-21 所示），即可调整快速访问工具栏的位置，如图 1-22 所示。

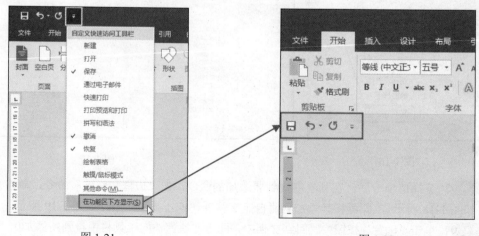

图 1-21   图 1-22

当快速访问工具栏位于功能区的下方时，单击"自定义快速访问工具栏"下拉按钮，在其下拉菜单中会出现"在功能区上方显示"命令，单击该命令，即可还原快速访问工具栏的位置。

第 **2** 章

>>> Office 文档的基本操作

应用环境

使用程序的首要工作是新建文档或打开已有的文档，在编辑和处理后需要及时保存以便重复使用。同时利用几种不同的窗口可以达到不同的显示目的。

本章知识点

① 新建文档（包括按模板创建）

② 文档的保存

③ 了解几种不同的显示窗口

2.1　新建 Office 2016 文档

要想使用程序编辑文档，显然首先必须创建文档，通常我们在启动程序时就已经创建了一个文档，如 Word 文档或 Excel 工作簿。除此之外，还可以有其他几种方法创建新文档，下面以创建 Word 文档为例介绍操作方法。

2.1.1　新建空白文档

步骤 01 单击屏幕左下角的""按钮，然后单击"所有程序"命令（如图 2-1 所示），在列表中找到 Word 2016 程序，如图 2-2 所示。

步骤 02 双击 Word 2016 程序，首先进入的是启动界面，界面左侧显示的是最近使用的文件列表（如图 2-3 所示），在右侧单击"空白文档"即可创建文档，如图 2-4 所示。

步骤 03 如果已经启动了 Word 程序后又想再创建一个文档，则可以在程序界面上单击"文件"选项卡，如图 2-5 所示。

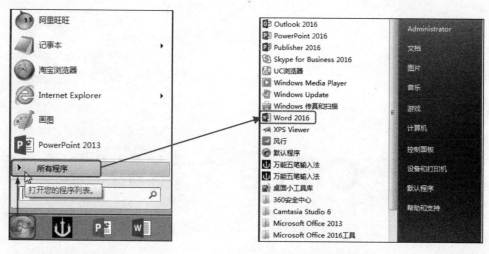

图 2-1   图 2-2

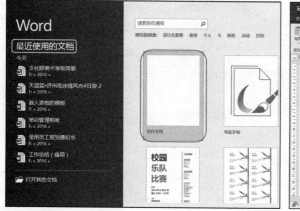   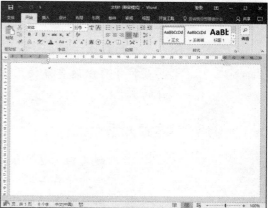

图 2-3   图 2-4

步骤④ 单击"新建"标签，然后在窗口右侧单击"空白文档"（如图 2-6 所示），即可创建新文档。

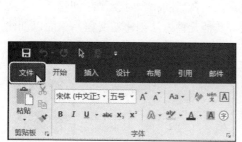

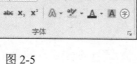

图 2-5   图 2-6

✿ 知识扩展 ✿

将程序显示到桌面

新程序的快捷方式一般会放在桌面上（如图 2-7 所示），如果不在桌面可以将其发送到桌面。

单击屏幕左下角的"⊞"按钮，然后单击"所有程序"命令，在列表中找到目标程序，单击鼠标右键，在弹出的快捷菜单中依次单击"发送到"→"桌面快捷方式"命令（如图 2-8 所示）即可。

图 2-7

图 2-8

2.1.2 新建基于模板的文档

模板文档可以直接套用，从而省去多项的设置。如果使用给定的模板创建文档，用户可以在给定样式后的基础上输入文本，从而省去各项设置的操作。Office 程序中的 Word、Excel、PowerPoint 软件都提供了一些模板，用户可以基于这些模板来创建新文档，创建后的文档已具备相应的格式，可以节约实际操作中的一些步骤。下面以 Word 软件为例介绍如何使用模版的操作方法。

步骤 01 单击"文件"选项卡（如图 2-9 所示），打开"信息提示"面板。

步骤 02 单击"新建"标签，然后在右侧通过拖动滚动条，可以查找并选择需要的模板，如图 2-10 所示。

图 2-9

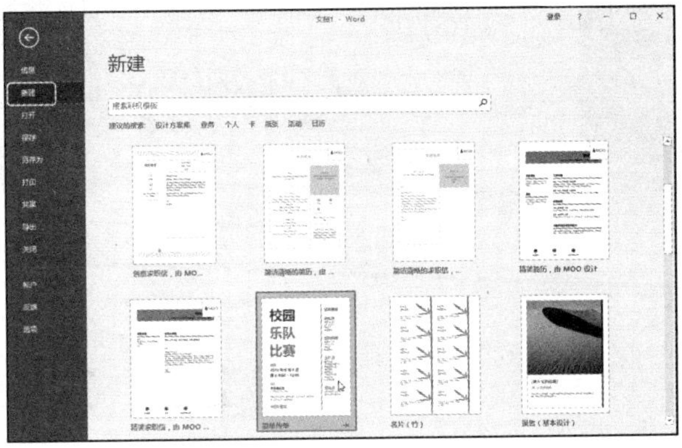

图 2-10

步骤 03 单击需要下载的模板后，会弹出如图 2-11 所示的提示框，单击"创建"按钮即可完成模板文档的创建，效果如图 2-12 所示。

图 2-11

图 2-12

❈ 知识扩展 ❈

搜索其他模板

如果要查找的模板专业性比较强，则可以采用搜索联机模板的方法快速查找。

单击"文件"→"新建"标签，在右侧窗口中可以看到"建议的搜索"中提供几个关键字，可以单击其中的关键字来搜索模板，也可以自定义在搜索文本框中输入要查找模板的关键字，如"简历"，然后单击"🔍"按钮（如图 2-13 所示），即可搜索与"简历"相关的模板，如图 2-14 所示。

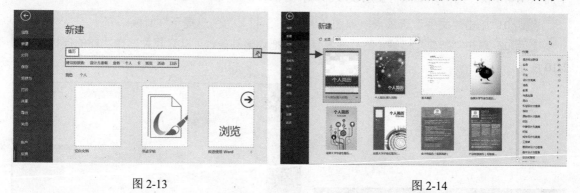

图 2-13

图 2-14

2.2 文档的保存

创建文档并编辑后如果不保存，在关闭程序后此文件将不再存在了，因此为了便于文档的编辑和使用，必须将创建的文档保存下来。

首次保存文档时会弹出对话框提示设置将文档保存的位置以及保存的名称。后期再打开已保存过的文档进行补充编辑时，还是需要随时保存，从而将文档最新的编辑更新保存下来。保存文档的操作很重要，同时还可以根据需要选择不同的保存类型，如模板方式、网页方式等，下面以 Word 程序为例做具体介绍。

2.2.1 使用"另存为"对话框保存文档

步骤 01 文档创建并编辑后，单击"文件"选项卡，如图 2-15 所示。

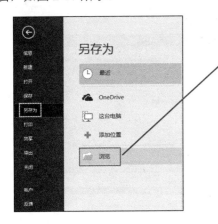

图 2-15

步骤 02 单击"另存为"标签，在右侧的窗口中单击"浏览"命令（如图 2-16 所示），打开"另存为"对话框。

步骤 03 先在地址栏中选择要保存文档的位置，然后在"文件名"文本框中输入保存文档的文件名，如图 2-17 所示。

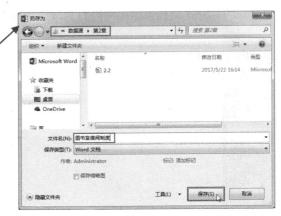

图 2-16　　　　　　　　　　　　　　　　　　图 2-17

步骤 04 完成设置后单击"保存"按钮即可保存文档。保存文档后，在窗口顶部可以看到文档的名称，如图 2-18 所示。

 提 示

文档首次保存后，在以后的编辑中，用户可随时单击"快速访问工具栏"中的"保存"按钮 🖫，或使用组合键 Ctrl+S 进行保存。因此在创建文档后无论是否进行编辑，可以先按上面的步骤保存文档，然后在编辑的过程中不断按"保存"按钮 🖫，更新保存。

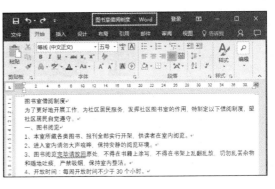

图 2-18

2.2.2 保存为其他不同类型的文档

文档在保存时可以设置保存为不同的类型，例如为了保证文档在程序的任何版本中都可以正确地打开和编辑，可以将文档保存为兼容模式，具体操作如下。

步骤01 单击"文件"选项卡，如图 2-19 所示。

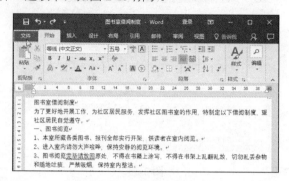

图 2-19

步骤02 单击"另存为"标签，在右侧的窗口中单击"浏览"命令（如图 2-20 所示），打开"另存为"对话框。

步骤03 设置好文档的保存位置与文件名，单击"保存类型"下拉按钮，在弹出的下拉列表中单击"Word 97-2003 文档"选项，如图 2-21 所示。

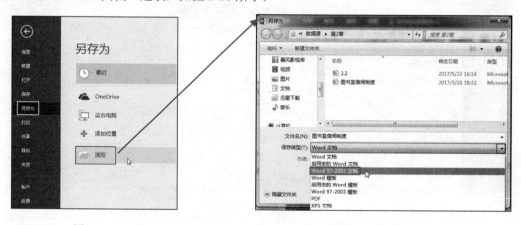

图 2-20   图 2-21

步骤04 设置完成后单击"保存"按钮即可将文档另存为兼容模式，如图 2-22 所示。

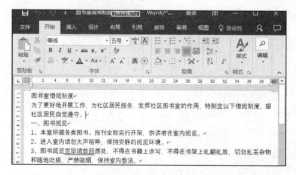

图 2-22

知识扩展

将文档保存为模板

套用模板可以节省许多时间，因此用户可以将自己设置并排版好的文档保存为模板，方便以后使用。

具体操作如下：单击"文件"→"另存为"标签，在右侧的窗口中单击"浏览"按钮，打开"另存为"对话框。单击"保存类型"右侧的下拉按钮，在展开的下拉列表中单击"Word 模板"选项（如图 2-23 所示），即可将文档保存为模板。保存为模板后，后期要使用这个模板新建文档时，则需要单击"文件"→"新建"标签，然后单击"个人"链接，在下方即可看到所保存的模板，如图 2-24 所示。

图 2-23　　　　　　　　　　　　　　　　　图 2-24

2.2.3　设置默认的保存格式和路径

日常办公中的文档有时属于同一期的或者同一类型的，将这些文档放在同一路径下则更加方便管理。因此为了避免每次保存新文档时都去设置保存路径，则可以先为文件设置默认的保存格式和路径。设置后，当保存新文档时则无须重新设置保存路径，文档会自动保存到默认路径。

步骤 **01** 单击"文件"选项卡，如图 2-25 所示）。

步骤 **02** 单击"选项"标签（如图 2-26 所示），打开"Word 选项"对话框。

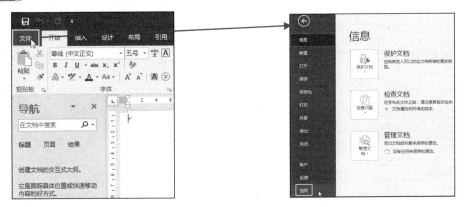

图 2-25　　　　　　　　　　　　　　　　　图 2-26

步骤 03 单击"保存"标签，在"将文件保存为此格式"下拉列表中单击"Word 文档（*.docx）"选项，如图 2-27 所示。

步骤 04 单击"默认本地文件位置"右侧的"浏览"按钮（如图 2-28 所示），打开"修改位置"对话框。

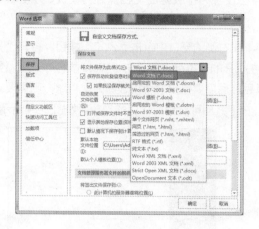

图 2-27

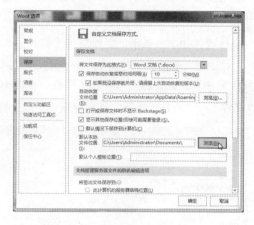

图 2-28

步骤 05 在地址栏中将保存位置设置好，如图 2-29 所示。单击"确定"按钮返回"Word 选项"对话框。

步骤 06 单击"确定"按钮关闭"Word 选项"对话框即可完成设置。此时新建空白文档，单击"保存"按钮，在打开的"另存为"对话框中，可以看到文件类型默认是 Word 文档，保存位置为前面步骤设定的位置，如图 2-30 所示。

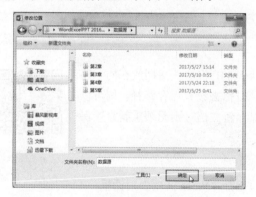

图 2-29

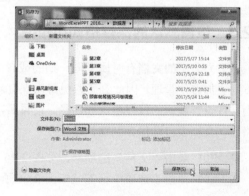

图 2-30

2.2.4　启用文档自动恢复功能

在错误退出程序或断电等情况下，如果启用了文档的自动恢复功能，则可以帮助用户恢复未来得及保存的文档。开启此功能并且文档在非正常情况下关闭时，再次启动 Word 时，程序将打开"文档恢复"任务窗格，其中列出了程序停止响应时已恢复的所有文件，如图 2-31 所示。

用户可以对它们进行保存，不过在替代原来的文档前，要验证恢复文件是否包含所需要的信息。如果选择了不进行保存，该文件就会被删除。如果选择了保存恢复文件，将会替换原来的文档，如果不想替换原来文档，则可以重新更改名称再保存。开启此功能的操作如下。

步骤 **01** 单击"文件"选项卡。单击"选项"标签，打开"Word 选项"对话框。

步骤 **02** 单击"保存"标签，在"保存文档"栏下，勾选"保存自动恢复信息时间间隔"复选框，并在后面的数值框中输入分钟值，如图 2-32 所示。如输入"10"，这表示系统每隔十分钟自动保存文档一次。

图 2-31

图 2-32

步骤 **03** 单击"确定"按钮，即可启用文档自动恢复功能。

2.3 打开 Office 2016 文档

当创建文档并保存之后，后期需要使用时则需要重新打开它们。当要打开目标文件时，可以进入保存目录中双击文档打开，也可以先启动程序然后进行打开。下面以打开 Word 文档为例介绍操作方法。

2.3.1 在计算机中打开文档

1. 进入保存目录中打开文档

要打开某个文件时，可以在计算机中找到目标文档，双击打开或右击使用快捷菜单中的命令打开。

步骤 **01** 在"计算机"中逐层进入文件所在的目录，找到文件，如图 2-33 所示。

步骤 **02** 如双击文件"会议管理制度"，即可打开此文件。

图 2-33

2. 启动程序后打开文档

如果已经启动了程序，想打开电脑中保存的某个文件，可以按照如下方法进行操作。

步骤 01 启动 Word 2016 程序，打开的界面如图 2-34 所示。可以看到，在左侧显示了最近使用的文档列表，右侧是用于新建文档的模板。

步骤 02 如果要打开的文件就在"最近使用的文档"列表中，则单击该文件即可打开文档。如果要打开其他文档，则需要单击"打开其他文档"文字链接（如图 2-34 所示），打开"打开"对话框。

步骤 03 在地址栏中逐步定位文档的保存路径（也可以从左侧树状目录中定位），选中文件，单击"打开"按钮（如图 2-35 所示），即可打开该文件。

图 2-34

图 2-35

2.3.2 快速打开最近使用的文档

Office 程序中的 Word、Excel、PowerPoint 软件都具有保存最近使用文件的功能，这是程序将用户近期打开的文档保存为一个临时的列表，如果用户近期经常使用某些文件，那么打开时不需要逐层进入保存路径下去打开，只要启动程序，然后去这个临时列表中即可找到，找到后双击即可打开。下面以 Word 程序的操作为例。

步骤 01 在 Word 2016 主界面中，单击"文件"选项卡，单击"打开"标签，在右侧窗口中单击"最近使用的文档"标签，右侧即可显示出文档列表，如图 2-36 所示。

步骤 02 找到目标文档，在文件名上单击即可打开。

图 2-36

❀ 知识扩展 ❀

屏蔽最近使用的文档列表

如果用户操作的文档具有一定的保密性质，不想让他人看到最近打开了哪些文档，则可以通过设置来取消最近使用的文档列表。具体操作如下：

单击"选项"标签，打开"Word 选项"对话框。单击"高级"标签，在"显示"栏下，在"显示此数目的'最近使用文档'"数值框中输入数值 0（如图 2-37 所示），单击"确定"按钮即可完成设置。进行此操作后再次启动程序，可以看到"最近使用的文档"标签下已无任何文件列表。

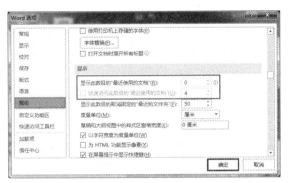

图 2-37

2.3.3 以副本方式打开文档

如果在修改文档时不想替换原文件，想要保存原文件，则可以以副本方式打开文档。以副本方式打开文档时，程序会在此文档的保存目录中自动创建一个副本文件，即所有编辑与修改将保存到副本文件中。

步骤 01 单击"文件"选项卡，单击"打开"标签，在右侧的窗口中单击"浏览"按钮（如图 2-38 所示），打开"打开"对话框。

步骤 02 选择要打开的文件，然后单击"打开"下拉按钮，在弹出的下拉列表中单击"以副本方式打开"命令（如图 2-39 所示），即可创建副本并同时打开文档。此时文档名称前显示"副本"字样，如图 2-40 所示。

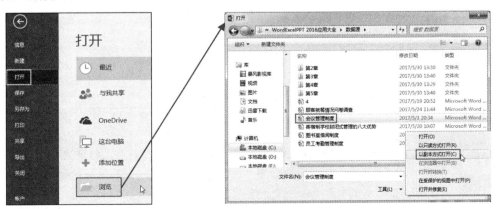

图 2-38   图 2-39

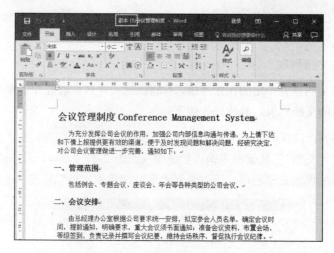

图 2-40

2.3.4 以只读方式打开文档

如果只想查看文档而不想对文档进行修改和编辑操作，那么以只读方式来打开文档。以此方法打开文档可以在一定程度保护文档不被随意修改。

步骤01 单击"文件"选项卡。单击"打开"标签，在右侧的窗口单击"浏览"按钮（如图 2-41 所示），打开"打开"对话框。

步骤02 选择要打开的文件，然后单击"打开"下拉按钮，在弹出的下拉列表中单击"以只读方式打开"命令（如图 2-42 所示），即可让打开的文档直接进入只读状态，文档名称后面有"只读"字样，如图 2-43 所示。

图 2-41

图 2-42

提 示　以只读方式打开文档后，文档可以被修改但是无法在当前文档中更新保存，当单击"保存"按钮🔲，更新保存时会弹出"另存为"对话框，如果想对所做的更改进行保存，则需要重新将其另存为新的文档。

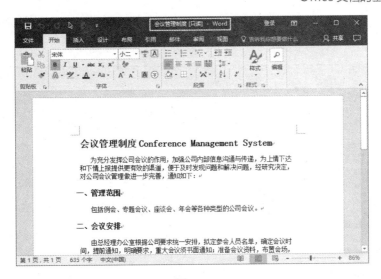

图 2-43

2.4 文档的格式转换

除了将文档保存为普通的格式外（如.docx、.xlsx、.pptx），还可以将文档保存为其他的格式，例如保存为网页格式、PDF 格式等。

2.4.1 将文档转化为 Web 页面

有些文档建立完成后需要将其发布到网站中使用（如企业简介文档），对于此类文档建立完成后可以将其保存为 Web 网页，后期通过后台链接即可完成上传。

步骤 01 完成文档的编辑操作后，单击"文件"选项卡，打开"信息"提示面板。单击"另存为"标签，在右侧的窗口单击"浏览"按钮（如图 2-44 所示），打开"另存为"对话框。

步骤 02 输入文件名称，然后单击"保存类型"右侧的下拉按钮，在弹出的下拉列表中单击"网页"选项，如图 2-45 所示。

图 2-44

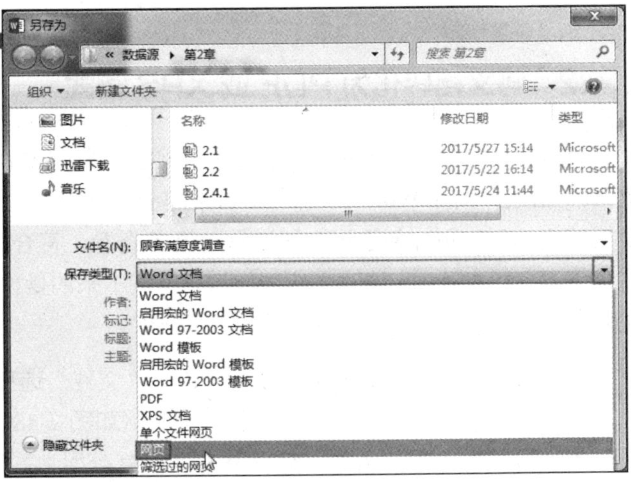

图 2-45

步骤 03 完成设置后，单击"保存"按钮，即可将文档另存为网页。进入文件所在文件夹（如图 2-46 所示），双击文件即可在浏览器中打开此网页，如图 2-47 所示。

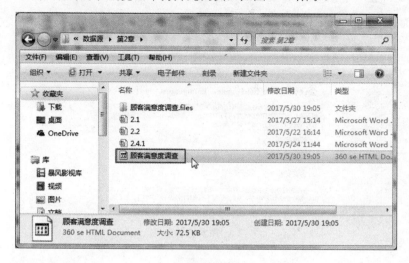

图 2-46

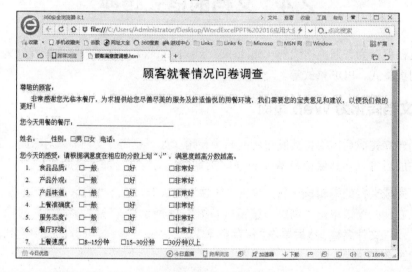

图 2-47

2.4.2 将文档转化为 PDF 或 XPS 格式

有时为了方便文档的阅读、正常的打印，经常将文档转化为其他格式，如 PDF 或 XPS 格式。例如 Word 文档、Excel 表格都有可能会被转换成 PDF 文档，因为转换后的文档可以更加便于用户通过移动设备查看，符合现代办公的需求。需要注意的是：在 PDF 格式下，只能查看，无法对文档进行编辑。接下来的操作要将一篇编辑好的 Word 文档转换为 PDF 文档。

步骤 01 完成文档的编辑操作后，单击"文件"选项卡，打开"信息"提示窗口。单击"另存为"标签，在右侧的窗口单击"浏览"按钮（如图 2-48 所示），打开"另存为"对话框。

步骤 02 输入文件名称，然后单击"保存类型"右侧的下拉按钮，在弹出的下拉列表中单击"PDF"选项，如图 2-49 所示。

图 2-48

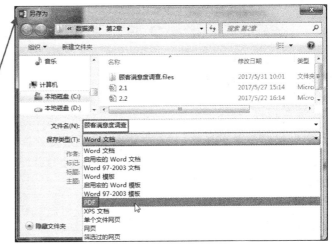

图 2-49

步骤 03 完成设置后，单击"保存"按钮，即可将文档另存为 PDF 格式。进入文件保存的文件夹中（如图 2-50 所示），双击文件即可打开 PDF 文件，如图 2-51 所示。

图 2-50

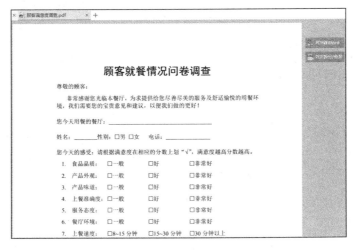

图 2-51

2.5 文档窗口的操作

2.5.1 缩放文档显示

在文档的右下角设置有缩放滑块，可以通过调整缩放滑块，放大或缩小文档的显示比例，但是并不改变文档内容的字号。比如文字字号为 5 号，缩放显示文档后，会呈现给用户一种减小字号的感觉，但实际上字号并没有改变。如果当前文档的字号较小，查看不方便，则可以放大显示比例。

步骤 01 单击右下角的缩放按钮（左侧减号，如图 2-52 所示），单击一次，缩小到 90%（默认是 100%）。

步骤 02 单击右下角的缩放按钮（右侧加号，如图 2-53 所示），单击一次，放大到 110%（默认是 100%）。

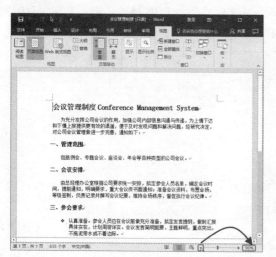

图 2-52

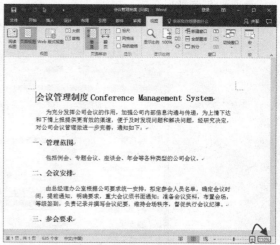

图 2-53

在 Excel 与 PPT 中也可以按这项操作进行放大或缩小文档的显示。

提 示

2.5.2 显示文档目录结构

如果文档有目录结构，可以通过启用导航窗格来显示目录结构。在目录结构中可以通过单击目录，让正文快速跳转到该标题下。短篇幅的文档可能并不需要使用目录，但如果是长文档，使用目录是非常必要的，它可辅助用户快速定位、跳转到需要查看或编辑文档的位置；同时目录也可以被提取出来显示在文档的前面。关于文档目录的创建，在后面的章节中会具体介绍。此处只介绍当文档已具备目录时，如何将其显示出来。

步骤 01 在"视图"→"显示"选项组中选中"导航窗格"复选框，如图 2-54 所示。

步骤 02 完成操作后，即可启动"导航"窗格，此时就可以看到文档的目录了（注意在"导航"窗格中要选择"标题"标签），如图 2-55 所示。

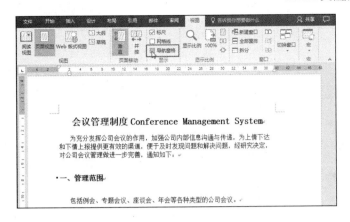

图 2-54

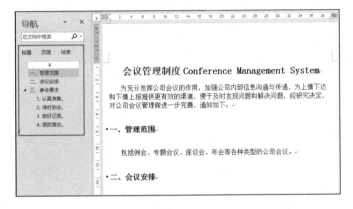

图 2-55

步骤 03 单击想要查看的标题，例如 "3. 做好记录。"，即可跳转到该标题下查看相关内容，如图 2-56 所示。

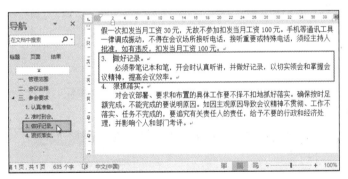

图 2-56

2.5.3　拆分文档窗口方便前后对比

在对文档进行操作时，常常需要查看同一文档中不同部分的内容。如果文档很长，而需要对比查看的内容又分别位于文档的不同页面中，此时拆分文档窗口是一个很好的解决问题的方法。所谓拆分文档窗口，是指将当前一个窗口拆分为两个窗口，两个窗口中都包含全部文档，可以通过拖动滚动条定位到任意位置，方便文档的对比查看。在 Excel 工作表中也可以通过拆分窗口方便前后数据对比，下面介绍 Word 2016 中拆分文档窗口的操作方法。

步骤 01 打开需要拆分的文档，在"视图"→"窗口"选项组中单击"拆分"按钮，如图 2-57 所示。

图 2-57

步骤 02 此时文档中会出现一条拆分线，文档窗口将被拆分为两个部分，此时可以在这两个窗口中分别通过拖动滚动条调整显示的内容。拖动窗格上的拆分线，可以调整两个窗口的大小，如图 2-58 所示。

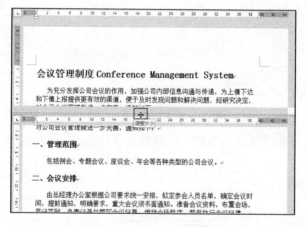

图 2-58

步骤 03 此时，功能区中的"拆分"按钮变为"取消拆分"按钮。对比文档后，可单击该按钮取消对窗口的拆分，如图 2-59 所示。

图 2-59

提　示

拆分文档窗口是将窗口拆分为两个，而不是将文档拆分为两个文档，在这两个窗口中对文档进行编辑处理都会对文档产生影响。当需要对比长文档前后的内容并进行编辑时，先进行拆分窗口操作，然后在一个窗口中查看文档的内容，而在另一个窗口中对文档进行修改。如果需要将文档的前段内容复制到相隔多个页面的某个页面中，可以在一个窗口中显示复制文档的位置，在另一个窗口中显示文档要粘贴的位置。这都是能够极大提高编辑效率的技巧。

2.5.4　冻结窗格使列标识始终可见

冻结窗格使列标识始终可见，是针对 Excel 表格的操作。表格不可或缺的元素包括列标识，它是用来说明该列下数值的含义，对于内容量较大的表格，在向下拖动滚动条查看其他页面时，列标识将被隐藏。为了方便对数据的理解，需要冻结窗格，让列标识始终可见，具体操作如下。

步骤01 打开工作簿，在"视图"→"窗口"选项组中单击"冻结窗格"下拉按钮，在弹出的下拉菜单中单击"冻结首行"命令，如图 2-60 所示。

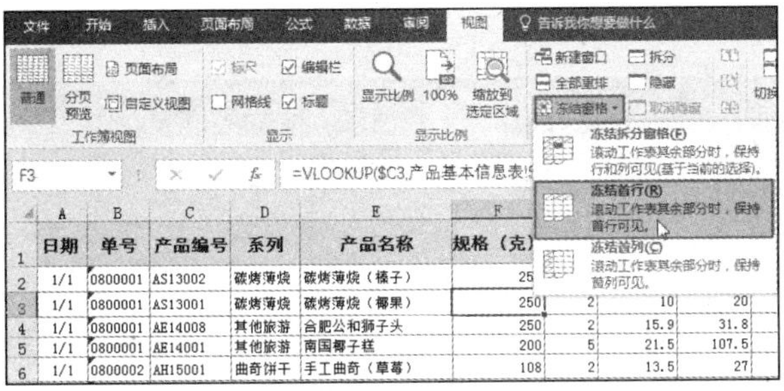

图 2-60

步骤02 完成上面的操作后，向下拖动滚动条，可以看到首行被冻结，始终处于可见状态，如图 2-61 所示。

图 2-61

2.5.5　并排查看比较文档

在查看和比较两个文档中有什么相同和不同的内容时，并排查看并同时拖动鼠标查看起来会更加方便。

步骤 01 打开需要并排查看进行比较的两个文档，如图 2-62 与图 2-63 所示。

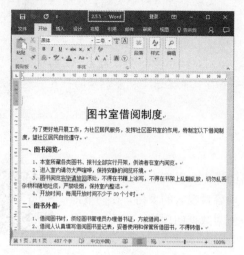 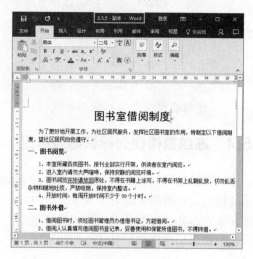

图 2-62   图 2-63

步骤 02 选中其中任意文档，在"视图"→"窗口"选项组中单击"并排查看"按钮，如图 2-64 所示。

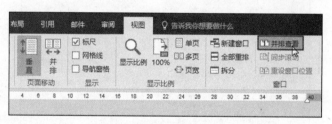

图 2-64

步骤 03 完成上面的操作后，就可以看到两个文档并排显示，并且拖动鼠标向下滑动查看文档时，会同时进行，如图 2-65 所示。

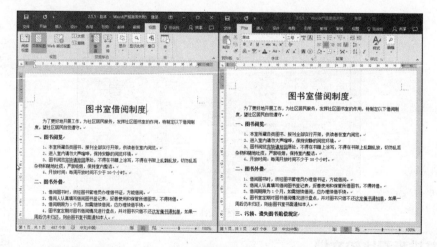

图 2-65

在 Excel 与 PPT 文档中也可以通过"并排查看"功能来比较查看两篇文档。

提 示

第 **3** 章

>>> Word 文本输入与编辑

应用环境

文本录入与编辑是制作文档的重要工作，同时文本的复制粘贴、查找替换是处理文档时的基本且必要的操作。

本章知识点

① Word 中文本的输入及任意选取
② 通过复制粘贴辅助快速编辑
③ 在文档中快速查找某文本，有错误时可批量替换
④ 了解几种视图，并熟知各自应用环境

3.1 输入文本

使用 Word 程序编辑电子文档，最基本的操作是输入文本。文本是 Word 文档的主体，因此输入文本是重中之重。输入的文本包括中文文本、英文文本、特殊符号等。下面以输入"会议管理制度"文档（如图 3-1 所示）中的文本为例介绍相关知识点。

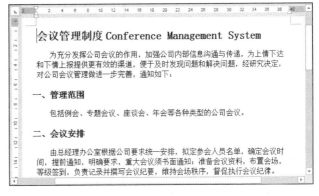

图 3-1

3.1.1 输入中英文文本

一篇文档中，中文文本或英文文本占据绝大的篇幅，具体的输入方法如下。

1. 输入中文文本

步骤 01 新建文档后，光标默认在首行顶格位置闪烁，可以直接输入文本，如图 3-2 所示。

步骤 02 按键盘上的 Enter 键可以进行换行，需要在哪里录入内容，则将光标移至目标位置处，单击一次即可定位光标，依次输入文本即可，如图 3-3 所示。

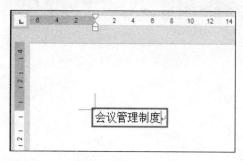

图 3-2

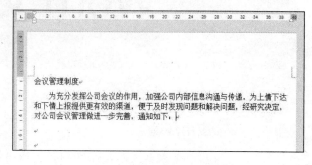

图 3-3

2. 输入英文文本

如果要输入英文文本，定位光标位置后，在英文状态下即可输入英文。输入英文时，需要注意切换字母的大小写，也可以先统一输入小写字母，完成输入后再通过单击"更改大小写"功能按钮转换。

步骤 01 将鼠标指针移至要输入英文文本的位置，单击即可定位光标，切换输入法到英文状态下，输入英文，如图 3-4 所示。

图 3-4

步骤 02 选中英文文本，在"开始"→"字体"选项组中单击" Aa ▾"下拉按钮，在弹出的菜单中单击"每个单词首字母大写"命令（如图 3-5 所示），即可将选择的英文文本每个单词的首字母一次性转换为大写，如图 3-6 所示。如果想全部转换为大写，则需要单击"全部大写"命令。

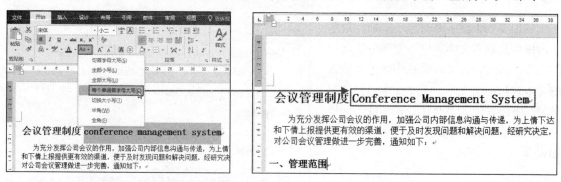

图 3-5

图 3-6

3. 在任意位置插入和改写文字

编辑文档的过程中，需要修改文字和在某个位置插入新文字的情况很常见。这个操作并不难，重要的是要准确定位光标的位置。

步骤01 将鼠标指针移至要插入文字的位置，单击即可定位光标，如图 3-7 所示。输入要插入的文字即可，如图 3-8 所示。

图 3-7   图 3-8

步骤02 如果要修改文字（如图 3-9 所示），可以将光标定位到文字的后面，按键盘上的Backspace 键先将其删除，然后重新输入新文字即可，如图 3-10 所示。

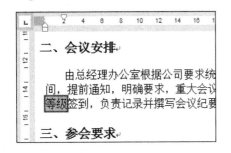   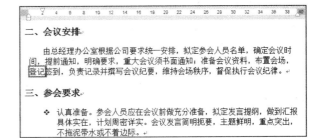

图 3-9   图 3-10

3.1.2 输入符号

有的文本中需要使用一些符号，例如可以在文档的小标题前插入符号，突出小标题，起到代替编号的作用。还可以输入特殊符号，如输入商标符号或版权符号等。

1. 插入符号

步骤01 将鼠标指针移至要插入符号的位置，单击即可定位光标，在"插入"→"符号"选项组中单击"符号"下拉按钮，在弹出的菜单中单击"其他符号"命令（如图 3-11 所示），打开"符号"对话框。

步骤02 在"符号"标签中，单击"字体"右侧的下拉按钮，在下拉列表中选择符号类别，如"Wingdings"（默认）类型，然后在下面的列表框中选中想使用的符号，单击"插入"按钮（如图3-12 所示），即可将符号插入到光标处。

步骤03 单击文档的任意位置（不关闭"符号"对话框），返回文档的编辑状态，将光标定位到下一个需要插入符号的位置，选中符号，单击"插入"按钮插入符号。重复相同的操作直到所有符号都插入，如图 3-13 所示。

步骤04 单击"关闭"按钮即可返回到文档中。

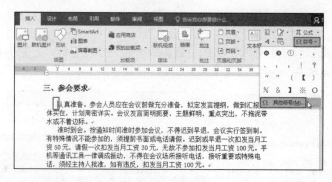

图 3-11

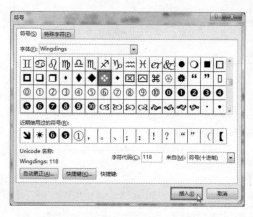

图 3-12

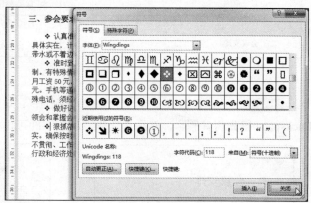

图 3-13

2. 插入特殊符号

特殊符号有版权所有符、商标符、注册符等常用的符号。当文档中需要插入特殊符号时，可以通过插入符号的方法实现，下面以插入"注册"符号®为例进行介绍。

步骤 01 将光标定位在需要插入符号的位置。在"插入"→"符号"选项组中，单击"符号"下拉按钮，在展开的下拉菜单中单击"其他符号"命令（如图 3-14 所示），打开"符号"对话框。

步骤 02 单击"特殊字符"标签，在"字符"列表框中选择"注册"符号，如图 3-15 所示。

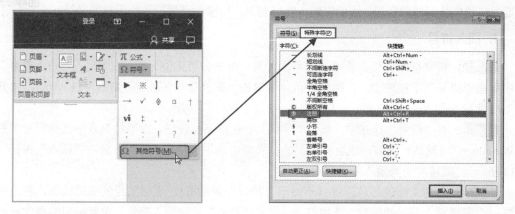

图 3-14

图 3-15

步骤 03 单击"插入"按钮，再单击对话框右上角的"关闭"按钮，即可插入"注册"符号，如图 3-16 所示。

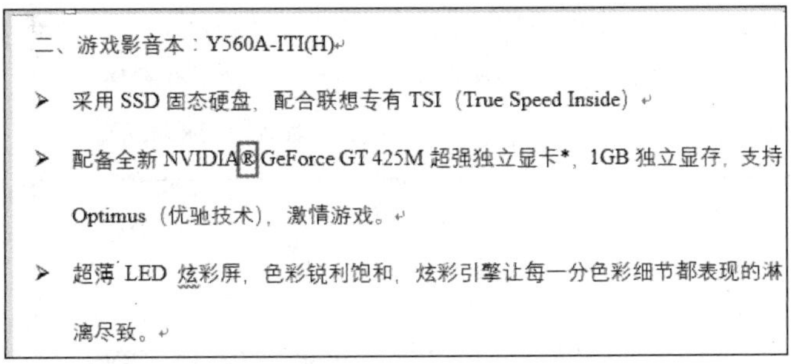

二、游戏影音本：Y560A-ITI(H)

➢ 采用 SSD 固态硬盘，配合联想专有 TSI（True Speed Inside）

➢ 配备全新 NVIDIA®GeForce GT 425M 超强独立显卡*，1GB 独立显存，支持 Optimus（优驰技术），激情游戏。

➢ 超薄 LED 炫彩屏，色彩锐利饱和，炫彩引擎让每一分色彩细节都表现的淋漓尽致。

图 3-16

知识扩展

使用快捷键输入版权所有符、商标符等几种特殊符号。

对于版权所有符、商标符等几种常用的符号，可以使用如下快捷键，实现快速输入。

- “版权所有符”：按下 Ctrl+Alt+C 组合键，即可得到“©”。
- “商标符”：按下 Ctrl+Alt+T 组合键，即可得到“™”；
- “注册符”：按下 Ctrl+Alt+R 组合键，即可得到“®”；
- “欧元符号”：按下 Alt+Ctrl+E 组合键，即可得到“€”。

3.2 选取文本

在文档编辑过程中，要进行移动、复制、删除等操作，首先必须准确选取文本，才能够做到准确无误、快速地选取文本，这是对文本进行操作前的一项重要工作。

3.2.1 连续文本的选取

在打开的 Word 文档中，先将光标定位到想要选取文本内容的起始位置，按住鼠标左键不放进行拖拽，到目标位置时释放鼠标左键，这时可以看到鼠标拖拽经过的区域都被选中，如图 3-17 所示。

会议管理制度 Conference Management System

为充分发挥公司会议的作用，加强公司内部信息沟通与传递，为上情下达和下情上报提供更有效的渠道，便于及时发现问题和解决问题，经研究决定，对公司会议管理做进一步完善，通知如下：

一、管理范围

包括例会、专题会议、座谈会、年会等各种类型的公司会议。

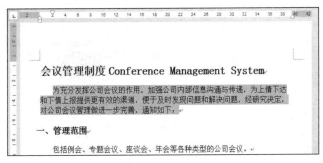

图 3-17

3.2.2 不连续文本的选取

要实现不连续文本的选取，需要用鼠标配合 Ctrl 键才能实现。

在对文档进行操作时，可以使用鼠标拖拽的方法先将第一个文本区域选中，接着按住 Ctrl 键不放，继续使用鼠标拖拽的方法选取不连续的第二个文本区域，直到最后一个区域选取完成后，松开 Ctrl 键，可以看到一次性选取了几个不连续的区域，如图 3-18 所示。

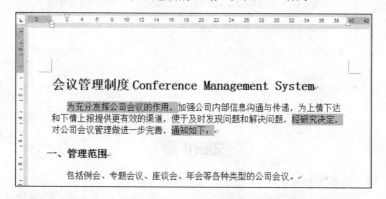

图 3-18

 如果要选中文档中的全部文本，在"开始"→"编辑"选项组中，单击"选择"下拉按钮，展开下拉菜单，选择"全选"命令可以选择全部文本，或按 Ctrl+A 组合键也可以选中整篇文档中的全部文本。

3.2.3 选取句、行、段落、块区域等

1. 句子的快捷选取法

要在文档中快速选取句子文本（一个完整的句子是指以句号、问号、感叹号等为结束的文本），可以使用以下操作来实现。

打开文档，先按住 Ctrl 键，再在该整句文本的任意处单击，即可将该句全部选中，如图 3-19 所示。

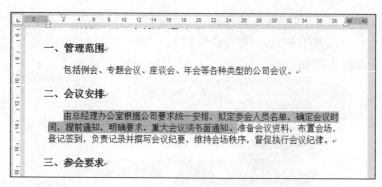

图 3-19

2. 行的快捷选取法

当要在文档中快速选取一行文本时，可以使用以下操作来实现。

步骤 01 将鼠标指针指向要选择行左侧的空白位置，如图 3-20 所示。

步骤 02 单击即可选中该行，如图 3-21 所示。

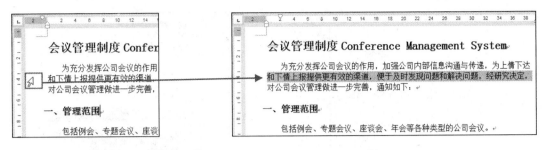

图 3-20　　　　　　　　　　　　　　　　图 3-21

3. 段落的快捷选取法

当要在文档中快速选取某段落时，可以使用以下操作来实现。

步骤 01　将鼠标指针指向要选择段落的左侧空白位置，如图 3-22 所示。

步骤 02　双击即可选中该段落，如图 3-23 所示。

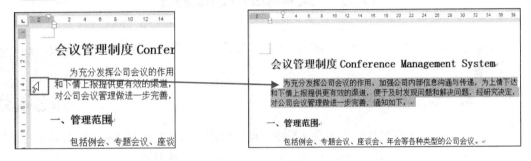

图 3-22　　　　　　　　　　　　　　　　图 3-23

4. 块区域文本选取

在文档操作中，若要选取文档中某个块区域的内容，则需要利用 Alt 键并配合鼠标才能实现。

先将光标定位在想要选取区域的开始位置，按住 Alt 键不放，按住鼠标左键拖拽至结束位置处释放鼠标，即可实现块区域内容的选取，如图 3-24 所示。

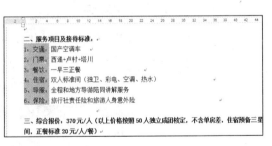

图 3-24

5. 选定较长文本（如多页）内容

选取较长文本时，使用鼠标拖动的方法进行选取可能会造成选取不便或选取不准确，此时可以使用如下方法来实现选择。

由于篇幅限制，本例中选择的长文本并非很长，但操作方法相同。

提示

将光标定位到想要选取内容的开始位置，接着滑动鼠标到要选取内容的结束位置处（如图 3-25 所示），按住 Shift 键，在想要选取内容的结束处单击，即可将两端内的全部内容选中，如图 3-26 所示。

图 3-25

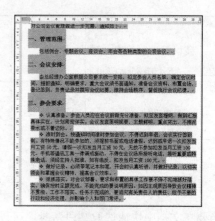

图 3-26

3.3 文本的复制粘贴

在文档录入编辑的过程中，复制、移动、查找、替换文本是常用的操作，学会这些操作是编辑文档的基本技能。

3.3.1 移动文本

文本的移动在文档编辑的过程中经常被反复使用，快速地移动文本可以省去重新编辑的步骤，可以有效地提高文档编辑的效率。快速移动文本可以采用以下几种方法。

1. 利用功能按钮移动文本

"剪切"操作是在删除所选内容的同时，并将其放到剪贴板上，方便将文本粘贴到其他位置。

步骤 01 选中需要移动的文本，在"开始"→"剪贴板"选项组中单击"剪切"按钮，如图 3-27 所示。

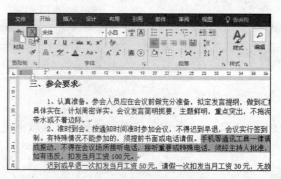

图 3-27

步骤 02 光标定位到要移动到的目标位置处，在"开始"→"剪贴板"选项组中单击"粘贴"按钮（如图 3-28 所示），即可完成文本的移动，如图 3-29 所示。

2. 利用快捷键移动文本

"剪切"功能的快捷键是 Ctrl+X 组合键，利用该组合键可以快速实现文本的剪切和粘贴。

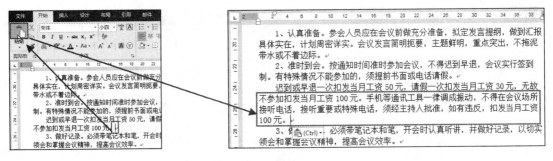

图 3-28   图 3-29

步骤01 选中需要移动的文本，如图 3-30 所示。

步骤02 按 Ctrl+X 组合键剪切所选择的文本内容，原文档的内容消失，并被复制到剪贴板中。

步骤03 将光标定位在文档需要粘贴的位置（如图 3-31 所示），按 Ctrl+V 组合键，即可完成文本的移动。

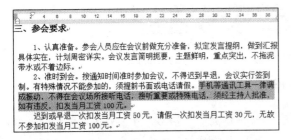

图 3-30

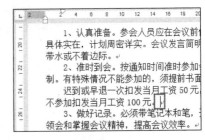

图 3-31

3. 鼠标左键拖动移动

选中需要移动的文本，然后按住鼠标左键不放，此时鼠标指针变成 形状，将鼠标指针移动到目标位置（如图 3-32 所示），松开鼠标左键即可完成文本的移动。

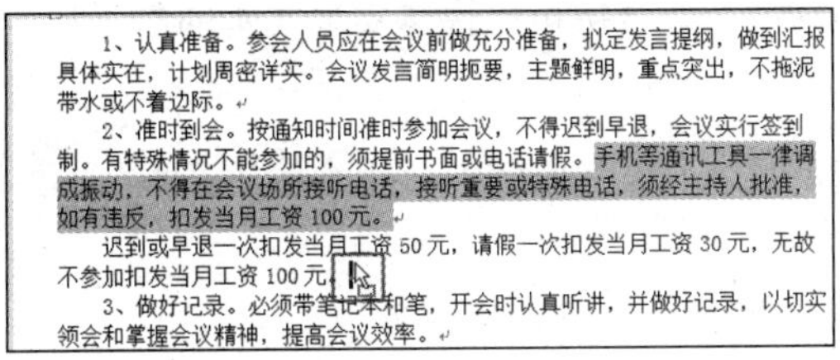

图 3-32

3.3.2 复制文本

在输入文本时如果需要输入相同文本，可以利用复制的方法来实现文本的快速录入。

1. 利用功能按钮复制文本

步骤01 选中需要复制的文本，在"开始"→"剪贴板"选项组中单击"复制"按钮，如图 3-33 所示。

步骤02 将光标定位到需要粘贴此文本的位置处，在"开始"→"剪贴板"选项组中单击"粘贴"按钮（如图 3-34 所示），即可将选中的文本粘贴到目标位置处，如图 3-35 所示。

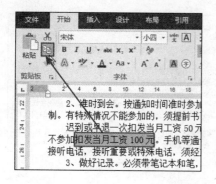

图 3-33

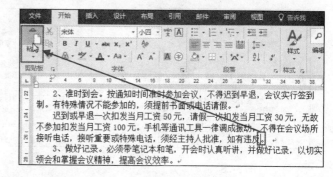

图 3-34

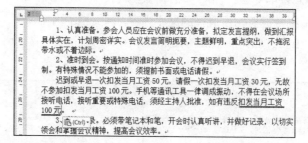

图 3-35

> 如果剪贴板中的内容不被替换掉，则可以一直执行"粘贴"命令来反复粘贴此文本内容，直到再一次选中新文本，执行"剪切"或"复制"命令后，上次添加到剪贴板中的内容则被替换。

提 示

2. 通过快捷键复制

"复制"功能的快捷键是 Ctrl+C 组合键、"粘贴"功能的快捷键是 Ctrl+V 组合键，利用这两个组合键可以快速实现文本的复制和粘贴。

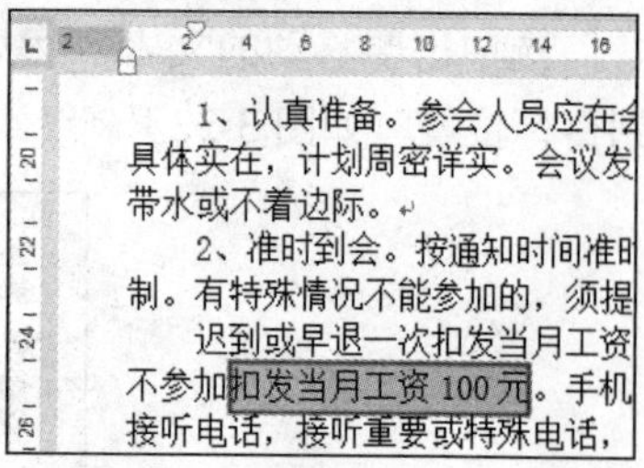

步骤01 选中需要复制的文本，然后按 Ctrl+C 组合键进行复制，如图 3-36 所示。

图 3-36

步骤02 将光标定位到需要粘贴文本的位置处（如图 3-37 所示），按 Ctrl+V 组合键即可将选中的文本粘贴到目标位置处，如图 3-38 所示。

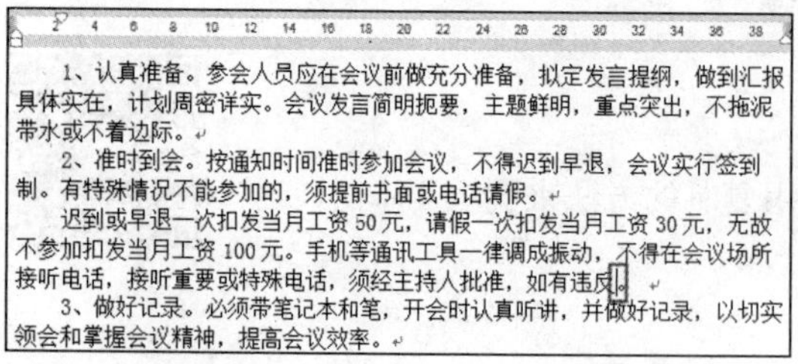

图 3-37

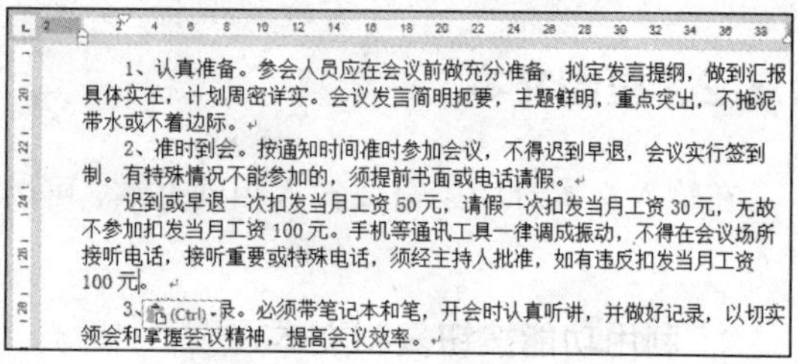

图 3-38

3. 拖动鼠标右键进行复制

步骤01 选中需要复制粘贴的文本，然后按住鼠标右键不放拖至目标位置。

步骤02 松开鼠标右键会弹出一个快捷菜单，在弹出的快捷菜单中单击"复制到此位置"命令（如图 3-39 所示），文本自动复制到目标位置。

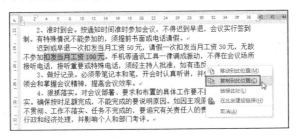

图 3-39

提示 如图 3-39 所示，我们可以看到，在拖动鼠标右键并松开后，在弹出的快捷菜单中有"移动到此位置"命令，这表明也可以用拖动鼠标右键的方法来实现文本的移动。

3.3.3 "选择性粘贴"功能

"选择性粘贴"功能可以实现一些特殊效果的粘贴。我们在粘贴文本时，默认以"保留源格式"的形式进行粘贴。有时因为文本的源格式不同，粘贴到其他位置时，要放弃原来的格式，经常采取合并格式、粘贴为图片、只保留文本等格式进行粘贴，即选择性粘贴。

选中并复制文本内容，将鼠标定位到需要粘贴的位置，单击鼠标右键，在弹出的快捷菜单中有 4 种粘贴方式，分别是"保留源格式""合并格式""图片"和"只保留文本"，如图 3-40 所示。

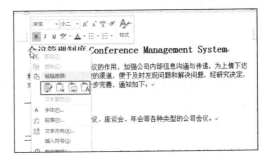

图 3-40

- 单击"保留源格式"按钮，被粘贴的文本内容会完全保留原始内容的格式和样式；
- 单击"合并格式"按钮，被粘贴的文本内容保留原始内容的格式，并且合并粘贴目标位置的格式；
- 单击"图片"按钮，被粘贴的内容将转换为图片的格式；
- 单击"只保留文本"按钮，被粘贴的文本内容删除原有格式和图形，粘贴为无格式的文本。

提示 对于复制的文本的源格式，在粘贴时常用"合并格式"的粘贴方式。而对于网页上文本的复制，如果直接粘贴会包含源格式，让文档资料过于混乱，因此在从网页中复制使用资料时，一般都要使用"只保留文本"，即无格式粘贴的粘贴方式。

❀ **知识扩展** ❀

将文字转换为图片

利用"选择性粘贴"功能可以将文字转换为图片使用。

选中并复制目标文本内容，将鼠标定位到需要粘贴的位置，在"开始"→"剪贴板"选项组中单击"粘贴"下拉按钮，在弹出下拉菜单中单击"图片"按钮（如图 3-41 所示），即可将选中的文本粘贴为图片格式，如图 3-42 所示。

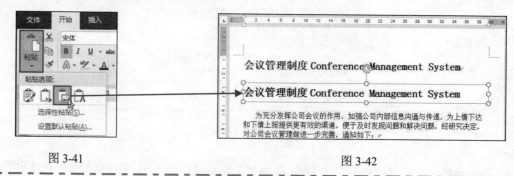

图 3-41   图 3-42

3.4 文本查找与替换

当要在一篇文档查找某个特定文本时，通过肉眼查看显然效率低下而且还容易出错，此时可以使用查找功能；另外如果有某文本需要被替换成新文本时，也可以直接使用查找与替换功能。

3.4.1 查找文本

查找文本时，可以通过导航窗格实现，还可以通过"查找和替换"对话框实现，而在查找时如果结合通配符来设置查找关键字，可以查找到一类数据。

1．利用导航窗格进行查找

导航窗格一般位于文档的左侧，是用来显示文档结构和进行查找内容的。如果文档左侧没有显示出导航窗格，需要将其显示出来。

步骤01 在"视图"→"显示"选项组中选中"导航窗格"复选框（如图 3-43 所示），即可打开导航窗格。

图 3-43

步骤02 在导航窗格的文本框中输入要查找的内容，例如"会议"，然后 Word 程序将文档中查找到的所有"会议"内容都以黄色底纹特殊显示出来，如图 3-44 所示。

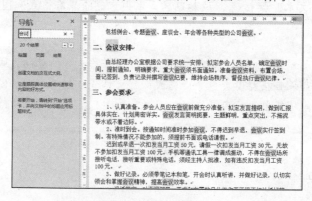

图 3-44

2. "查找和替换"对话框

步骤 01 在"开始"→"编辑"选项组中单击"查找"下拉按钮，在弹出的下拉菜单中单击"高级查找"命令（如图 3-45 所示），打开"查找和替换"对话框。

步骤 02 在"查找内容"文本框中输入"会议"，然后单击"阅读突出显示"下拉按钮，在下拉列表中单击"全部突出显示"选项，如图 3-46 所示。

图 3-45

步骤 03 单击"关闭"按钮，返回到文档中，即可看到所有满足查找内容的文本全部突出显示，如图 3-47 所示。

图 3-46

图 3-47

提示 如果不想突出显示查找内容，则可以再次打开"查找和替换"对话框，在"阅读突出显示"的下拉列表中单击"清除突出显示"选项即可。

3. 使用通配符查找一类数据

通配符有"?"和"*"号，"?"代表一个字符，"*"代表多个字符。在查找内容时，使用通配符可以实现对一类数据的查找。

步骤 01 在"开始"→"编辑"选项组中单击"查找"下拉按钮，在弹出的下拉菜单中单击"高级查找"按钮，打开"查找和替换"对话框。

步骤 02 单击"更多"按钮（如图 3-48 所示），展开"搜索选项"栏。

图 3-48

步骤 03 选中"使用通配符"复选框，再在"查找内容"文本框中输入查找内容，例如本例中输入"扣*元"，然后单击"阅读突出显示"下拉按钮，在下拉列表中单击"全部突出显示"选项，如图 3-49 所示。

步骤 04 单击"关闭"按钮，返回到文档中，即可看到所有满足查找内容的文本全部突出显示，，如图 3-50 所示。

提示 如果想更快速地打开"查找和替换"对话框，还可以直接使用 Ctrl+F 组合键。

图 3-49

图 3-50

3.4.2 替换文本

替换文本是用新文本替换旧文本，并且可以实现文档中所有旧文本的一次性替换，避免遗漏，提高工作效率。

1. 批量替换文本

步骤 01 在"开始"→"编辑"选项组中单击"替换"按钮（如图 3-51 所示），打开"查找和替换"对话框。

步骤 02 在"查找内容"文本框中输入旧文本，在"替换为"文本框中输入新文本，如图 3-52 所示。

图 3-51

图 3-52

步骤 03 单击"全部替换"按钮，弹出提示框，提示文档中有多少处文本完成了替换（如图 3-53 所示），单击"确定"按钮，即可完成替换，效果如图 3-54 所示。

图 3-53

图 3-54

2. 使替换后的文本以特殊格式显示

在替换文本时，如果有多处文本被替换，回到文档中时往往不能直接看到有哪些文本被替换。

如果还想对替换后的文档进行最后的确认，则可以通过设置让替换后的文本以特殊格式显示，从而让替换的结果一目了然。

图 3-55

步骤 01 按 Ctrl+H 组合键，打开"查找和替换"对话框。

步骤 02 在"查找内容"文本框中输入旧文本，在"替换为"文本框中输入新文本，如图 3-55 所示。

步骤 03 单击"更多"按钮，展开"搜索选项"栏，单击"格式"下拉按钮，在弹出的下拉列表中单击"突出显示"选项，如图 3-56 所示。

步骤 04 依次单击"全部替换"→"确定"→"关闭"按钮，返回文档中，即可看到所有完成替换的文本都特殊显示，如图 3-57 所示。

图 3-56

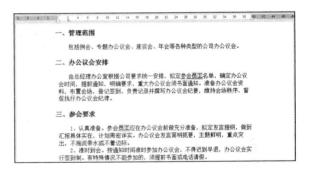

图 3-57

❀ 知识扩展 ❀

自定义替换后文本特殊显示效果

如图 3-56 所示中，在单击"格式"按钮弹出的下拉列表中，可以自定义设置文本的特殊显示效果，如"字体""样式"等，用户可根据需要自定义特殊显示的效果：

重复上例步骤 01 和步骤 02 的操作，光标定位在"替换为"文本框中，然后单击"更多"按钮展开"搜索选项"栏，单击"格式"下拉按钮，在弹出的下拉列表中单击"字体"选项，打开"替换字体"对话框，设置特殊字体或颜色，如图 3-58 所示。执行替换后就可以让替换后的文本显示为所设置的特殊格式。

图 3-58

3.5 了解 Word 中的几种视图

在 Word 2016 中提供了多种视图模式供用户选择，这些视图模式包括"页面视图""阅读视图""Web 版式视图""大纲"和"草稿"等 5 种视图模式。不同的视图模式对应不用的应用环境，用户可以在"视图"功能区中选择需要的文档视图模式，也可以在 Word 2016 文档窗口的右下方单击视图按钮来选择视图。

3.5.1 页面视图

页面视图可以显示 Word 2016 文档的打印外观结果，主要包括页眉、页脚、图形对象、分栏设置、页面边距等元素，是最接近打印结果的页面视图，也是我们常用的编辑文档视图，如图 3-59 所示。

图 3-59

3.5.2 阅读视图

阅读视图是以图书的分栏样式显示 Word 2016 文档，功能区等窗口元素被隐藏起来。在阅读版式视图中，用户还可以单击"工具"按钮选择各种阅读工具，如图 3-60 所示。

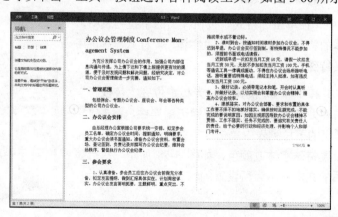

图 3-60

在阅读版式视图状态下，无法对文档进行编辑。需要编辑时，单击"视图"选项卡，在弹出的菜单中单击"编辑文档"命令，如图 3-61 所示；或者单击文档底部的其他可编辑视图模式。

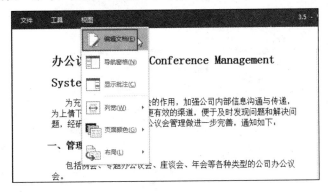

图 3-61

3.5.3　Web 版式视图

Web 版式视图以网页的形式显示 Word 2016 文档，Web 版式视图适用于发送电子邮件和创建网页，如图 3-62 所示。

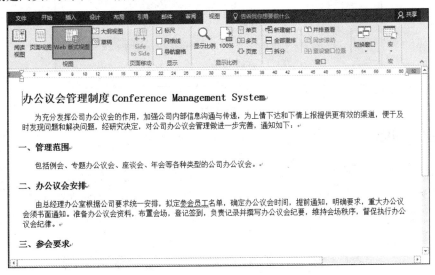

图 3-62

3.5.4　大纲视图

大纲视图主要用于文本需要建立目录结构，在这里可以很方便地为文档建立多级目录，或者调整目录的级别，如图 3-63 所示。建立目录后需要通过大纲视图编辑或查看文档。

在"视图"选项组中单击"大纲视图"按钮，即可进入大纲视图的编辑状态，此时选中文本，即可设置标题的级别。

单击"关闭大纲视图"按钮，即可退出编辑状态，此时我们在导航窗格中即可看到设置的标题，如图 3-64 所示。

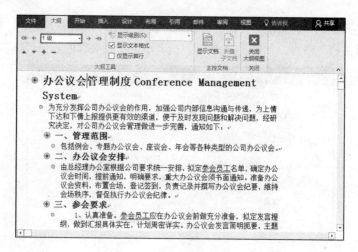

图 3-63

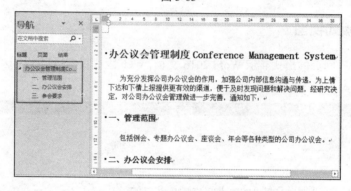

图 3-64

3.5.5　草稿视图

"草稿视图"取消了页面边距、分栏、页眉页脚和图片等元素，仅显示标题和正文（如图 3-65 所示），是最节省计算机系统硬件资源的视图方式。当然现在计算机系统的硬件配置都比较高，基本上不存在由于硬件配置偏低而使 Word 2016 运行遇到障碍的问题。

图 3-65

第 **4** 章

文字的格式设置

应用环境

文本录入后默认是宋体、五号字，要想将编辑的文档更加美观，需要对文本的格式进行多种格式设置。

本章知识点

① 设置文本的字体、字号、字形、颜色
② 文字的下画线效果、艺术效果（应用艺术字样式再更改填充色、边框色）
③ 调整字符的间距（如加宽）
④ 设置文字的边框与底纹

4.1 文本字体格式设置

文字是一个文档非常重要的部分，而要如何更好地展现文档的层次、突出文档的重点，则可以通过对文档的字体、字号等格式进行设置来实现。

4.1.1 设置文本字体和字号

在Word 2016中，文字默认是五号的"等线"字，而在不同的文档中，为了达到不同的排版要求，需要对不同文本设置不同的字体和字号。一般正文可保持默认设置，而大标题、小标题等需要特殊设置。

1. 在"字体"选项组中设置字体和字号

步骤 **01** 选中要设置格式的文字，在"开始"→"字体"选项组中单击"字体"下拉按钮，在弹出的下拉菜单中选择想使用的字体，如"黑体"，如图4-1所示。

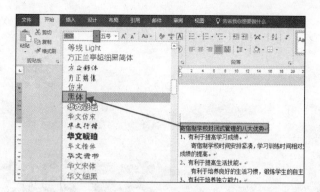

图 4-1

步骤 02 保持文字的选中状态，在"开始"→"字体"选项组中单击"字号"下拉按钮，在弹出的下拉菜单中可以选择字号的大小，如"二号"，应用后效果如图 4-2 所示。

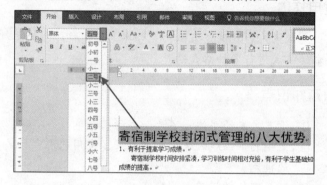

图 4-2

提示

系统内置的字体是有限的，如果没有特殊要求，一般都可以满足需求；但如果编辑的文档对字体有特殊要求，在内置字体中无法找到时则可以从网络下载并安装使用。

2. 通过"字体"对话框设置字体和字号

步骤 01 选中要设置格式的文字，在"开始"→"字体"选项组中单击对话框启动器按钮"⊡"（如图 4-3 所示），打开"字体"对话框。

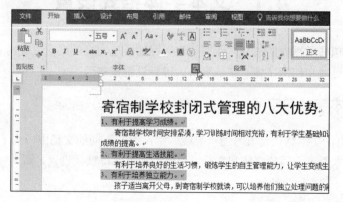

图 4-3

步骤 02 在"中文字体"下拉列表中可以设置文字的字体，在"字号"下拉列表中可以设置文字的字号，在预览框中会展示文字设置的效果，如图 4-4 所示。

步骤 **03** 单击"确定"按钮返回到文档中，即可看到设置后的文字效果，如图 4-5 所示。

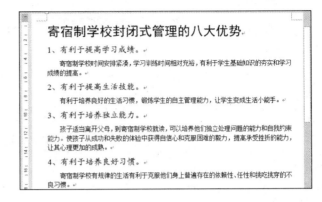

图 4-4   图 4-5

 如果多处文本需要使用同一文本格式（比如本例中几处的小标题文本），可以配合Ctrl
键一次性选中文本，然后对其进行文字格式的设置即可。

提 示

4.1.2 设置文字字形和颜色

通过对文字字形和颜色的设置，可以起到区分文字、突出显示的作用，是文档
编辑与排版过程中常用的操作。

1. 设置文字字形

文字字形的设置一般包括"常规""加粗""倾斜"几种，而"加粗"和"倾斜"可以同时实现。

步骤 **01** 选中要设置格式的文字，在"开始"→"字体"选项组中依次单击"加粗""倾斜"
按钮，即可对文字进行相应的设置，效果如图 4-6 所示。

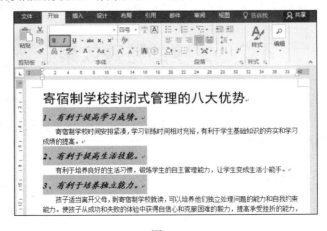

图 4-6

步骤 **02** 如果要恢复文字的常规状态，可在文字的选中状态下，再次单击相应的字形设置按钮，
即可还原到常规状态。

2. 设置文字颜色

选中要设置颜色的文字，在"开始"→"字体"选项组中单击"字体颜色"下拉按钮"**A** ·"，在弹出的下拉菜单中选择想设置的颜色（如图 4-7 所示），当鼠标指针指向颜色的方块即可展现该文字应用颜色的效果，单击即可应用，如"紫色"，效果如图 4-8 所示。

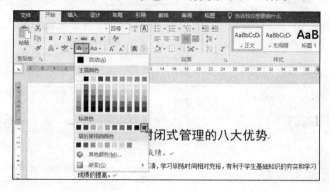

图 4-7

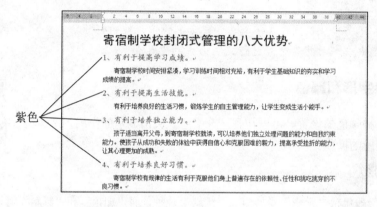

图 4-8

提 示　除"字体颜色"下拉菜单中列出的颜色外，用户还可以单击"其他颜色"命令，在"颜色"对话框中选择更多的颜色。

4.2　文字的特殊效果

除了通过设置字体、字号来突出显示文字外，还可以为文字应用一些特殊效果，如下画线、艺术字、带圈字符等。本节将介绍设置这些特殊效果的操作方法，读者可根据当前文档排版的需要，为文字应用合理及协调的效果。

4.2.1　设置文字下画线效果

在"字体"选项组中可以单击"**U** ·"按钮，为选中的文字添加下画线。默认的下画线为单实线格式，也可以重新自定义下画线的格式。

选中要添加下画线的文字，在"开始"→"字体"选项组中单击"下画线"按钮 **U** ·，即可为文字添加下画线，效果如图 4-9 所示（默认是与文字相同颜色的单实线线条）。

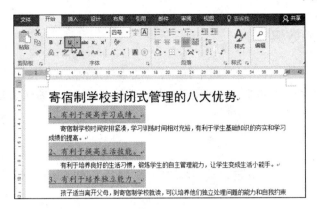

图 4-9

要想选择其他样式的下画线，可按以下操作来进行：

选中要添加下画线的文字，在"开始"→"字体"选项组中单击"下画线"下拉按钮 U ，在弹出的下拉菜单中选择想要设置的线条格式，如"波浪线"（如图 4-10 所示），效果如图 4-11 所示。

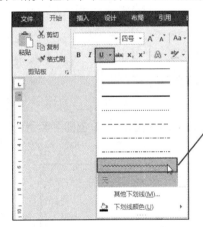

图 4-10

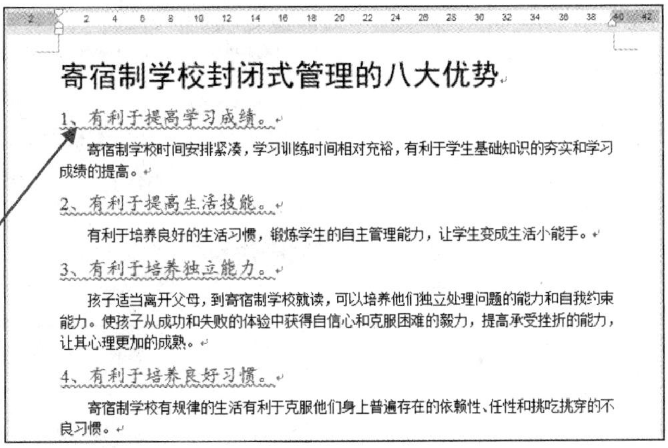

图 4-11

❀ 知识扩展 ❀

设置下画线颜色

下画线的颜色默认与文字的颜色相同，当下画线的颜色需要另外设置时可以在"开始"→"字体"选项组中单击"下画线"下拉按钮，在弹出的下拉菜单中单击"下画线颜色"命令，即可在弹出的子菜单中设置下画线的颜色，如图 4-12 所示。

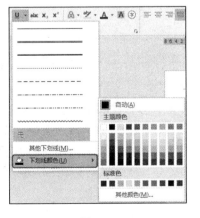

图 4-12

4.2.2 文字的艺术效果

在Word 2016中，在"字体"选项组中有一个"文本效果和版式"按钮，单击此按钮可以设置文字的艺术效果，一般用于在特定文档中对特定文本（如大号标题文字）进行修饰设置。

1. 套用艺术样式

步骤01 选中要设置的目标文字，在"开始"→"字体"选项组中单击"文本效果和版式"下拉按钮，如图 4-13 所示。

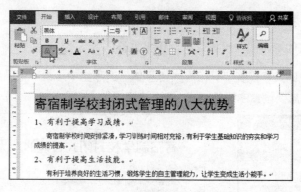

图 4-13

步骤02 在弹出的下拉菜单中选择合适的艺术字样式（如图 4-14 所示），单击即可套用，效果如图 4-15 所示。

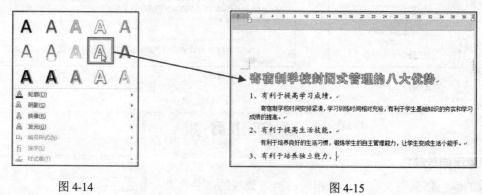

图 4-14 　　　　　　　　　　　　　　　图 4-15

❉ **知识扩展** ❉

套用的艺术样式是基于原字体的，即套用样式后，只改变文字的外观效果而不改变原文字的字体和字号，例如应用上面的艺术样式后，如果重新更改一种字体，则可以呈现如图4-16所示的样式。

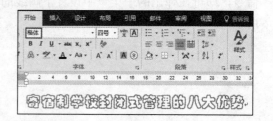

图 4-16

2. 设置轮廓线

在设置艺术样式时，Word程序中内置了几种可供直接套用的样式。除此之外还可以自定义设置文字的艺术样式，如重新定义轮廓线等。

步骤01 选中要设置的文字，在"开始"→"字体"选项组中单击"文本效果和版式"下拉按钮 A ，在下拉菜单中单击"轮廓"命令，即可在弹出的子菜单中设置轮廓线的颜色，如图 4-17 所示。

步骤02 如单击红色，效果如图4-18所示。

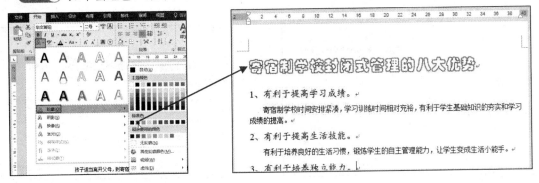

图 4-17   图 4-18

步骤03 再次单击"文字效果和版式"→"轮廓"命令，并在弹出的子菜单中依次单击"粗细"→"1 磅"命令，如图 4-19 所示。

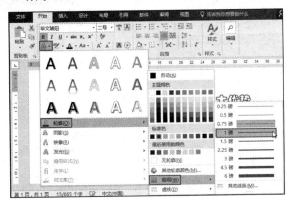

图 4-19

步骤04 完成操作后返回到文档中，即可查看轮廓线设置后的效果，如图 4-20 所示。

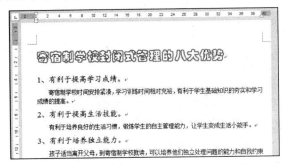

图 4-20

3. 阴影、映像和发光效果

阴影、映像和发光都是对艺术字进行补充设置的效果，可以根据实际情况和需要进行相应的应用。

步骤 01 选中要设置艺术字效果的文字，在"开始"→"字体"选项组中单击"文本效果和版式"下拉按钮 A·，在下拉菜单中单击"发光"命令，在弹出的子菜单中选择发光样式，如图 4-21 所示。

步骤 02 完成上步操作后返回到文档中，即可查看到文字的发光效果，如图 4-22 所示。

图 4-21

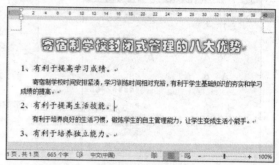

图 4-22

步骤 03 选中要设置的文字，在"开始"→"字体"选项组中单击"文本效果和版式"下拉按钮 A·，在下拉菜单中单击"映像"命令，在弹出的子菜单中选择映像样式，如图 4-23 所示。

步骤 04 完成操作后返回到文档中，即可查看文字的映像效果，如图 4-24 所示。

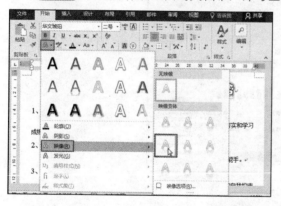

图 4-23

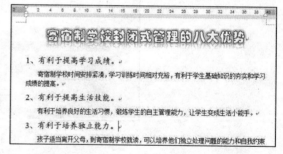

图 4-24

4.2.3 带圈字符效果

带圈字符是为字符设置圆圈或边框效果，用以达到强调的目的，常用于制作文档的标题或小　标题。

步骤 01 选中目标文字，在"开始"→"字体"选项组中单击"带圈字符"按钮 ⊛（如图 4-25 所示），打开"带圈字符"对话框。

步骤 02 在"样式"中单击"增大圈号"选项，如图 4-26 所示。

步骤 03 单击"确定"按钮返回到工作表中，即可为选中的文字设置带圈效果，如图 4-27 所示。

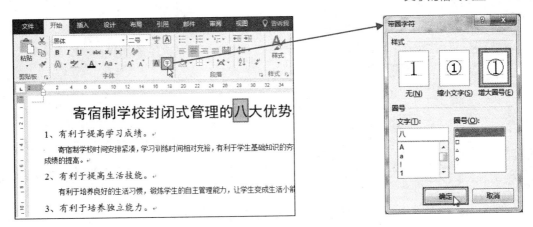

图 4-25

图 4-26

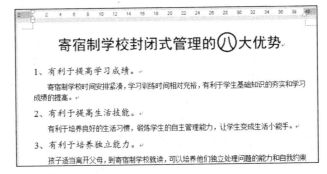

图 4-27

提示

如果有多个文字都想应用带圈效果，只能一个字一个字地设置，不能一次性设置多个文字。

4.2.4 为中文注音

拼音文字是显示在文字上方的微小文字，用于标明文字的读音。在一些技术性文档或小学生教辅文档中常要应用此功能。

步骤 01 选中要添加拼音的文字，在"开始"→"字体"选项组中单击"拼音指南"按钮 A（如图 4-28 所示），打开"拼音指南"对话框。

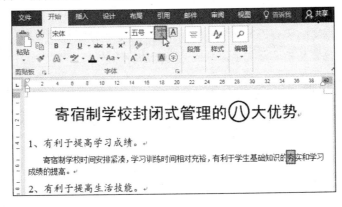

图 4-28

步骤 02 为拼音设置合适的"字体"和"字号"等，如图4-29所示。

步骤 03 单击"确定"按钮返回到工作表中，即可为选中的文字添加拼音，如图4-30所示。

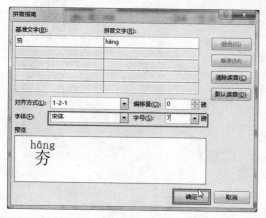

图 4-29

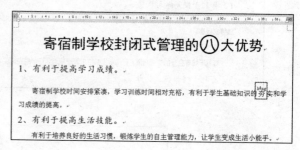

图 4-30

❀ 知识扩展 ❀

对多音字添加拼音

使用"拼音指南"功能加注的拼音不能自动分辨多音字，如果有误，可以手动地在"拼音指南"对话框中相应的"拼音文字"文本框中修改拼音，如图4-31所示。

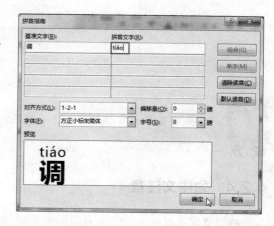

图 4-31

4.3 调整字符间距与位置

字符间距是指根据实际需要设置文字之间的距离，比如在排版时需要将一些文字排得疏松些；字符位置是指设置文字提升或是降低的特殊效果。

4.3.1 加宽字符间距

步骤 01 选中要设置字符间距的文字，在"开始"→"字体"选项组中单击对话框启动器按钮（如图4-32所示），打开"字体"对话框。

步骤 02 单击"高级"标签，在"间距"下拉列表框中单击"加宽"选项，然后在"磅值"数值框中输入磅值，可单击上下三角形调节按钮来增加或减小加宽的磅值，这里设置为"3磅"，如图4-33所示。

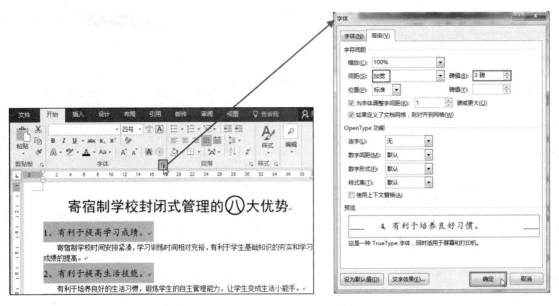

图 4-32   图 4-33

步骤 **03** 单击"确定"按钮返回到工作表中，即可为选中的文字应用设置的文字间距，如图 4-34 所示。

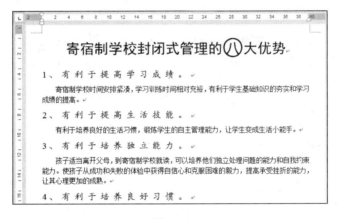

图 4-34

提 示

如果要缩小字符间距，在"间距"下拉列表框中选择"紧缩"选项，并设置相应的磅值；如果要恢复默认的字符间距，在"间距"下拉列表框中选择"标准"选项即可。

4.3.2 字符提升效果

输入文本后，可以对特殊的文字进行提升，以达到突出显示的效果。

步骤 **01** 选中目标文字，单击鼠标右键，在弹出的快捷菜单中单击"字体"命令（如图 4-35 所示），打开"字体"对话框。

步骤 **02** 单击"高级"标签，在"位置"下拉列表框中单击"提升"选项；在"磅值"数值框中输入磅值，可单击上下三角形调节按钮来调整磅值，这里设置为"5 磅"，如图 4-36 所示。

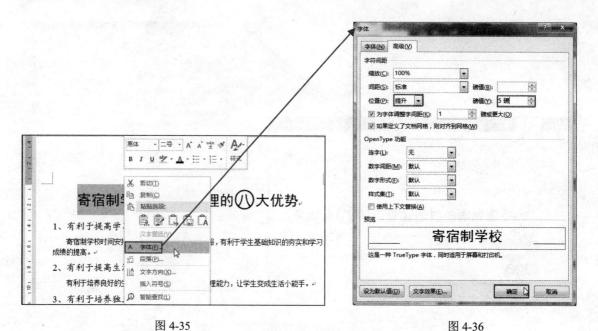

图 4-35   图 4-36

步骤 03 单击"确定"按钮返回到工作表中，即可将选中的文字设置提升效果，如图 4-37 所示。

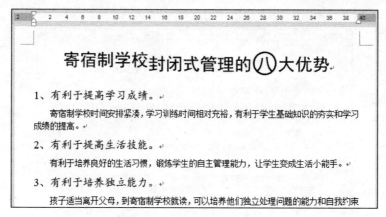

图 4-37

4.4　设置文字边框与底纹

通过为文字设置边框和底纹，可以实现突出显示的效果，同时也能起到美化版面的作用。

4.4.1　添加边框

为文本添加边框能够起到强调与美化的作用。

步骤 01 选中要添加边框的文字，在"开始"→"段落"选项组中单击"边框"下拉按钮 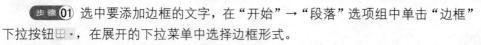，在展开的下拉菜单中选择边框形式。

步骤 02 如单击"外侧框线"命令（如图 4-38 所示），即可为所选文字添加边框，效果如图 4-39 所示。

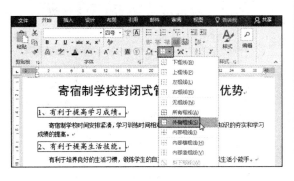

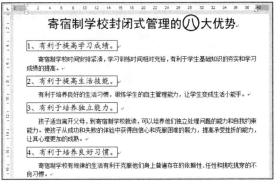

图 4-38 | 图 4-39

✖ 知识扩展 ✖

自定义边框效果

选中文本，在"边框"下拉菜单中程序默认应用的边框都是黑色单线条，除此之外还可以应用其他边框线条。在"边框"下拉菜单中单击"边框和底纹"命令（如图4-40所示），打开"边框和底纹"对话框，可以设置线条的样式，在"样式"列表框中可以选择线条样式，然后在"设置"栏中选中"方框"（如图4-41所示），单击"确定"按钮即可应用边框。

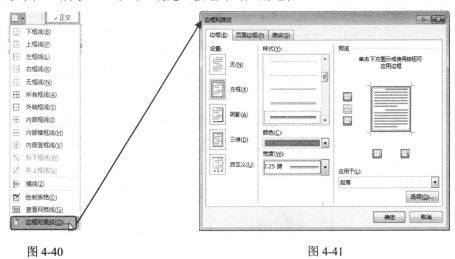

图 4-40 | 图 4-41

4.4.2 设置文字底纹效果

文字底纹即背景颜色，通过为文字设置不同于其他文本的底纹色，可以起到突出显示的作用。

步骤01 选中要添加底纹的文字，在"开始"→"段落"选项组中单击"底纹"下拉按钮 ⚬▾，在展开的下拉菜单中选择填充颜色，如图 4-42 所示。

步骤02 如单击"金色"，即可为所选文字添加金色的底纹，效果如图 4-43 所示。

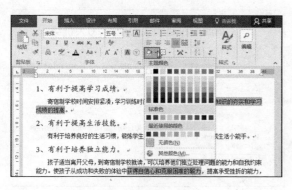

图 4-42

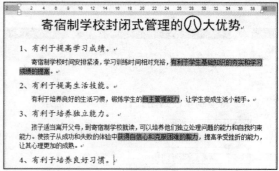

图 4-43

4.5 文本格式的引用及删除

在为文本设置格式时，如果某一处所设置的格式也需要应用到其他的文本上，无须重新设置，可以快速复制格式。复制的格式包括字体、字号、文字颜色、间距等，如果要引用格式前选择的是段落，还可以将段落的缩进、行间距等都引用下来。对于不再需要使用的格式或是想删除的格式也可以快速地清除。

4.5.1 引用文本格式

引用文本格式使用的是"格式刷" 功能，具体的操作如下。

步骤 01 选中要引用其格式的文本，在"开始"→"字体"选项组中单击"格式刷"按钮 （如图 4-44 所示），此时光标变成刷子形状 。

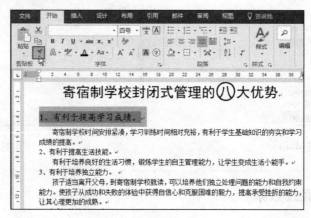

图 4-44

步骤 02 按住鼠标左键在目标文本上拖动鼠标选择需要应用格式的文字（如同 4-45 所示），松开鼠标左键后，选择的文字将得到相同的格式，如图 4-46 所示。

提示 单击格式刷后，在引用一次格式后自动退出启用状态。如果文档多处文本需要使用相同的格式，则可以在选中目标文本后双击格式刷，这样格式刷一起处于启用状态，可以多次刷取格式，直到不再使用格式刷时再次单击"格式刷"按钮退出其启用状态即可。

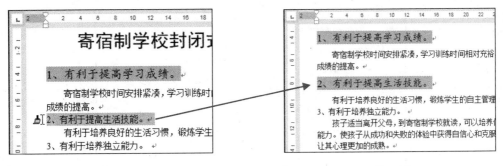

图 4-45   图 4-46

4.5.2 清除文本格式

快速清除文本格式，可以将之前对文本设置的格式一键清除，回到默认状态。

步骤 01 选中要清除格式的文本，在"开始"→"字体"选项组中单击"清除所有格式"按钮，如图 4-47 所示。

步骤 02 执行上述操作后可以看到文本被还原到默认的五号、等线字体效果（这个格式是输入文本时的最初格式），如图 4-48 所示。

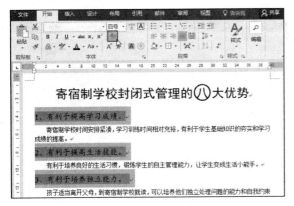

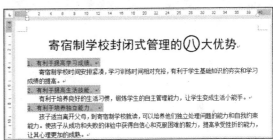

图 4-47   图 4-48

4.6 综合实例：制作工作计划文档

工作计划文档一般是企业、公司、学校等在某项工作开始之前要求提交的简易汇报，属于常规文档。但无论哪种类型的文档，文字编辑只是初步工作，后期的格式设置及排版则是比较重要的工作。如对标题文字设置特殊的格式、对文档段落间距进行调整等。

1. 输入主题文本

新建文档后，首先输入文档的标题，按 Enter 键进入下一行依次输入文本，如图 4-49 所示。输入文本时需要注意以下几点：

- 注意段首要缩进两个文字；
- 注意同一级的小标题文字要对齐；
- 注意条目文本要使用编号。

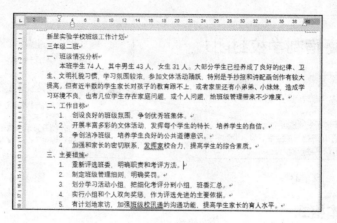

图 4-49

2. 设置字体格式

步骤 01 选中标题文字，在"开始"→"字体"选项组中单击"字体"下拉按钮，在展开的下拉列表中选择要使用的字体类型，如单击"黑体"字体，如图 4-50 所示。

步骤 02 设置字号为"二号"，然后在"开始"→"段落"选项组中单击"居中"按钮，即可设置标题居中显示，效果如图 4-51 所示。

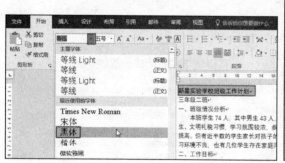

图 4-50

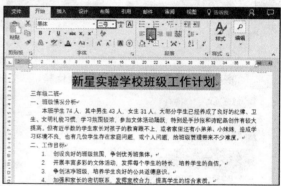

图 4-51

步骤 03 按照相同方法，设置其他文字的字体格式，效果如图 4-52 所示。

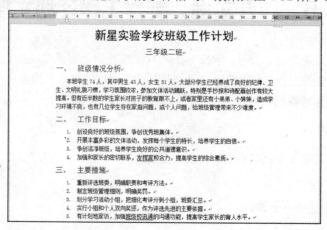

图 4-52

第 **5** 章

文档的排版

应用环境

正规的商务办公文档排版很关键，如段落间距设置、缩进调整、行间距调整、项目符号设置等。

本章知识点

① 设置段落的缩进、段前段后间距、行间距
② 首字下沉的排版效果
③ 为条目文字应用项目符号或编号
④ 分栏排版的效果

5.1 设置段落格式

文档是由多个段落组成的，段落格式的设置在文档的排版中是较为重要的一个环节，其中包括段落缩进调整、段前段后间距以及行间距设置等。对段落格式进行设置后，文档结构更加清晰。

5.1.1 设置段落的对齐方式

段落对齐方式分左对齐、右对齐、居中对齐、两端对齐和分散对齐几种，段落排列整齐可以使文档整洁干净。程序默认文本是以左对齐显示的，如果部分文档需要其他对齐效果，则可以重新进行设置。

1. 居中对齐

步骤01 选中要设置对齐的文本（如此处选中标题文本），在"开始"→"段落"选项组中单击"居中"按钮，如图5-1所示。

步骤02 完成操作后，即可让所选的段落文本居中显示，效果如图5-2所示。

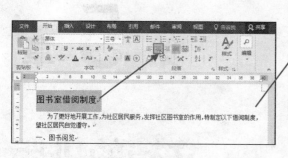

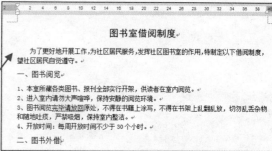

图 5-1

图 5-2

2. 分散对齐

"分散对齐"是在字符之间添加空格，让文本在左右边距之间均匀分布。如果最后一行较短，将在字符之间添加额外空格，以使其与段落宽度匹配。在本例中，将文本的标题按分散对齐方式进行排列：

步骤 01 选中要设置分散对齐的文本（注意：这里没有选中段落标记），在"开始"→"段落"选项组中单击"分散对齐"按钮（如图 5-3 所示），打开"调整宽度"对话框。

步骤 02 在"新文字宽度"数值框中输入宽度值，这里设置为"11 字符"，如图 5-4 所示。

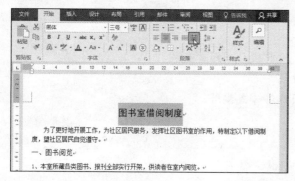

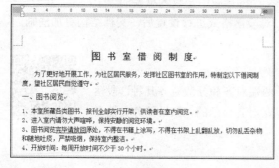

图 5-3

图 5-4

步骤 03 单击"确定"按钮，效果如图 5-5 所示。

步骤 04 如果选中了段落标记，那么分散对齐的效果如图 5-6 所示。

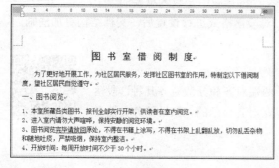

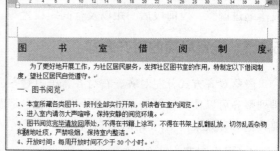

图 5-5

图 5-6

提示

这里在单击了"分散对齐"按钮后，并不会打开"调整宽度"对话框，而是直接得到图5-6所示的结果。

5.1.2　设置段落缩进

在Word 2016中，可以使用首行缩进、悬挂缩进、左缩进和右缩进来设置段落的缩进方式。不同位置的文本可能需要使用不同的缩进方式，下面就来逐一介绍这些功能的具体应用。

1. 首行缩进效果

首行缩进是通过设置首行缩进的字符数，让段落的第一行缩进显示。在Word中，当输入的文档内容是顶行输入时，而文档格式要求首行缩进两个字符。

步骤 01 选中要设置首行缩进的文本(如果是多段落需要同时设置，则需要一次性选中多个段落)，在"开始"→"段落"选项组中单击对话框启动器按钮（如图 5-7 所示），打开"段落"对话框。

步骤 02 在"缩进"栏中，单击"特殊格式"的下拉按钮，在展开的下拉列表中单击"首行缩进"选项，此时右侧的"缩进值"自动设置为"2 字符"，如图 5-8 所示。

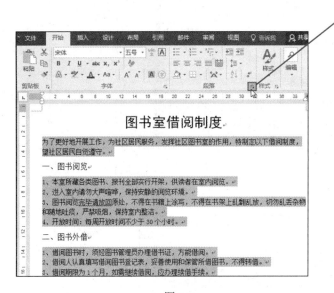

图 5-7

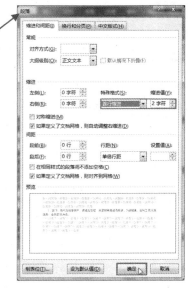

图 5-8

步骤 03 单击"确定"按钮，效果如图 5-9 所示。

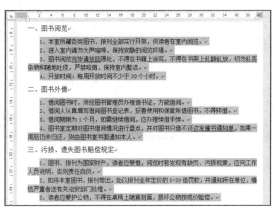

图 5-9

2. 悬挂缩进效果

悬挂缩进的效果是让选中的文本所在段落除首行之外的所有行都进行缩进，下面通过实例进行介绍。

步骤 01 选中要设置悬挂缩进的文本，在"开始"→"段落"选项组中单击对话框启动器按钮（如图5-10所示），打开"段落"对话框。

步骤 02 在"缩进"栏中，单击"特殊格式"的下拉按钮，在展开的下拉列表中单击"悬挂缩进"选项，并设置"缩进值"为"2字符"，如图5-11所示。

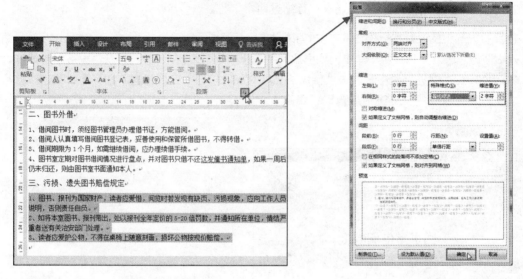

图 5-10   图 5-11

步骤 03 单击"确定"按钮，效果如图5-12所示。

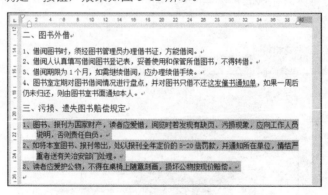

图 5-12

3. 左、右缩进效果

左缩进是指让文本整体向左缩进，右缩进是指让文本整体向右缩进。

步骤 01 选中要设置缩进的文本，单击鼠标右键，在弹出的快捷菜单中单击"段落"命令（如图5-13所示），打开"段落"对话框。

步骤 02 在"缩进"栏中单击"左侧"的微调按钮，设置左侧的缩进值为"6字符"，如图5-14所示。

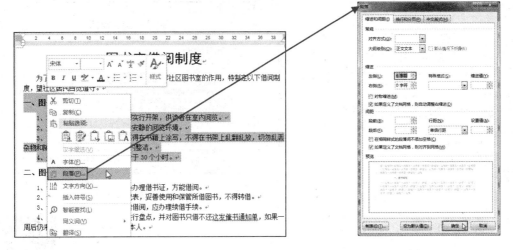

图 5-13   图 5-14

步骤 03 单击"确定"按钮，效果如图 5-15 所示。

4. 利用标尺快速调整段落缩进

在操作界面功能区的下方、编辑区的上方可以显示出标尺（在"视图"选项卡的"显示"选项组中选中或撤选"标尺"复选框）。标尺可以用来查看任意段落的缩进情况和设置制表位。为了便于更加直观地调整以及查看段落的缩进效果，可以直接利用标尺进行调节。

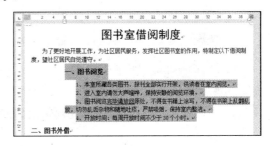

图 5-15

步骤 01 选中要设置缩进的文本，接着将鼠标指针移至标尺上的"首行缩进"按钮上（鼠标指针指向时停顿两秒钟可以出现提示文字），如图 5-16 所示。

步骤 02 按住鼠标左键，并向右拖动，此时会出现一条垂直的虚线，同时选中的段落首行缩进并随之移动，如图 5-17 所示。

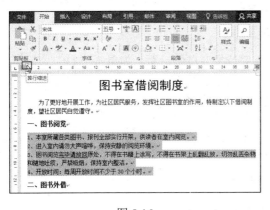

图 5-16   图 5-17

步骤 03 松开鼠标左键，即可查看首行缩进的效果，如图 5-18 所示。

步骤 04 标尺上还有"左缩进""右缩进"（如图 5-19 所示）和"悬挂缩进"按钮，可以按照相同的操作方法，对段落进行其他缩进调整。

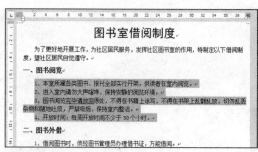

图 5-18

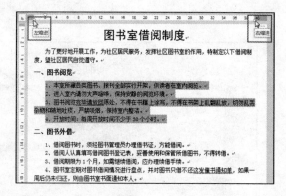

图 5-19

5.1.3 设置行间距

在文档中，行与行之间并非都是一样的距离。有时调整行间距可以让文档的阅览效果更好，或者部分文档应排版的要求，需要调整行与行之间的距离，以使文档页面效果更加美观。

1. 快速设置几种常用的行间距

步骤 01 选中要设置行间距的文本，在"开始"→"段落"选项组中单击"行和段落间距"下拉按钮，展开下拉菜单，如图 5-20 所示。

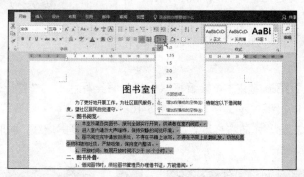

图 5-20

步骤 02 在展开的下拉菜单中，用户可以根据需要选择对应的行距，如单击"2.0"（默认为 1.0 倍行距），即可将 2.0 倍行距应用到选中的段落中，如图 5-21 所示。

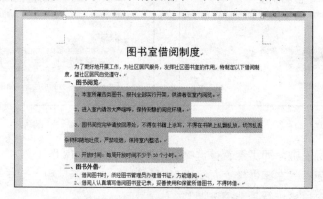

图 5-21

2. 通过"段落"对话框来设置行间距

在"行和段落间距"下拉菜单中显示的是几种很常见的行间距，如果对行间距有精确的要求，则可以打开"段落"对话框来自定义设置行间距。

步骤01 如图 5-22 所示的文本，由于调整了字号，其行距看起来很大，实际它仍然默认为"1.0"，这种情况如果想减小行间距，则必须打开"段落"对话框来设置。

步骤02 选中要设置行间距的文本，在"开始"→"段落"选项组中单击对话框启动器按钮（如图 5-23 所示），打开"段落"对话框。

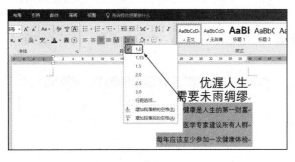

图 5-22

图 5-23

步骤03 在"间距"栏中，单击"行距"设置框右侧的下拉按钮，在展开的下拉列表中单击"固定值"选项，如图 5-24 所示。然后在"设置值"数值框中输入磅值，如图 5-25 所示。

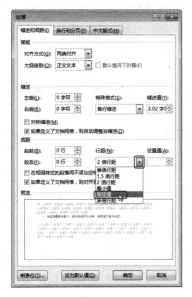

图 5-24

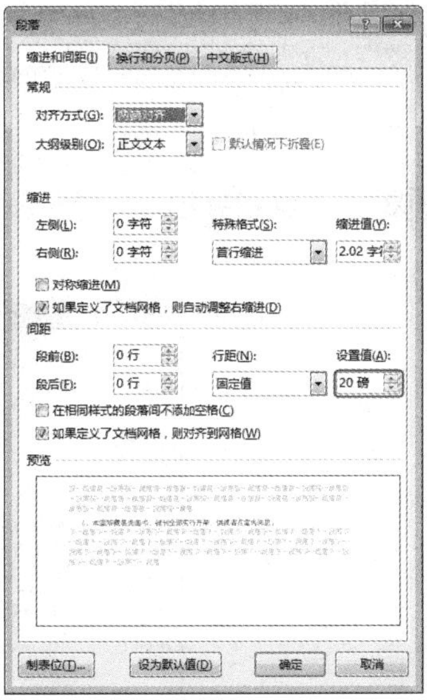

图 5-25

步骤04 单击"确定"按钮即可实现行间距的调整，如图 5-26 所示。

图 5-26

5.1.4 设置段落间距

段落间距是段前和段后的间距，即一个段落与其他段落间的距离。此操作对调节小标题很实用，可以让标题与正文迅速区分开来，让文本结构更加清晰。

1. 快速设置段前、段后间距

通过"行和段落间距"按钮可以快速设置段前、段后间距：

步骤 01 选中要设置段落间距的文本，在"开始"→"段落"选项组中单击"行和段落间距"下拉按钮，如图 5-27 所示。

步骤 02 在展开的下拉菜单中，当鼠标指针指向"增加段落前的空格"命令时，即可增加段前间距，效果如图 5-28 所示。

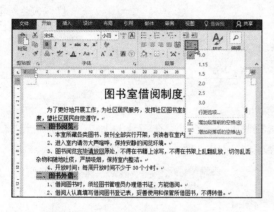

图 5-27

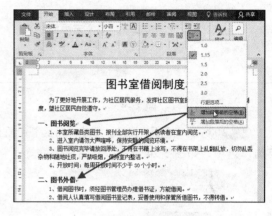

图 5-28

步骤 03 当鼠标指针指向"增加段落后的空格"命令时，即可增加段后间距，效果如图 5-29 所示。

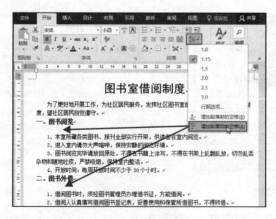

图 5-29

2. 自定义段前、段后的间距值

使用"增加段落前的空格"和"增加段落后的空格"命令，可以快速调节段前和段后的间距，但用此方法设置的段落间距值是固定的默认值。如果想精确设置间距值，可以打开"段落"对话框进行调节。

步骤 01 选中要设置段落间距的文本，在“开始”→“段落”选项组中单击对话框启动器按钮（如图 5-30 所示），打开“段落”对话框。

步骤 02 在“间距”栏中，通过单击“段前”“段后”右侧的上下调节按钮可以以“0.5”行递增或递减的行距值进行调节，如图 5-31 所示。

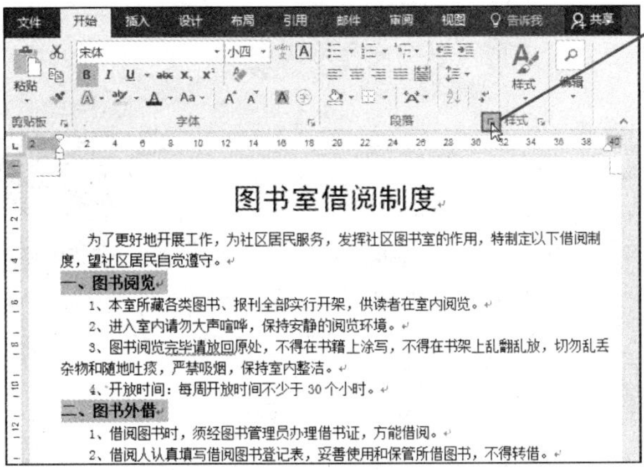

图 5-30

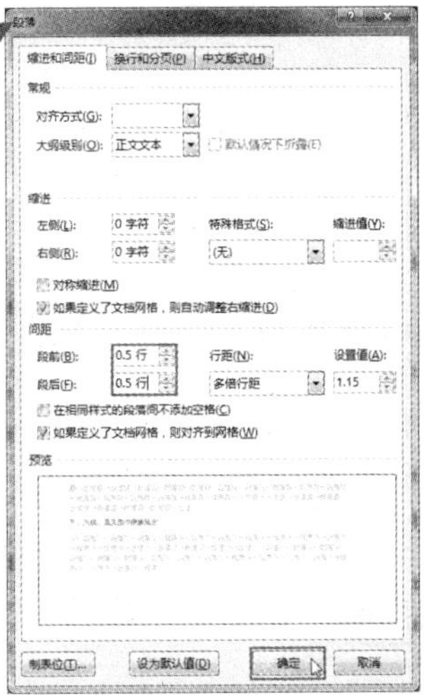

图 5-31

步骤 03 单击“确定”按钮，可以看到选中的段落段前和段后的距离都已经调节，效果如图 5-32 所示。

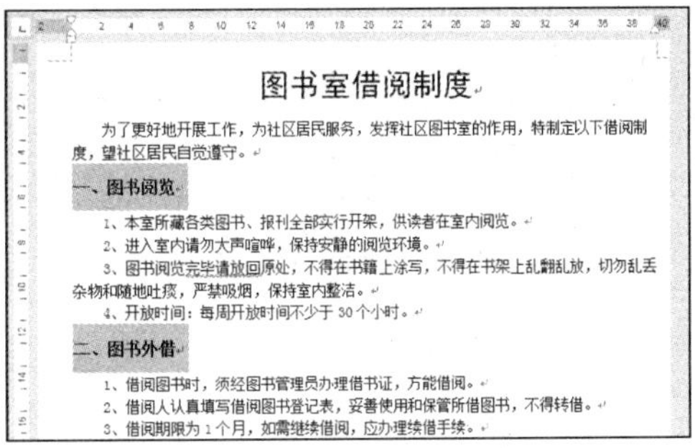

图 5-32

知识扩展

自定义小于 0.5 行的段前、段后间距

在调整段落间距时，如果使用段前和段后数值框后面的调节按钮进行调节，只能以0.5行为单位进行调节。如果只想稍微增大段落间距，如设置间距为0.3行，可以直接手动在数值框中输入数值，如图5-33所示。

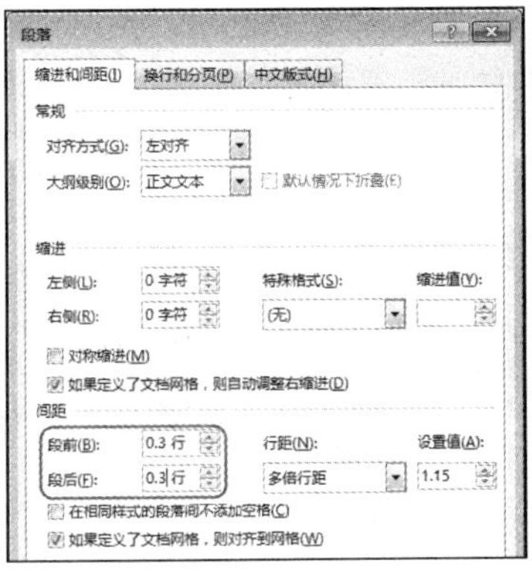

图 5-33

> **提 示**　如果一个段落只有一行文本，那么调整行间距的同时就是调整段落的间距；如果一个段落有多行文本，那么调整行间距指的是调整每行文字间的间距，调整段落间距则只是调整段前和段后的间距，同一段落中的行间距保持不变。

5.2 设置首字下沉效果

首字下沉是指段落开头的第一个字大号显示，一方面可以突出显示出首字；另一方面也可以起到美化文档的编排效果。

5.2.1 快速套用“首字下沉”效果

步骤 01 将光标定位到要设置首字下沉的段落中，或者选中段落的首字，在“插入”→“文本”选项组中单击“添加首字下沉”下拉按钮，如图 5-34 所示。

步骤 02 在展开的下拉菜单中单击“下沉”命令，即可设置首字下沉效果，如图 5-35 所示。

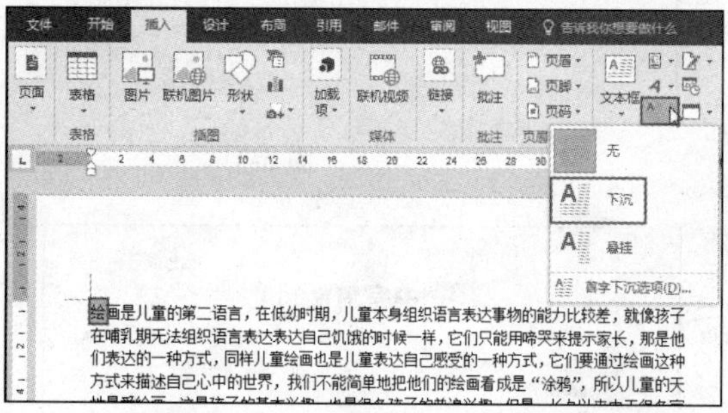

图 5-34

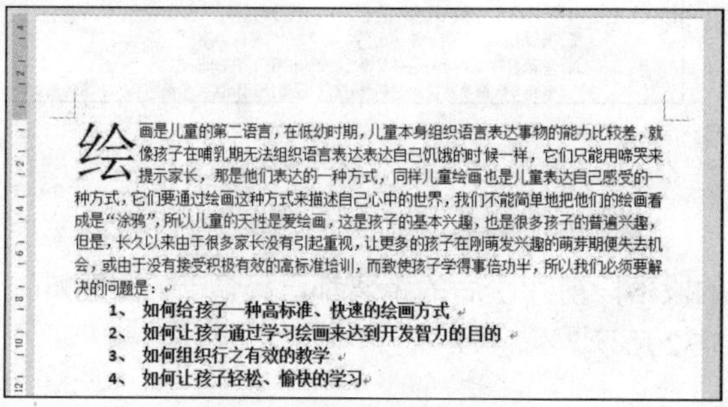

图 5-35

知识扩展

不同的悬挂效果

在首字下沉下拉菜单中，可以看到系统提供了两种不同的首字下沉效果，分别是“下沉”和“悬挂”，用户可以根据需要进行选择。针对上面的文档，如果选择悬挂缩进，其应用效果如图5-36所示。

需要注意的是，在设置首字下沉时，段落的首字必须位于顶格，即前面不能有缩进字符。如图5-37所示，如果首行缩进了两个字符，此时“添加首字下沉”功能被则会被限制使用。

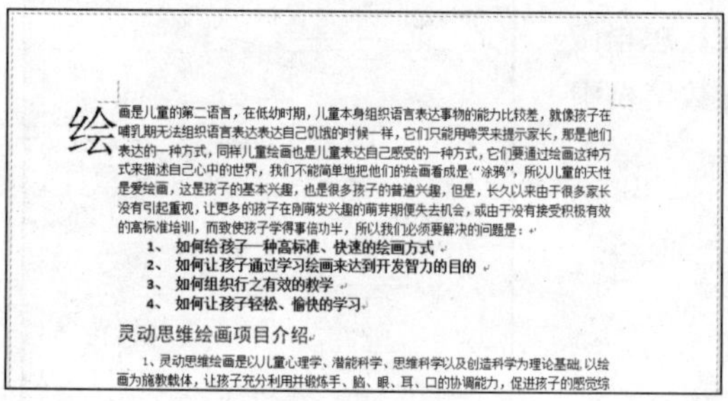

图 5-36

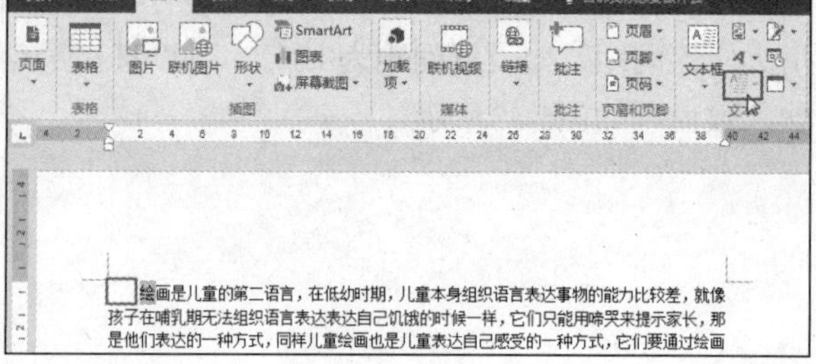

图 5-37

5.2.2 自定义"首字下沉"格式

"首字下沉"效果除了有默认的格式外，还可以自定义下沉格式，其操作方法如下：

步骤 01 将光标定位到要设置首字下沉的段落中，在"插入"→"文本"选项组中单击"添加首字下沉"下拉按钮，在展开的下拉菜单中单击"首字下沉选项"命令（如图 5-38 所示），打开"首字下沉"对话框。

图 5-38

步骤 02 在对话框中的"位置"中选择首字下沉的位置，如"下沉"；在"选项"栏的"字体"下拉列表框中，重新设置字体为"方正姚体"；在"下沉行数"数值框中设置为"3 行"，如图 5-39所示。

步骤 03 单击"确定"按钮，即可将设置的首字下沉效果应用到段落中，效果如图 5-40 所示。

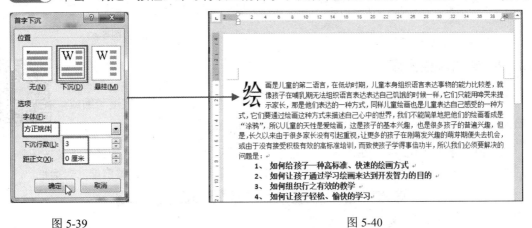

图 5-39   图 5-40

5.3 中文版式设置

在Word 2016中，设置了多种中文版式，如纵横混排、双行合一、合并字符等，可以根据文档的排版需要来应用这些版式。

5.3.1 文字纵横混排效果

利用纵横混排功能，可以实现一个文档的页面有横排和竖排两种方式，使文档生动活泼。

步骤 01 选中需要纵横混排的文本，在"开始"→"段落"选项组中单击"中文版式"下拉按钮 ✄·，在展开的下拉菜单中单击"纵横混排"命令（如图 5-41 所示），打开"纵横混排"对话框。

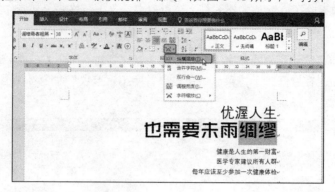

图 5-41

步骤 02 单击"确定"按钮即可（如图 5-42 所示），效果如图 5-43 所示。

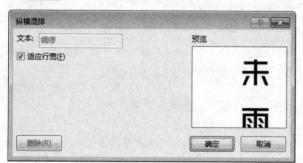

图 5-42

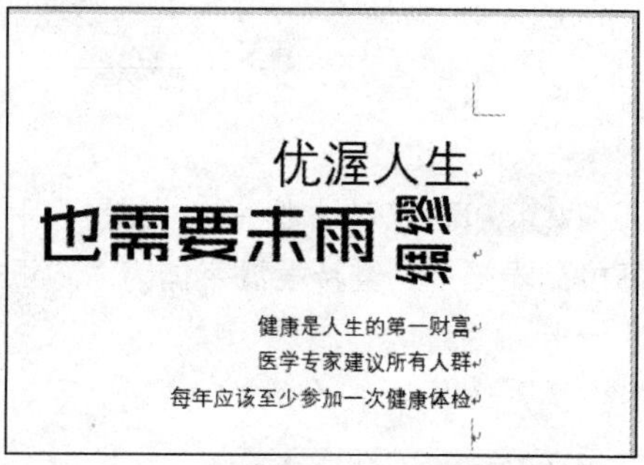

图 5-43

5.3.2 自动调整宽度

自动调整宽度是指只要为选中文本设置了宽度，文本就会以给定的宽度紧缩或疏松显示，利用此功能可以快速让某些文本保持相同的宽度。

步骤 01 选中目标文本，在"开始"→"段落"选项组中单击"中文版式"下拉按钮 ✄·，在展开的下拉菜单中单击"调整宽度"命令（如图 5-44 所示），打开"调整宽度"对话框。

图 5-44

步骤 02 设置宽度值，如图 5-45 所示。

可以将当前文字宽度作为参照，小于当前宽度时为紧缩，大于当前宽度时为疏松。

提示

步骤 03 单击"确定"按钮，调整宽度后的效果如图 5-46 所示。

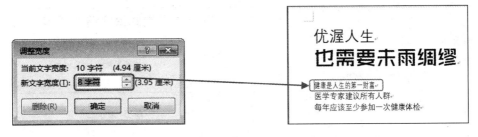

图 5-45　　　　　　　　　　　　　　图 5-46

步骤 04 通过相同的操作可以将下面两行文本的宽度都调整为"8 字符"，可以实现相同的对齐效果，如图 5-47 所示。

图 5-47

5.3.3　联合公文头效果

"双行合一"功能是 Word 中的一个中文版式功能，它是指将选中的文本以两行的形式显示在文档的一行中，利用此功能可以很方便地制作联合公文头。

步骤 01 选中需要双行合一的文本，在"开始"→"段落"选项组中单击"中文版式"下拉按钮，在展开的下拉菜单中单击"双行合一"命令（如图 5-48 所示），打开"双行合一"对话框。

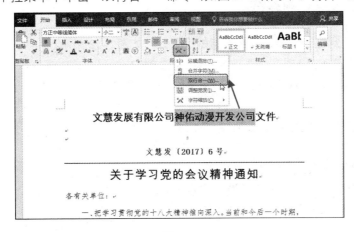

图 5-48

步骤 02 单击"确定"按钮（如图 5-49 所示），就可以制作联合公文头的效果，如图 5-50 所示。

图 5-49

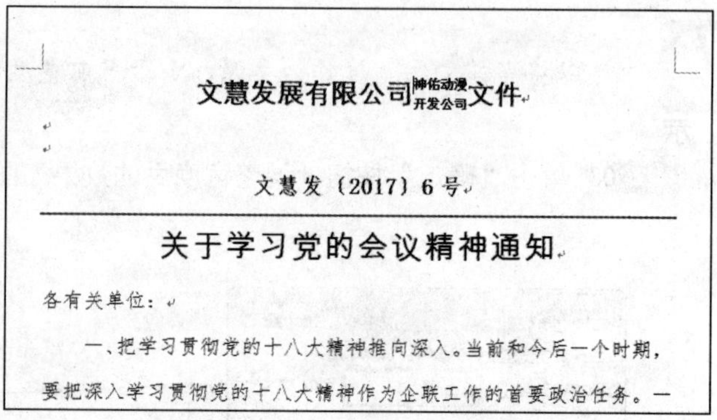

图 5-50

❀ 知识扩展 ❀

自定义双行合一文字的字号

如果觉得合并后的字体太小，可以选中文本，在"字体"选项组中对字号重新设置，设置后效果如图 5-51 所示。

图 5-51

5.4 制表符排版特殊文本

制表符是一种定位符号，在输入内容时利用制表符能快速定位至某一指定的位置，从而以纯文本的方式制作出形如表格一般整齐的内容。建立制表符有以下两种方法。

5.4.1 用 Tab 键建立制表符

步骤 01 将光标定位到需要建立制表符的位置处，如图 5-52 所示。

步骤 02 按 Tab 键一次，得到如图 5-53 所示的效果。这里需要注意，按一次 Tab 键以两个字符作为默认制表位，即中间间隔两个字符。如果需要对齐的文本长度差距较大，则可以多次按 Tab 键预留出空位，如图 5-54 所示。

步骤 03 接着光标定位到第二行的第一个"□"前面，按 Tab 键与上一行对齐；接着定位到第下一个"□"前面，按 Tab 键多次直到与上面的文本对齐。依次按相同的方法进行操作，可以使文本很整齐地呈现出来，如图 5-55 所示。

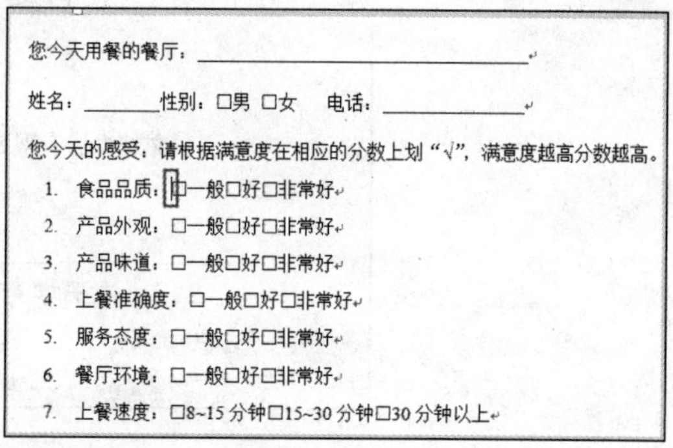

图 5-52

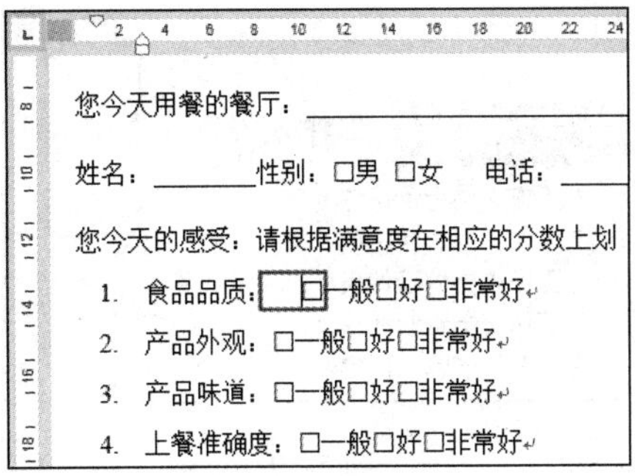

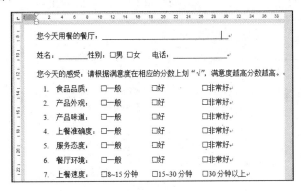

图 5-53 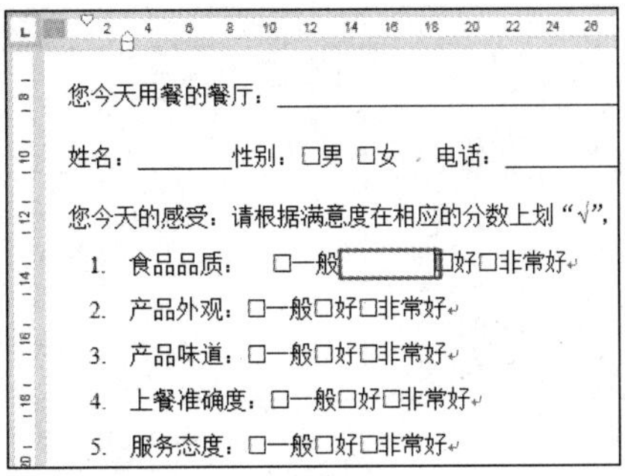　　　　　　　　　　　　　　　　图 5-54

图 5-55

5.4.2　自定义建立制表符

常见的制表符对齐方式有5种，单击标尺左上角按钮可以进行切换。包括左对齐制表符 、右对齐制表符 、居中式制表符 、小数点对齐制表符 、竖线对齐制表符 。下面举例进行说明。

步骤01 将光标定位到如图 5-56 所示的位置，然后单击水平标尺最左端的制表符类型按钮，每单击一次可以切换一种制表符类型，这里选择为"左对齐式制表符"。

步骤02 在标尺上的适当位置单击一次，即可插入左对齐制表符，如图 5-57 所示。

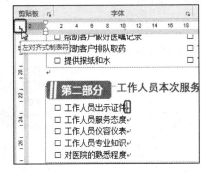

图 5-56

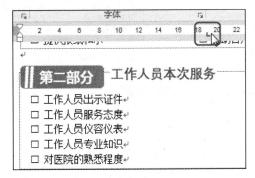

图 5-57

步骤04 再添加四个间距相同的左对齐制表符，如图 5-58 所示。

步骤05 在光标位置上按一次Tab键，即可快速定位到第一个左对齐制表符的所在位置，如图 5-59 所示。

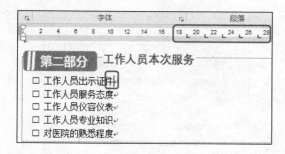

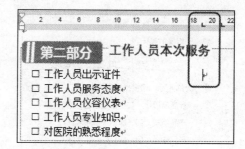

图 5-58　　　　　　　　　　　　　　　图 5-59

步骤 06 在此位置输入文本"1"，按一次Tab键，即可快速定位到第二个左对齐制表符所在位置，如图 5-60 所示。

步骤 07 依次定位到其他位置并输入文本，如图 5-61 所示。

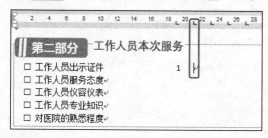

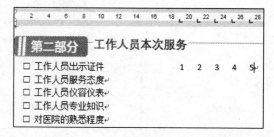

图 5-60　　　　　　　　　　　　　　　图 5-61

步骤 08 按照相同的操作，添加多个制表符，可以让输入的文本排列非常整齐，效果如图 5-62 所示。

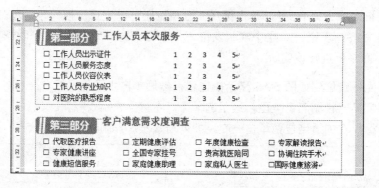

图 5-62

5.4.3　前导符的设置

根据实际需要还可以在制表符文本前添加前导符，具体操作如下。

步骤 01 选中目标文本，在"开始"→"段落"选项组中单击对话框启动器按钮（如图 5-63 所示），打开"段落"对话框。

步骤 02 在"缩进与间距"标签下，单击左下角的"制表位"按钮（如图 5-64 所示），打开"制表位"对话框。

步骤 03 在"制表位位置"列表框中选中目标位置，如首先选中"20.93 字符"选项，在"前导符"栏中选中"2……（2）"单选按钮，如图 5-65 所示。

步骤 04 单击"确定"按钮即可添加前导符，效果如图 5-66 所示。

图 5-63

图 5-64

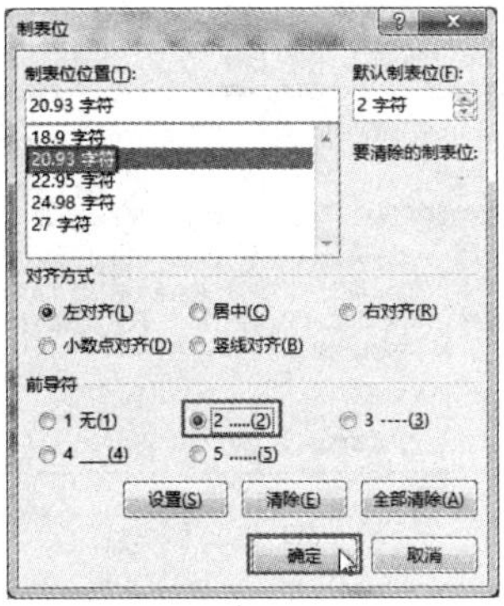

图 5-65

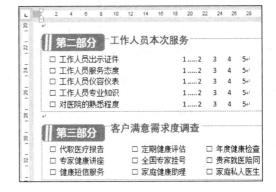

图 5-66

步骤 05 接着再次打开"制表位"对话框，在"制表符位置"列表框中选择下一个位置，并选择需要的前导符，依次设置可以达到如图 5-67 所示的效果。

图 5-67

5.5　应用项目符号与编号

项目符号与编号是用来表明内容的大分类、小分类，从而使文章变得层次分明，容易阅读。项目符号可以是符号、小图片（以简单为主）；编号则可以是大写数字、阿拉伯数字、字母等，以不同格式展现的连续编号。Word 2016内置了几种项目符号与编号的样式，以供用户选择使用。

5.5.1 引用项目符号与编号

Word 2016内置了几种项目符号与编号的样式，当文档需要使用项目符号与编号时，则可以快速套用。

1. 添加项目符号

在"项目符号"下拉菜单中可以直接引用项目符号，具体操作如下：

步骤01 选中要添加项目符号的文本，在"开始"→"段落"选项组中单击"项目符号"下拉按钮，在展开的下拉菜单中单击要插入的项目符号，如图 5-68 所示。

步骤02 如单击 ➤ 项目符号，即可在选中文本的段落前插入项目符号，如图 5-69 所示。

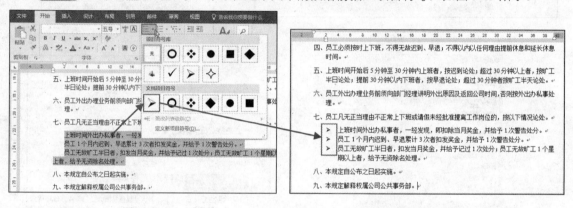

图 5-68　　　　　　　　　　　　　　　　图 5-69

2. 添加编号

如果要添加编号，可以使用Word 2016提供的"编号"功能来实现，具体操作如下：

步骤01 选中要添加编号的段落文本，在"开始"→"段落"选项组中单击"编号"下拉按钮，在展开的下拉菜单中单击要插入的编号格式，如图 5-70 所示。

步骤02 单击合适的编号，即可在目标位置插入编号，如图 5-71 所示。

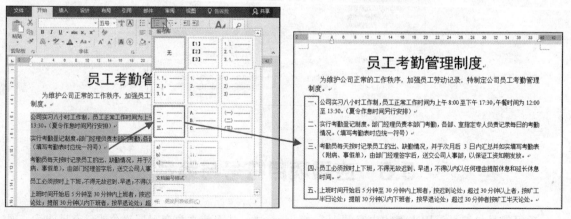

图 5-70　　　　　　　　　　　　　　　　图 5-71

在添加项目符号或编号时，不是为每行文字添加项目符号，而是以段为单位添加项目符号。如果多段需要使用项目符号或编号可以一次性选中并添加，如果要添加的文本是不连续的，则先配合Ctrl键选取不连续的文本后再添加。

提 示

5.5.2 自定义项目符号与编号

程序内置的项目符号与编号样式有限，除了使用这几种之外，还可以自定义其他样式的项目符号与编号。

1. 自定义项目符号

程序内置的符号都可以作为项目符号使用。

步骤01 选中要添加项目符号的段落文本，在"开始"→"段落"选项组中单击"项目符号"下拉按钮，在展开的下拉菜单中单击"定义新项目符号"命令（如图 5-72 所示），打开"定义新项目符号"对话框。

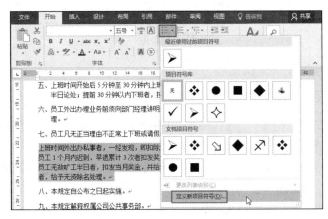

图 5-72

步骤02 单击"符号"按钮（或单击"图片"按钮），定义要插入的项目符号来源（如图 5-73 所示），打开"符号"对话框。

步骤03 在列表框中选中想使用的符号，如图 5-74 所示。

图 5-73

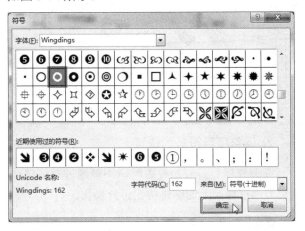

图 5-74

步骤 **04** 单击"确定"按钮返回"定义新项目符号"对话框，如图 5-75 所示。

步骤 **05** 单击"确定"按钮返回文档中，即可在选中的段落文本上添加项目符号，如图 5-76 所示。

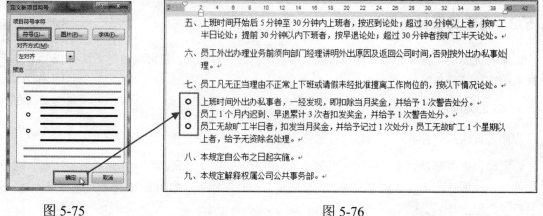

图 5-75   图 5-76

✕ 知识扩展 ✕

自定义图片为项目符号

除了使用程序内置的项目符号外，还可以将电脑中保存的图片自定义为项目符号。

01 打开"定义新项目符号"对话框后，单击"图片"按钮，打开"插入图片"对话框，如图 5-77 所示。

02 进入要使用图片的保存目录下，选中图片后，单击"插入"按钮回到"定义新项目符号"对话框，单击"确定"按钮即可应用自定义的图片作为项目符号，如图 5-78 所示。

图 5-77   图 5-78

2. 调整项目符号的位置

在调整项目符号的位置时，不能通过空格键或删除键来实现。如果要调整项目符号的位置，则需要通过标尺上的缩进按钮进行操作。

步骤 **01** 选中要调整项目符号位置的段落文本，然后将鼠标指针指向标尺上的"首行缩进"按钮，如图 5-79 所示。

步骤 **02** 按住鼠标左键不放，向左或向右拖动鼠标，在合适位置释放，可以看到项目符号向右靠近文本，如图 5-80 所示。

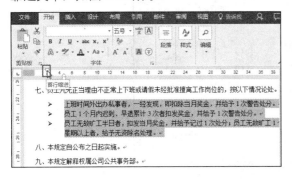

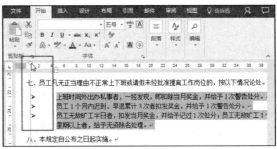

图 5-79 图 5-80

步骤 **03** 当按住"左缩进"按钮进行拖动时，项目符号位置不变，文本向右移动，加宽了项目符号与文本间的距离，如图 5-81 所示。

步骤 **04** 当按住"悬挂缩进"按钮进行拖动时，文本和项目符号一起向右侧移动，效果如图 5-82 所示。

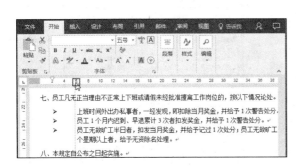

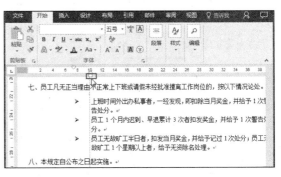

图 5-81 图 5-82

提 示

标尺上的缩进按钮有三个，如图5-83所示，从上到下依次是首行缩进按钮、悬挂缩进按钮以及左缩进按钮，拖动不同的按钮实现的缩进效果不同。

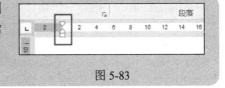

图 5-83

3. 自定义编号

如果要自定义编号，可以使用如下操作来实现。

步骤 **01** 选中要添加编号的段落文本，在"开始"→"段落"选项组中单击"编号"下拉按钮，在展开的下拉菜单中单击"定义新编号格式"命令（如图 5-84 所示），打开"定义新编号格式"对话框。

步骤 **02** 单击"编号样式"下拉按钮，在展开的下拉列表中选择编号样式（如图 5-85 所示）；单击"字体"按钮，打开"字体"对话框。

步骤 **03** 可以对编号的字体格式进行重新设置，如此处重新设置了"字形"为"倾斜"，如图 5-86 所示。

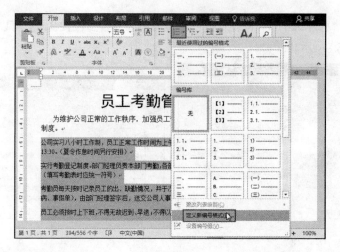

图 5-84

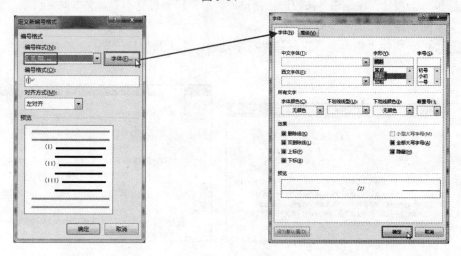

图 5-85   图 5-86

步骤 **04** 单击"确定"按钮，即可将自定义的编号应用到文本中，效果如图 5-87 所示。

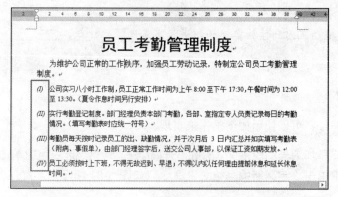

图 5-87

4. 自定义编号起始值

对编号起始值的设置主要应用于以下两种情况：多段文本的编号是连续的，需要分别进行排序，即将它们依次改为从1开始；多段文本的编号是不连续的，需要将它们改为连续的，即依次顺延。

如图5-88所示，两处文本的编号默认是连续的，现在要将其更改为各自从1开始编号。

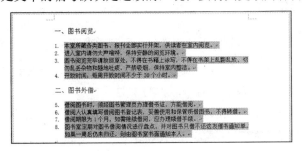

图 5-88

步骤01 选中第二处编号，单击鼠标右键，从弹出的快捷菜单中单击"重新开始于1"命令（如图 5-89 所示），设置后效果如图 5-90 所示。

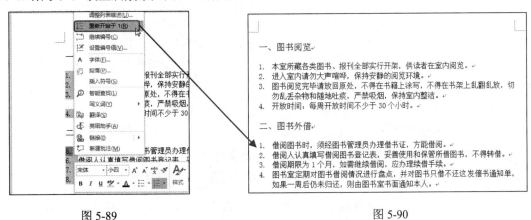

图 5-89   图 5-90

步骤02 如果各自从 1 开始的编号需要连续编号，选中第二处编号，单击鼠标右键，从弹出的快捷菜单中单击"继续编号"命令即可，如图 5-91 所示。

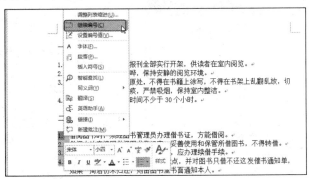

图 5-91

5.6　分栏排版

分栏是将文本拆分为两栏或多栏显示，Word 2016默认文档内容都是一栏显示的，但是有时为了文档的编排效果更加合理与美观，可以对文档内容进行分栏设置，如分二栏、分三栏等。分栏操作需要结合排版的实际需要决定是否使用，本例中介绍的操作方法可供读者参考。

5.6.1 创建分栏版式

如要为整篇文档设置分栏版式，可以使用"分栏"功能来实现，具体操作如下：

步骤 01 打开文档，在"布局"→"页面设置"选项组中单击"分栏"下拉按钮，在展开的下拉菜单中单击"两栏"命令，如图 5-92 所示。

步骤 02 执行以上操作后，文档即可以的两栏方式显示，效果如图 5-93 所示。

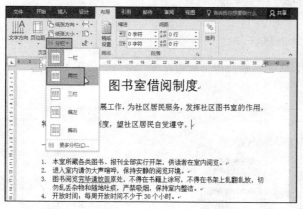

图 5-92

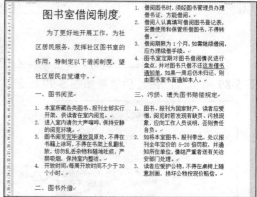

图 5-93

从上面的分栏效果看，效果并不能让人满意，这篇文档实际可以设置标题与第一段的引文部分采用跨栏方式，其他部分采用分栏方式，因此这就涉及混合分栏，具体操作如下：

选中除标题与第一段文本之外的所有文字，在"布局"→"页面设置"选项组中单击"分栏"下拉按钮，在展开的下拉菜单中单击"两栏"命令（如图 5-94 所示），即可得到如图 5-95 所示的混合分栏效果。

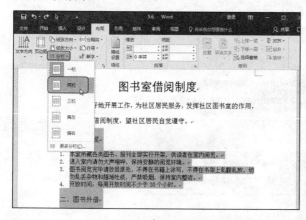

图 5-94

图 5-95

提 示 如果当前的文档多处需要使用不同的分栏版式，如有的需要两栏、有的需要三栏等，设置的方法是相同的，只是注意设置前要准确选中目标文本再进行分栏设置即可。

5.6.2　调整栏宽

除了使用程序提供的默认分栏宽度和间距外，还可以自行调整分栏的宽度和间距，同时也可以为分栏添加辅助分隔线。

步骤 01 打开文档，选中要分栏的文本（如果整篇分栏则无须选中），在"布局"→"页面设置"选项组中单击"分栏"下拉按钮，在展开的下拉菜单中单击"更多两栏"命令（如图 5-96 所示），打开"分栏"对话框。

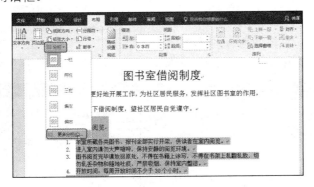

图 5-96

步骤 02 在"栏数"数值框中输入"2"，撤选"栏宽相等"复选框，并在对应的第一栏"宽度"数值框中通过单击上下调节按钮来调节栏宽；在后面的"间距"数值框中，通过单击上下调节按钮来设置第一栏与第二栏之间的间距；选中"分隔线"复选框，如图 5-97 所示。

步骤 03 设置完成后，单击"确定"按钮，可以看到栏宽和间距发生了改变，还添加了分隔线，如图 5-98 所示。

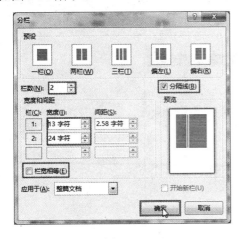

图 5-97

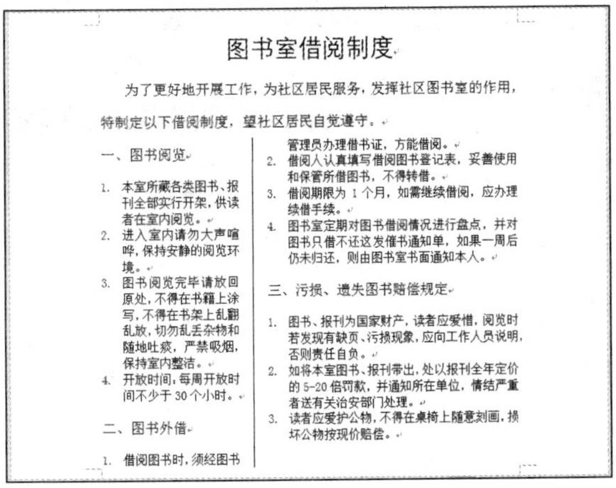

图 5-98

5.7　综合实例：制作活动通知文档

活动通知文档是活动开展前对内对外告知的一种文档，属于比较常用的办公文档之一。但无论哪种类型的办公文档，在文字编辑后都应注重其排版工作，如对文档段落间距的调整，标题文字的特殊设置，条目文本应用有条理的编号进行编排等。

1. 输入主题文本

步骤 01 新建文档后，输入文本，并对文字进行字体、字号以及字体颜色的设置，效果如图5-99 所示。

步骤 02 选中文本"游客卡会员"，设置字体颜色为"蓝色"，字号"二号"，并单击"加粗"按钮，如图 5-100 所示。

步骤 03 选中文本"海岛休闲游"，设置字体格式为"华文彩云"、字体颜色为"黑色"、字号为"初号"，如图 5-101 所示。

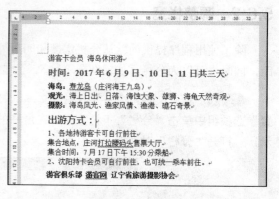

图 5-99

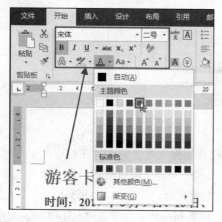

图 5-100

图 5-101

步骤 04 在如图 5-102 所示的位置绘制文本框（具体的操作方法可以参考本书 6.4.1 小节的介绍），并输入网址，设置字体的颜色为"蓝色"，如图 5-102 所示。

图 5-102

2. 设置段落格式

步骤 01 选中段落（如果是多处不连续的段落可配合Ctrl键一次性选中），在水平标尺上，将鼠标指针指向"首行缩进"按钮，如图 5-103 所示。

步骤 02 按住鼠标左键，向右拖动"首行缩进"按钮到指定位置后，松开鼠标左键，即可完成对选中段落首行缩进的设置，效果如图 5-104 所示。

图 5-103

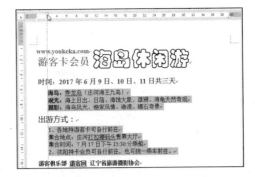

图 5-104

步骤 03 选中要设置段落间距的文本，在"开始"→"段落"选项组中单击对话框启动器按钮（如图 5-105 所示），打开"段落"对话框。

步骤 04 在"间距"栏下，设置"段后"间距值为"1 行"，如图 5-106 所示。

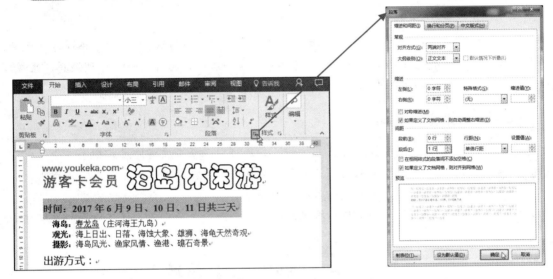

图 5-105   图 5-106

步骤 05 单击"确定"按钮返回到文档中，查看设置段落间距后的效果如图 5-107 所示。

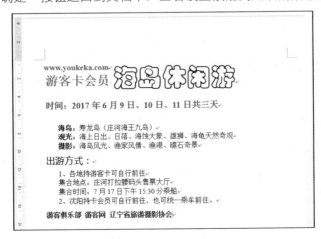

图 5-107

第 **6** 章

文档的图文混排

应用环境

有些文档并不只有文字信息，还会使用到图形、图片、表格等其他元素，这些元素混合使用时，首先要学会单一编辑，另外还要会合理混排，生成理想的页面效果。

本章知识点

① 图片插入文档并编辑（如裁剪、调整亮度对比度、抠图等）
② 图形插入文档并编辑（如在图形上添加文字、多图形构图等）
③ 在文档中使用 SmartArt 图形
④ 在文档中插入表格并编辑（如调整表格框架、设置边框和底纹等）

6.1 在文档中应用图片

在排版商务办公文档时，图片的应用必不可少，将图片与文字结合，可以形象表达信息，同时也可以起到点缀、美化文档的作用。而在应用图片时，要考虑图片的适用性，并且在插入图片后也要调整图片大小、位置及效果，使其与整个文档达到协调的效果。

6.1.1 插入图片并初步调整

插入的图片可以从电脑中选择，也可以插入联机图片，一般我们会将需要使用的图片事先保存到电脑中，然后再按步骤插入。插入图片后首先需要根据实际情况调整图片的位置和大小。

1. 插入图片

步骤 **01** 定位到需要插入图片的位置，在"插入"→"插图"选项组中单击"图片"按钮（如图 6-1 所示），打开"插入图片"对话框。

步骤 **02** 在地址栏中需要逐步定位保存图片的文件夹(也可以从左边的树状目录中依次定位)，选中目标图片，如图 6-2 所示。

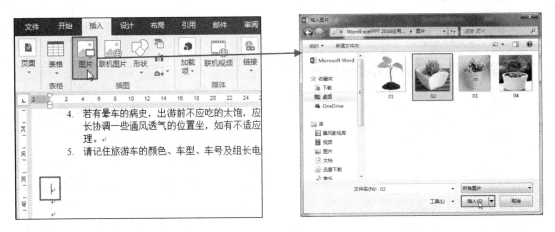

| 图 6-1 | 图 6-2 |

步骤 03 单击"插入"按钮即可插入图片到文档中，如图 6-3 所示。

在插入图片时也可以一次性插入多张，前提是要将想插入的图片保存到同一文件夹中，具体操作如下。

步骤 01 在"插入"→"插图"选项组中单击"图片"按钮，打开"插入图片"对话框，选中第一张图片后，按住Ctrl键不放，依次在其他图片上单击选中，如图 6-4 所示。

步骤 02 单击"插入"按钮即可插入选中的所有图片，如图 6-5 所示。

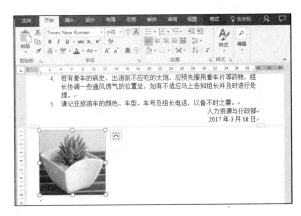

图 6-3

| 图 6-4 | 图 6-5 |

2. 插入图标

插入图标是Word 2016版本中新增的功能，图标是程序提供的一些可供直接使用的PNG格式的图片，使用起来非常方便。

步骤 01 定位到需要插入图标的位置，在"插入"→"插图"选项组中单击"图标"按钮（如图 6-6 所示），打开"插入图标"对话框。

步骤 02 左侧列表是对图标的分类，可以选择相应的分类，然后在右侧选择想使用的图标，可以一次性选中多个，如图 6-7 所示。

图 6-6   图 6-7

步骤 03 单击"插入"按钮即可插入图标到文档中，如图 6-8 所示。

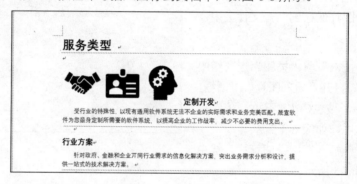

图 6-8

3. 移动及调整图片大小

移动图片的方法是先选中图片，将鼠标指针指向图片上除控点之外的其他任意位置，当指针变为四向箭头时（如图6-9所示），按住鼠标左键将其拖动至目标位置（如图6-10所示），释放鼠标即可将图片移至目标位置，如图6-11所示。

图 6-9   图 6-10

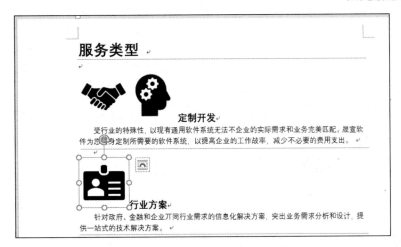

图 6-11

图片大小的调整主要有两种方法，一是通过拖动鼠标调整，二是通过为图片设置具体尺寸精确修改。具体操作如下：

步骤 01 选中图片，图片四周会显示 8 个控制点，当鼠标指针指向顶角的控制点时，指针会变成倾斜的双向箭头（如图 6-12 所示），通过拖动鼠标，可以让图片的高、宽同比例增减，如图 6-13 所示。

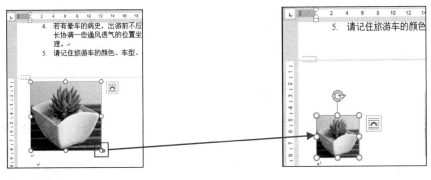

图 6-12   图 6-13

步骤 02 选中图片，在"图片工具-格式"→"大小"选项组中，在"形状高度"或"形状宽度"数值框中输入精确值（如图 6-14 所示），即可调整图片的大小，如图 6-15 所示。

图 6-14   图 6-15

6.1.2 裁剪修整图片

当插入的图片有多余不需要的部分时，我们可以直接在Word程序中进行裁剪，而不需要借助其他图片处理工具。

步骤 **01** 选中图片，在"图片工具-格式"→"大小"选项组中单击"裁剪"按钮（如图 6-16 所示），此时图片四周会出现黑色的边框，如图 6-17 所示。

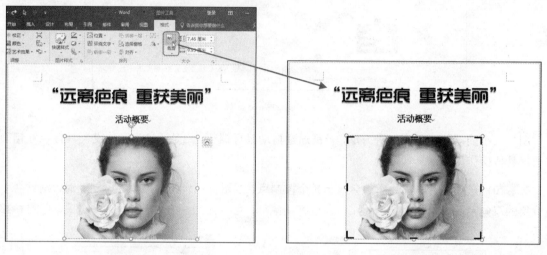

图 6-16 图 6-17

步骤 **02** 将鼠标指针指向任意上、下、左、右控点，按住鼠标左键拖动，灰色区域就是即将被裁剪掉的区域，如图 6-18 所示。

步骤 **03** 如果将鼠标指针指向拐角控点上，可同时进行横向和纵向的裁剪，如图 6-19 所示。

图 6-18

图 6-19

步骤 **04** 确定裁剪区域后，在图片以外的任意位置处单击即可完成裁剪，如图 6-20 所示。

除此之外，还可以将图片剪裁为特殊的形状样式，如椭圆、星形、多边形等。

步骤 **01** 选中图片，在"图片工具-格式"→"大小"选项组中单击"裁剪"下拉按钮，在弹出的下拉菜单中单击"裁剪为形状"命令，如图 6-21 所示。

图 6-20

步骤 02 选择要裁剪的形状，单击即可，如裁剪为"流程图:多文档"形状，效果如图 6-22 所示。

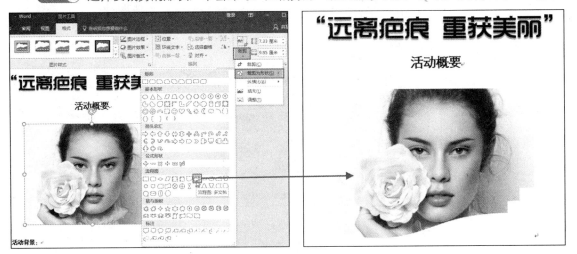

图 6-21   图 6-22

6.1.3 调整图片亮度和对比度

插入图片到文档中后如果感觉图片的色彩效果偏暗或者偏亮等，都可以直接在软件中进行快速调整。

步骤 01 选中图片，在"图片工具-格式"→"调整"选项组中单击"校正"下拉按钮，弹出下拉菜单，在"亮度/对比度"栏下，选择合适的对比度，效果如图 6-23 所示。

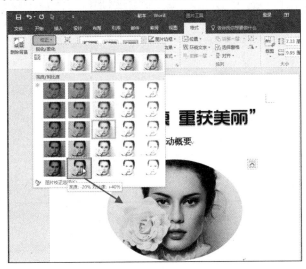

图 6-23

步骤 02 单击"颜色"下拉按钮，弹出下拉菜单，还可以对图片颜色的饱和度、色调等进行调整，如图 6-24 所示。

提示

在"调整"选项组中单击"更正"与"颜色"功能按钮都是针对图片颜色的调整，本例只是引导读者设置图片格式的方法，实际应用中需要根据当前插入的图片来选用合理的调整方案。

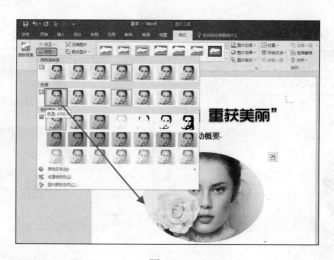

图 6-24

❈ 知识扩展 ❈

设置图片艺术效果

"调整"选项组中还有一个"艺术效果"功能按钮，通过套用艺术效果，可以使得图片更像草图、油画等，以生成各种艺术效果。

选中图片，在"图片工具-格式"→"调整"选项组中单击"艺术效果"下拉按钮，在展开的菜单中选择艺术效果，如单击"玻璃"选项，效果如图 6-25 所示。

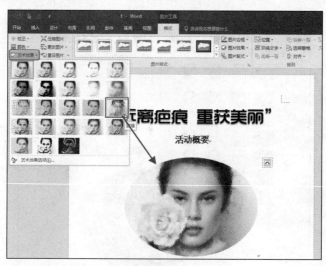

图 6-25

6.1.4　设置图片样式

Word中预置了很多种图片外观样式,这些图片样式主要有图片边框、图片阴影、图片外观、图片立体样式等,这些预设样式可能是经过多步设置才能实现的,因此当想为你的图片设置外观样式时,可以试着先套用这些样式,并进行预览找到令人满意的效果。

图 6-26

步骤 01 选中图片，在"图片工具-格式"→"图片样式"选项组中单击"其他"按钮，展开图片样式菜单，如图 6-26 所示。

步骤 02 选择合适的图片样式，如"映像圆角矩形"（如图 6-27 所示），单击即可应用，效果如图 6-28 所示。

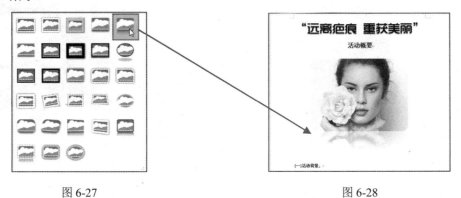

图 6-27   图 6-28

❀ 知识扩展 ❀

套用样式快速排版图片

在日常工作中常见到如图6-29所示的排版样式，如果将多种图片呆板地堆在一起，版面效果会很差，实际只要对它们应用图片样式，然后叠加、旋转放置即可呈现出不一样的排版效果。

图 6-29

6.1.5 删除图片背景（抠图）

"删除背景"功能实际是实现抠图的操作，在Word 2013之前的版本中要想抠图必须借助其他图片处理工具，而Word 2013之后的版本都可以直接在程序中实现抠图。如图6-30所示的图片有白色底纹，不能很完美地与文档的页面颜色相融合，因此可以利用"删除背景"功能将白色底纹删除，具体操作如下：

步骤01 选中图片，在"图片工具-格式"→"调整"选项组中单击"删除背景"下拉按钮，如图 6-30 所示。

步骤02 图片进入背景消除工作状态（变色的为要删除区域，本色的为保留区域），在"背景消除"→"优化"选项组中单击"标记要保留的区域"按钮，此时鼠标指针变成铅笔形状，如果想保留的区域已变色，就在该区域拖动，直到所有想保留的区域都保持本色为止，如图 6-31 所示。

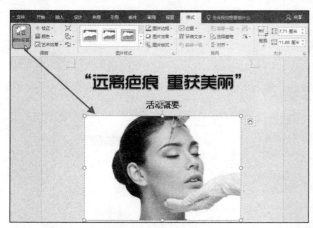

图 6-30

图 6-31

步骤03 绘制完成后，在"背景消除"→"关闭"选项组中单击"保留更改"按钮（如图 6-32 所示）即可删除不需要的部分，效果如图 6-33 所示。

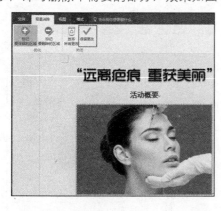

图 6-32

图 6-33

提示

有时图片色彩复杂，在进行背景删除时则可能需要多步操作才能完成。首先图片进入删除背景状态时会自动变色一部分，这时可以单击"标记要保留的区域"按钮在图片上不断单击增加要保留的区域；也可以单击"标记要删除的区域"按钮在图片上不断单击增加要删除的区域。

6.1.6　多图片应用"图片版式"快速排版

"图片版式"功能用以将所选的图片转换为SmartArt图形样式，因此当文档中使用多个图片时，可以使用此功能实现对图片的快速排版，迅速让多个图片快速对齐、裁剪为相同外观等。

步骤01 选中图片，在"图片工具-格式"→"图片样式"选项组中单击"图片版式"下拉按钮，如图 6-34 所示。

步骤02 在展开的下拉菜单中选择合适的版式，如"蛇形图片题注列表"，效果如图 6-35 所示。

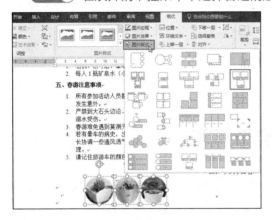

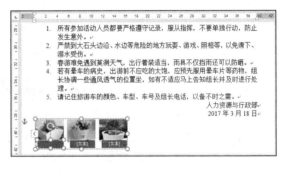

图 6-34　　　　　　　　　　　　　　　　　图 6-35

6.1.7　图片与文档的混排设置

在文档中插入图片后，默认是以"嵌入"的方式插入。"嵌入"式的图片与文本是分开的，即图片单独占行。而在日常排版文档时，很多时候需要文字能环绕图片或图片衬于文字下方等版式，这时则需要更改图片的布局。

步骤01 选中图片（默认是嵌入式的），在"图片工具-格式"→"排列"选项组中单击"环绕文字"下拉按钮，如图 6-36 所示。

步骤02 在展开的下拉菜单中单击"衬于文字下方"命令，此时图片就可以衬于文字下方显示，效果如图 6-37 所示。

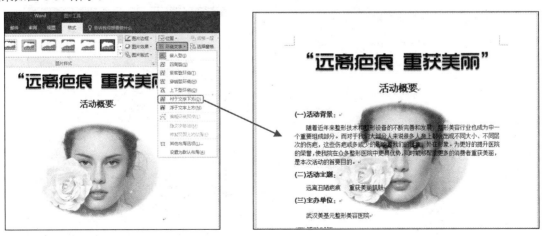

图 6-36　　　　　　　　　　　　　　　　　图 6-37

图 6-38

使用"布局选项"按钮

在 Word 2016 中选中图片时,右上角会出现一个"布局选项"按钮,单击此按钮可以快速设置图片的布局,如图 6-38 所示。

6.2 应用自选图形

使用 Word 2016 中的形状功能,可绘制出如线条、多边形、箭头、流程图、标注、星与旗帜等图形。使用这些图形组合可以描述操作流程和设计文字效果,并且图形与文字的组合还可以丰富版面。

6.2.1 插入自选图形

程序的"形状"下拉菜单中显示了多种图形,需要哪种样式的图形都可以在此处进行选择。

1. 绘制图形

步骤 01 打开文档,在"插入"→"插图"选项组中单击"形状"下拉按钮,弹出下拉菜单,选择"矩形:圆角"图形,如图 6-39 所示。

步骤 02 单击图形后,鼠标指针变为+样式,在需要的位置上按住鼠标左键不放进行拖动,至合适位置后释放鼠标,即可得到矩形,如图 6-40 所示。

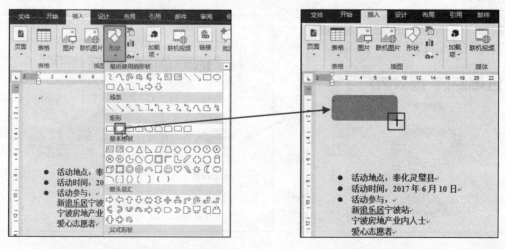

图 6-39   图 6-40

步骤03 选中图形，在“绘图工具-格式”→“形状样式”选项组中单击“形状填充”下拉按钮，在下拉菜单中选中“红色”，如图 6-41 所示。

步骤04 单击“形状轮廓”下拉按钮，在下拉菜单中单击“无轮廓”命令，效果如图 6-42 所示。

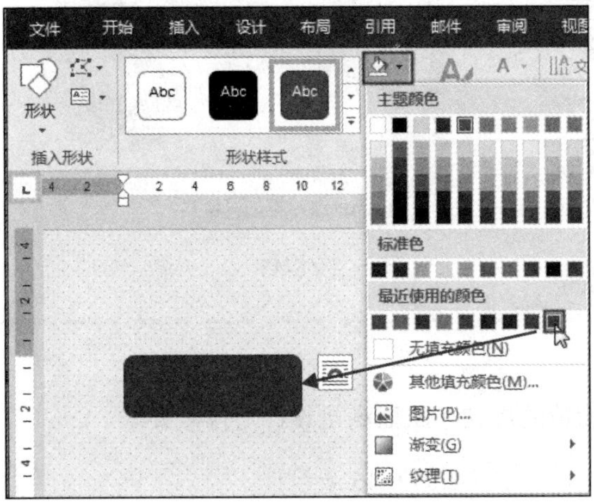

图 6-41

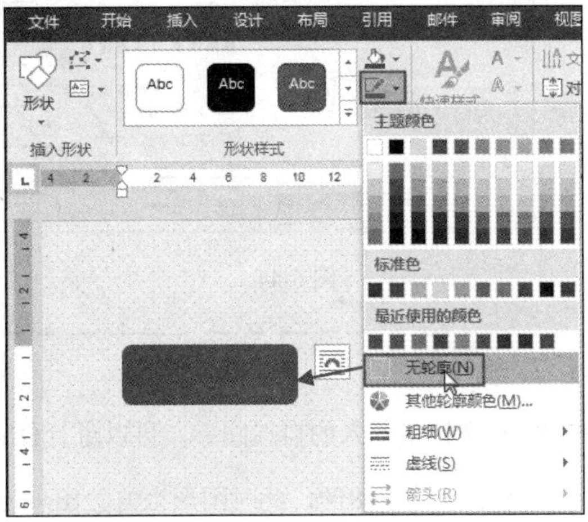

图 6-42

步骤05 按照相同的方法绘制其他图形，并为图形设置填充颜色和轮廓（当前图形轮廓线都使用无轮廓），效果如图 6-43 所示。

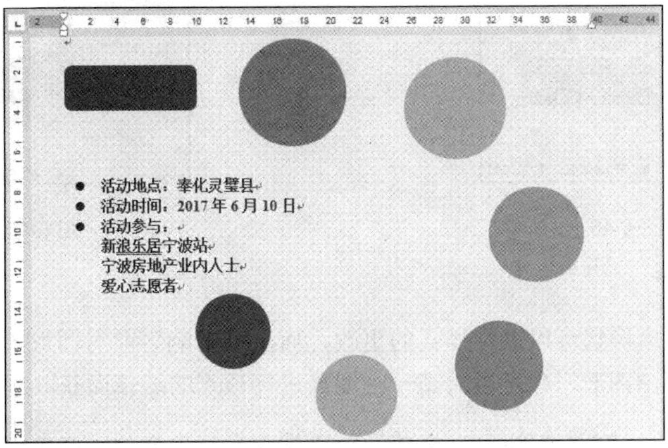

图 6-43

知识扩展

设置图形的边框

除了为图形设置无轮廓外，还可以为图形设置边框，边框的线条样式也可以进行设定，如指定一种颜色、设置轮廓线粗细等。

选中图形，在“绘图工具-格式”→“形状样式”选项组中单击“形状轮廓”下拉按钮，在弹出的下拉菜单中选择边框的颜色，如“橙色”。继续在下拉菜单中将鼠标指针指向“虚线”命令，展开子菜单，选择虚线样式，如图 6-44 所示（单击即可应用），应用后的效果如图 6-45 所示。

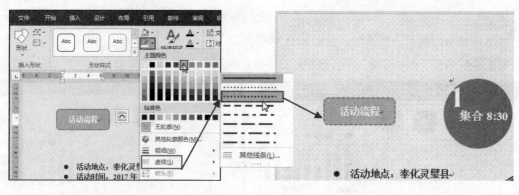

图 6-44   图 6-45

2. 旋转图形

Word文档中插入的自选图形，可以进行任意度数的旋转，从而满足设计与排版要求。

步骤 **01** 选中图形，此时图形上方会出现旋转按钮 @（如图 6-46 所示）。

步骤 **02** 将鼠标指针指向旋转按钮，按住鼠标左键并拖动，即可实现图形的旋转，如图 6-47 所示。

图 6-46   图 6-47

3. 更改图形形状

Word中插入的图形形状可以进行样式的更改，而不会影响之前对图形的填充、轮廓线的制作等。可以从A图形变为B图形，也可以对某一个图形进行顶点的编辑而获取新的图形样式。

步骤 **01** 选中图形，在"绘图工具-格式"→"插入形状"选项组中单击"编辑形状"下拉按钮，在弹出的下拉菜单中单击"更改形状"命令，在展开的子菜单中指向图形要更改为的形状，如"箭头：五边形"（如图 6-48 所示），单击即可更改形状，如图 6-49 所示。

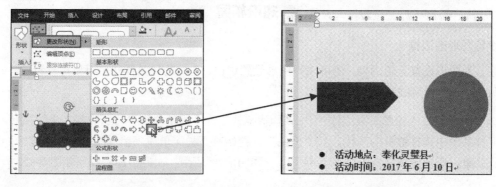

图 6-48   图 6-49

步骤 02 选中图形，在"绘图工具-格式"→"插入形状"选项组中单击"编辑形状"下拉按钮，在弹出的下拉菜单中单击"编辑顶点"命令，如图 6-50 所示。此时图形的顶点会变成黑色实心正方形，单击右侧的顶点，并向右拖动（如图 6-51 所示）至适当的位置后释放，即可调整图形的外观，如图 6-52 所示。

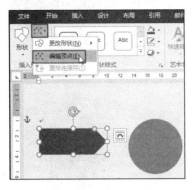

图 6-50

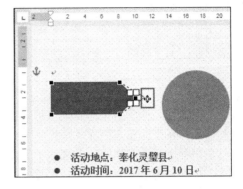

图 6-51

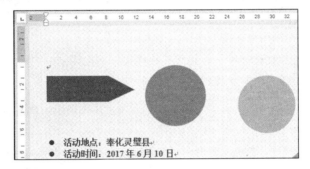

图 6-52

6.2.2 在图形上添加文字

图形常用于修饰文本，当绘制图形后该如何添加文字呢？可以按照如下的步骤进行操作。

步骤 01 选中图形，单击鼠标右键，在弹出的快捷菜单中单击"添加文字"命令（如图 6-53 所示），即可进入文字编辑状态，如图 6-54 所示。

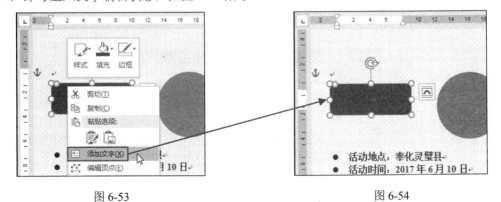

图 6-53

图 6-54

步骤 02 输入文本（如图 6-55 所示），并对文本进行字体、字号的编辑，效果如图 6-56 所示。

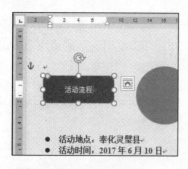
图 6-55

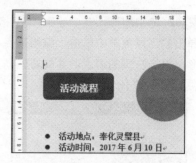
图 6-56

提 示

在图形上添加文字，还有一种操作是使用文本框，因为图形上的文字可能有多行，又可能需要文字制作高低层次放置的不同效果，这时直接编辑文本就做不到了，可以在图形上绘制文本框。而文本框也是一个图形，可以将其随意拖动放置到任意位置上，但注意这时要将文本框设置为"无填充颜色"与"无轮廓"的效果。关于文本框的绘制及格式设置请参见6.4节的操作。

6.2.3 套用形状样式

绘制图形的默认样式一般比较单一，而"形状样式"下拉菜单中的样式是程序预设的一些可直接套用的样式，方便我们对图表进行快速美化。

步骤 **01** 选中图形，在"绘图工具-格式"→"形状样式"选项组中单击"其他"按钮（如图 6-57所示），展开下拉菜单。

步骤 **02** 选择合适的样式，单击即可套用（如图 6-58 所示），效果如图 6-59 所示。

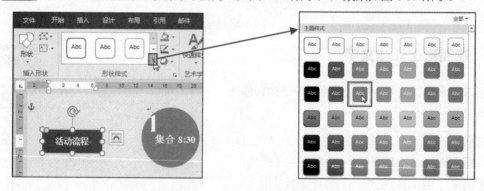

图 6-57 图 6-58

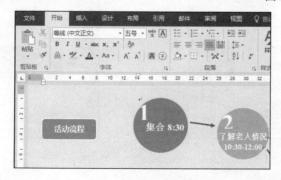

图 6-59

6.2.4　多个图形对齐设置

在绘制多个图形时，很多时候都需要排列整齐，手动拖动放置一般不容易精确对齐，此时可以利用程序提供的"对齐"功能。如图6-60所示的三个图形需要顶端对齐，并且保持同等间距。

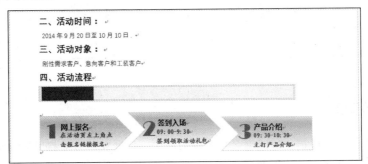

图 6-60

步骤01 同时选中三个图形，在"绘图工具-格式"→"排列"选项组中单击"对齐"下拉按钮，展开下拉菜单，单击"顶端对齐"命令，如图 6-61 所示。

图 6-61

步骤02 进行一次对齐后，保持图形的选中状态，再次在"对齐"的下拉菜单中单击"横向分布"命令，如图 6-62 所示。

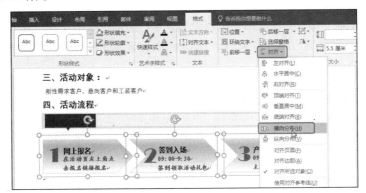

图 6-62

步骤 03 执行上面两步的对齐操作后，图形的对齐效果如图 6-63 所示。

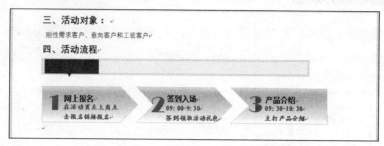

图 6-63

6.2.5 组合多图形

在对多个图形编辑完成后，可以将多个图形组合成一个对象，方便整体移动来调整位置，也可以避免他人对单个图形进行无意更改。

同时选中多个对象，如图 6-64 所示的图形上有两个文本框，这样共计是三个对象，可以按住 Ctrl 键不放，依次选中它们，然后单击鼠标右键，在弹出的快捷菜单中依次单击"组合"→"组合"命令（如图 6-64 所示），即可将多个对象组合成一个对象，效果如图 6-65 所示。

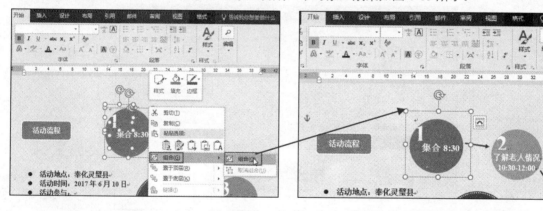

图 6-64   图 6-65

6.3 在文档中使用 SmartArt 图形

通过插入形状来表示流程、层次结构和列表等关系，要想获取比较好的效果，其操作步骤一般会比较多，因为图形需要逐一添加并编辑。在 Word 中也提供了 SmartArt 图形功能，利用 SmartArt 图形可以很方便地表达多种数据关系。

6.3.1 在 Word 文档中插入 SmartArt 图形

在文档中应用 SmartArt 图形可以快速完成表达列举、流程、关系等图形，添加 SmartArt 图形后，无论是编辑还是美化图形，过程都不复杂。

步骤 01 在"插入"→"插图"选项组中单击"SmartArt"按钮（如图 6-66 所示），打开"选择 SmartArt 图形"对话框。

步骤 02 在对话框中展示了所有SmartArt图形的类型，根据需要选择合适的类型，单击"流程"选项，在显示的列表中单击"交替流"，如图 6-67 所示。

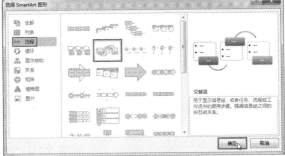

图 6-66   图 6-67

步骤 03 单击"确定"按钮，即可在文档中插入SmartArt图形，如图 6-68 所示。

步骤 04 在形状框中单击，光标处于闪烁状态，此时可以输入文本，如图 6-69 所示。

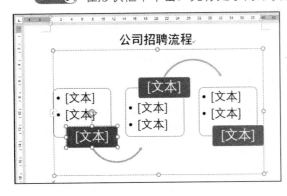

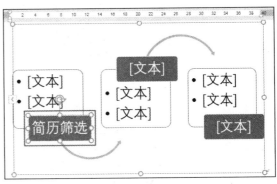

图 6-68   图 6-69

步骤 05 按相同的方法分别在各个形状框中添加文本，如图 6-70 所示。

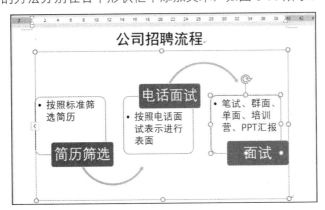

图 6-70

6.3.2 设置 SmartArt 图形的格式

插入SmartArt图形后，如果默认的形状不够可以添加。在完成图形的编辑后还可以通过套用样式对SmartArt图形进行美化设置。

1. 添加形状

添加SmartArt图形后，通常默认的形状大多不够使用，此时需要添加新形状。

步骤01 在"SmartArt工具-设计"→"创建图形"选项组中单击"添加形状"下拉按钮，在展开的下拉菜单中单击"在后面添加形状"命令，如图 6-71 所示。

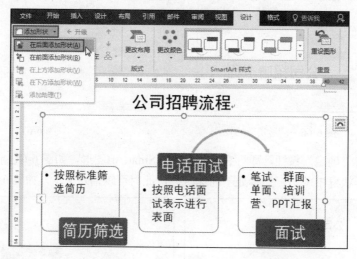

图 6-71

步骤02 执行操作后，即可在图形后插入与SmartArt图形相同的形状，如图 6-72 所示。

步骤03 输入文本，如果还需要为图形添加形状，可以按上述的步骤操作。如图 6-73 所示的SmartArt图形默认只有三个形状，编辑时补充添加了两个形状。

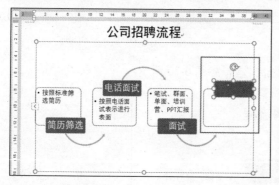

图 6-72   图 6-73

2. 自定义 SmartArt 图形的颜色和样式

默认插入的SmartArt图形的颜色和样式相对简单，为了达到更好的效果，可以利用程序提供的"更改颜色"与"SmartArt样式"功能来进行设置，以达到快速美化的目的。

步骤01 选中图形，在"SmartArt工具-设计"→"SmartArt样式"选项组中单击"更改颜色"下拉按钮，在展开的下拉菜单中单击要设置的颜色，如图 6-74 所示。

步骤02 如在"彩色"栏中单击图形色彩样式，即可更改图形的颜色，效果如图 6-75 所示。

步骤03 选中图形，在"SmartArt工具-设计"→"SmartArt样式"选项组中单击"其他"按钮（如图 6-76 所示），展开的下拉菜单中显示了内置的SmartArt图形样式，如图 6-77 所示。

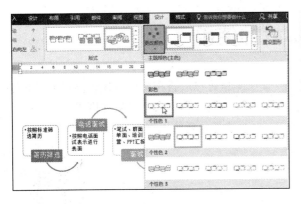

图 6-74

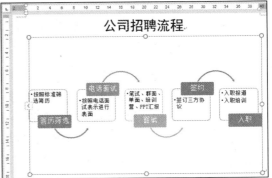

图 6-75

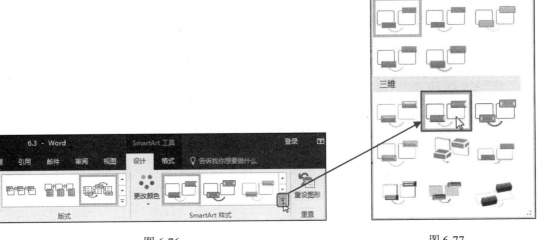

图 6-76

图 6-77

步骤 04 选择一种样式，单击即可实现套用，效果如图 6-78 所示。

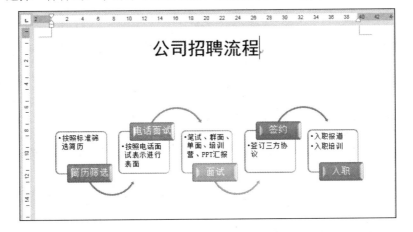

图 6-78

提 示

在美化SmartArt图形时，其中文字美化也是一个方面。如果想对字体、字号重新设置，只要选中图形外框或直接选中内部文字（注意不要只把光标定位到图形中），然后在"字体"选项组中重新设置即可。

6.4 文本框的使用

在文档中直接输入的文本无法自由移动与设计，而文本框可以放置在文档的任意位置上，在文本框中输入文本也就间接完成对文本的自由移动。因此如果想对文本进行一些特殊格式的设计，比如要把标题处理得更具设计感，在图形上设计文字等，这时就必须要使用文本框。通过使用文本框，一方面使文档编排不再单调；另一方面也可以突出文档的重点内容。

6.4.1 插入文本框

Word 2016中内置了多种文本框的样式，用户可以选择套用文本框样式，也可以手工绘制文本框，然后自由设计其格式。

1. 直接插入内置文本框样式

如果要直接插入内置文本框样式，可以使用以下操作来实现。

步骤01 打开文档，将光标定位到要插入文本框的位置，在"插入"→"文本"选项组中单击"文本框"下拉按钮，弹出下拉菜单，在"内置"栏中单击"奥斯汀引言"（如图 6-79 所示），即可在文档中插入内置的文本框，如图 6-80 所示。

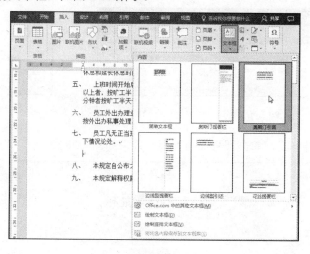

图 6-79

步骤02 在文本框中直接输入内容，如图 6-81 所示。

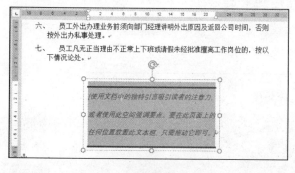

图 6-80

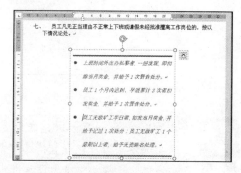

图 6-81

步骤 03 选中文本框，鼠标指针指向四周的调节控点，按住鼠标左键进行拖动可调整文本框的大小，最终效果如图 6-82 所示。

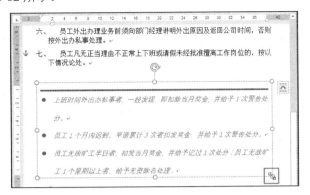

图 6-82

 如果要移动文本框的位置，将鼠标指针指向文本框的非控点上，出现四向箭头（ ）时按住鼠标左键拖动即可移动。

提 示

2. 手工绘制文本框

可以在文档的任意位置手工绘制文本框，尤其在使用图形设计时，如果需要在图形上添加文字，使用文本框添加文字则是一个很好的选择。

步骤 01 打开文档，在"插入"→"文本"选项组中单击"文本框"下拉按钮，弹出下拉菜单，单击"横排文本框"命令（如图 6-83 所示），鼠标指针会变成十字形状。

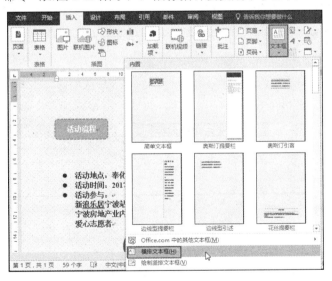

图 6-83

步骤 02 在要插入文本框的位置按住鼠标左键不放并向外拖动绘制文本框，如图 6-84 所示。

步骤 03 释放鼠标时光标在文本框内闪烁，输入文本，并设置字体格式，效果如图 6-85 所示。

步骤 04 选中文本框，在"文本框工具-格式"→"形状样式"选项组中单击"形状填充"下拉按钮，在弹出的菜单中单击"无填充颜色"命令，如图 6-86 所示。单击"轮廓填充"下拉按钮，在弹出的菜单中单击"无轮廓"命令，如图 6-87 所示。

图 6-84   图 6-85

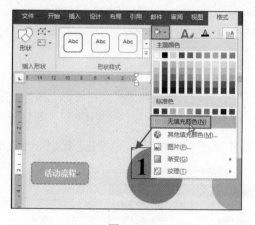
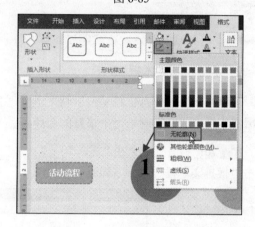

图 6-86   图 6-87

步骤 05 选中文本框中的文字"1",在"开始"→"字体"选项组中单击"字体颜色"下拉按钮,在下拉菜单中设置字体的颜色为"白色",效果如图 6-88 所示。

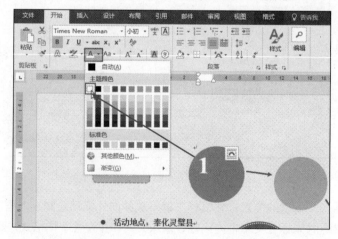

图 6-88

步骤 06 按照相同的方法绘制其他文本框并在文本框中输入文字,如图 6-89 所示。

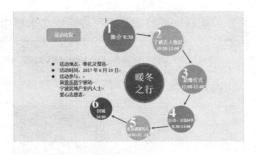

图 6-89

❀ 知识扩展 ❀

减小文本框中文本与文本框的边距

在文本框中输入文本时，默认其与文本框边线的距离稍大。如果单独使用文本框，这没什么问题，但是如果我们在图形上用文本框显示文本时，建议把此值调小，因为如果间距过大，无法以最小化的文本框来显示最多的文字，稍微放大文字就会让文字又自动分配到下一行中，使整体文字松散不紧凑，这不便于图形与文本框的排版。调整文本距离文本框边界尺寸的方法如下。

选中文本框后单击鼠标右键，在弹出的快捷菜单中单击"设置形状格式"命令，打开"设置形状格式"窗格。单击"布局属性"标签按钮，在"文本框"栏中设置其边距值，如图 6-90 所示。

图 6-90

提示　如果文本框要设置为无边框，也可以将边距值设置为0。

6.4.2　设置文本框格式

内置的文本框已经设置了样式，而手工绘制的文本框默认采用比较简单的样式。而无论是内置的文本框，还是手工绘制的文本框，都可以重新对文本框进行自定义样式的设置。

步骤 **01** 打开文档，在"绘图工具-格式"→"形状样式"选项组中单击"其他"按钮（如图 6-91 所示），弹出下拉菜单，如图 6-92 所示。

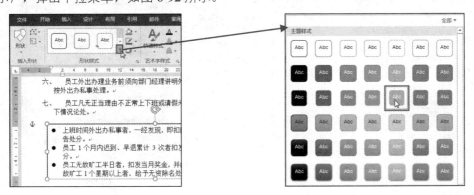

图 6-91　　　　　　　　　　　　　　　　　　图 6-92

步骤 02 在展开的下拉菜单中选择一种样式，即可应用到文本框中，效果如图 6-93 所示。

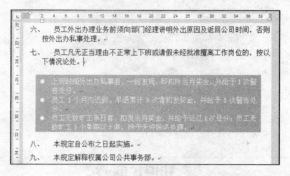

图 6-93

提 示 前文中我们也提到文本框实际就是一个图形，因此可以套用形状样式来快速美化文本框，同时也可以在"绘图工具-格式"→"形状样式"选项组中单击"形状填充"与"形状轮廓"命令按钮来自定义其填充颜色与轮廓线条。

6.5 在文档中使用表格

在编辑Word文档过程中，如果涉及数据统计或其他格式工整的条目文本，要常使用到表格。默认的表格无论是在结构还是在格式上可能都不一定能满足要求，因此需要一个编辑的过程。

6.5.1 插入表格

执行"插入表格"命令时，可根据需要设置表格的行数和列数，再执行插入表格的操作。如果后面编辑时发现行或列不足时，也可以再次添加行或列。

步骤 01 将光标定位到要插入表格的位置，在"插入"→"表格"选项组中单击"表格"下拉按钮，在展开的下拉菜单中单击"插入表格"命令（如图 6-94 所示），打开"插入表格"对话框。

步骤 02 分别在"列数"和"行数"数值框中输入所需要的数值，如列数为 4，行数为 16，如图 6-95 所示。

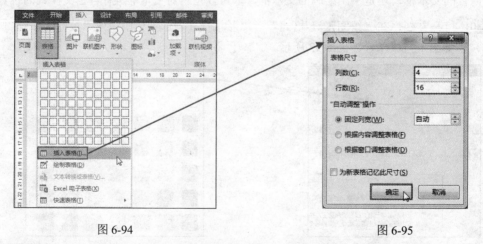

图 6-94   图 6-95

步骤 03 单击"确定"按钮，即可在光标处插入指定行列数的表格，如图 6-96 所示。

步骤 04 在表格中输入文字及数据信息，如图 6-97 所示。

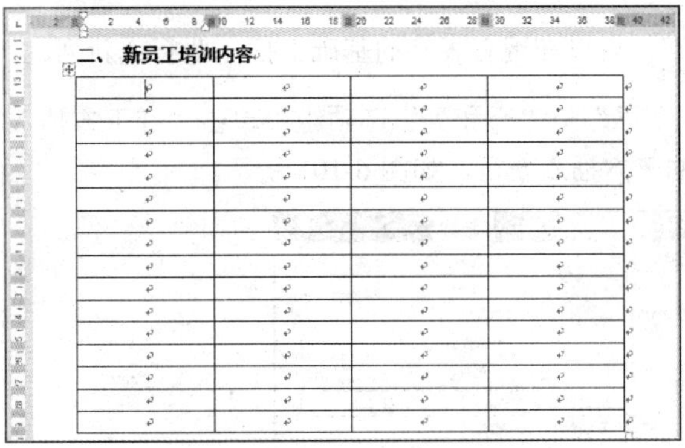

图 6-96

二、 新员工培训内容

培训日期	培训时间	培训内容	指导老师
9 月 13 日	8:00-8:30	科技楼会议室报道	
9 月 13 日	8:30-9:30	领导见面会	公司领导
9 月 13 日	9:50-12:00	人力资源管理	赵立宏
9 月 13 日	14:30-15:30	消防、保卫知识	焦洪晶
9 月 13 日	15:40-18:30	成本管理	张培亮
9 月 14 日	8:20-12:00	企业文化	屈展斌
9 月 14 日	14:30-18:30	员工管理手册	张元春
9 月 15 日	8:20-10:00	入场安全教育知识	魏彩青
9 月 15 日	10:10-12:00	安全管理法律法规知识	魏彩青
9 月 15 日	14:30-16:30	安全生产现场管理知识	李春泉
9 月 15 日	16:40-18:30	管理体系知识	陶宁
9 月 17 日	8:20-12:00	管理体系知识及考试	陶宁
9 月 17 日	14:30-18:30	管理体系知识及考试	陶宁
9 月 19 日	8:20-12:00	优秀员工报告	
9 月 19 日	14:30-18:30	新员工代表发言、新员工宣誓	

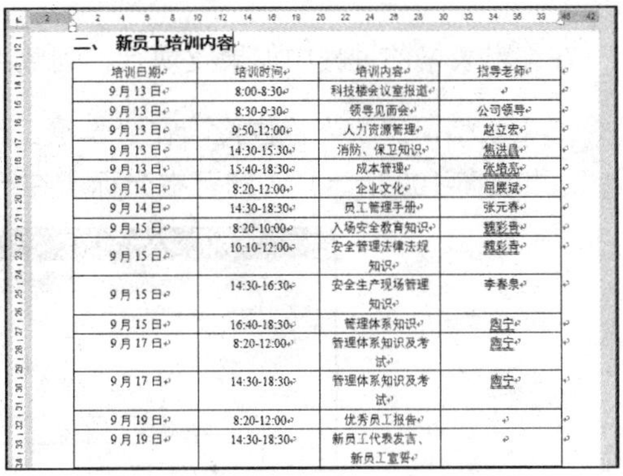

图 6-97

6.5.2 编辑调整表格

对表格的编辑包括调整行高与列宽、合并单元格以及设置文字的对齐方式等操作。

1. 设置表格文字对齐方式

表格中文字的对齐方式可分为9种，可一次性设置对齐方式，以达到规范整洁的效果。

鼠标指向表格，单击表格左上角的⊞图标，即可选择全部表格，在“表格工具-布局”→“对齐方式”选项组中单击“水平居中”按钮（如图 6-98 所示），即可将表格内的内容设置为水平居中，如图 6-99 所示。

培训日期	培训时间	培训内容	指导老师
9 月 13 日	8:00-8:30	科技楼会议室报道	
9 月 13 日	8:30-9:30	领导见面会	公司领导
9 月 13 日	9:50-12:00	人力资源管理	赵立宏
9 月 13 日	14:30-15:30	消防、保卫知识	焦洪晶
9 月 13 日	15:40-18:30	成本管理	张培亮
9 月 14 日	8:20-12:00	企业文化	屈展斌
9 月 14 日	14:30-18:30	员工管理手册	张元春
9 月 15 日	8:20-10:00	入场安全教育知识	魏彩青
9 月 15 日	10:10-12:00	安全管理法律法规知识	魏彩青
9 月 15 日	14:30-16:30	安全生产现场管理知识	李春泉

图 6-98

二、 新员工培训内容

培训日期	培训时间	培训内容	指导老师
9 月 13 日	8:00-8:30	科技楼会议室报道	
9 月 13 日	8:30-9:30	领导见面会	公司领导
9 月 13 日	9:50-12:00	人力资源管理	赵立宏
9 月 13 日	14:30-15:30	消防、保卫知识	焦洪晶
9 月 13 日	15:40-18:30	成本管理	张培亮
9 月 14 日	8:20-12:00	企业文化	屈展斌
9 月 14 日	14:30-18:30	员工管理手册	张元春
9 月 15 日	8:20-10:00	入场安全教育知识	魏彩青
9 月 15 日	10:10-12:00	安全管理法律法规知识	魏彩青
9 月 15 日	14:30-16:30	安全生产现场管理知识	李春泉
9 月 15 日	16:40-18:30	管理体系知识	陶宁

图 6-99

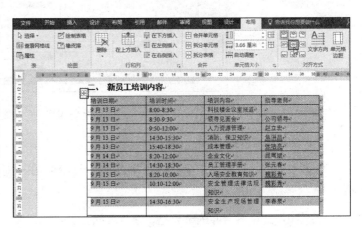

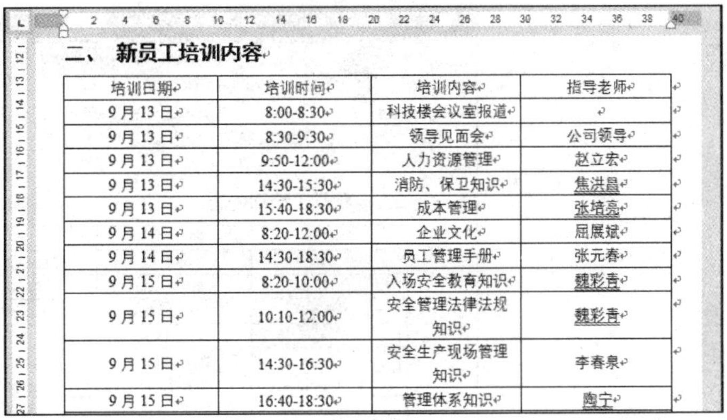

2. 按需要插入表格的行或列

在编辑表格的过程中如果发现行、列数不够，可以在现有表格的基础上插入新行或新列。

选中表格，定位光标位置，在"表格工具-布局"→"行和列"选项组中单击"在下方插入"按钮（如图 6-100 所示），即可在光标所在行的下方插入新行，如图 6-101 所示。

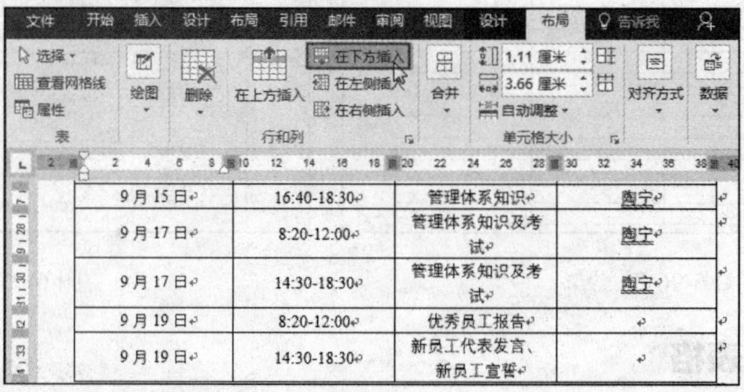

图 6-100

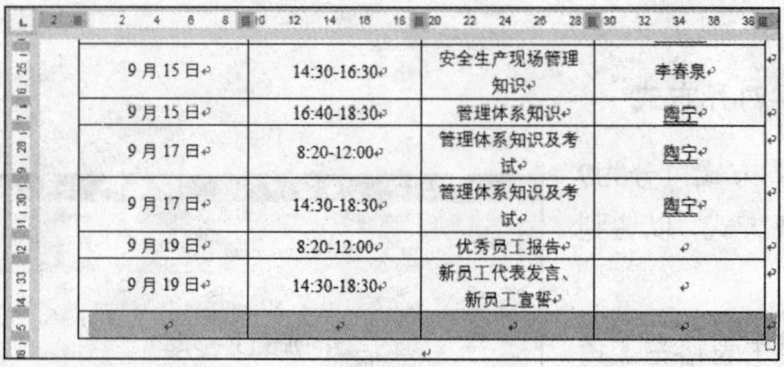

图 6-101

3. 按需要合并单元格

合并单元格可以将多个单元格合并为一个单元格，在一对多的关系中，常常需要用到合并单元格功能。

步骤 01 选中要合并的单元格，在"表格工具-布局"→"合并"选项组中单击"合并单元格"按钮（如图 6-102 所示），即可将所选单元格合并为一个单元格，效果如图 6-103 所示。

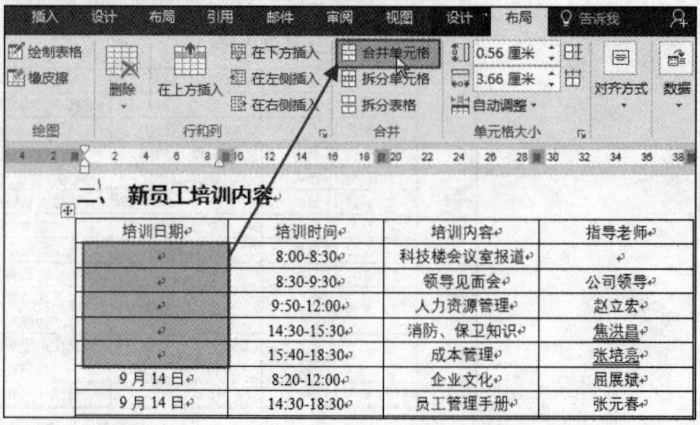

图 6-102

步骤 02 在合并后的单元格中将数据重新输入或调整，效果如图 6-104 所示。

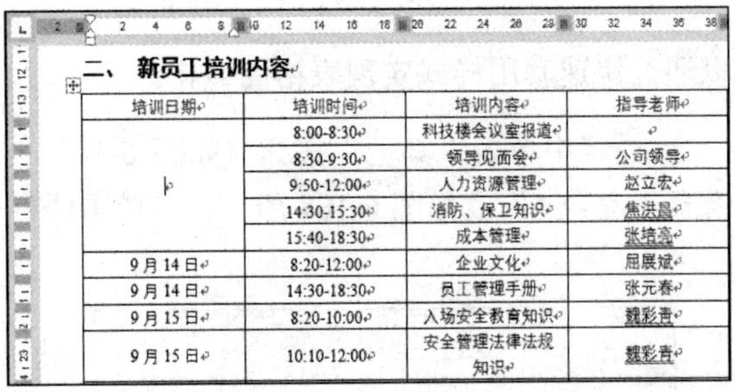

图 6-103

图 6-104

4. 调整表格行高、列宽

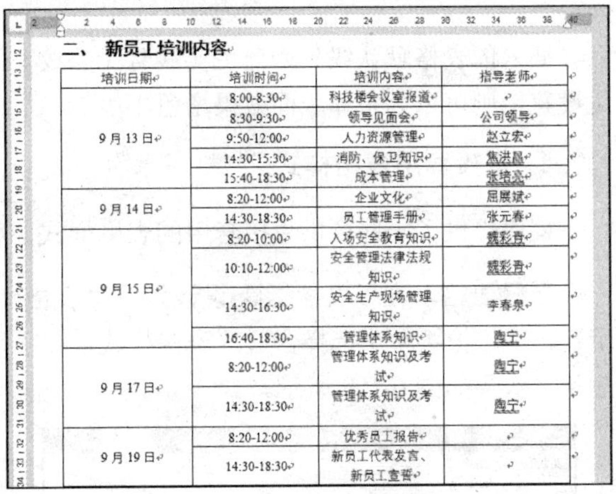

如果在表格中有些行的默认行高或有些列的默认列宽不满足实际需要时，可以利用鼠标拖动的办法来调整。

步骤 01 将鼠标指针移至需要调整列宽的右框线上，当鼠标指针变成 ←‖→ 形状，按住鼠标左键拖动（如图 6-105 所示），向左拖动减小列宽，向右拖动增大列宽。

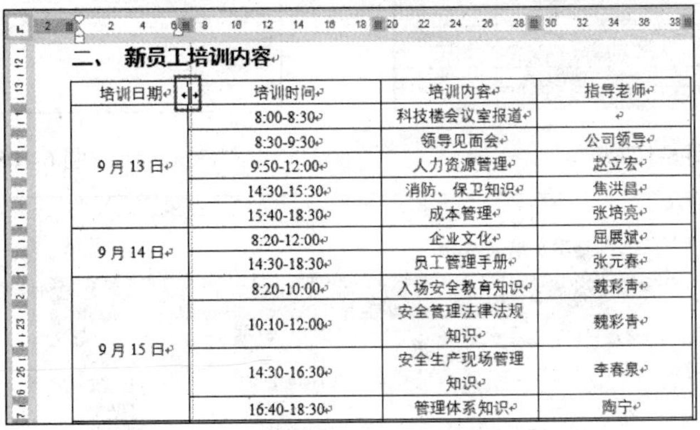

图 6-105

步骤 02 将鼠标指针移至需要调整行高的下框线上，当鼠标指针变成 ⇕ 形状，按住鼠标左键拖动（如图 6-106 所示），向上拖动减小行高，向下拖动增大行高。

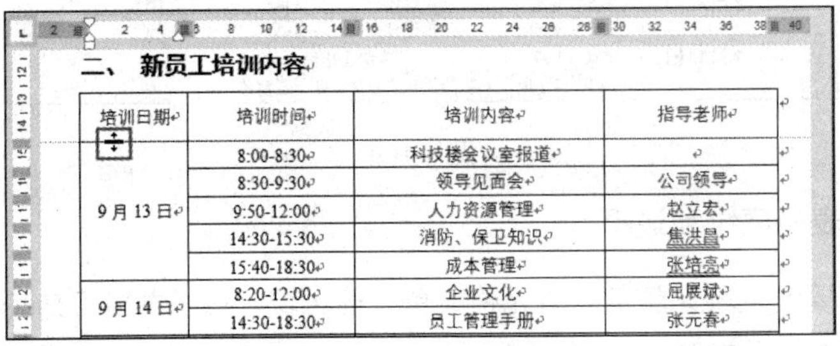

图 6-106

6.5.3 美化表格

插入的表格默认线条为黑色实线且无底纹，在排版时如果能对表格进行一些美化设置，则可以为整体版面效果增色不少。

1. 直接套用表格样式

程序提供了一些可供直接套用的表格样式，可以通过快速套用样式实现表格的美化。

选择表格，在"表格工具-设计"→"表格样式"选项组中单击"其他"按钮（如图 6-107 所示），在下拉菜单中选择合适的表格样式，如"网格表 4-着色 5"（如图 6-108 所示），单击即可应用，效果如图 6-109 所示。

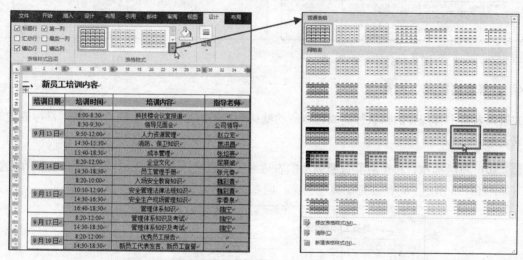

图 6-107   图 6-108

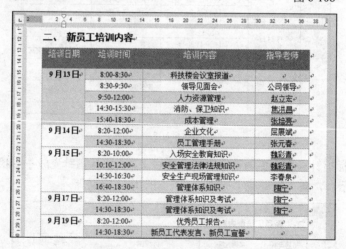

图 6-109

2. 自定义设置表格底纹和边框

步骤 01 选择需要设置填充颜色的单元格或单元格区域，在"表格工具-设计"→"表格样式"选项组中，单击"底纹"下拉按钮，在展开的下拉菜单中选择底纹颜色（如图 6-110 所示），如"蓝色，个性色 5，淡色 40%"，单击即可应用。

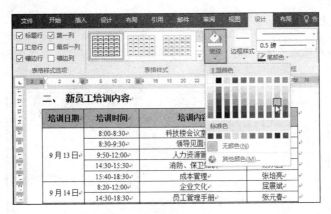

图 6-110

步骤 02 选择整个表格,在"表格工具-设计"→"边框"选项组中,先分别设置好线条样式、线条粗细、线条颜色,然后单击"边框"下拉按钮,在展开的下拉菜单中单击"所有框线"命令(如图 6-111 所示),即可将设置的效果应用于表格中所有的线条。

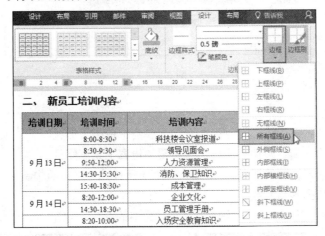

图 6-111

提 示

在"边框"功能按钮的下拉菜单中可以看到有多个边框应用项,如有"下框线""外侧框线""内部框框线"等。无论应用哪种边框,其操作的程序是先选中目标单元格区域,再设置边框线条的样式,最后选择相应的应用项。

本例要使用开放式的表格,即取消左右框线,可以选中整个表格,先在"边框"功能按钮的下拉菜单中单击"无框线",然后保持表格选中状态,来设置线条样式,再在"边框"功能按钮的下拉菜单中单击"上框线""下框线""内部框线"命令即可。

6.6 综合实例:制作公司宣传页

宣传页是企业常用的一种文档,例如对某项新产品的宣传、对某项服务的宣传、对某项活动的宣传等,有些宣传页是可以直接通过Word来设计完成的,并且只要有好的设计思路,其设计效果往往也非常不错。

1. 输入主题文本

新建文档后，输入基本文本，并对文本进行字体、字号以及字体颜色的设置，效果如图 6-112 所示。

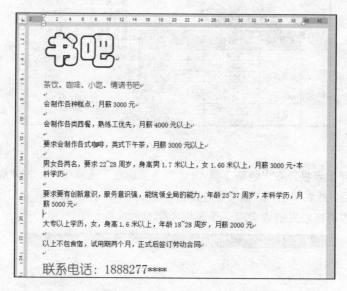

图 6-112

2. 添加形状

步骤 01 打开文档，在"插入"→"插图"选项组中单击"形状"下拉按钮，弹出下拉菜单，在"矩形"栏中选择"矩形：圆角"图形，在需要的位置上绘制矩形。

步骤 02 选中图形，在"绘图工具-格式"→"形状样式"选项组中单击"形状填充"下拉按钮，选中"金色"，如图 6-113 所示。

步骤 03 单击"形状轮廓"下拉按钮，在下拉菜单中单击"无轮廓"命令，效果如图 6-114 所示。

图 6-113

图 6-114

步骤 04 选中图形，单击鼠标右键，在弹出的快捷菜单中单击"添加文字"命令（如图 6-115 所示），即可进入文字的编辑状态，输入文字，如图 6-116 所示。

图 6-115

图 6-116

步骤 **06** 按照相同的方法，添加其他形状并输入文字，效果如图 6-117 所示。

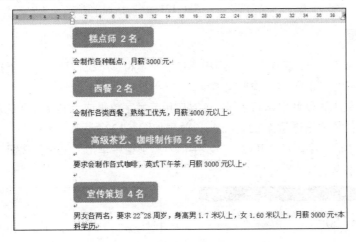

图 6-117

3. 绘制任意多边形

在添加图形时，除了使用已有图形，还可以根据实际设计需要自定义绘制任意多边形。

步骤 **01** 在"插入"→"插图"选项组中单击"形状"下拉按钮，弹出下拉菜单，在"线条"栏中选择"任意多边形：形状"图形，如图 6-118 所示。

步骤 **02** 在需要的位置上单击一次确定第一个顶点，按住鼠标左键拖动（如图 6-119 所示），再单击确定第二个顶点，按想绘制的图形样式依次拖动绘制（如图 6-120 所示），当绘制最后一个顶点与第一个顶点重合时即形成一个图形，如图 6-121 所示。

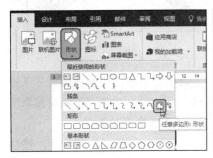

图 6-118

图 6-119

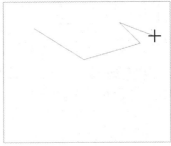

图 6-120

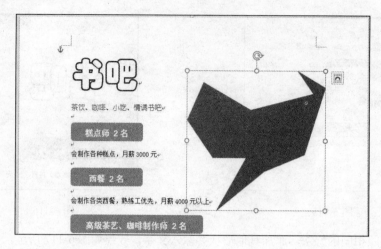

图 6-121

4. 绘制文本框

步骤 **01** 在"插入"→"文本"选项组中单击"文本框"下拉按钮,弹出下拉菜单,单击"绘制文本框"命令,在绘制的图形上添加文本框。

步骤 **02** 输入文本后设置字体和字号(可以应用艺术字效果或为文字应用轮廓线、填充颜色等来突出文本效果,操作方法详见 4.2.2 小节),效果如图 6-122 所示。

步骤 **03** 选中"聘"字,在"开始"→"字体"选项组中单击"上标"按钮,即可将其设置成如图 6-123 所示的效果。

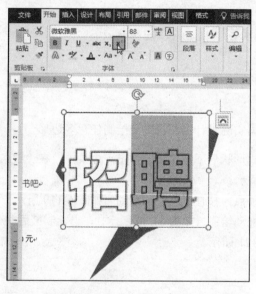

图 6-122

图 6-123

步骤 **05** 选中文本框,在"绘图工具-格式"→"形状样式"选项组中单击"形状填充"下拉按钮,在展开的下拉菜单中单击"无填充颜色"命令,如图 6-124 所示。然后单击"形状轮廓"下拉按钮,在展开的下拉菜单中单击"无轮廓"命令,即可得到如图 6-125 所示的效果。

步骤 **06** 选中文本框,此时文本框上方会出现旋转按钮,将鼠标指针指向旋转按钮,按住鼠标左键进行拖动,即可实现图形的旋转,如图 6-126 所示。

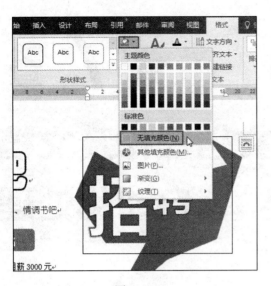

图 6-124

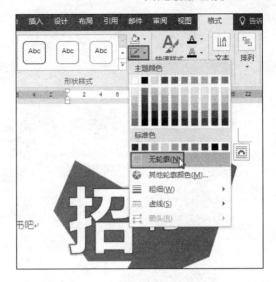

图 6-125

步骤 **07** 按照相同的方法，添加其他文本框，制作好的文档效果如图 6-127 所示。

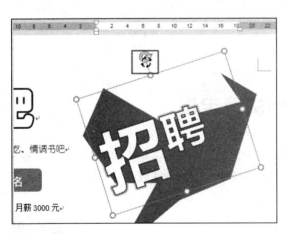

图 6-126

图 6-127

第 **7** 章
长文档操作及文档 自动化处理

应用环境

编排长文档很常见，如撰写论文、拟定标书等。在长文档的查看与编辑中需要掌握一些特定的知识，如为长文档的定位查看、比较查看、建立目录等。

本章知识点

① 长文档中快速定位到需要的位置
② 长文档目录的创建与提取
③ 长文档中应用样式辅助编辑可以避免重复操作
④ 文档的批注与修订

7.1 长文档快速定位

长文档不同于短文档，要实现快速定位到指定页或指定位置不能像在短文档中直接滑动下鼠标就能快速找到。因此为了便于在长文档中查看文档，可以使用定位的方法或建立书签的方法来进行操作。

7.1.1 定位到指定页

定位到指定页可以通过目录和"定位"功能实现，具体操作如下：

1. 通过目录定位

步骤 01 在"导航"任务窗格中单击"标题"标签，即可在"导航"列表中显示出文档的目录，如图 7-1 所示。

步骤 02 单击要查看的目录，即可快速定位到目标位置上，如图 7-2 所示。

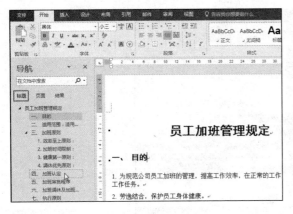

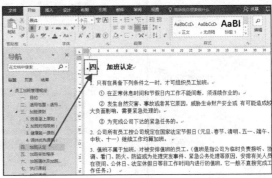

图 7-1   图 7-2

2. 目标定位

如果明确知道要定位的目标，利用"定位"功能可以更快、更灵活地定位到指定的页和指定的行等。

步骤 **01** 在"开始"→"编辑"选项组中单击"替换"按钮，打开"查找和替换"对话框，单击"定位"标签。如需要定位到"第 3 页"，在"定位目标"列表框中选择"页"选项，在"输入页号"文本框中输入"3"，如图 7-3 所示。

步骤 **02** 依次单击"定位"→"关闭"按钮关闭对话框，可以看到光标定位到文档的第 3 页，如图 7-4 所示。

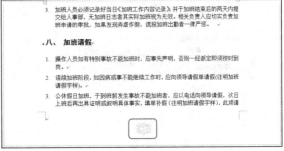

图 7-3   图 7-4

在"定位目标"列表框中还有"行""节""书签"等选项，通过选择不同的选项可以达到不同的定位查看目的。

7.1.2 在长文档中添加书签标识

在编辑较长的 Word 文档时，可以把需要经常引用或查看的那一部分文档建立成一个书签。当需要查看时，即可以利用书签快速查看所需内容。

步骤 **01** 选中想要做成书签的文本内容或者将光标定位到特定位置上，单击"插入"→"链接"选项组中的"书签"按钮（如图 7-5 所示），打开"书签"对话框。

步骤 **02** 在"书签名"文本框中输入书签名，如图 7-6 所示。单击"添加"按钮即可将书签添加到文档中，用户可以继续按照同样的方式添加更多的书签。

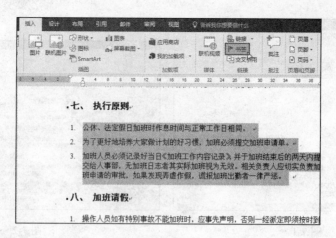

图 7-5

步骤 03 如果需要快速定位到书签位置，则无论当前在文档的什么位置上，只要打开"书签"对话框，在"书签名"的列表框中选择要查找的书签，再单击"定位"按钮（如图 7-7 所示），系统自动定位到书签位置。

图 7-6

图 7-7

7.2 长文档目录的创建与提取

如果是日常办公中使用的较短文档，可能不需要使用目录。但是对于较长的文档来说，一般都需要配备清晰的目录，一方面便于在写作时理清思路，另一方面也便于文档的快速定位以及查看和文档目录的提取。

7.2.1 创建目录

通过大纲视图可以建立目录，文档完成编辑后，可以在导航窗格中查看文档的目录，如图7-8所示。但是默认情况下文档是不存在各级目录的，当然更不会显示在导航窗格中，因此要创建目录，可以进入大纲视图中处理。

步骤 01 打开文档，在"视图"→"视图"选项组中单击"大纲"按钮（如图 7-9 所示），即可切换到大纲视图下，效果如图 7-10 所示。

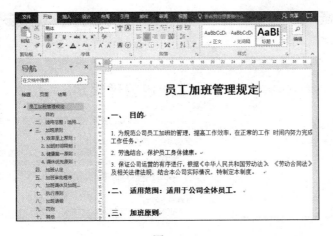

图 7-8

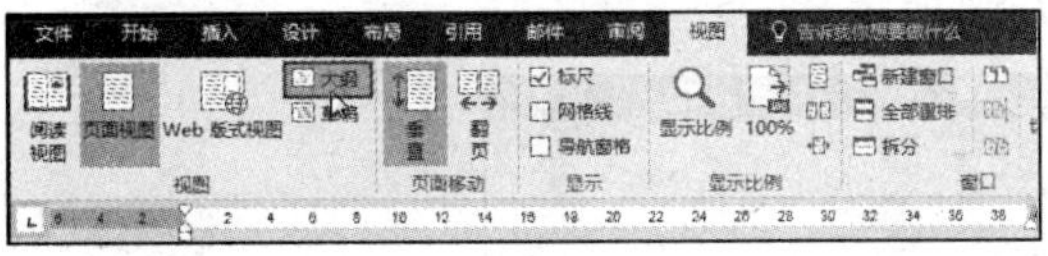

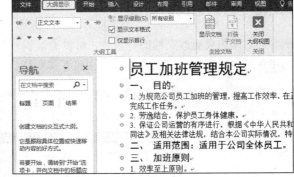

图 7-9

图 7-10

步骤 02 选中要设置为 1 级目录的文字（或者将光标定位在那一行），在"大纲显示"→"大纲工具"选项组中单击"正文文本"设置框（因为默认都为"正文文本"）右侧的下拉按钮，在下拉菜单中单击"1 级"命令，如图 7-11 所示。

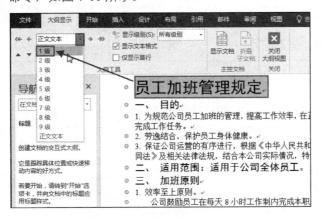

图 7-11

步骤 03 选中要设置为 2 级目录的文字，在"大纲显示"→"大纲工具"选项组中单击"正文文本"设置框的右侧下拉按钮，在下拉菜单中选择"2 级"，如图 7-12 所示。

步骤 04 按照相同的方法根据需要设置文档的其他目录级别。设置完成后，在"大纲显示"→"关闭"选项组中单击"关闭大纲视图"按钮回到页面视图中。

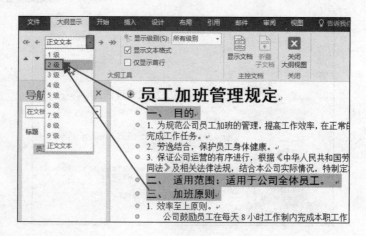

图 7-12

7.2.2 目录级别的调整

当后期需要更改文档的目录时，可以通过调整目录顺序达到想要的效果。可以在任意级别标题的目录之间进行上移和下移操作。

步骤 01 打开文档，在大纲视图下，首先将光标定位到需要调整目录的标题后，在"大纲显示"→"大纲工具"选项组中单击"下移"按钮，如图 7-13 所示。

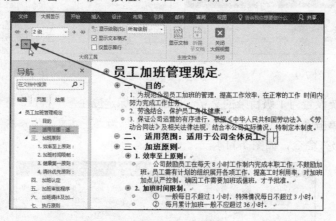

图 7-13

步骤 02 单击"下移"按钮后，即可将选中的目录向下移动一次，如图 7-14 所示。

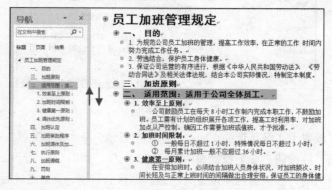

图 7-14

7.2.3 提取文档目录

在一些商务文档（产品说明书、项目方案等）或者论文文档中，经常需要提取文档的目录插入到正文的前面，帮助用户快速了解整个文档的层次结构及其具体内容。提取文档目录的方法如下：

步骤 01 打开文档，将光标置于要插入目录的位置，在"引用"→"目录"选项组中，单击"目录"下拉按钮，在展开的下拉菜单中单击"自定义目录"命令（如图 7-15 所示），打开"目录"对话框。

步骤 02 在"目录"标签下可以设置目录的格式。如设置"制表符前导符"为细点线；在"Web预览"栏中显示了目录在Web页面上的显示效果；单击"格式"下拉按钮，在下拉列表中列出了 7 种目录格式，这里选择"来自模板"选项；设置"显示级别"为"3"级，如图 7-16 所示。

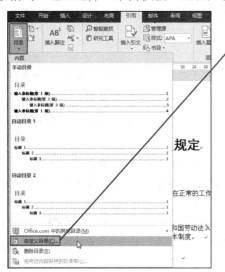

图 7-15

图 7-16

步骤 03 单击"确定"按钮，即可根据文档的层次结构自动创建目录，效果如图 7-17 所示。

图 7-17

提 示

"目录"对话框中目录的显示级别要根据当前文本的实际情况而定，例如文档有4级目录，则需要设置"显示级别"为"4"。

7.3 编辑长文档时应用样式

在篇幅相对较长且文档层次结构相对复杂的长文档中，利用样式可以快速改变长文档的外观，减少许多重复性的操作，提高工作效率。在Word 2016内置的样式中，包含对文档的字体格式、段落格式的设置，用户可以套用样式，快速美化长文档。

7.3.1 样式有什么作用？如何应用

通常，很多人都是在录入文字后，用"字体""字号"等命令设置文字的格式，用"两端对齐""居中"等命令设置段落的对齐，但是这样的操作要重复多次，而且一旦设置得不合理，还要一一重新修改。虽然我们可以通过格式刷将修改后的格式依次刷到其他需要改变格式的地方，然而，如果有几十个、上百个文本格式都需要这样的修改，那得刷上几十次、上百次，那我们岂不是成了白领"油漆工"了吗？

而使用样式就可以很轻松地解决这类的问题。

简单地说，样式就是格式的集合。通常所说的"格式"往往指单一格式，例如，"字体""字号"格式等。每次设置格式，都需要选择某一种格式，如果文字的格式比较复杂，就需要多次进行不同格式的设置。而样式作为格式的集合，它可以包含几乎所有的格式，设置时只需选择某个样式，就能把其中包含的各种格式一次性应用到文字和段落上。

样式在设置时也很简单，实际就是各种格式的搭配，设置好后进行命名并保存，就可以变成样式。而通常情况下，只需使用Word 2016提供的预设样式就可以了，如果预设样式不能满足要求，则在预设样式的基础上略加修改即可。

应用样式可以使文档具有一致、精美的外观。用户可以通过导航窗格快速浏览文档的标题样式，或者通过标题提取目录。通过使用Word样式可以快速地对文档进行排版，大大提高工作效率，那么如何应用样式呢？具体操作如下：

步骤 01 打开文档，将光标定位到要设置格式的段落末尾，在"开始"→"样式"选项组中单击对话框启动器按钮，即可打开"样式"窗格，如图7-18所示。

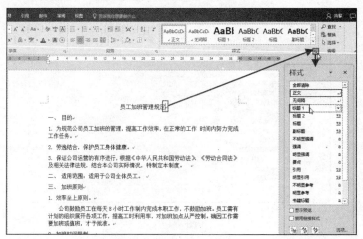

图 7-18

步骤 02 单击样式，如"标题 1"，即可将该样式应用于选定的段落，效果如图 7-19 所示。

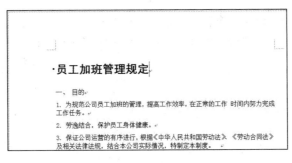

图 7-19

7.3.2　为整篇文档应用样式集

样式是将一类字体的效果、段落格式、边框、编号等文档中的格式设置集合在一起。而样式集则是众多样式的集合，可以将诸如论文格式中所需要的众多样式存储为一个样式集，以便之后多次使用。在使用时直接对需要应用的文本套用一个样式集，就可以一次性应用多种格式。

打开文档，在"设计"→"文档格式"选项组中单击"其他"按钮，即可展开样式集。在展开的下拉菜单中单击合适的样式，如单击"居中"样式（如图 7-20 所示），即可为当前的文档套用此样式，如图 7-21 所示。

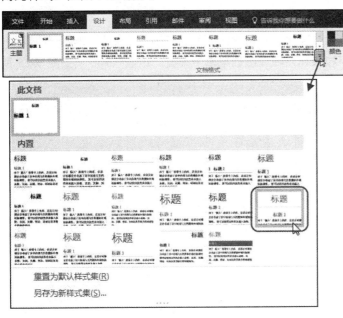

图 7-20　　　　　　　　　　　　　　　　　图 7-21

7.3.3　修改样式

Word中内置的样式效果并不一定完全符合我们的需求，对于这些样式可以进行局部的修改后再使用。

步骤 01　在展开的样式列表中，选择要修改的样式，如"标题 2"，将鼠标指针指向"标题 2"，"标题 2"右侧会出现一个向下的箭头，单击该下拉按钮，即可展开下拉菜单，单击"修改"命令（如图 7-22 所示），打开"修改样式"对话框。

步骤 **02** 在弹出的对话框中，我们可以看到标题 2 样式的默认设置，如图 7-23 所示的标记，在"修改样式"对话框中我们可以对字体、段前段后间距以及行间距进行修改。

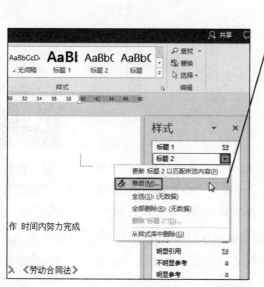

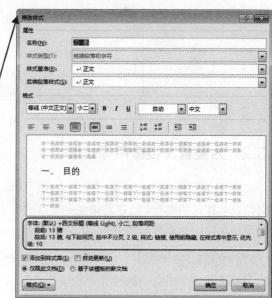

图 7-22   图 7-23

步骤 **03** 在"格式"栏下可以对字体、字号、加粗或倾斜等进行设置，如图 7-24 所示。

步骤 **04** 单击左下角的"格式"下拉按钮，在弹出的菜单中单击"边框"命令（如图 7-25 所示），打开"边框和底纹"对话框。

图 7-24   图 7-25

步骤 **05** 设置线条颜色，在"设置"栏中分别单击"方框"和"阴影"，如图 7-26 所示。

步骤 **06** 依次单击"确定"按钮返回文档中，可以看到文档中所有应用"标题 2"的样式都更改为设置后的效果了，如图 7-27 所示。

图 7-26

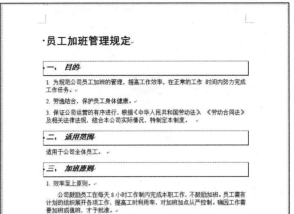

图 7-27

7.3.4 新建自己的样式

通过使用Word样式设置可以快速地对文档进行排版，大大提高工作效率。而当Word内置的样式无法满足要求时，用户可以新建自己的样式，并实现样式的套用，具体操作如下。

步骤01 在"开始"→"样式"选项组中单击"其他"按钮，在弹出的下拉菜单中单击"创建样式"命令（如图 7-28 所示），打开"根据格式化创建新样式"对话框。

步骤02 单击"修改"按钮（如图 7-29 所示），打开"根据格式化创建新样式"对话框。

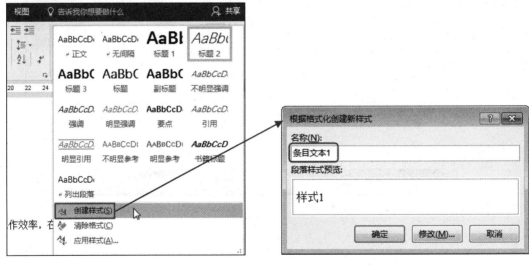

图 7-28

图 7-29

步骤03 在"属性"栏中可以设置样式的名称、样式的类型以及样式基准等。在下方的"格式"栏中可以设置样式的字体、字号、对齐方式以及行间距等，如图 7-30 所示。

步骤04 单击左下角的"格式"下拉按钮，在弹出的菜单中单击"编号"命令（如图 7-31 所示），打开"编号和项目符号"对话框。

步骤05 在"编号和项目符号"对话框中选择编号样式，如图 7-32 所示。依次单击"确定"按钮返回文档中，在样式库中可以看到创建的"条目文本 1"样式，如图 7-33 所示。

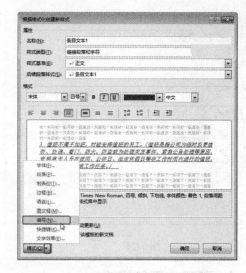

图 7-30　　　　　　　　　　　　图 7-31

图 7-32

图 7-33

步骤 06 选中文本，然后单击"条目文本 1"样式即可套用样式，如图 7-34 所示。

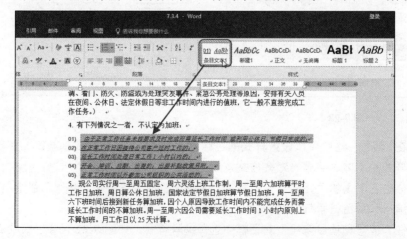

图 7-34

7.4　文档批注与修订

在多人协同编辑文档时，有时文档需要多次审核才能定稿，此时可以使用文档的批注与修订功能。

7.4.1　审阅时添加批注

在用Word编写长文档时，如果需要多人参与编辑，通常需要为一些比较重要的文本或需要修改的文本添加批注，给予详细的说明，这样可以方便其他编辑者查看。

1. 审阅时添加批注

步骤01 选中需要添加批注的文本或段落，在"审阅"→"批注"选项组中单击"新建批注"按钮，如图 7-35 所示。

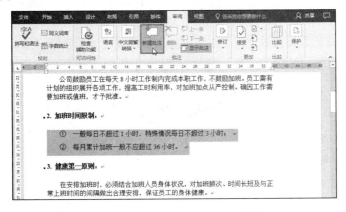

图 7-35

步骤02 单击"新建批注"按钮后，即可在文本或段落中插入批注（如图 7-36 所示），在批注框中可以输入注释，这样文本编辑者就可以一目了然地看到文档哪里进行了修改。

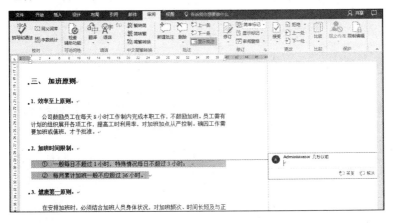

图 7-36

2. 回复及标记批注

当为文档添加了批注之后，其他文档编辑者发现有些批注需要解释时，可以对批注进行解释或说明。

步骤 **01** 选中要回复的批注，单击"答复"按钮，如图 7-37 所示。

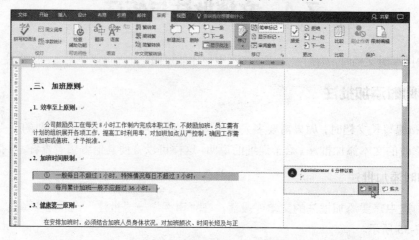

图 7-37

步骤 **02** 单击"答复"按钮后，即可对该批注进行回复，如图 7-38 所示。

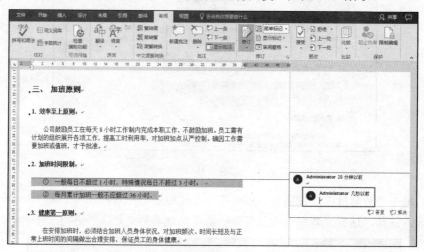

图 7-38

7.4.2 修订文档内容

在多人编辑文档时，可以启用修订功能，这样对文档所做的修改（删除、插入等操作）都能以特殊的标记显示出来，从而便于其他编辑者查看。

步骤 **01** 在"审阅"→"修订"选项组中单击"修订"下拉按钮，在展开的下拉菜单中单击"修订"命令（如图 7-39 所示），即可进入文档的修订状态。

步骤 **02** 进入文档的修订状态后，当用户在文档中进行编辑时，Word会对文档的修改位置进行标记，同时会在修订的左侧显示修订行，如图 7-40 所示。

图 7-39

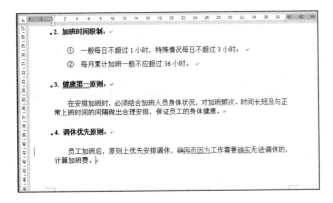

图 7-40

7.4.3　接受与拒绝修订

在Word文档中，通过使用修订功能可以非常清晰地显示对文档所做的修改记录，采纳或是不采纳这些修改意见，均可以通过接受或拒绝修订的方法来去除该修订痕迹。

步骤 **01** 将光标定位到是否要接受修订的位置，然后在"审阅"→"更改"选项组单击"接受"下拉按钮，在弹出的下拉菜单中单击"接受此修订"命令（如图 7-41 所示），即可接受此处对文档的修订，此时该处文本不再特殊显示，效果如图 7-42 所示。

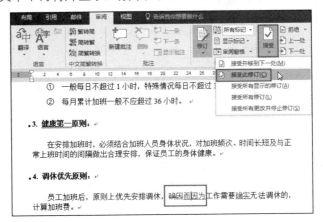

图 7-41

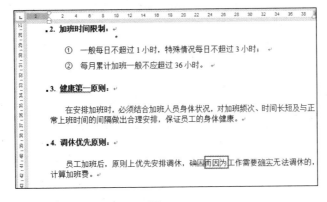

图 7-42

步骤 02 将光标定位到要拒绝修订的位置，然后在"审阅"→"更改"选项组单击"拒绝"下拉按钮，在弹出的下拉菜单中单击"拒绝更改"命令（如图 7-43 所示），即可拒绝修订，与此同时修订的内容被删除，效果如图 7-44 所示。

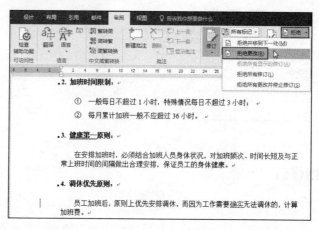

图 7-43

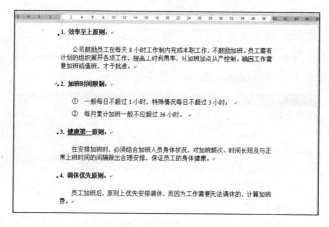

图 7-44

提示　如果要批量接受修订，依次单击"修订"→"接受所有修订"命令即可。

7.5　文档校对

用户在使用Word 2016输入文本时，经常会在一些字词的下方看到红色和蓝色的波浪线，这些波浪线是Word 2016提供的在对文档进行拼写和语法检查时所做的标记，拼写和语法检查功能非常有利于用户发现在编辑过程中出现的拼写或语法错误。

7.5.1　校对文档的拼写和语法

在Word 2016文档中输入文字和字符时，Word 2016可以自动检测所输入的文字类型，并根据所对应的词典进行拼写和语法检查，然后在系统认为语法错误的词语或拼写错误的文字下方显示出彩色波浪线。其中蓝色双线条表示语法错误，红色波浪线表示拼写错误。

如果Word不自动检测文档的拼写和语法错误，用户可以在"审阅"→"校对"选项组中单击"拼写和语法"按钮，此时文档右侧会展开"编辑器"窗格，在该窗格中会展现文档中存在的拼写和语法错误，如图 7-45 所示。

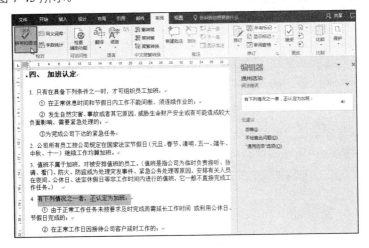

图 7-45

7.5.2 对文档字数进行统计

无论是在工作还是生活中，Word文档的使用都非常频繁，出通知、写总结、做计划等都会用到。当规定要写多少字时，我们怎样才能知道自己写了多少呢？下面介绍使用Word文档如何查看字数统计的具体操作方法。

在"审阅"→"校对"选项组单击"字数统计"按钮，打开"字数统计"对话框，此时就可以看到该篇文档的页数、字数、字符数、段落数等相关信息，如图 7-46 所示。

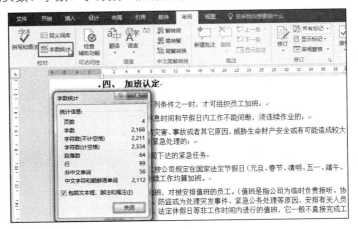

图 7-46

7.6 邮件合并

邮件合并主要应用的是域功能来将两个文件（主要是准备好的主文档与相应的源文档）进行合并，即可实现域的批量合并，从而生成批量文档，提高工作效率。邮件合并功能可用在批量打印请柬、批量打印工资条、批量打印学生成绩单等方面。下面以批量建立学生毕业证书为例讲解邮件合并功能的使用方法。

7.6.1 确定主文档与数据源文档

邮件合并前需要建立好主文档与数据源两个文档，如图7-47所示为主文档（主文档是Word文档），如图7-48所示为数据源文档（数据源文档是Excel文档）。主文档是固定不变的文档，数据源文档中的字段将作为域的形式插入到主文档中去，从而实现文档中个人信息的自动替换，一次生成多份文档的目的。

步骤01 首先编辑好毕业证书的模板，如图 7-47 所示。

步骤02 然后在Excel中再准备好数据源文档，如图 7-48 所示。

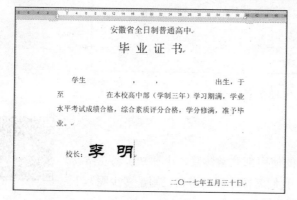

安徽省全日制普通高中

毕 业 证 书

学生 ， ， 出生，于 至 在本校高中部（学制三年）学习期满，学业水平考试成绩合格，综合素质评分合格，学分修满，准予毕业。

校长：李 明

二〇一七年五月三十日

图 7-47

姓名	性别	出生年月	入学年月	毕业年月
刘志飞	男	1999年2月	2014年9月	2017年5月
何许诺	男	1999年2月	2014年9月	2017年5月
崔娜	女	1998年12月	2014年9月	2017年5月
林成瑞	男	1999年5月	2014年9月	2017年5月
董磊	男	1999/10/1	2014年9月	2017年5月
徐志林	男	1998年12月	2014年9月	2017年5月
何忆婷	女	1999年8月	2014年9月	2017年5月
高攀	男	1998年11月	2014年9月	2017年5月
陈佳佳	女	1999年9月	2014年9月	2017年5月
陈怡	女	1999年8月	2014年9月	2017年5月
周蓓	女	1999年1月	2014年9月	2017年5月
夏慧	女	1999年5月	2014年9月	2017年5月
韩文信	男	1999年4月	2014年9月	2017年5月
葛丽	女	1998年12月	2014年9月	2017年5月
张小河	男	1998年11月	2014年9月	2017年5月
韩燕	女	1999年1月	2014年9月	2017年5月
刘江波	男	1999年9月	2014年9月	2017年5月
王磊	男	1999年8月	2014年9月	2017年5月
郝艳艳	女	1999年10月	2014年9月	2017年5月
陶莉莉	女	1999年5月	2014年9月	2017年5月

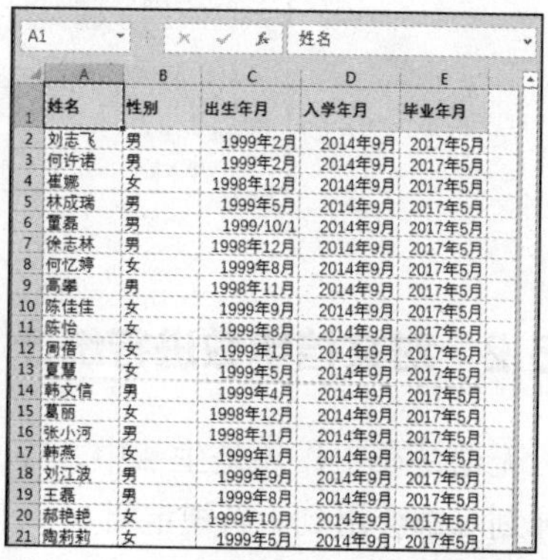

图 7-48

7.6.2 邮件合并生成批量文档

准备好主文档与数据源文档后，可以通过邮件合并功能将两个文档进行合并。例如上面的毕业证书文档，通过使用邮件合并功能后可以一次性生成填入了各学生姓名、性别、入学及毕业日期等相关信息的批量文档。

步骤01 打开主文档，在“邮件”→“开始邮件合并”选项组中单击“选择收件人”下拉按钮，在弹出的下拉菜单中单击“使用现有列表”命令（如图 7-49 所示），打开“选取数据源”对话框。

步骤02 找到需要的数据源，例如“学生”（之前准确好的数据源文档），如图 7-50 所示。

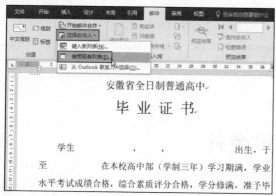

图 7-49

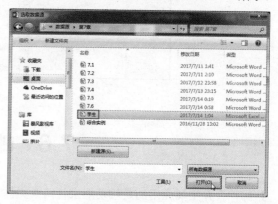

图 7-50

步骤 **03** 单击"打开"按钮,打开"选择表格"对话框,选择需要的学生信息表,如图 7-51 所示。

图 7-51

步骤 **04** 单击"确定"按钮,此时Excel数据表与Word已经建立关联。

步骤 **05** 将插入点定位于需要插入域的位置上(如填写姓名的位置),在"邮件"→"编写和插入域"选项组中单击"插入合并域"下拉按钮,在展开的下拉菜单中单击"姓名"命令(如图 7-52 所示),即可完成一个域的插入。

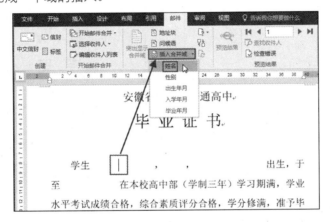

图 7-52

步骤 **06** 按照相同的方法,在其他需要插入合并域的位置插入相对应的合并域即可,如图 7-53 所示。

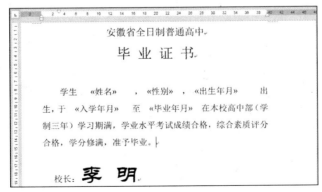

图 7-53

步骤 **07** 在"邮件"→"完成"选项组中单击"完成并合并"下拉按钮,在展开的下拉菜单中单击"编辑单个文档"命令(如图 7-54 所示),打开"合并到新文档"对话框。

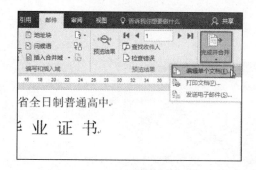

图 7-54   图 7-55

步骤 08 选中"全部"单选按钮（如图 7-55 所示），单击"确定"按钮，即可进行邮件合并，生成批量文档，如图 7-56 和图 7-57 所示分别为自动生成的文档（部分数据）。

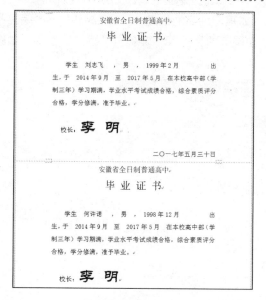

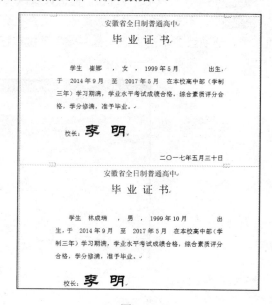

图 7-56   图 7-57

7.6.3 批量制作标签

邮件发送的地址标签、档案封存的张贴标签、考试姓名座位标签等。可以通过 Word 中的邮件合并功能，借助插入域来一次性批量生成。下面通过实例介绍创建标签的方法。

我们仍然沿用 7.6.2 小节中的数据源，介绍创建标签的方法。

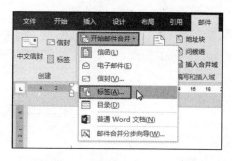

步骤 01 新建一个文档，在"邮件"→"开始邮件合并"选项组中单击"开始邮件合并"下拉按钮，在弹出的下拉菜单中单击"标签"命令（如图 7-58 所示），打开"标签选项"对话框。

步骤 02 单击"新建标签"按钮（如图 7-59 所示），打开"标签详情"对话框。在"标签名称"文本框中输入标签的名称，并对标签的尺寸进行设置，如图 7-60 所示。

图 7-58

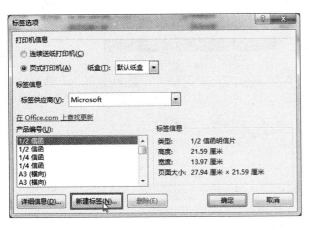

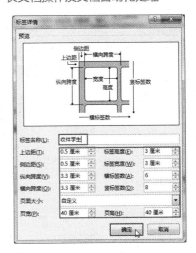

图 7-59　　　　　　　　　　　　　　　　　　　图 7-60

步骤 03 单击"确定"按钮，返回到"标签选项"对话框中，再次单击"确定"按钮，此时 Word页面效果如图 7-61 所示。在"邮件"→"编写和插入域"选项组中单击"插入合并域"下拉按钮，依次将"姓名""性别""出生年月""入学年月""毕业年月"插入到文档中。

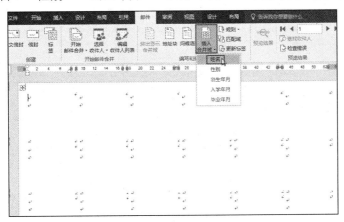

图 7-61

步骤 04 在"邮件"→"编写和插入域"选项组中单击"更新标签"按钮，如图 7-62 所示。

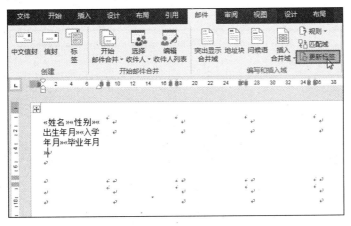

图 7-62

步骤 **05** 在"邮件"→"编写和插入域"选项组中单击"预览效果"按钮（如图 7-63 所示），即可查看标签，效果如图 7-64 所示。

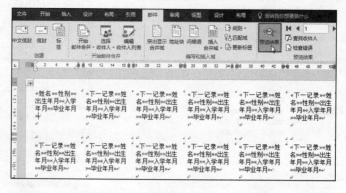

图 7-63

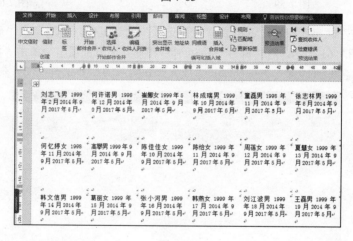

图 7-64

步骤 **06** 新建的标签相当于表格，在"表格工具-布局"→"表"选项组中单击"查看网络线"按钮，即可添加网络线，让各个标签区别开来，如图 7-65 所示。

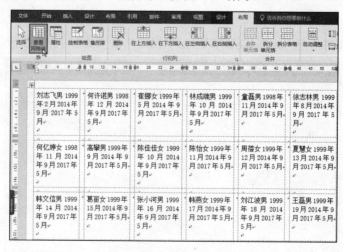

图 7-65

步骤 **07** 标签创建完成后可以进行打印，经过裁剪后即可用于档案袋标签的张贴。

7.7 综合实例：制作项目介绍文档

对于专业的项目介绍文档，需要在文档排版后为其制作出目录，以方便用户使用并了解文档的大致内容。

1. 制作目录结构

步骤 01 打开项目介绍文档，在"视图"→"视图"选项组中单击"大纲"按钮（如图 7-66 所示），切换到大纲视图。

图 7-66

步骤 02 在大纲视图中可以看到所有的文本都是正文级别。选中要设置为 1 级目录的文本，在"大纲工具"选项组中单击"正文文本"设置框右侧的下拉按钮（默认为"正文文本"），在下拉菜单中单击"1 级"命令，如图 7-67 所示。

图 7-67

步骤 03 完成上面的操作后，即可设置所选文字为 1 级目录，在"导航"窗格中可以看到目录，如图 7-68 所示。

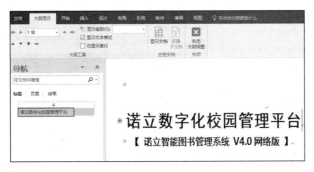

图 7-68

步骤 ④ 选中需要设置为 2 级目录的文本，在"大纲工具"选项组中单击"正文文本"设置框右侧的下拉按钮，在下拉菜单中单击"2 级"命令，即可将所选文本设置为 2 级目录，如图 7-69 所示。

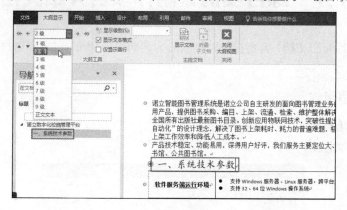

图 7-69

步骤 ⑤ 按照相同的方法，根据需要设置其他目录级别。设置完成后，在"大纲显示"→"关闭"选项组中单击"关闭大纲视图"按钮（如图 7-70 所示），返回到页面视图中。

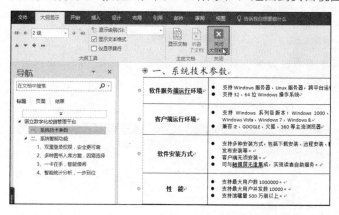

图 7-70

步骤 ⑥ 在"导航"窗格中单击指定的目录，即可快速定位到目标位置，查看该目录下的文本内容，如图 7-71 所示。

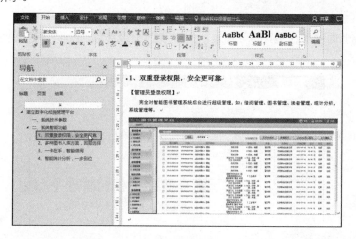

图 7-71

2. 提取目录

步骤 01 打开文档，将光标置于要插入目录的位置，在"引用"→"目录"选项组中，单击"目录"下拉按钮，在展开的下拉菜单中单击"自定义目录"命令（如图 7-72 所示），打开"目录"对话框。

步骤 02 在"目录"标签下可以设置目录的格式。如设置"制表符前导符"为细点线；在"Web预览"栏中显示了目录在Web页面上的显示效果；单击"格式"下拉按钮，在下拉列表中列出了 7种目录格式，这里选择"来自模板"选项。单击"选项"按钮（如图 7-73 所示），打开"目录选项"对话框。

图 7-72

图 7-73

步骤 03 将光标定位到"标题 1"右侧的文本框，按Backspace键删除数字"1"，如图 7-74 所示。（此操作将使得 1 级标题不显示在目录中。）

步骤 04 单击"确定"按钮返回到"目录"对话框，可以看到目录的预览效果，其中标题 1已不显示在目录中，如图 7-75 所示。

图 7-74

图 7-75

步骤 05 单击"确定"按钮即可在指定位置插入目录，如图 7-76 所示。

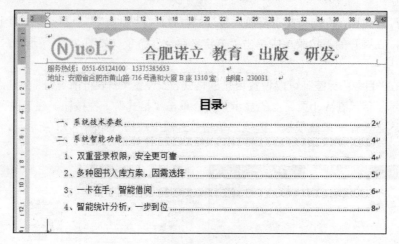

图 7-76

步骤 06 自定义设置目录的字体格式，效果如图 7-77 所示。

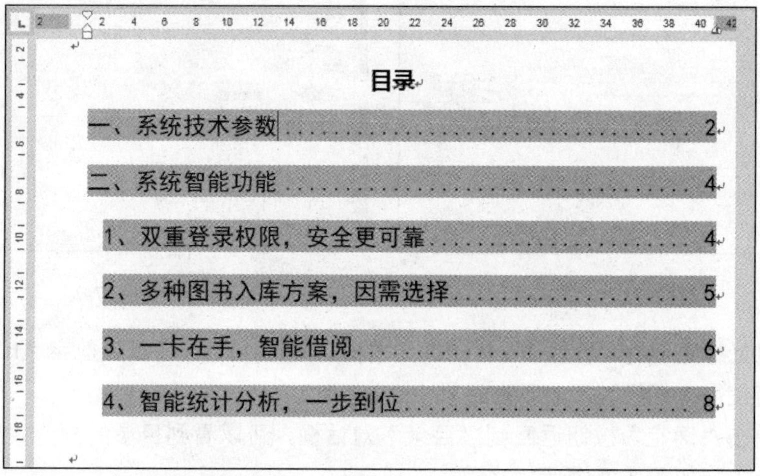

图 7-77

第 8 章

文本页面设置及打印

应用环境

版式设置包括对页边距的设置、纸张的设置、页眉和页脚设置等。如果文档并不仅仅作为资料查看使用，而需要打印到纸上，打印前的页面设置操作很重要。

本章知识点

① 为文档编辑页眉和页脚
② 文档的水印背景效果
③ 设置页面大小与打印纸张
④ 打印输出设置

8.1 插入页眉和页脚

专业的商务文档都少不了页眉和页脚的设置。页眉通常显示文档的附加信息，包括文档名称、单位名称、企业 LOGO 等，也可以设计简易图形修饰整体页面。页脚通常显示企业的宣传标语和页码等。文档拥有专业的页眉和页脚，能立即提升文档的视觉效果。

8.1.1 快速应用内置的页眉和页脚

在 Word 2016 中为用户提供了 20 多种页眉和页脚样式以供用户直接套用，这些内置的页眉和页脚样式应用起来非常方便，套用后再进行补充编辑即可。

步骤 01 打开文档，在"插入"→"页眉和页脚"选项组中单击"页眉"下拉按钮，展开下拉菜单，如图 8-1 所示。

步骤 02 在下拉菜单中可以选择页眉的样式，如单击"运动型（偶数页）"命令，即可应用页眉样式到文档中，效果如图 8-2 所示。

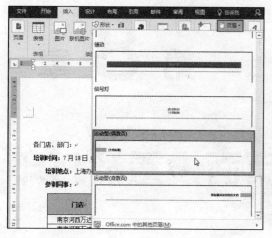

图 8-1

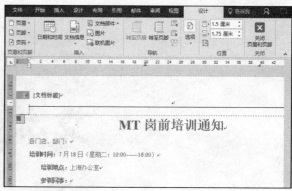

图 8-2

步骤 03 在"文档标题"提示文字处输入页眉的文本内容，并选中输入的文字，在"开始"→"字体"选项组中，分别设置文字的"字体""字号""字体颜色"等，如图 8-3 所示。

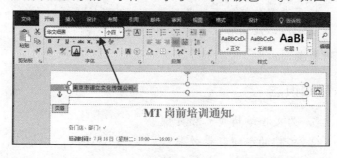

图 8-3

步骤 04 设置完成后，在页眉以外的其他任意位置单击即可退出页眉和页脚的编辑状态，页眉效果如图 8-4 所示。

图 8-4

8.1.2 在页眉和页脚中应用图片

在页眉和页脚中也可应用图片，一般可以使用公司的 LOGO，或与文档内容有关的图片，具体操作如下：

步骤 01 在文档的页眉处双击进入页眉的编辑状态，在"页眉和页脚工具-设计"→"插入"选项组中单击"图片"命令（如图 8-5 所示），打开"插入图片"对话框。

步骤 02 在地址栏中确认图片的保存位置，也可以从左侧树状目录中依次进入，选中图片，单击"插入"按钮（如图 8-6 所示），即可在页眉中插入图片。

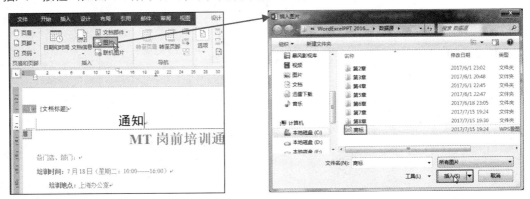

图 8-5　　　　　　　　　　　　　　　　图 8-6

步骤 03 默认插入到页眉中的图片是以嵌入式方式进行插入的，而且大小也不一定符合设计要求，因此需要更改图片为"浮于文字上方"格式，以方便随意移动图片。选中插入的图片，在"图片工具-格式"→"排列"选项组中单击"环绕文字"下拉按钮，在弹出的下拉菜单中单击"浮于文字上方"命令，如图 8-7 所示。

图 8-7

步骤 04 调节图片到合适的大小，并移动到目标位置，最终得到如图 8-8 所示的页眉。

图 8-8

步骤 05 页眉设置完成后，在页眉以外的其他任意位置处单击即可退出页眉和页脚编辑状态，即可查看到页眉效果，如图 8-9 所示。

图 8-9

8.2 插入页码

页码是文档的必备元素，尤其是在长文档中必须插入页码，一方面便于阅读，另一方面如果要打印文档，也便于对文档进行整理。

8.2.1 在文档中插入页码

最常见的页码格式是显示在页面底部的中间位置，也可以进行相应的调整，将页码显示在文档的左侧或右侧等位置。

1. 在页眉底端显示页码

步骤 01 打开文档，在"插入"→"页眉和页脚"选项组中单击"页码"下拉按钮，展开下拉菜单，如图 8-10 所示。

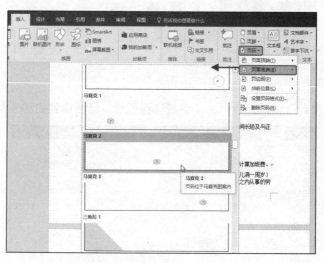

图 8-10

步骤 02 在下拉菜单中，选择页码的格式（可以在底端，也可以在顶端等），如单击"页面底端"→"马赛克 2"命令，即可应用页码格式到文档底部中间位置，如图 8-11 所示。

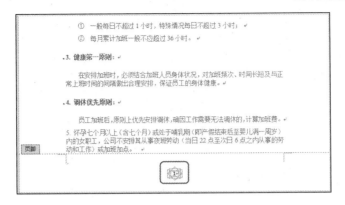

图 8-11

✂ 知识扩展 ✂

页码也可以显示在文档底端的左侧或右侧

在打开的"页面底端"子菜单中，分别提供了多种页码的内置样式，可以看到有些页码可以显示在左侧，也可以显示在右侧，如图 8-12 所示，使用哪种效果直接套用即可。

图 8-12

2. 在页边距上显示页码

步骤 **01** 打开文档，在"插入"→"页眉和页脚"选项组中单击"页码"下拉按钮，展开下拉菜单，如图 8-13 所示。

步骤 **02** 在下拉菜单中单击"页边距"→"圆（右侧）"命令，即可在文档页边距上插入此页码，如图 8-14 所示。

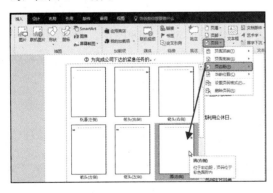

图 8-13

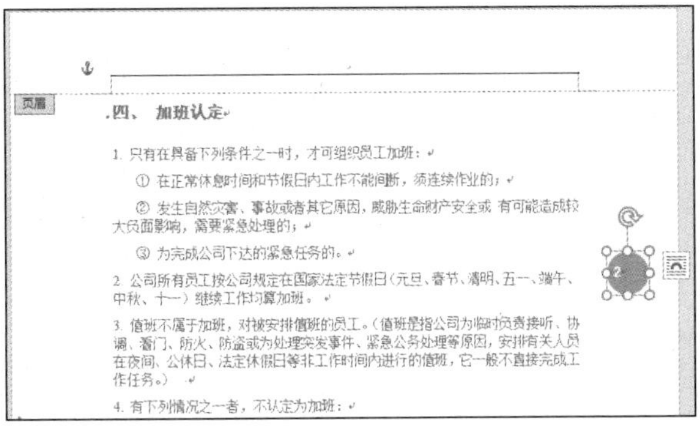

图 8-14

步骤 **03** 插入的图形页码是可编辑的对象，可以选中图形重新更改图形的格式，如图 8-15 所示。

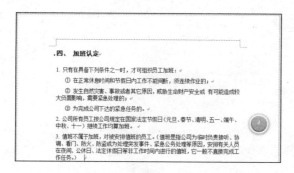

图 8-15

8.2.2 重设页码的起始页

比如书稿、论文等长文档常常需要以章节为单位为其分别建立文档，那么在这种情况下，而且页码又要求连续编号，这就要求我们学会设置页码的起始页。

步骤 01 打开文档，在"插入"→"页眉和页脚"选项组中单击"页码"下拉按钮，在展开的下拉菜单单击"设置页码格式"命令（如图 8-16 所示），打开"页码格式"对话框。

步骤 02 选中"起始页码"单选按钮，并在数值框中输入值"13"（该值是由实际情况决定的，比如正在编辑的文档是第 2 章，而且第 1 章有 12 页，则第 2 章的页码从 13 页开始），如图 8-17 所示。

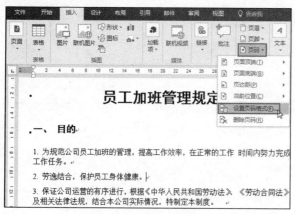

图 8-16

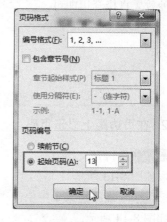

图 8-17

步骤 03 单击"确定"按钮，即可看到文档的起始页码为 13，如图 8-18 所示。

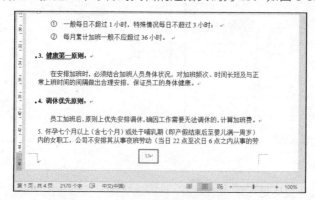

图 8-18

8.3 设置文档的页面背景

除了前文介绍的要对文档进行页面、页眉和页脚的美化设置外，有时还需要对页面的背景进行美化设置，如设置背景水印、背景颜色、页面边框等效果。

8.3.1 设置背景颜色

在 Word 2016 中为用户提供了 4 种背景效果设置方案，第 1 种是颜色背景效果；第 2 种是纹理背景效果；第 3 种是图案背景效果；第 4 种是图片背景效果。针对这 4 种背景效果设置方案，下面举例介绍，第 1 种和第 4 种背景效果的制作，另外两种读者可以触类旁通。

1. 为页面设置颜色效果

页面底纹默认为白色，根据实际的需要也可以对文档的页面底纹颜色进行更改，底纹的颜色和深浅度应该根据实际情况进行设置。

步骤 01 在文档任意位置处单击，在"设计"→"页面背景"选项组中单击"页面颜色"下拉按钮，在弹出的下拉菜单中单击"填充效果"命令（如图 8-19 所示），打开"填充效果"对话框。

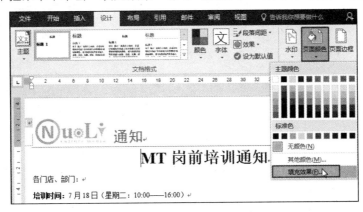

图 8-19

步骤 02 在"渐变"标签下，选中"单色"单选按钮，单击"颜色 1"下拉按钮，在弹出的下拉列表中选择颜色，并通过深浅调节按钮调节颜色的深浅度，如图 8-20 所示。

步骤 03 单击"确定"按钮，即可为文档设置背景颜色，效果如图 8-21 所示。

提 示

> 如果要使用单色背景，则直接选择"页面颜色"下拉菜单中的"主题颜色"即可。

2. 为页面设置图片背景效果

除了为页面设置单色背景外，还可以插入图片用作页面的背景，图片显示在文字底部进而提高文档的渲染力。

步骤 01 打开文档，在"设计"→"页面背景"选项组中单击"页面颜色"下拉按钮，在展开的下拉菜单中单击"填充效果"命令，打开"填充效果"对话框（如图 8-22 所示）。

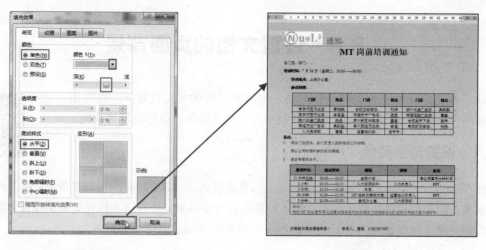

图 8-20

图 8-21

步骤 02 在该对话框中单击"图片"标签，并单击"选择图片"按钮，打开"插入图片"对话框（如图 8-23 所示）。

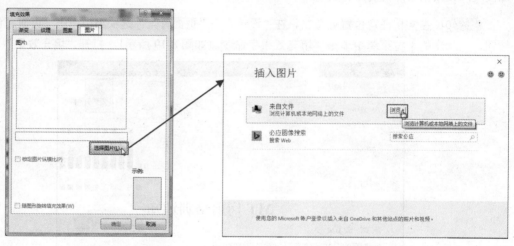

图 8-22

图 8-23

步骤 03 单击"浏览"按钮，打开"选择图片"对话框，进入保存图片的文件夹中，选中图片，如图 8-24 所示。

图 8-24

步骤 04 单击"插入"按钮，返回"填充效果"对话框，如图 8-25 所示（可以看到预览效果），再次单击"确定"按钮即可完成图片背景效果的设置，如图 8-26 所示。

图 8-25

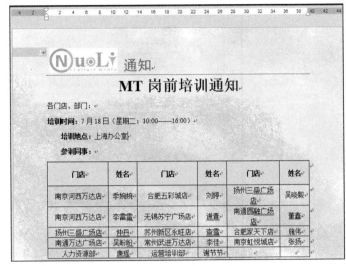

图 8-26

8.3.2 设置水印效果

水印是指在页面内容后面添加的虚影文字，比如"机密""紧急"等，有时企业也会在文档上添加公司名称作为水印，以防盗用情况发生。水印效果可以表明文档需要特殊对待，同时虚影的文字效果也不会分散他人对文档内容的注意力。

水印又可分为图片水印和文字水印，这里将分别介绍各种水印的添加方法。

1. 快速套用内置水印效果

步骤 01 打开文档，在"设计"→"页面背景"选项组中单击"水印"下拉按钮，展开下拉菜单，如图 8-27 所示。

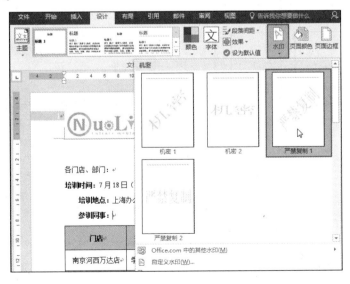

图 8-27

步骤 02 在下拉菜单中，可以看到 Word 2016 提供 4 种类型的水印样式。本例中选中"严禁复制 1"水印样式为文档添加水印效果，如图 8-28 所示。

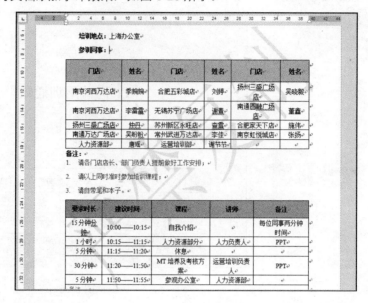

图 8-28

2. 自定义文字水印效果

如果用户对程序内置的水印样式不满意，可以自行设计水印效果，具体的操作如下：

步骤 01 打开文档，在"设计"→"页面背景"选项组中单击"水印"下拉按钮，展开下拉菜单，单击"自定义水印"命令（如图 8-29 所示），打开"水印"对话框。

步骤 02 选中"文字水印"单选按钮；在"文字"文本框中输入内容"MT 岗前培训"；在"字体"下拉列表框中选择水印文字的字体；设置颜色为"蓝色"并选中"半透明"，如图 8-30 所示。

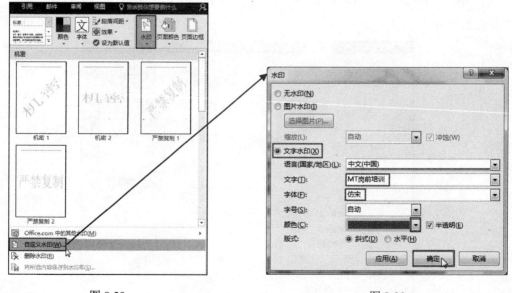

图 8-29　　　　　　　　　　　　　　　图 8-30

步骤 03 单击"确定"按钮，即可看到文档中添加了水印，效果如图 8-31 所示。

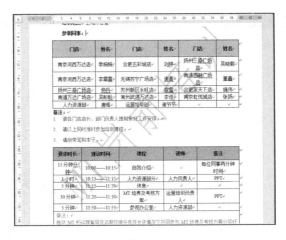

图 8-31

3. 图片水印效果

还可以使用图片制作水印效果，可以起到美化文档的作用，使文档内容更加丰满，使页面效果更加丰富。

步骤 01 打开文档，在"设计"→"页面背景"选项组中单击"水印"下拉按钮，展开下拉菜单，单击"自定义水印"命令，打开"水印"对话框。

步骤 02 选中"图片水印"单选按钮，激活设置选项。单击"选择图片"按钮（如图 8-32 所示），打开"插入图片"窗口，如图 8-33 所示。

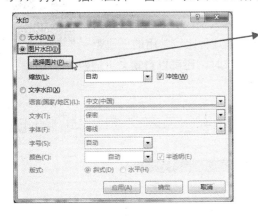

图 8-32

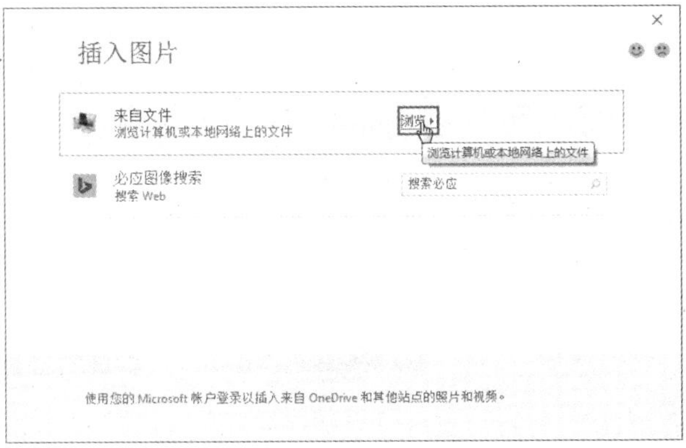

图 8-33

步骤 03 单击"浏览"按钮，打开"插入图片"对话框。进入保存图片的文件夹中，选中图片，如图 8-34 所示。

步骤 05 依次单击"插入"→"确定"按钮，即可为文档添加自行设置的图片水印，效果如图 8-35 所示。

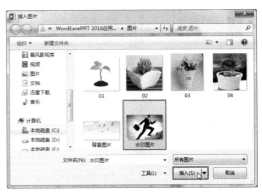

图 8-34

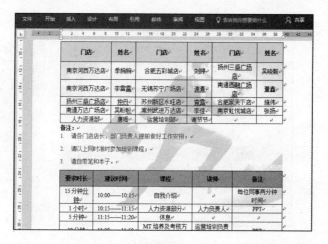

图 8-35

8.4 设置页面大小

在排版时通常会对不同的文档有不同的页面设置要求，包括纸张方向、纸张大小、页边距等，而这些设置都可以在义档编辑后，根据当前要求进行设置与调整，从而让文档的版式更加美观。

8.4.1 设置页边距

Word 文档默认纸张方向是纵向，大小为标准的 A4 纸张大小，默认上下边距为 2.54 厘米，左右边距为 3.18 厘米。除此之外，程序还提供了几种比较常用的页边距规格，用户可以直接选择快速套用。如果页边距不满足要求时，还可以自定义页边距。

1. 快速套用内置的页边距

步骤 01 打开文档，在"布局"→"页面设置"选项组中单击"页边距"下拉按钮，展开下拉菜单，如图 8-36 所示。

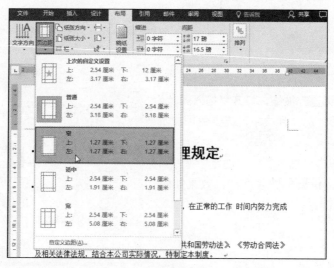

图 8-36

步骤 **02** Word 2016 默认的页边距是"普通"类型的页边距,这里选择"窄"页边距类型,效果如图 8-37 所示,从图中可以看到上边距较小、左右边距也较小。

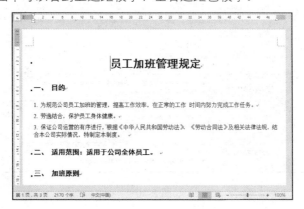

图 8-37

2. 自定义页边距尺寸

当程序内置的页边距类型不满足设置要求时,可以在排版前就为文档自定义设置好纸张的类型与页边距。具体操作如下:

步骤 **01** 打开文档,在"布局"→"页面设置"选项组中单击对话框启动器按钮 ，(如图 8-38 所示),打开"页面设置"对话框。

步骤 **02** 单击"页边距"标签,设置"上"边距为"2.4";"下"边距为"2.4";左右边距都设置为"3.2"。设置的方法可以在数值框中直接输入数值,也可以单击右侧的上下按钮进行调节,如图 8-39 所示。设置完成后单击"确定"按钮即可应用。

图 8-38

图 8-39

8.4.2 设置纸张方向

纸张方向分为纵向和横向,如果当前文档适合使用横向的显示方式(图 8-40 所示的文档中存在超宽表格,表格的宽度超过了纸张的大小),这时要设置文档的纸张方向为横向,可以在"纸张方向"的下拉菜单中进行选择。

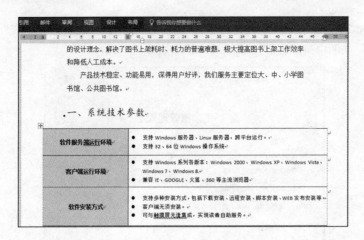

图 8-40

步骤01 打开文档，在"布局"→"页面设置"选项组中单击"纸张方向"下拉按钮，展开下拉菜单，如图 8-41 所示。

图 8-41

步骤02 程序默认纸张方向是"纵向"，单击"横向"命令，即可将整篇文档的纸张方向以横向显示，如图 8-42 所示。

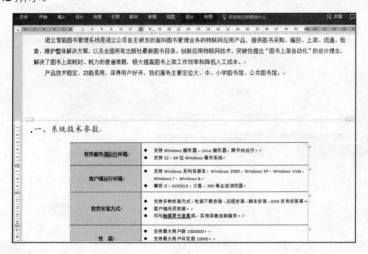

图 8-42

8.4.3　设置纸张大小

在 Word 2016 中为用户提供了多种纸张大小样式，用户可以根据自己手上所拥有的纸张来选择合适的纸张大小，并且还可以自定义设置纸张大小。

1. 快速套用内置的纸张

如果要直接套用内置的纸张大小，可以使用"纸张大小"功能按钮来快速设置。

步骤 01 打开文档，在"布局"→"页面设置"选项组中单击"纸张大小"下拉按钮，展开下拉菜单，可以看到 Word 2016 提供了多种规格的纸张大小，如图 8-43 所示。

步骤 02 默认的纸张大小为"A4"，可以根据实际需要选择纸张大小，如本例中选择"大 32 开"选项，即可改变文档纸张的大小，如图 8-44 所示。

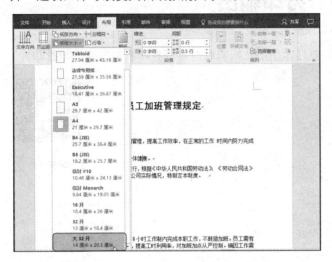

图 8-43

图 8-44

2. 自定义纸张大小

如果用户要自定义纸张大小，可以通过下面的操作来实现。

步骤 01 打开文档，在"布局"→"页面设置"选项组中单击"纸张大小"下拉按钮，展开下拉菜单，单击"其他纸张大小"命令（如图 8-45 所示），打开"页面设置"对话框。

步骤 02 单击"纸张"标签，在"纸张大小"下拉列表框中选择"自定义大小"选项；接着在"宽度"和"高度"数值框中，自定义纸张的宽度和高度，如图 8-46 所示。

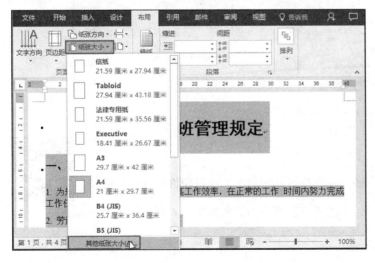

图 8-45

图 8-46

步骤 03 设置完成后，单击"确定"按钮即可完成纸张大小的设置。

提示 在"页面设置"对话框中设置好纸张的宽度与高度后，可以在"应用于"下拉列表框中查看是否显示的是"整篇文档"选项（该选项为程序默认选项），如果不是则可以单击该下拉列表框后选择设置。

8.5　打印输出

完成文档的编辑及排版后，如果文档需要打印使用，则需要准备好打印机与纸张进行打印。

8.5.1　打印文档

步骤 01 文档编辑完成后，单击左上角的"文件"选项卡，在展开的界面中单击"打印"标签，进入打印预览窗口。

步骤 02 如果预览效果没有问题，则连接好打印机，单击"打印"按钮（如图 8-47 所示），即可将文档发送到打印机中打印。

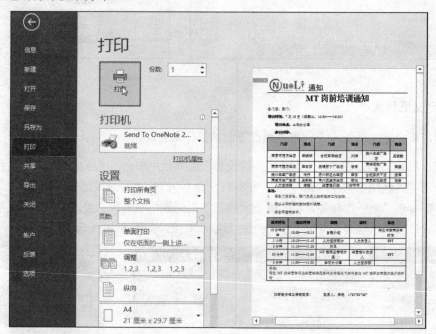

图 8-47

8.5.2　打印多份文档

如果想一次性打印多份文档，则需要在执行打印前对文档打印份数进行设置。

步骤 01 单击左上角的"文件"选项卡，在展开的界面中单击"打印"标签，进入打印预览窗口。

步骤 02 在右侧窗口的"份数"数值框中输入打印的份数，如"10"，如图 8-48 所示。单击"打印"按钮即可打印 10 份文档。

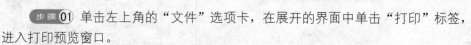

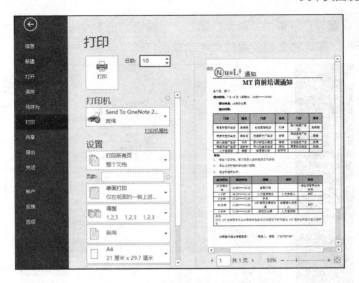

图 8-48

8.5.3　打印任意指定文本

在实际打印中，有时只需要打印文档的部分页面或部分章节的内容，这时就需要对打印范围进行设置。

步骤 01　单击左上角的"文件"选项卡，在展开的界面中单击"打印"标签，进入打印预览窗口。

步骤 02　在"页数"文本框中输入打印的页码范围，如图 8-49 所示，设置完成后单击"打印"按钮执行打印即可。

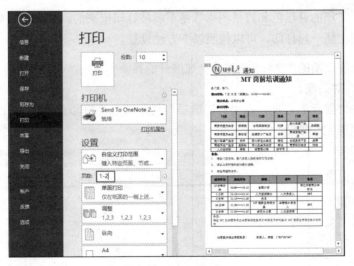

图 8-49

8.5.4　设置双面打印

默认打印的文档都只打印到纸张的正面，如果需要双面打印文档，则需要提前设置。

步骤 01　单击左上角的"文件"选项卡，在展开的界面中单击"打印"标签，进入打印预览窗口。

步骤 02 在"设置"栏下单击"单面打印"下拉按钮，在下拉菜单中单击"手动双面打印"命令（如图 8-50 所示），即可将文档设置成"手动双面打印"模式。

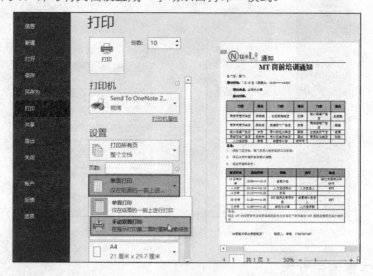

图 8-50

步骤 03 单击"打印"按钮，待单面打印结束后，弹出提示框，这时将打印机出纸器中已经打印好一面的纸取出，根据打印机进纸的实际情况再将其放回到送纸器中，单击"确定"按钮，Word 将完成另一面的打印。

8.5.5 打印背景

默认情况下，文档的背景色和背景图形等是不能被打印出来的，如果希望背景色或者背景图形随文档一起打印，可以按照以下方法设置。

步骤 01 单击左上角的"文件"选项卡，在展开的界面中单击"选项"标签（如图 8-51 所示），打开"Word 选项"对话框。

步骤 02 单击"显示"选项，在"打印选项"栏中选中"打印背景色和图像"复选框，如图 8-52 所示。单击"确定"按钮，完成设置。

图 8-51

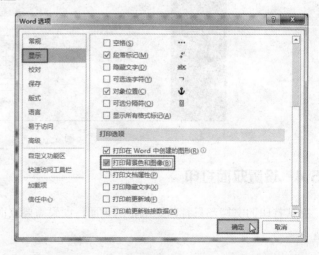

图 8-52

步骤 **03** 完成上述的设置后，再次进入打印预览状态下可以看到背景已经显示出来了，如图 8-53 所示。

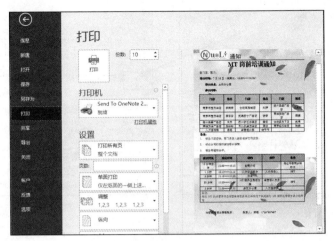

图 8-53

8.6 综合实例：打印公司活动安排流程文档

公司活动安排流程文档是常用的办公文档，在排版过程中一般都需要设置页眉和页脚这些要素，同时为了方便公司员工查看与使用，通常在文档排版结束后进行打印。

1. 设置页眉页脚

步骤 **01** 打开文档，在页眉编辑区上双击，即可进入页眉和页脚的编辑状态，如图 8-54 所示。

步骤 **02** 鼠标指针在页眉文字输入区单击一次，变成闪烁的光标，即可输入文字，再设置字体的格式，如图 8-55 所示。

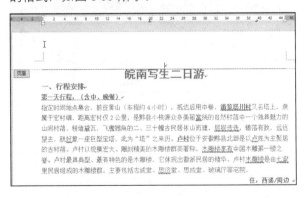

图 8-54

图 8-55

步骤 **03** 按回车键即可切换到下一行，然后在"开始"→"字体"选项组中单击"清除所有格式"按钮（如图 8-56 所示），即可将此行置于页眉默认直线的下方，如图 8-57 所示。

步骤 **04** 依次输入"服务热线""客服 QQ""地址"等信息，并设置字体为"宋体"，字号为"小五"，如图 8-58 所示。

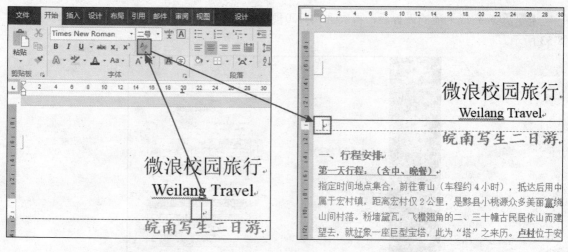

图 8-56 · 图 8-57

图 8-58

步骤 **05** 在"页眉和页脚工具-设计"→"插入"选项组中单击"图片"按钮（如图 8-59 所示），打开"插入图片"对话框。

步骤 **06** 找到并选中图片后单击"插入"按钮（如图 8-60 所示），即可在页眉中插入图片。

图 8-59 · 图 8-60

步骤 **07** 选中插入的图片，在"图片工具-格式"→"排列"选项组中单击"环绕文字"下拉按钮，在弹出的下拉菜单中单击"浮于文字上方"命令，如图 8-61 所示。调整图片到合适的大小，并移动到目标位置，最终得到如图 8-62 所示的页眉效果。

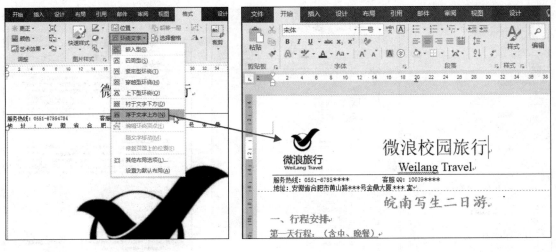

图 8-61   图 8-62

步骤08 单击"关闭页眉和页脚"按钮，退出页眉和页脚的编辑状态。

2. 打印文档

步骤01 文档编辑完成后，单击左上角的"文件"选项卡，在展开的界面中单击"打印"标签，进入打印预览窗口，如图 8-63 所示。

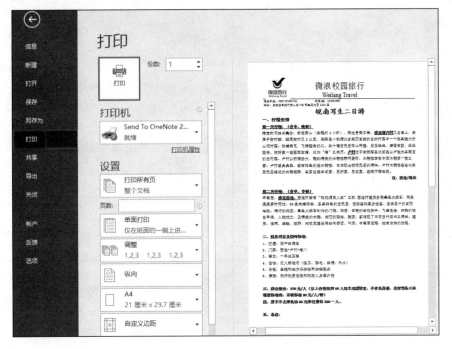

图 8-63

步骤02 从预览效果可以看到页面左右边距略小，版面略显拥挤，可对页边距进行调整。在"设置"栏底部单击"页面设置"链接（如图 8-64 所示），打开"页面设置"对话框，在"页边距"标签下可分别增大页面的左边距与右边距，如图 8-65 所示。

步骤03 单击"确定"按钮可以看到预览效果中页面的左右边距都增大了，如图 8-66 所示。

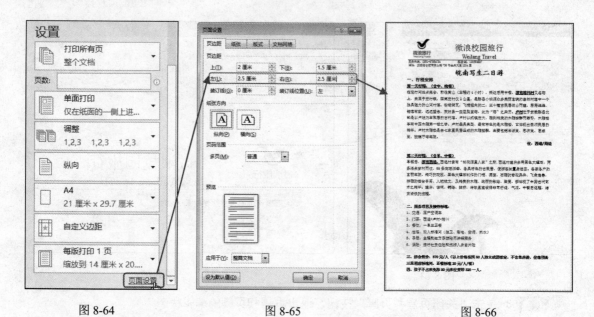

图 8-64　　　　　　　　　　　　　图 8-65　　　　　　　　　　　　　图 8-66

步骤 04 完成设置后，准备好纸张，设置好文档打印的份数，执行打印即可。

第 **9** 章

>>> **工作表及单元格的基本操作**

应用环境

　　工作簿可以包含有多张工作表，以用于存放不同的表格内容，而工作表又是由很多单元格组成的。因此要想得心应手地编辑 Excel 报表，需要学习工作表的插入、复制，以及单元格和行列的插入、删除等基本知识。

本章知识点

① 工作表的新建、重命名、复制等
② 编辑时任意插入或删除行、列
③ 工作表和工作簿的保护

9.1　工作表的基本操作

　　工作簿由一张或多张工作表组成，我们利用 Excel 创建、编辑表格都是在工作表中进行的。根据数据内容的不同，通常会建立多表编辑管理数据；也会根据数据性质的不同对工作表进行重命名，而且对不需要的工作表还会进行删除操作等。

9.1.1　重命名工作表

　　在 Excel 2016 中打开工作簿时只包含一张工作表，默认名称为 Sheet1，编辑工作表时一般都需要根据工作表的内容来为工作表命名，以达到标识的作用。

　　 打开工作簿，在需要重命名的工作表名称上（如"Sheet1"）双击，"Sheet1"名称即可进入文字编辑状态，如图 9-1 所示。

　　步骤 02 输入新名称后按 Enter 键即可完成对该工作表的重命名，如图 9-2 所示。

图 9-1 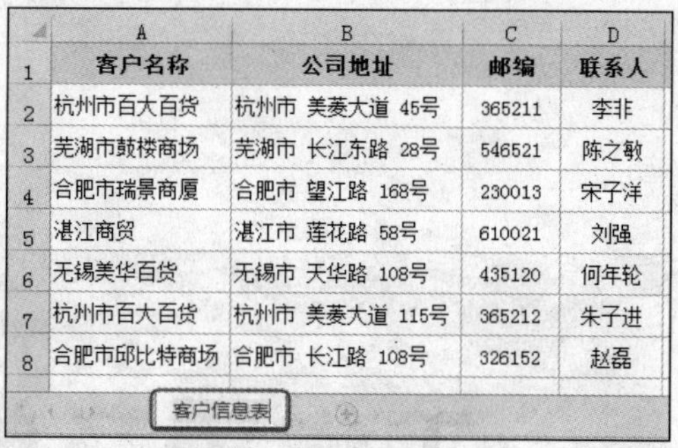   图 9-2

9.1.2 插入新工作表

新建的工作簿默认只包含一张工作表，显然大多时候是不够用的，因此在需要时可以快速创建新工作表。

工作表名称标签的右侧使终有一个 ⊕ 按钮（如图 9-3 所示），单击此按钮就可以创建新工作表，程序默认单击此按钮后即可在当前所有工作表的最后创建一张新工作表（空白的），如图 9-4 所示。

图 9-3   图 9-4

通过单击 ⊕ 按钮创建的新工作表都是在当前所有工作表的最后创建，如果想在指定的位置创建，则需要按如下的方法进行操作。

步骤01 在指定的工作表标签上（想在哪张工作表前创建新工作表就在哪张工作表的名称标签上）右击，弹出快捷菜单，如图 9-5 所示。

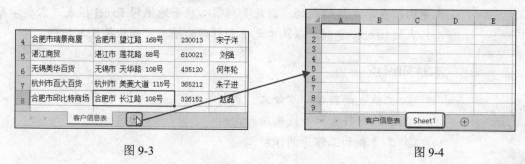

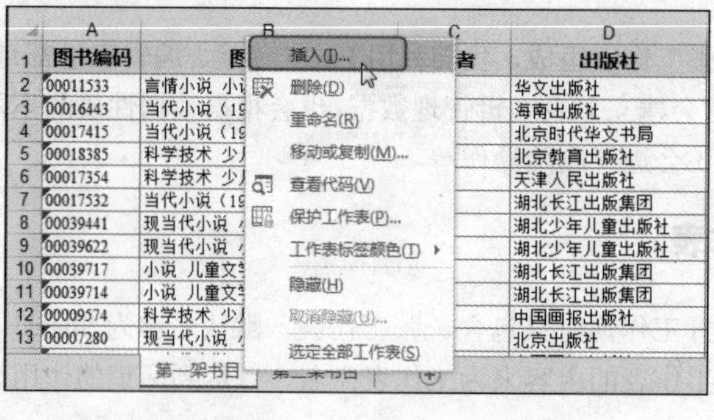

图 9-5

步骤02 单击"插入"命令，打开"插入"对话框，选择"工作表"，如图 9-6 所示。

步骤03 单击"确定"按钮即可在指定的工作表（本例为"第一架书目"工作表）前插入新工作表，如图 9-7 所示。

图 9-6

图 9-7

提 示

使用上述方法插入新工作表后，也可将其快速移至目标位置（移动工作表位置的操作可以参见 9.1.5 小节），只要熟练掌握表格的应用操作，无论使用哪种方法都可以达到相同目的。

9.1.3 删除工作表

当不再需要使用某些工作表时，可以将其删除。

步骤 01 在要删除的工作表标签上右击，弹出快捷菜单，如图 9-8 所示。

图 9-8

步骤 02 单击"删除"命令，即可将该工作表删除。

提 示

删除的工作表是无法进行恢复操作的，所以当准备删除某工作表时，一定要考虑好再执行删除操作。

9.1.4 选中多个工作表

选中一张工作表的方法很简单，实际就是定位，只要在工作表的名称标签上单击一次即可。多个工作表也可以一次性选中，但本小节并非旨在介绍一次性选中多个工作表的方法,而是介绍一次性选中工作表后还可以进行哪些操作,比如一次性删除多个工作表、一次性移动多个工作表位置等。一次性选中的多个工作表实际是创建了一个工作组，在某一工作表中进行的操作将应用于所有选中的工作表。下面举例进行介绍。

步骤 01 按住键盘上的 Ctrl 键不放，鼠标指针指向各个工作表标签，依次单击即可一次性选中多个工作表，如图 9-9 所示。

步骤 02 选中后松开 Ctrl 键，直接在表格中进行编辑即可，如图 9-10 所示，进行了输入数据、调整列宽、设置边框底纹等操作。

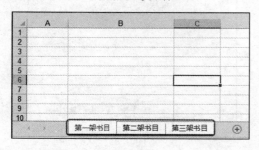

图 9-9

图 9-10

步骤 03 执行了上一步的操作后，切换到"第二架书目"工作表，可以看到其显示与"第一架书目"工作表完全相同的内容，如图 9-11 所示；再切换到"第三架书目"工作表中，也是相同的结果，如图 9-12 所示。

图 9-11

图 9-12

9.1.5　移动工作表到其他位置

多个工作表建立后，它们的显示位置是可以调整的，要移动工作表的位置，最快捷的方法是利用鼠标拖动移动。

在要移动的工作表标签上按住鼠标左键不放，拖动至目标位置（如图 9-13 所示），释放鼠标即可移动工作表到目标位置，如图 9-14 所示。

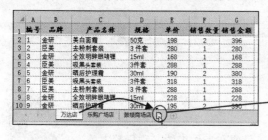

图 9-13

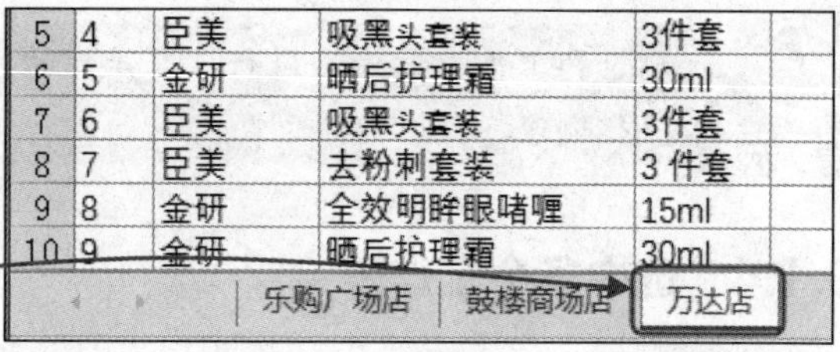

图 9-14

如果只有少量的工作表，利用鼠标拖动的方法移动工作表是最快捷的方法，但如果工作表的数量很多，显示标签的位置就会被占满，这时利用鼠标拖动的方法可能会不太方便了，可以按照如下方法进行调整。

步骤 01 在要移动的工作表标签上右击，弹出快捷菜单，单击"移动或复制"命令（如图 9-15 所示），打开"移动或复制工作表"对话框。

步骤 **02** 在"下列选定工作表之前"列表框中选择要将工作表移动到的目标位置，如图 9-16 所示。

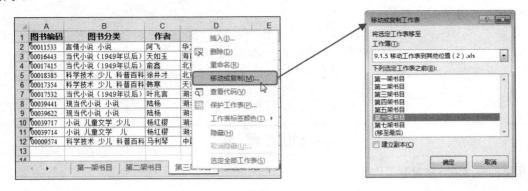

图 9-15   图 9-16

步骤 **03** 单击"确定"按钮即可实现将工作表移到指定的位置上，如图 9-17 所示。

图 9-17

9.1.6 复制工作表

当需要新建的工作表结构与已有的工作表相似时，可以利用复制工作表的方法快速得到新工作表。

1. 同工作簿内的复制

工作表的复制经常在同一工作簿中进行，具体的操作方法如下：

步骤 **01** 在要复制的工作表的名称标签上右击，弹出快捷菜单，单击"移动或复制工作簿"命令（如图 9-18 所示），打开"移动或复制工作表"对话框。

步骤 **02** 在"下列选定工作表之前"列表框中选择要将工作表复制到的目标位置，选中"建立副本"复选框（必选，如果不选就是移动工作表），如图 9-19 所示。

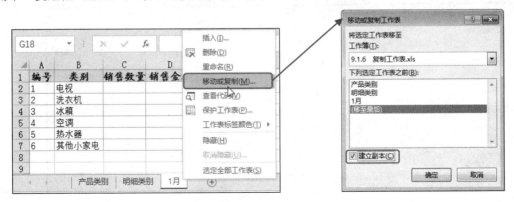

图 9-18   图 9-19

步骤 03 单击"确定"按钮即可在指定位置生成一个"*(2)"的工作表（本例为将工作表复制到所有工作表的最后），如图 9-20 所示。

图 9-20

❈ 知识扩展 ❈

用鼠标拖动的方法复制工作表

使用鼠标拖动的方法也可以方便快捷地复制工作表。在要复制的工作表名称标签上单击，然后按住 Ctrl 键不放，再按住鼠标左键不放将其拖动到目标位置上，此时可以看到书页样式的图标上有一个"+"号（如图 9-21 所示），表示是复制工作表（无加号表示移动）。释放鼠标即可实现工作表的复制。

图 9-21

2. 复制工作表到其他工作簿

如果要复制工作表到其他工作簿，只要在"移动或复制工作表"对话框中多进行一项设置即可，在下面的操作中要将"百大店 1 月销售金额"工作簿中的"百大店-1 月"工作表复制到"红星店 1 月销售金额"的工作簿中。

步骤 01 同时打开两个工作簿（如果要在更多个工作簿之间复制工作表，则将工作簿全部打开）。

步骤 02 在"百大店 1 月销售金额"工作簿中，在"百大店-1 月"工作表的标签上单击鼠标右键，弹出快捷菜单，单击"移动或复制"命令（如图 9-22 所示），打开"移动或复制工作表"对话框。

步骤 03 选中"建立副本"复选框，单击"工作簿"设置框的右侧下拉按钮，在下拉列表框中选择要将工作表复制到的工作簿中（列表框中会包含所有打开的工作簿名称），如图 9-23 所示。

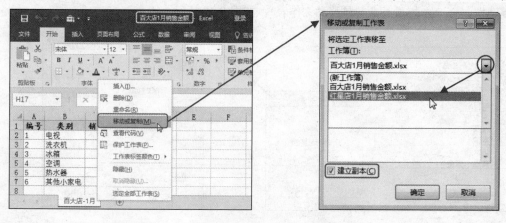

图 9-22   图 9-23

<mark>步骤</mark> **04** 单击"确定"按钮即可将选中的工作表复制到"红星店 1 月销售金额"的工作簿中，如图 9-24 所示（注意看图中工作簿的名称）。

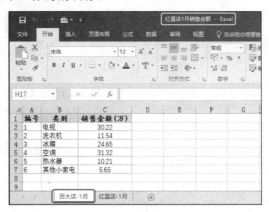

图 9-24

9.2　单元格的基本操作

单元格是组成工作表的元素，对工作表的操作实际就是对单元格的操作。本节中主要介绍单元格的选取、插入与删除以及对单元格的行列进行插入与删除等基本操作。在后面的章节中我们会介绍如何在单元格中编辑数据、如何设置单元格格式如何处理以及进行处理数据等操作。

9.2.1　选取单元格

单元格的选取看似是一项非常简单的操作，但却是非常重要的操作，因为表格的编辑操作是从选取单元格开始的，只有准确地选取目标单元格，接下来的操作才会正确。单个单元格的选取很简单，只要在单元格上单击即可，下面介绍多个单元格的选取。

<mark>步骤</mark> **01** 首先单击一次选中一个单元格，不要移走鼠标指针（如图 9-25 所示），按住鼠标左键不放拖动到目标位置（如图 9-26 所示），释放鼠标即可选中单元格区域。

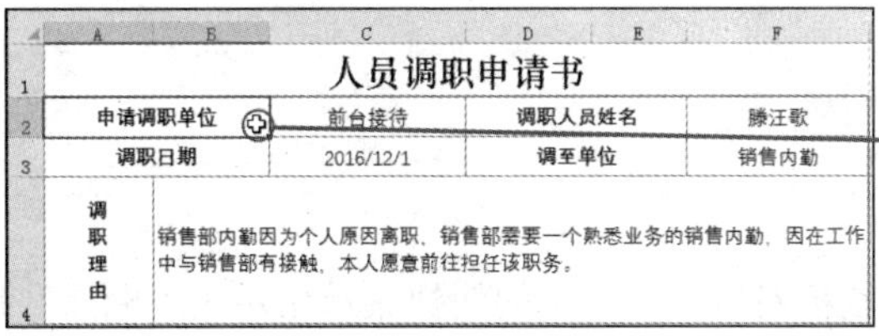

图 9-25 　　　　　　　　　　　　　　　　　图 9-26

<mark>步骤</mark> **02** 如果选择的单元格区域不是连续的，则先选中第一个单元格或第一个单元格区域（如果是单元格区域就按步骤 1 的方法操作），按住 Ctrl 键不放，接着选中第二个单元格区域，依次可选中多个单元格区域，如图 9-27 所示。

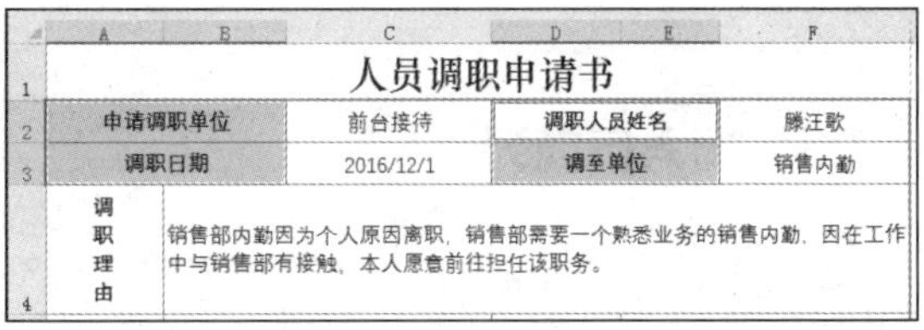

图 9-27

9.2.2 插入删除单元格

在编辑 Excel 报表的过程中，有时需要不断地进行更改，比如规划好框架后发现漏掉一个元素，此时需要插入单元格；有时规划好框架后又发现多一个元素，此时需要删除单元格。

步骤 01 打开工作表，选中目标单元格或单元格区域，如选中 C2:C3 单元格区域，切换到"开始"→"单元格"选项组中单击"插入"下拉按钮，在展开的下拉菜单中选择"插入单元格"命令（如图 9-28 所示），打开"插入"对话框。

步骤 02 确定在选定单元格区域的前一列还是上一行插入单元格区域，本例选择"活动单元格右移"单选按钮，即在单元格区域的前一列插入，如图 9-29 所示。

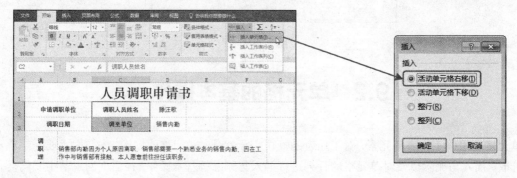

图 9-28   图 9-29

步骤 03 单击"确定"按钮，即可在选中单元格区域的前一列插入单元格区域，如图 9-30 所示。

图 9-30

❀ 知识扩展 ❀

删除单元格

删除单元格时，先选中要删除的单元格，单击鼠标右键，在弹出的快捷菜单中单击"删除"命令，接着在弹出的"删除"对话框中根据情况选择"右侧单元格左移"或"下方单元格上移"单选按钮即可。

9.2.3 插入行或列

在工作表实际的编辑过程中，插入整行或整列的操作更为常用。可以选中单元格执行插入行或列的操作，也可以选中行标或列标再利用快捷菜单进行插入行或列的操作。

1. 插入单行或单列

步骤 01 选中目标单元格（如本列中选中 A3），单击"开始"→"单元格"选项组中的"插入"下拉按钮，展开下拉菜单，如图 9-31 所示。

步骤 02 单击"插入工作表行"命令，即可在选中单元格的上方插入一整行，如图 9-32 所示的表格中的第 3 行就是新插入的行。

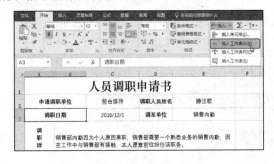

图 9-31

图 9-32

步骤 03 如果要插入列，例如选中 C4 单元格，单击"开始"→"单元格"选项组中的"插入"下拉按钮，展开下拉菜单，如图 9-33 所示。

步骤 04 单击"插入工作表列"命令，即可在选中单元格的前一列插入一整列，如图 9-34 所示的 C 列为新插入的列。

图 9-33

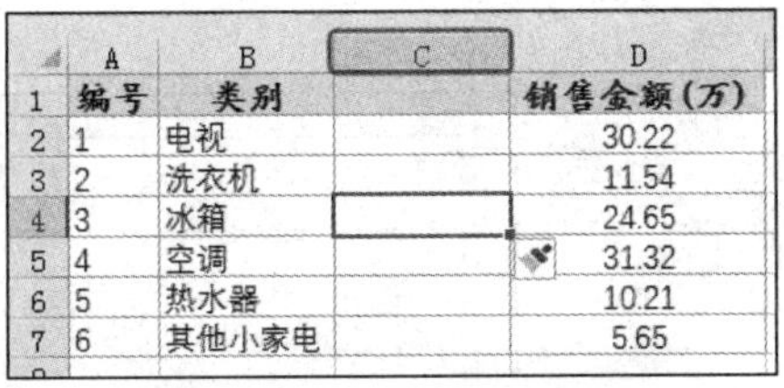

图 9-34

提示 在插入行时，选中目标行中的任意单元格，执行"插入工作表行"命令时都可得到相同的结果，如本例可选中原第 3 行中的任意单元格；在插入列时，选中目标列中的任意单元格，执行"插入工作表列"命令时都可得到相同结果，如本例可选中原 C 列中的任意单元格。

✿ 知识扩展 ✿

选中行标或列标快速插入行列

在插入行列时，可以先选中目标行标或列标，再通过快捷菜单中的命令快速插入。

在 C 列的列标上单击鼠标右键，在弹出的快捷菜单中单击"插入"命令即可，如图 9-35 所示。

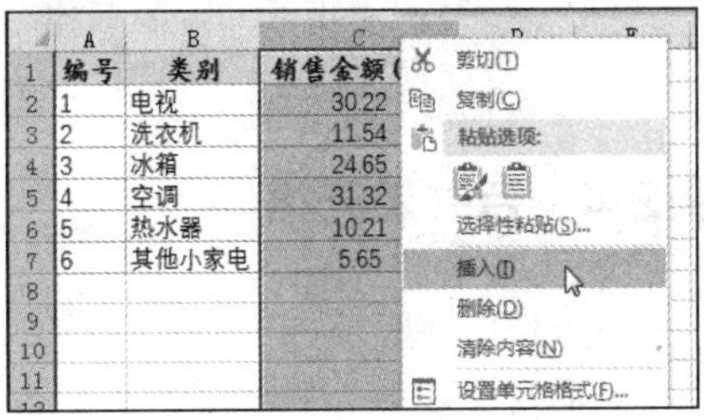

图 9-35

2. 一次性插入多行或多列

如果想一次性插入多行或多列，其操作方法与插入单行或单列相似，只是在插入前要选择多行或多列，例如想一次性插入 3 行，那么需要先选取 3 行，再执行插入操作。同样，有选中目标单元格执行插入命令和选中行标或列标后通过快捷菜单实现插入的两种方法。

步骤 01 选中目标行，选中方法是将鼠标指针指向行号，按住鼠标左键不放进行拖动，即可选中连续的几行。选中后单击鼠标右键，在弹出的快捷菜单中单击"插入"命令，如图 9-36 所示。

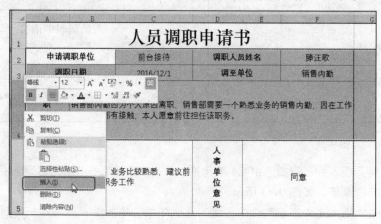

图 9-36

步骤 02 执行命令后，可以看到在原选中行的上方增加了 3 行（之前选择了 3 行），如图 9-37 所示。

图 9-37

要一次性插入多列，方法类似。鼠标指针指向列标，按住鼠标左键不放进行拖动，即可选中连续的几列，然后在右键快捷菜单中执行"插入"命令即可。

另外，在右键快捷菜单中除了有"插入"命令外，还有"删除"命令，显然这是为删除行列而设置的。只要准确选中目标行或目标列，执行"删除"命令即可进行删除行或列的操作。

9.2.4 合并单元格

在表格的编辑过程中经常需要使用到单元格合并功能，即将多行合并为一个单元格、多列合并为一个单元格或者将多行多列合并为一个单元格。一般在表示一对多关系时经常需要合并单元格。

步骤 01 例如表格的标题通常都需要进行合并居中的处理，而实际默认却是如图 9-38 所示的效果。

步骤 02 选中 A1:H1 单元格区域，在"开始"→"对齐方式"选项组中单击"合并后居中"按钮，合并后的效果如图 9-39 所示。

图 9-38

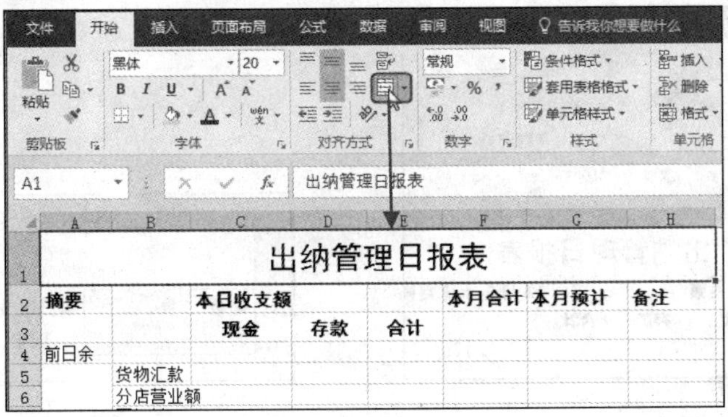

图 9-39

步骤 03 选中 A2:B3 单元格区域，在"开始"→"对齐方式"选项组中单击"合并后居中"按钮（如图 9-40），合并后的效果如图 9-41 所示。

图 9-40

图 9-41

步骤 04 当前这张表格有多处需要进行合并，按照相同的方法进行合并即可，合并后的效果如图 9-42 所示。

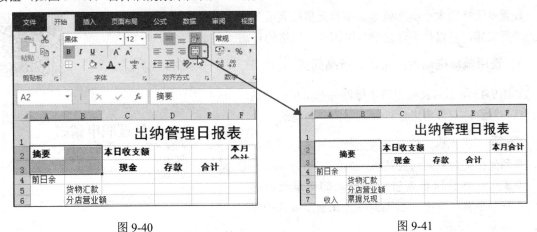

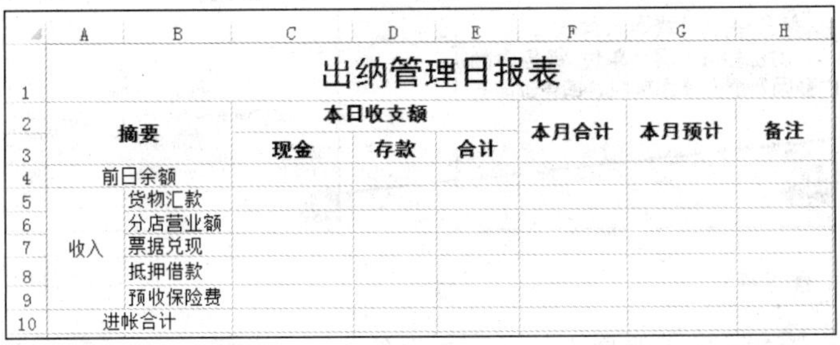

图 9-42

✖ **知识扩展** ✖

撤销单元格的合并

要撤销单元格的合并可以先选中目标单元格，然后在"开始"→"对齐方式"选项组中可以看到"合并后居中"按钮是启用状态（如图 9-43 所示），单击即可取消启用状态，选中的单元格即可恢复到合并前的状态（如图 9-44 所示）。

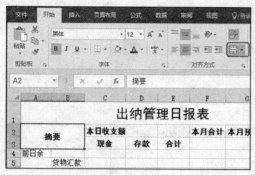

图 9-43

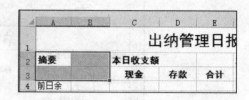

图 9-44

9.2.5 设置单元格大小

设置单元格的大小实际就是调整单元格行高或列宽的操作，根据表格的排版及格式进行安排，可以按实际需要随时调整单元格的行高或列宽。

1. 使用鼠标拖动的方法调整行高列宽

如图 9-45 所示的表格中除了标题外都是使用默认的行高与列宽，对表格进行排版时是需要调整的。

步骤 01 将光标定位到要调整行高的某行下边线上，直到光标变为双向对拉箭头，如图 9-46 所示。

步骤 02 按住鼠标左键向下拖动即可增大行高（向上拖动是减小行高），拖动时右上角显示具体的尺寸，如图 9-47 所示。

图 9-45

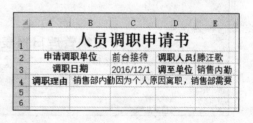

图 9-46

图 9-47

步骤 03 将光标定位到要调整列宽的某列右边线上，直到光标变为双向对拉箭头，如图 9-48 所示。

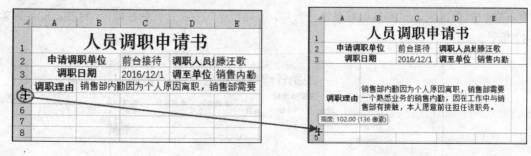

步骤 04 按住鼠标左键向右拖动即可增大列宽（向左拖动是减小列宽），拖动时右上角显示具体的尺寸，如图 9-49 所示。

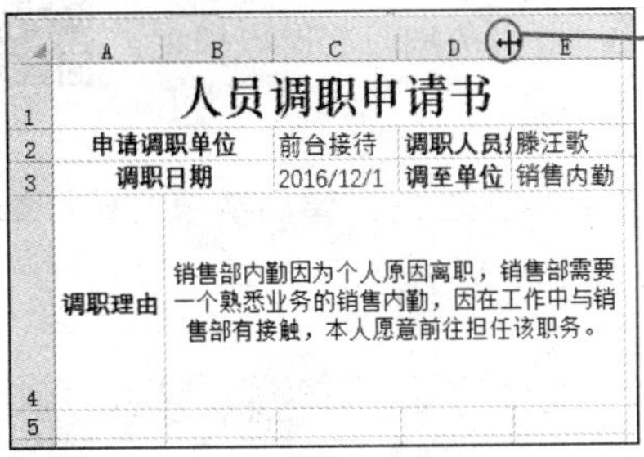

图 9-48

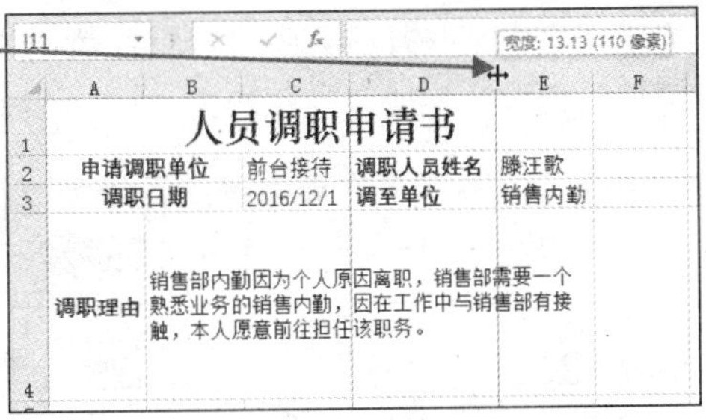

图 9-49

2．使用命令调整行高和列宽

如果想很精确地调整行高和列宽也可以使用命令的方式，这里以调整行高为例，调整列宽的操作基本相同。

步骤 01 选中需要调整行高的行，在行标上单击鼠标右键，弹出快捷菜单，单击“行高”命令，如图 9-50 所示。

步骤 02 打开“行高”对话框，在“行高”文本框中输入要设置的行高值，如图 9-51 所示。

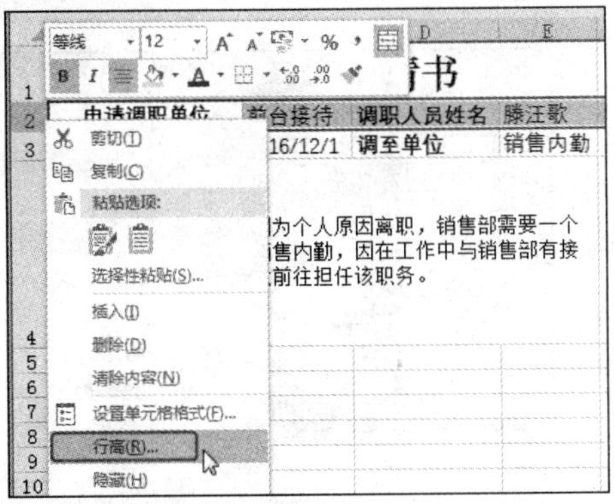

图 9-50

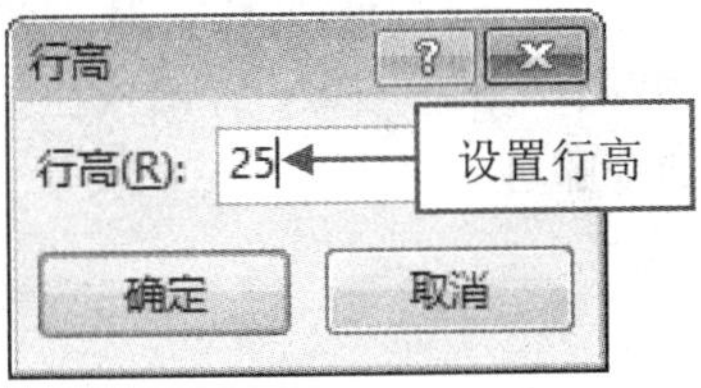

图 9-51

知识扩展

一次性调整多行的行高或多列的列宽

要一次性调整多行的行高或多列的列宽，关键在于要准确选中要调整的行或列。选中之后，注意要在选中的区域上右击，在弹出的快捷菜单中选择“行高”或“列宽”命令，打开“行高”或“列宽”设置对话框，设置具体值后单击“确定”按钮即可。

下面总结一下一次性选中连续行（列）和不连续行（列）的方法。

- 如果要一次性调整的行（列）是连续的，在选取时可以在要选择的起始行（列）的行标（列标）上单击，然后按住鼠标左键不放进行拖动即可选中多行或多列；
- 如果要一次性调整的行（列）是不连续的，可先选中第一行（列），按住 Ctrl 键不放，再依次在要选择的行（列）的行标（列标）上单击，即可选择多个不连续的行（列）。

9.2.6 隐藏含有重要数据的行或列

当工作表中某些行或列中包含重要数据或显示的是一些资料数据时，可以根据实际需要将特定的行或列隐藏起来。

打开工作表，选中需要隐藏的行或列，在目标行号或列标上右击，弹出快捷菜单，单击"隐藏"命令（如图 9-52 所示），即可实现隐藏该行或该列，如图 9-53 所示。

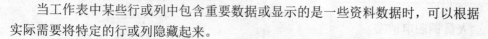

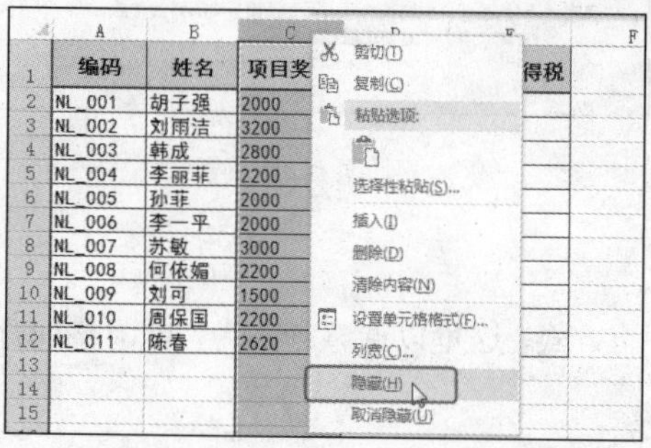

图 9-52

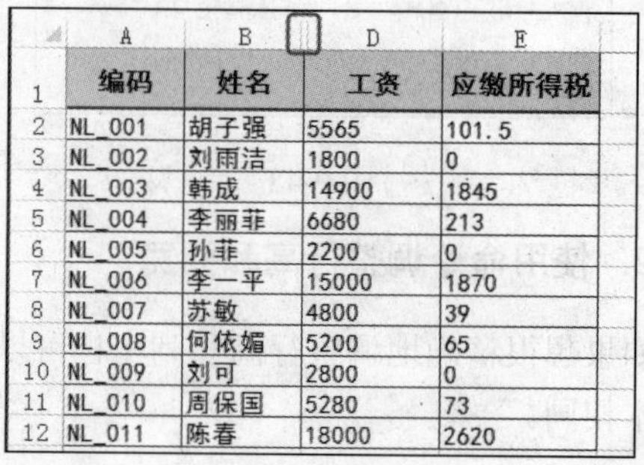

图 9-53

✖ 知识扩展 ✖

取消隐藏的行或列

如果要取消隐藏的行或列，最关键的操作也是在执行命令前准确地选中包含隐藏行或隐藏列在内的连续单元格区域，如本例中需要选中 B 列至 D 列，如图 9-54 所示，然后单击鼠标右键，弹出快捷菜单，单击"取消隐藏"命令即可。

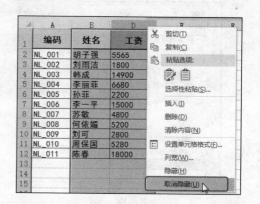

图 9-54

9.3　数据保护

为工作表或工作簿实施保护可以使一些具有保密性质的表格安全性提高，从而避免被随意地更改或遭到破坏。

9.3.1　保护工作表

1. 禁止他人编辑工作表

当工作表中包含重要的数据且不希望他人随意更改时，可以通过使用保护工作表的命令来保护工作表数据的安全。经过此设置后意味着将工作表设置为只读模式，即只允许查看不允许修改。

步骤 **01** 打开需要保护的工作表，单击"审阅"→"更改"选项组中的"保护工作表"按钮，如图 9-55 所示。

图 9-55

步骤 **02** 在打开的"保护工作表"对话框中选中"保护工作表及锁定的单元格内容"复选框，接着在"允许此工作表的所有用户进行"列表框中撤选所有复选框，在"取消工作表保护时使用的密码"文本框中输入密码，如图 9-56 所示。

步骤 **03** 在弹出的"确认密码"对话框中重新输入一次密码，如图 9-57 所示。

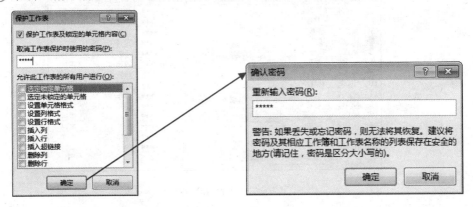

图 9-56   图 9-57

步骤 **04** 单击"确定"按钮即可完成设置。此时可以看到工作表中很多设置项都呈现灰色不可操作的状态，如图 9-58 所示。

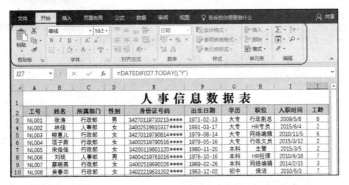

图 9-58

步骤 **05** 当试图编辑工作表时会弹出提示对话框阻止编辑，如图 9-59 所示。

图 9-59

提 示　在设置保护密码后，如果再想编辑工作表，需要先取消密码才能编辑。在"审阅"→"更改"选项组中单击"撤消工作表保护"按钮，此时会弹出提示对话框要求输入密码，正确输入之前所设置的密码即可撤消工作表的保护。

2. 隐藏工作表实现保护

当工作表中包含有重要数据时，通过将其隐藏的办法也可以起到保护工作表的作用。

步骤 01 在工作簿中选中要隐藏工作表的标签，右击后弹出快捷菜单。

步骤 02 单击"隐藏"命令（如图 9-60 所示），即可将该工作表隐藏起来。

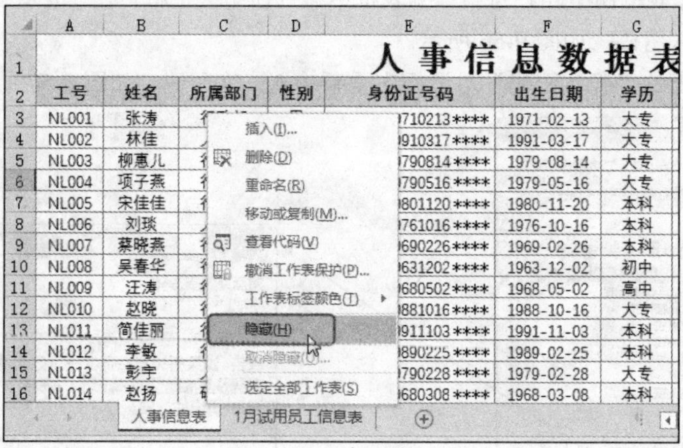

图 9-60

✖ 知识扩展 ✖

重新显示出被隐藏的工作表

如果想将隐藏的工作表重新显示出来，可以在当前工作簿的任意工作表名称标签上单击鼠标右键，在弹出的快捷菜单中单击"取消隐藏"命令，打开"取消隐藏"对话框。列表框中显示出当前工作簿中被隐藏的所有工作表，选中要将其重新显示出来的工作表（如图 9-61 所示），单击"确定"按钮即可。

图 9-61

 提 示　如果工作簿中并没有被隐藏的工作表，那么在工作表标签上单击鼠标右键打开的快捷菜单中，"取消隐藏"命令呈现灰色，即不可操作。

3. 保护表格中部分单元格区域

除了可以设置工作表中的可编辑区域，还可以通过如下设置实现只保护工作表中特定的单元格区域。由于工作表的保护功能只对锁定的单元格有效，因此如果只是保护特定的单元格区域，则需要对除此之外的其他单元格区域解锁，然后执行工作表保护的操作步骤。

步骤 01 选取整个工作表（单击表格区域行号与列标交叉处的◢按钮即可全选），如图 9-62 所示，在“开始”→“字体”选项组中单击⊡按钮，打开“设置单元格格式”对话框。切换到“保护”标签中撤选“锁定”复选框，如图 9-63 所示。

	A	B	C	D	E	F	G
1	年份	年交保费	累计保费	身故保险金	重疾保险金	红利现价	退保金额
2	1	3180	3180	100010	100000	0	336.992
3	2	3180	6360	100292	100000	36.992	1113.505
4	3	3180	9540	100836	100000	113.505	2034.476
5	4	3180	12720	101648	100000	234.476	3304.831
6	5	3180	15900	102736	100000	404.831	4833.809
7	6	3180	19080	104105	100000	633.809	6594.003
8	7	3180	22260	105763	100000	926.003	8569.949
9	8	3180	25440	107718	100000	1287.949	10723.55
10	9	3180	28620	109979	100000	1726.55	13074.168
11	10	3180	31800	112554	100000	2261.168	15622.267
12	11	3180	34980	115451	100000	2892.267	18376.548
13	12	3180	38160	118680	100000	3628.548	21346.195
14							

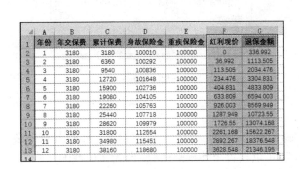

图 9-62

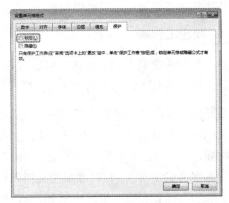

图 9-63

步骤 02 单击“确定”按钮，在工作表中选择要保护的单元格区域（如图 9-64 所示），打开“设置单元格格式”对话框，单击“保护”标签，重新选中“锁定”复选框，如图 9-65 所示。

	A	B	C	D	E	F	G
1	年份	年交保费	累计保费	身故保险金	重疾保险金	红利现价	退保金额
2	1	3180	3180	100010	100000	0	336.992
3	2	3180	6360	100292	100000	36.992	1113.505
4	3	3180	9540	100836	100000	113.505	2034.476
5	4	3180	12720	101648	100000	234.476	3304.831
6	5	3180	15900	102736	100000	404.831	4833.809
7	6	3180	19080	104105	100000	633.809	6594.003
8	7	3180	22260	105763	100000	926.003	8569.949
9	8	3180	25440	107718	100000	1287.949	10723.55
10	9	3180	28620	109979	100000	1726.55	13074.168
11	10	3180	31800	112554	100000	2261.168	15622.267
12	11	3180	34980	115451	100000	2892.267	18376.548
13	12	3180	38160	118680	100000	3628.548	21346.195
14							

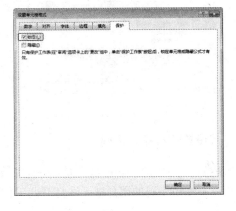

图 9-64

图 9-65

步骤 03 单击“确定”按钮返回到工作表中，然后按照前面“1. 禁止他人编辑工作表”小节中介绍的方法执行工作表的保护操作即可。

步骤 04 设置完成后，当试图对这一部分单元格进行编辑时，将会弹出如图 9-66 所示的提示信息对话框。除这一部分单元格之外的其他单元格区域都是可以进行操作的。

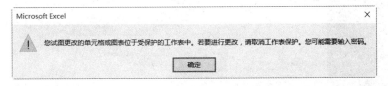

图 9-66

提 示

此技巧应用的原理是工作表的保护只针对已锁定的单元格或单元格区域有效。因此首先取消对整张表的锁定，然后只锁定需要保护的单元格区域，然后设置的保护操作只对这一部分单元格区域有效。

9.3.2　加密保护工作簿

工作簿编辑过程中或编辑完成后，如果有一些保密数据不希望其被他人打开，可以为工作簿设置加密，以实现保护。

1. 加密工作簿

对于包含重要数据的工作簿，可以为其设置打开权限密码，即只有输入正确密码后才可以打开此工作簿。

步骤01 工作簿编辑完成后，单击"文件"选项卡，在打开的界面中单击"信息"标签，单击"保护工作簿"下拉按钮，在展开的下拉菜单中单击"用密码进行加密"命令（如图 9-67 所示），打开"加密文档"对话框。

步骤02 设置密码（如图 9-68 所示），单击"确定"按钮完成设置。

步骤03 当下次打开此文档时，会弹出提示对话框来提示输入密码，如图 9-69 所示。

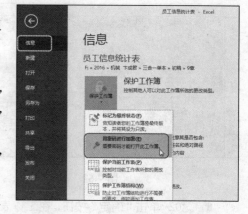

图 9-67

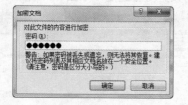

图 9-68

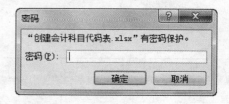

图 9-69

2. 设置修改权限密码

如果工作簿中的内容比较重要，不希望被其他用户打开，可以为该工作簿设置一个打开权限密码，这样不知道密码的用户则无法打开此工作簿，也可以设置个性权限密码，即无密码就无法修改。

步骤01 打开需要设置打开权限密码的工作簿。

步骤02 单击"文件"选项卡，在打开的界面中单击"另存为"标签，在右侧窗口中设置此文件的保存目录，如图 9-70 所示（该目录位置为当前文档的保存位置）。

图 9-70

步骤 **03** 单击"保存"按钮，打开"另存为"对话框，单击左下角的"工具"下拉按钮，在下拉列表中选择"常规选项"（如图 9-71 所示），打开的"常规选项"对话框。

步骤 **04** 在"打开权限密码"文本框中输入一个密码，在"修改权限密码"文本框中输入密码，如图 9-72 所示。

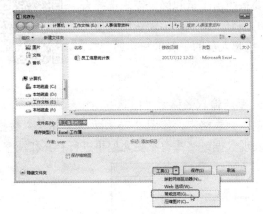

图 9-71   图 9-72

步骤 **05** 单击"确定"按钮，返回"另存为"对话框。

步骤 **06** 单击"保存"按钮保存文件，会弹出提示对话框告知是否替换原文件，可以重新设置文件名并保存，也可以单击"是"按钮来替换原文件进行保存，如图 9-73 所示。

图 9-73

步骤 **07** 以后再打开此工作簿时，就会弹出一个"密码"对话框，第一次要求输入的是文件打开密码，如图 9-74 所示。单击"确定"按钮又弹出"密码"对话框，要求输入修改权限密码，如图 9-75 所示。如果不输入密码，可以单击"只读"按钮以只读方式打开；如果输入密码则打开的工作簿可以编辑（只有输入正确的密码才能打开此工作簿）。

图 9-74   图 9-75

9.4 综合实例：编制招聘费用预算表

领导审批通过招聘报批表后，人力资源部门需要按照用工量和岗位需求选择合适的方式进行招聘、制定招聘计划并做出招聘费用的预算。常规的招聘费用包括广告宣传费、招聘场地租用费、表格资料打印复印费、招聘人员的午餐费和交通费等。

1. 建立表格输入基本数据

步骤01 新建工作簿，在 Sheet1 工作表上双击，重新输入名称为"招聘费用预算表"。

步骤02 规划好表格的主体内容，将相关数据输入到表格中，如图 9-76 所示为默认输入数据后的表格，可以先暂时输入数据，后面排版时如果发现数据或格式有不妥之处再进行补充和调整。

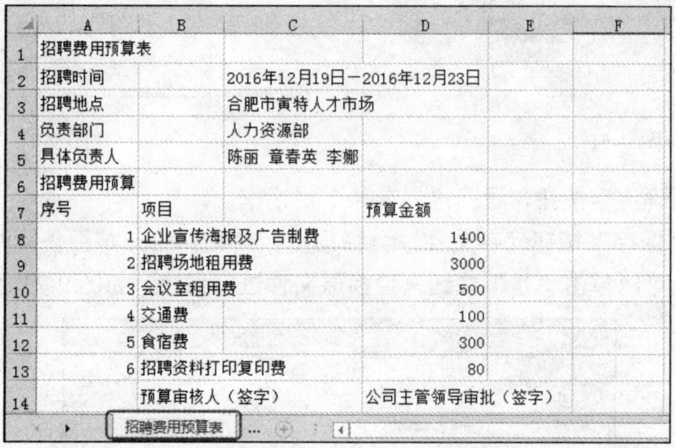

	A	B	C	D	E	F
1	招聘费用预算表					
2	招聘时间		2016年12月19日－2016年12月23日			
3	招聘地点		合肥市寅特人才市场			
4	负责部门		人力资源部			
5	具体负责人		陈丽 章春英 李娜			
6	招聘费用预算					
7	序号	项目		预算金额		
8		1	企业宣传海报及广告制费	1400		
9		2	招聘场地租用费	3000		
10		3	会议室租用费	500		
11		4	交通费	100		
12		5	食宿费	300		
13		6	招聘资料打印复印费	80		
14		预算审核人（签字）		公司主管领导审批（签字）		

图 9-76

2. 合并相关的单元格

步骤01 表格标题一般需要横跨整张表格，因此选中 A1:D1 单元格区域，在"开始"→"对齐方式"选项组中单击"合并后居中"按钮（如图 9-77 所示），合并该单元格区域。

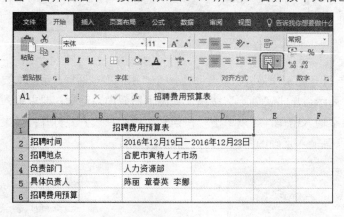

图 9-77

步骤02 此表格的多处单元格区域都需要进行单元格合并的操作，操作方法都相同，图 9-78 中利用箭头标记工作表哪些位置进行了合并单元格的操作。

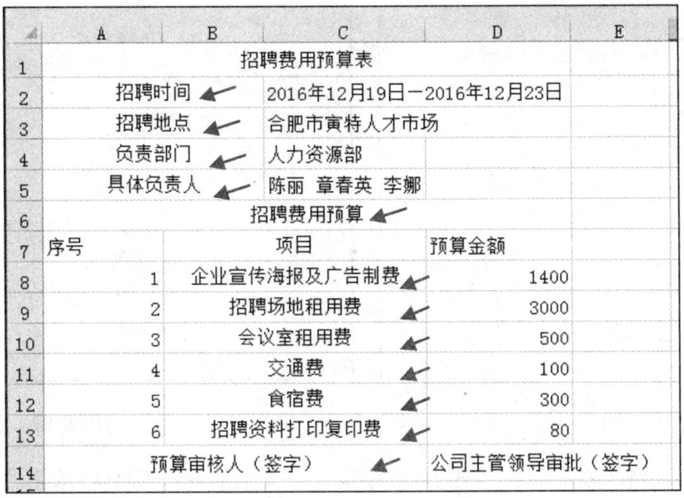

图 9-78

3. 按实际需要调整单元格的行高和列宽

步骤01 当需要减小列宽时,将光标定位在目标列右侧的边线上,当光标变成双向对拉箭头时,按住鼠标左键向左拖动,即可减小 A 列的列宽,如图 9-79 所示。

步骤02 当需要增大列宽时,将光标定位在目标列右侧的边线上,当光标变成双向对拉箭头时,按住鼠标左键向右拖动,即可增大 C 列的列宽,如图 9-80 所示。

图 9-79

图 9-80

步骤03 当需要增大行高时,将光标定位在目标行(14 行)底部的边线上,当光标变成双向对拉箭头时,按住鼠标左键向下拖动,即可增大行高,如图 9-81 所示。

步骤04 如图 9-82 所示为调整后的表格,从图中看到 D14 单元格的数据跨列显示,而且此单元格用于签字,应该与"预算审核人(签字)"单元格保持大致相同的宽度才合适。如果单独调整 D 列的宽度,表格整体会不协调。

4. 补充插入新列

为解决上述步骤04 中所说的问题,可以补充插入新列。

图 9-81　　　　　　　　　　　　　　　　　　图 9-82

步骤 01 选中 D 列，在列标上单击鼠标右键，在弹出的快捷菜单中单击"插入"命令（如图 9-83 所示），即可插入新列，如图 9-84 所示。

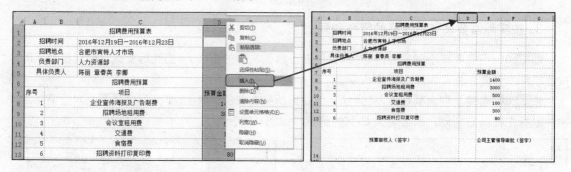

图 9-83　　　　　　　　　　　　　　　　　　图 9-84

步骤 02 插入新列后需要重新进行一些合并单元格的操作（实际上，表格的创建过程就是一个不断调整的过程），表格呈现的效果如图 9-85 所示。

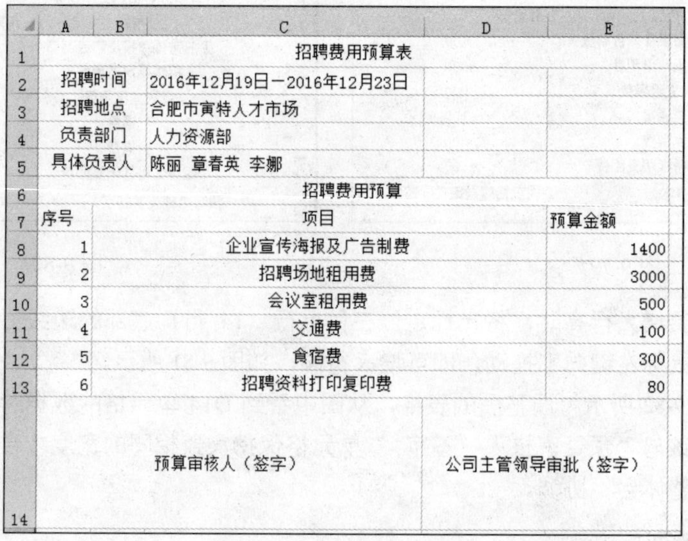

	A	B	C	D	E
1			招聘费用预算表		
2	招聘时间		2016年12月19日－2016年12月23日		
3	招聘地点		合肥市寅特人才市场		
4	负责部门		人力资源部		
5	具体负责人		陈丽 章春英 李娜		
6			招聘费用预算		
7	序号		项目		预算金额
8	1		企业宣传海报及广告制费		1400
9	2		招聘场地租用费		3000
10	3		会议室租用费		500
11	4		交通费		100
12	5		食宿费		300
13	6		招聘资料打印复印费		80
14			预算审核人（签字）		公司主管领导审批（签字）

图 9-85

5. 字体、对齐方式、边框的设置

字体、字号、对齐方式、边框底纹的设置属于表格美化的范畴，一般在完成表格数据的录入与表格的框架规划后就进行表格美化的操作，尤其是针对用于预备打印、最终结果进行展示一类的表格，这些操作显得格外重要。本书将在第 11 章中介绍与表格美化相关的操作，通过设置后可以让表格呈现如图 9-86 所示的最终效果。

	A	B	C	D	E
1	招聘费用预算表				
2	招聘时间		2016年12月19日—2016年12月23日		
3	招聘地点		合肥市寅特人才市场		
4	负责部门		人力资源部		
5	具体负责人		陈丽　章春英　李娜		
6	招聘费用预算				
7	序号	项目			预算金额
8	1	企业宣传海报及广告制费			1400
9	2	招聘场地租用费			3000
10	3	会议室租用费			500
11	4	交通费			100
12	5	食宿费			300
13	6	招聘资料打印复印费			80
14	预算审核人（签字）			公司主管领导审批（签字）	

图 9-86

第 **10** 章

表格数据的输入与编辑

应用环境

在 Excel 工作表中可以有多种不同类型的数据，不同类型数据的输入各有其特点。保障数据的准确输入可以便于后期对表格数据的分析，同时掌握一些操作还可以提升数据的输入效率。

本章知识点

① 了解各种不同类型数据的属性
② 数据的批量输入
③ 数据的查找与替换
④ 数据验证设置阻止错误输入

10.1　表格数据输入

输入任意类型的数据到工作表中是创建表格的首要工作。不同类型数据的输入，其操作要点也各不相同。另外，本节中还涉及利用填充与导入的方法来实现数据的批量输入。

10.1.1　了解几种数据类型

Excel 表格的数据类型分为文本型数据、数值型数据、日期型数据和时间型数据。下面简单介绍这几种类型的数据。

1. 文本型数据

在 Excel 中，文本型数据包括汉字、英文字母、空格等，每个单元格最多可容纳 32000 个字符。默认情况下，数据自动沿单元格左边对齐。当输入的数据超出当前单元格的宽度时，如果右边相邻单元格中没有数据，那么字符串会向右延伸；如果右边相邻单元格中有数据，则超出单元格宽度的

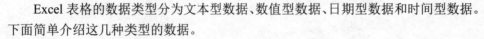

那部分数据就会被隐藏（如图 10-1 所示的 A 列与 B 列），只有把单元格的宽度调大后才能显示出来，如图 10-2 所示。

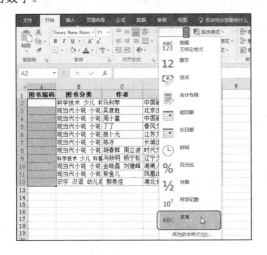

图 10-1   图 10-2

如果要输入的数据全部由数字组成，比如存折账号、产品的 ISBN 码、以 0 开头的编码等，如果直接输入，程序会默认将它们按数值型数据处理，这个时候就需要特别将这一部分数据设置为文本格式。有两种输入方法：一是在输入前选中目标单元格区域，将单元格格式设置为"文本"格式（如图 10-3 与图 10-4 所示）；二是在输入时可以先输一个单引号"'"（英文符号），再接着输入具体的数字。

图 10-3   图 10-4

提 示 判断是否为文本型数据有一个非常便捷的方法，就是看输入到单元格中的数据是否会自动左对齐，如果默认为左对齐的数据就是文本型数据。

2. 数值型数据

在 Excel 中，数值型数据包括 0~9 中的数字以及含有正号、负号、货币符号、百分号等任意一种符号的数据。默认情况下，数值自动沿着单元格右边对齐。在输入过程中，有以下两种比较特殊的情况需要注意。

（1）负数：在数值前加一个"-"号或者把数值放在括号里，都可以输入负数。比如要在单元格中输入"-66"，可以分别输入"-66""(66)"，然后按回车键都可以在单元格中输入"-66"。

（2）分数：要在单元格中输入分数，应先在编辑框中输入"0"和一个空格，然后再输入分数，否则 Excel 会把分数当作日期值来处理。比如输入 5/12 这样的分数形式，则会被自动显示为"12月 5 日"的形式。因此输入分数前先输入"0"和一个空格，然后输入"5/12"，按回车键确认输入，在单元格中就可以输入分数"5/12"。

3. 日期型数据和时间型数据

在人事管理中，经常需要录入一些日期型的数据，在录入过程中要注意以下几点：

（1）输入日期时，年、月、日之间要用"/"号或"-"号隔开，这两种符号使程序能自动识别出年、月、日间隔符号，如"2017-8-16""2017/8/16"均可。

（2）输入时间时，时、分、秒之间要用冒号隔开，如"10:29:36"。

（3）若要在单元格中同时输入日期和时间，日期和时间之间应该用空格隔开。

10.1.2 数值数据的输入

直接在单元格中输入数字，默认是可以参与运算的数值。但根据实际需要，有时需要设置数值的其他显示格式，如包含特定位数的小数、以货币值显示、显示千分位符等。

选中单元格，输入数字，其默认格式为"常规"格式（在"开始"→"数字"选项组中可以看到），比如输入小数时，输入几位小数，单元格中就显示出几位小数，如图10-5所示。

图 10-5

要想输入以其他格式显示的数值，则需要在输入数值前设置单元格的格式，或者在输入数据后再设置单元格的数字格式。

1. 应用快捷按钮快速设置数字格式

在"开始"→"数字"选项组中显示了几个设置数字格式的快捷按钮（如 %、、 等），可以使用它们快速设置数字的格式。

步骤01 选中目标数据，在"开始"→"数字"选项组中单击"增加小数位"按钮（如图10-6所示）即可为选中的数据增加小数位，如图10-7所示。

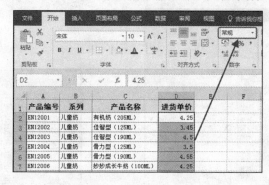

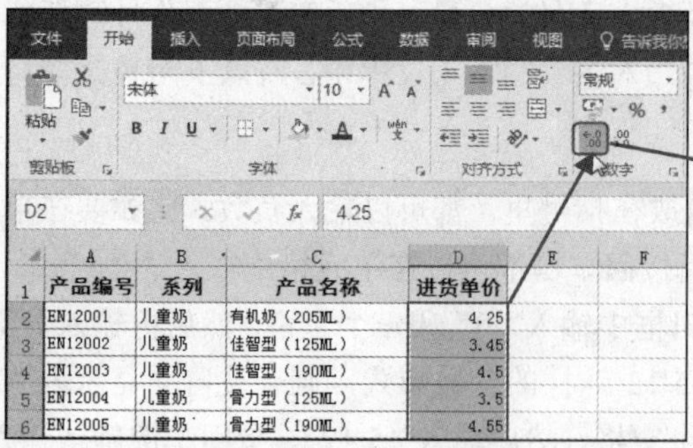

图 10-6 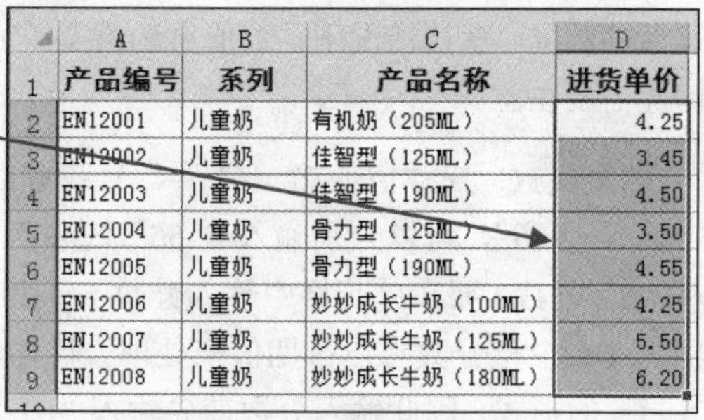   图 10-7

步骤 **02** 选中目标数据，在"开始"→"数字"选项组中单击"会计数字格式"按钮的下拉按钮，打开下拉菜单，单击"￥中文"（如图 10-8 所示）即可为选中的数据应用会计专用格式，如图 10-9 所示。

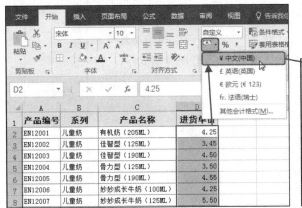

图 10-8　　　　　　　　　　　　　　　　　　　　　图 10-9

步骤 **03** 选中目标数据，在"开始"→"数字"选项组中单击"百分比样式"按钮 % （如图 10-10 所示），即可为选中的数据应用百分比格式（默认无小数位）。保持数据的选中状态，接着单击"增加小数位"按钮 两次（如图 10-11 所示），即可为百分比数据添加两位小数，如图 10-12 所示。

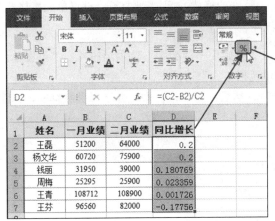　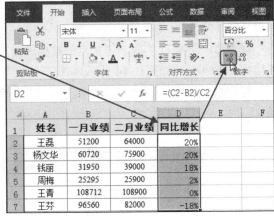

图 10-10　　　　　　　　　　　　　　　　　　　　图 10-11

	A	B	C	D
1	姓名	一月业绩	二月业绩	同比增长
2	王磊	51200	64000	20.00%
3	杨文华	60720	75900	20.00%
4	钱丽	31950	39000	18.08%
5	周梅	25295	25900	2.34%
6	王青	108712	108900	0.17%
7	王芬	96560	82000	-17.76%

图 10-12

❈ 知识扩展 ❈

数字格式的快捷设置

在"开始"→"数字"选项组中除了几个功能按钮外，还可以单击"数字格式"下拉按钮，打开下拉菜单，在此可以选择"数字"格式（包含两位小数的数值）、"货币"格式、"会计专用"格式、"分数"格式、"百分比"格式等，如图 10-13 所示。

图 10-13

2. "设置单元格格式"对话框

除了通过前文介绍的快捷功能按钮来设置数据格式外，有时也需要打开"设置单元格格式"对话框进行设置。当然，如果使用功能按钮能解决的问题，建议还是使用功能按钮会更加方便快捷，如果使用功能按钮无法实现（比如设置让负数显示为特殊的格式），则需要打开"设置单元格格式"对话框进行设置。

步骤 01 选中 D 列显示增长值的数据区域，在"开始"→"数字"选项组中单击"设置单元格格式"按钮 □（如图 10-14 所示），打开"设置单元格格式"对话框。

步骤 02 在"分类"列表框中选择"货币"选项，然后设置小数位数，并选择负数样式，如图 10-15 所示。

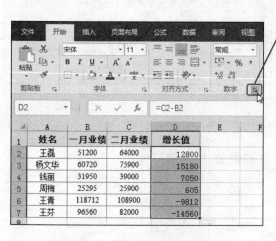

图 10-14

图 10-15

步骤 03 单击"确定"按钮，可以看到以货币格式显示的数据，并且负数也显示为所设置的格式，如图 10-16 所示。

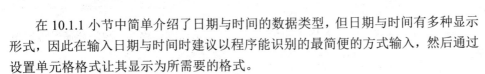

图 10-16

 提 示 设置数字格式时既可以在输入数据后进行设置，也可以在输入数据前就进行设置。如果输入数据之前就选中目标单元格区域进行设置，那么再输入数据或利用公式计算得到的数据都会自动应用所设置的格式。

10.1.3 输入日期和时间数据

在 10.1.1 小节中简单介绍了日期与时间的数据类型，但日期与时间有多种显示形式，因此在输入日期与时间时建议以程序能识别的最简便的方式输入，然后通过设置单元格格式让其显示为所需要的格式。

1．输入日期

比如输入"17-7-2"或"17/7/2"都是对"2017 年 7 月 2 日"这个日期的简易输入法，如果是输入本年日期，则还可以省去年份，即输入"1-2"就可以表示输入当前年份的 1 月 2 日。如果想让日期数据显示为其他的形式，则可以先以 Excel 可以识别的最简易形式输入日期，然后通过设置单元格的格式来让其显示为所需要的格式。

步骤 01 选中要输入日期数据的单元格区域（或选中已经输入了日期数据的单元格区域），在"开始"→"数字"选项组中单击 按钮（如图 10-17 所示），打开"设置单元格格式"对话框。

步骤 02 在"分类"列表框中选择"日期"选项，然后在"类型"列表框中选择日期格式，如图 10-18 所示。

图 10-17

图 10-18

步骤 03 单击"确定"按钮，可以看到选中的单元格区域中的日期数据显示为所指定的格式，如图 10-19 所示。

	A	B	C	D	E	F
1						
2	序　号	生 产 日 期	品　种	名 称 与 规 格	进货价格	销售价格
3	001	3-Nov-13	冠益乳	冠益乳草莓230克	￥5.50	￥8.00
4	002	3-Nov-13	冠益乳	冠益乳草莓450克	￥6.00	￥9.50
5	003	20-Jan-14	冠益乳	冠益乳黄桃100克	￥5.40	￥7.50
6	004	20-Jan-14	百利包	百利包无糖	￥3.20	￥5.50
7	005	1-Feb-14	百利包	百利包海苔	￥4.20	￥6.50
8	006	1-Feb-14	达利园	达利园蛋黄派	￥8.90	￥11.50
9	007	1-Feb-14	达利园	达利园面包	￥8.60	￥10.00

图 10-19

> **提 示**　在"开始"→"数字"选项组中单击"数字格式"下拉按钮，打开下拉菜单，其中有"短日期"与"长日期"两个选项，选择"短日期"会显示"2017/7/3"的样式日期，选择"长日期"会显示"2017 年 7 月 3 日"的样式日期。这两个选项可以用于对日期数据样式的快速设置。

2. 输入时间

输入时间数据时，采用系统默认的输入格式即可。如果要显示出其他格式，则需要通过设置单元格格式来实现。

步骤01 选中要输入时间数据的单元格区域，如 B2:C6 单元格区域。切换到"开始"→"数字"选项组中单击 按钮（如图 10-20 所示），打开"设置单元格格式"对话框。

步骤02 在"分类"列表框中选中"时间"选项，在"类型"列表框中选中"1:30PM"类型或者用户根据需要设置其他类型，如图 10-21 所示。

图 10-20

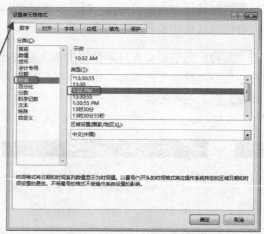

图 10-21

步骤03 单击"确定"按钮。设置了格式的单元格数据将会自动转换为"10:32AM"的形式，如图 10-22 所示。

	A	B	C
1	车位	进入时间	离开时间
2	1号车位	10:32 AM	2:45 PM
3	2号车位		
4	3号车位		
5	4号车位		
6	5号车位		
7			

图 10-22

10.1.4 用填充功能批量输入

在工作表特定的区域中输入相同数据或是有一定规律的数据时，可以使用数据填充功能来快速输入。文本数据、序号、日期数据等都可以使用填充的方法输入。

1. 快速输入相同数据

步骤01 在单元格中输入第一个数据（如此处在 C3 单元格中输入"销售部"），将光标定位在单元格右下角的填充柄上，如图 10-23 所示。

步骤02 按住鼠标左键向下拖动（如图 10-24 所示），释放鼠标后，可以看到拖动过的单元格区域都填充了与 C3 单元格中相同的数据，如图 10-25 所示。

| 图 10-23 | 图 10-24 | 图 10-25 |

❀ 知识扩展 ❀

用填充功能按钮填充

在连续的单元格中输入相同的数据，还可以利用相关命令进行操作来实现。首先选中需要进行填充的单元格区域（注意，要包含已经输入数据的单元格，即要有填充源），然后在"开始"→"编辑"选项组中单击"填充"下拉按钮，在打开的下拉菜单中选择填充方向，即"向下"命令，如图 10-26 所示。

图 10-26

---

2. 连续序号、日期的填充

通过填充功能还可以实现一些具有规则数据的快速输入，比如输入序号、日期、星期数、月份等。

步骤01 在 A3 单元格中输入首个序号，将光标移至该单元格右下角的填充柄上，如图 10-27 所示。

步骤02 按住鼠标左键不放，向下拖动至填充结束的位置，松开鼠标左键，拖动过的单元格区域中即都填充了序号，如图 10-28 所示。

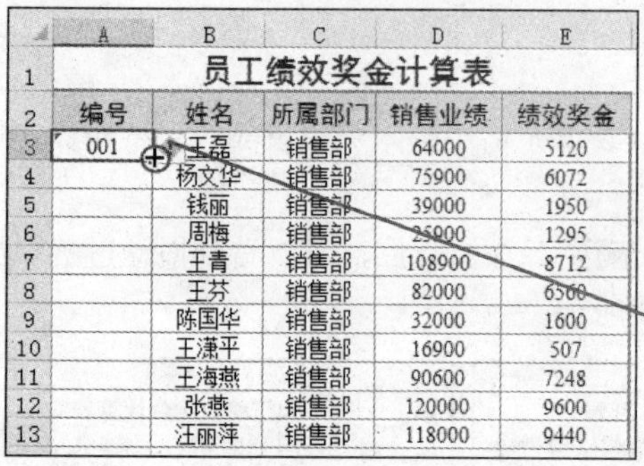

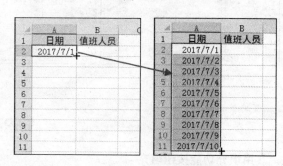

	A	B	C	D	E
1	员工绩效奖金计算表				
2	编号	姓名	所属部门	销售业绩	绩效奖金
3	001	王磊	销售部	64000	5120
4		杨文华	销售部	75900	6072
5		钱丽	销售部	39000	1950
6		周梅	销售部	25900	1295
7		王青	销售部	108900	8712
8		王芬	销售部	82000	6560
9		陈国华	销售部	32000	1600
10		王潇平	销售部	16900	507
11		王海燕	销售部	90600	7248
12		张燕	销售部	120000	9600
13		汪丽萍	销售部	118000	9440

图 10-27

	A	B	C	D	E
1	员工绩效奖金计算表				
2	编号	姓名	所属部门	销售业绩	绩效奖金
3	001	王磊	销售部	64000	5120
4	002	杨文华	销售部	75900	6072
5	003	钱丽	销售部	39000	1950
6	004	周梅	销售部	25900	1295
7	005	王青	销售部	108900	8712
8	006	王芬	销售部	82000	6560
9	007	陈国华	销售部	32000	1600
10	008	王潇平	销售部	16900	507
11	009	王海燕	销售部	90600	7248
12	010	张燕	销售部	120000	9600
13	011	汪丽萍	销售部	118000	9440

图 10-28

步骤03 填充日期时，输入首个日期后，然后按照相同的方法向下填充即可实现连续日期的输入，如图 10-29 所示。

图 10-29

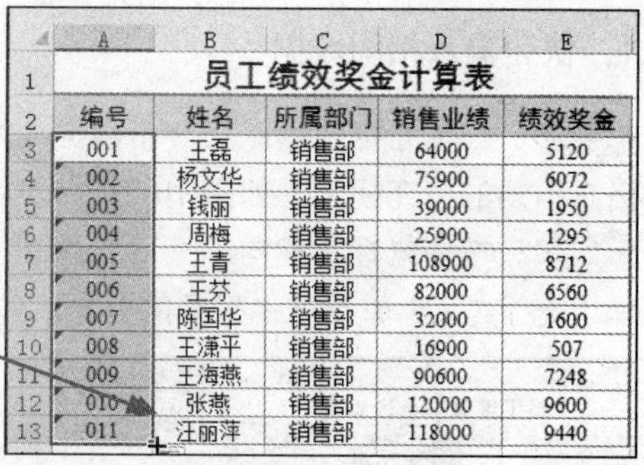

知识扩展

填充“1001”这样的序号时为何不递增，只显示相同的数据

在填充数值时默认不具备递增属性，因此在填充后需要单击右下角出现的“自动填充选项”下拉按钮，在打开的下拉列表中单击“填充序列”单选按钮即可递增填充序号，如图 10-30 所示。

如果记不住哪些数据有递增属性，哪些数据又不具有递增属性，可以等待填充结果出来后进行判断，想实现相同数据的填充就单击“复制单元格”单选按钮，想实现递增填充就单击“填充序列”单选按钮即可。

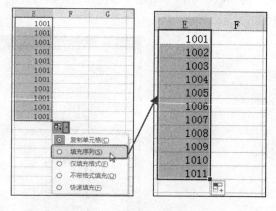

图 10-30

3. 不连续序号或日期的填充输入

如果数据是不连续显示的，也可以实现填充输入，其关键是要将填充源设置好，即至少要输入两个单元格的值来作为填充源，这样程序才能根据当前选中的填充源所具有的规律来完成数据的填充。

步骤01 比如第一个序号是 1001，第二个序号是 1003，那么填充得到的结果就是 1001、1003、1005、1007……的序列，如图 10-31 所示。

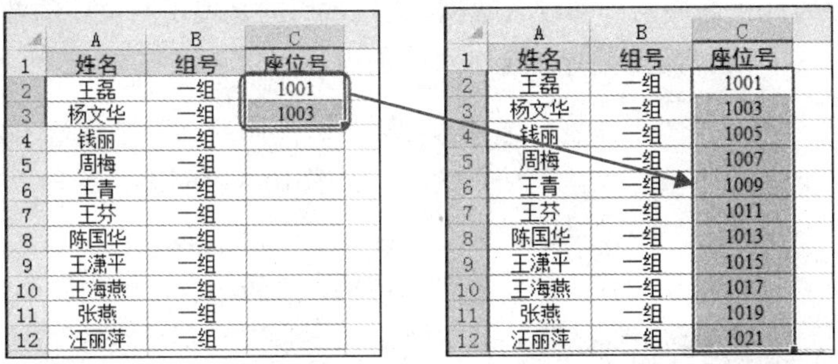

图 10-31

步骤02 再如第一个日期是 2017-7-1，第二个日期是 2017-7-3，那么填充得到的结果就是 2017-7-1、2017-7-3、2017-7-5、2017-7-7……的序列，如图 10-32 所示。

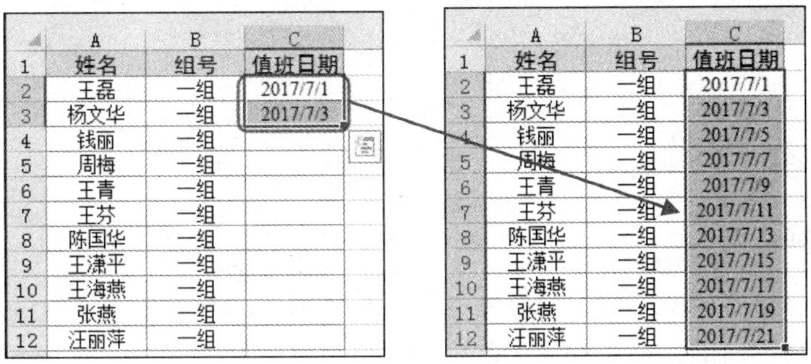

图 10-32

4．按工作日填充

日期的填充有别于其他数据的填充，还会涉及工作日的填充、按年份填充、按月份填充等。例如在安排值班日期时要排除周末日期，利用填充功能也可以快速地实现。

步骤01 在 B2 单元格中输入首个日期，将光标移至该单元格右下角的填充柄上，按住鼠标左键不放，向下拖动至填充结束的位置时松开鼠标左键，单击右下角出现的"自动填充选项"下拉按钮，弹出下拉列表，如图 10-33 所示。

步骤02 在打开的列表中单击"填充工作日"单选按钮，此时可以看到填充的日期自动排除了工作日，如图 10-34 所示。

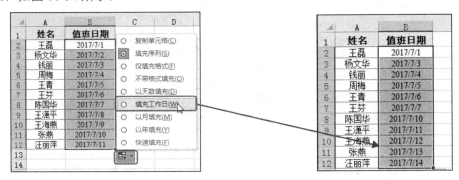

图 10-33

图 10-34

10.1.5 导入网络数据

编辑 Excel 表格时经常需要从外部导入数据，比较常用的是使用网页中的数据，此时可以只导入需要的内容，而无须导入全部页面的内容。

步骤 01 打开要导入数据的工作表，选中数据要放置的起始单元格位置，接着切换到"数据"→"获取外部数据"选项组中单击"自网站"按钮（如图 10-35 所示），弹出"新建 Web 查询"对话框。

步骤 02 在"地址"文本框中输入网站的网址，单击"转到"按钮，如图 10-36 所示。

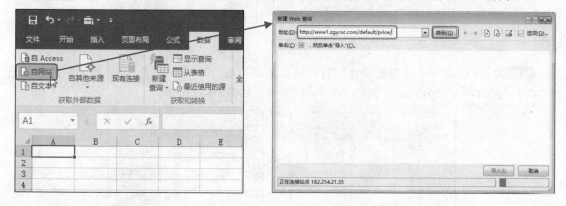

图 10-35   图 10-36

步骤 03 找到需要导入的内容，单击内容前的 ➡ 按钮，使其变为 ☑，即可选中内容，然后单击"导入"按钮，如图 10-37 所示。

图 10-37

步骤 04 弹出"导入数据"对话框，在"数据的放置位置"栏中设置导入数据放置的位置，如图 10-38 所示。

步骤 05 单击"确定"按钮，返回到工作表中，即可将网站中选定的部分数据导入到工作表，如图 10-39 所示。

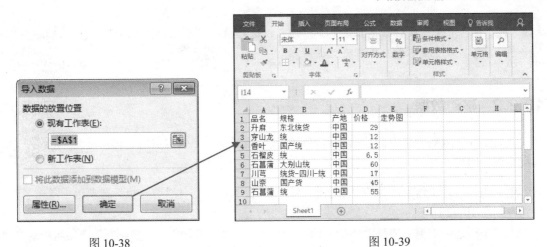

图 10-38   图 10-39

步骤 06 导入原始数据后还可以对数据进行调整编辑以及表格布局排版等。

10.2 表格数据的修改、移动、复制与删除

将数据输入到单元格中后，还需要进行相关的编辑操作，例如修改、移动、复制与粘贴等操作。

10.2.1 修改与删除数据

如果在单元格中输入了错误的数据，修改数据的方法有以下两种：

方法 1：通过编辑栏修改数据。选中单元格后，单击编辑栏，然后在编辑栏内修改数据。

方法 2：在单元格内修改数据。双击单元格，出现光标后，在单元格内对数据进行修改。

当不需要工作表中的数据时，可以选中需要删除的数据，按 Delete 键删除即可。如果为单元格设置了格式，如边框底纹、特殊数字格式等，按 Delete 键删除数据后，其格式仍将保留，要想一次性将数据与格式全部删除，可以按照以下的步骤进行操作：

切换到"开始"→"编辑"选项组中单击"清除"下拉按钮，在展开的下拉菜单中单击"全部清除"命令（如图 10-40 所示），即可连同格式和数据完全清除，如图 10-41 所示。

图 10-40   图 10-41

提示 在“清除”按钮的下拉菜单中，还可以选择执行“清除格式”命令，执行此操作可以实现只清除格式而不清除数据内容。

10.2.2 移动数据

要将已经输入到表格中的数据移动到新位置，需要先将原内容剪切，再粘贴到目标位置上即可。

步骤01 打开工作表，选中需要移动的数据，在“开始”→“剪贴板”选项组中单击“剪切”按钮，如图 10-42 所示。

步骤02 选中数据需要移动到的起始单元格位置，在“开始”→“剪贴板”选项组中单击“粘贴”按钮即可移动数据，如图 10-43 所示。

图 10-42

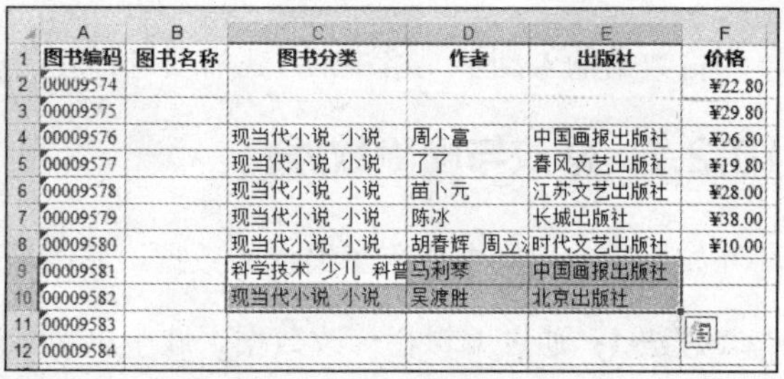

图 10-43

知识扩展

拖动法移动数据

选中需要移动的单元格或单元格区域，将鼠标指针指向选定区域的边框上，当鼠标指针呈现形状（如图 10-44 所示）时，按住鼠标左键拖动其到目标位置（如图 10-45 所示），即可移动数据。

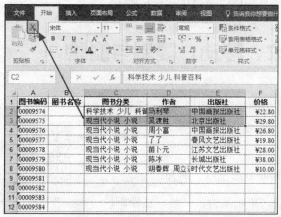

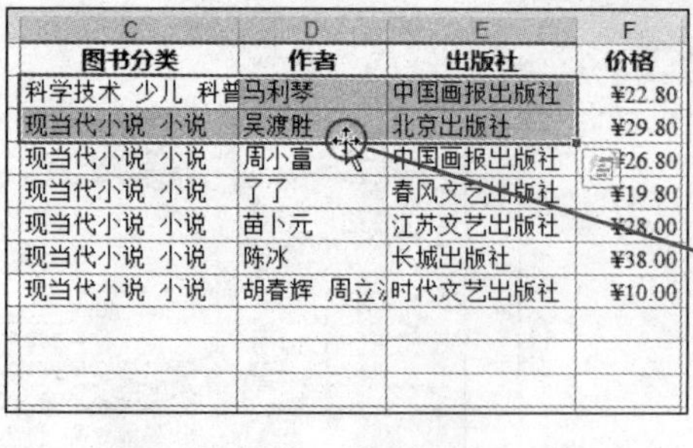

图 10-44

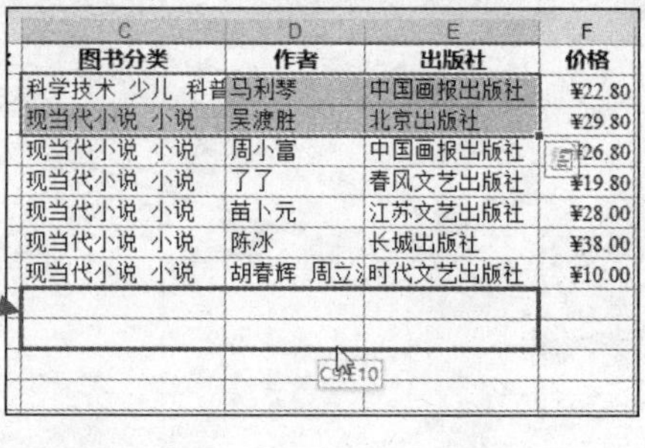

图 10-45

10.2.3 多种不同的粘贴方式

在表格编辑的过程中，经常会出现在不同单元格中输入相同内容的情况，此时可以利用复制的方法来实现数据的快速输入。复制数据后，当准备将其粘贴到目标位置时，可以选择多种粘贴方式。

1．粘贴后保持原列宽

粘贴数据到新位置时默认会改变列宽，如图 10-46 所示为原数据，粘贴后可以看到默认为如图 10-47 所示的效果，这时需要多次重新调整列宽。因此这种情况下建议粘贴时使用"保留源列宽"的粘贴方式。

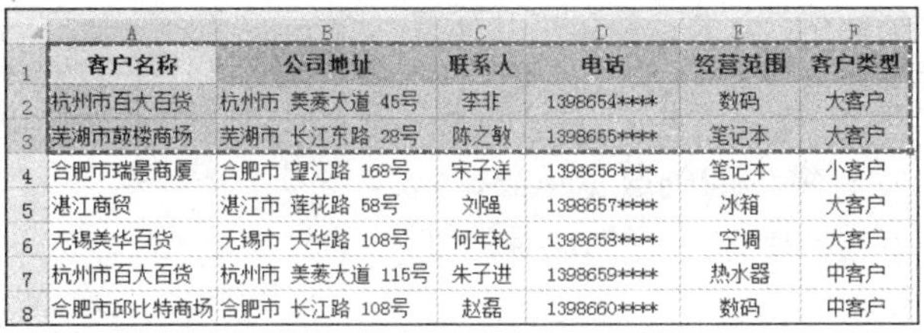

图 10-46

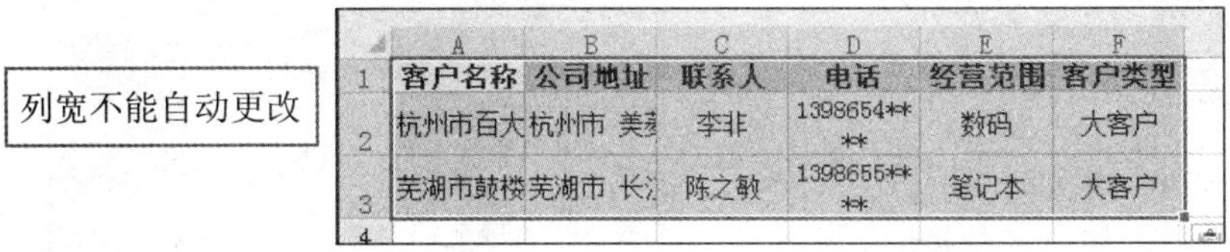

列宽不能自动更改

图 10-47

步骤 01 选择目标数据，按 Ctrl+C 组合键复制。选中要粘贴到的起始单元格位置，在"开始"→"剪贴板"选项组中单击"粘贴"下拉按钮，展开下拉菜单。

步骤 02 单击"保留源列宽"命令按钮（如图 10-48 所示）即可在粘贴数据的同时保持原列宽不变。

图 10-48

2．将公式计算结果转换为值

利用公式计算出结果后，如果移动数据，很多时候会因为找不到引用的单元格而导致公式计算出的值全部不能显示。如图 10-49 所示的 E 列是由公式计算出来的结果，现在只将工作表中的"姓名"与"绩效奖金"列移至其他位置使用，由公式计算的结果列出现了错误值，如图 10-50 所示。

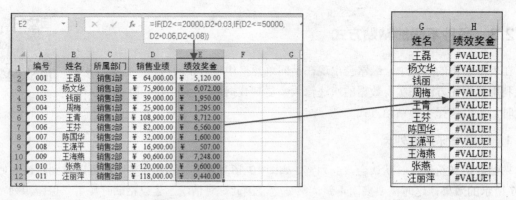

图 10-49 图 10-50

因此由公式计算出的结果，为了方便移至其他位置使用可以先将其转换为数值。

步骤01 选择由公式计算返回的数据结果，按 Ctrl+C 组合键复制，接着在"开始"→"剪贴板"选项组中单击"粘贴"下拉按钮，展开下拉菜单。

步骤02 单击"值"命令按钮（如图 10-51 所示）即可在原位置将公式的计算结果转换为数值。

3．粘贴时保持与原数据链接

保持数据链接是指将原数据复制到另一位置后，二处的数据仍然保持着链接，更改原数据时，复制的数据也会随之改变。

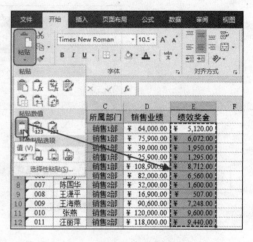

图 10-51

步骤01 例如在"业绩统计"表中，要将"销售 1 部"的数据复制到"销售一部"工作表中，选中数据后按 Ctrl+C 组合键复制，如图 10-52 所示。

步骤02 切换到"销售一部"工作表中，选中数据要粘贴到的起始单元格位置，在"开始"→"剪贴板"选项组中单击"粘贴"下拉按钮，展开下拉菜单。

步骤03 单击"粘贴链接"命令按钮（如图 10-53 所示）即可让这两处的数据保持链接。

图 10-52 图 10-53

步骤04 在"业绩统计"表中更改数据后（如图 10-54 所示），"销售一部"工作表中粘贴得到的数据也会自动更改，如图 10-55 所示。

	A	B	C	D	E
1	编号	姓名	所属部门	销售业绩	绩效奖金
2	001	王磊	销售1部	¥ 80,000.00	¥ 6,400.00
3	002	杨文华	销售1部	¥ 75,900.00	¥ 6,072.00
4	003	钱丽	销售1部	¥ 39,000.00	¥ 1,950.00
5	004	周梅	销售1部	¥ 25,900.00	¥ 1,295.00
6	005	王青	销售1部	¥ 108,900.00	¥ 8,712.00
7	006	王芬	销售2部	¥ 82,000.00	¥ 6,560.00
8	007	陈国华	销售2部	¥ 32,000.00	¥ 1,600.00
9	008	王潇平	销售2部	¥ 16,900.00	¥ 507.00

业绩统计　销售一部

图 10- 54

	A	B	C	D	E
1	编号	姓名	所属部门	销售业绩	绩效奖金
2	001	王磊	销售1部	¥ 80,000.00	¥ 6,400.00
3	002	杨文华	销售1部	¥ 75,900.00	¥ 6,072.00
4	003	钱丽	销售1部	¥ 39,000.00	¥ 1,950.00
5	004	周梅	销售1部	¥ 25,900.00	¥ 1,295.00
6	005	王青	销售1部	¥ 108,900.00	¥ 8,712.00
7					
8					

业绩统计　销售一部

图 10-55

4．将数据转置

转置是将数据的行变为列，列变为行。

步骤01 原数据表如图 10-56 所示，选中数据表，按 Ctrl+C 组合键复制。选中要粘贴到的起始单元格位置，在"开始"→"剪贴板"选项组中单击"粘贴"下拉按钮，展开下拉菜单。

步骤02 单击"转置"命令按钮（如图 10-57 所示）即可实现表格的转置。

	A	B	C
1	姓名	一月业绩	二月业绩
2	王磊	51200	64000
3	杨文华	60720	75900
4	钱丽	31950	39000
5	周梅	25295	25900
6	王青	118712	108900
7	王芬	96560	82000
8			

图 10-56

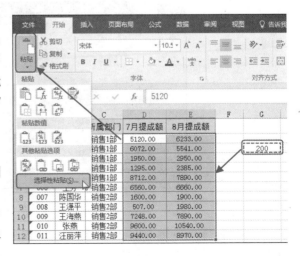

图 10-57

5．使单元格区域的数据同增或同减

在数据处理过程中，有时会出现某一区域的数据需要同增或同减一个具体值的情况，如产品单价统一上涨、基本工资额统一增加等。此时不需要手工逐一输入，可以应用"选择性粘贴"功能来实现数据的一次性增加或减少。本例中要求为 7 月与 8 月的业绩提成额再增加 200 元的降温费。

步骤01 在空白单元格中输入数字"200"，然后按 Ctrl+C 组合键进行复制，接着选中 D 列与 E 列显示金额的单元格区域。

步骤02 在"开始"→"剪贴板"选项组中单击"粘贴"下拉按钮，在打开的下拉菜单中单击"选择性粘贴"命令，如图 10-58 所示。

图 10-58

步骤 03 打开"选择性粘贴"对话框，在"运算"栏中选中"加"单选按钮，如图 10-59 所示。

步骤 04 单击"确定"按钮，就可以看到所有被选中的单元格中的数据同时进行了加 200 的运算，结果如图 10-60 所示。

图 10-59　　　　　　　　　　　　　　　　　　　图 10-60

10.3　查找与替换数据

当建立的表格比较大时，如果需要从庞大的数据中查找相关记录或者需要对表格中的个别数据进行修改时，显然手工进行查找是很不现实的。这时，可以使用 Excel 2016 中的"查找与替换"功能快速且准确无误地来完成该项工作。

10.3.1　查找目标数据

1．查找功能的使用

步骤 01 将光标定位到工作表的首行中，单击"开始"→"编辑"选项组中的"查找和选择"下拉按钮，在展开的下拉菜单中单击"查找"命令，如图 10-61 所示。

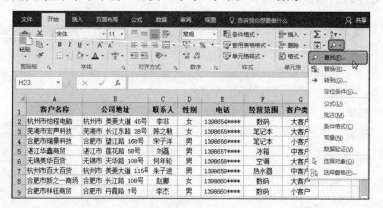

图 10-61

步骤 02 打开"查找和替换"对话框，在"查找内容"文本框中输入查找信息，如图 10-62 所示。

图 10-62

步骤 03 单击"查找全部"按钮，列表框中会显示出共找到几个单元格以及单元格位于什么位置，按 Ctrl+A 组合键全部选中，如图 10-63 所示。

步骤 04 单击"关闭"按钮关闭"查找和替换"对话框，可以看到表格中所有查找到的数据都被选中了，如图 10-64 所示。

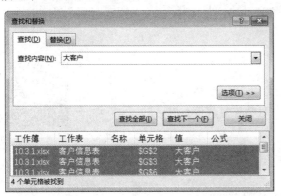

图 10-63

	C	D	E	F	G
	联系人	性别	电话	经营范围	客户类型
	李非	女	1398654****	数码	大客户
	陈之敏	女	1398655****	笔记本	大客户
	宋子洋	男	1398656****	笔记本	小客户
	刘磊	男	1398657****	冰箱	中客户
	何年轮	男	1398658****	空调	大客户
	朱子进	男	1398659****	热水器	中客户
	赵娜	女	1398660****	数码	大客户
	李杰	男	1398660****	数码	小客户

图 10-64

提 示

在输入查找内容后，也可以单击"查找下一个"按钮，光标就会定位到所找的第一个满足条件的单元格上，接着再单击"查找下一个"按钮，可依次查找下一条满足条件的记录，直到显示完所有满足条件的记录。

2．完全匹配查找

在 Excel 中查找数据时，只要单元格中包含有所设置的关键字，那么它默认就会被作为符合条件的对象被查找出来。如图 10-65 所示的表格，设置的查找关键字为"销售 2 部"，单击"查找全部"按钮后，可以看到单元格中只要有"销售 2 部"这几个字的都被查找，包括"销售 2 部（试）"，而现在只需要查找"销售 2 部"。要解决此问题，只要在设置查找时启用一个选项就可以解决。

步骤 01 定位光标到目标工作表中，按 Ctrl+F 组合键（打开"查找和替换"对话框的快捷键）打开"查找和替换"对话框。

	A	B	C	D	E
1	编号	姓名	所属部门	7月提成额	
2	001	王磊	销售1部	5320	
3	002	杨文华	销售1部	6272	
4	003	钱丽	销售2部(试)	2150	
5	004	周梅	销售2部(试)	1495	
6	005	王青	销售2部	8912	
7	006	王芬	销售2部	6760	
8	007	陈国华	销售1部(试)	1800	
9	008	王潇平	销售2部(试)	707	
10	009	王海燕	销售1部	7448	
11	010	张燕	销售1部	9800	
12	011	汪丽萍	销售1部	9640	
13	012	林丽	销售2部	6433	
14	013	何洋	销售2部	5741	
15	014	陈楚楚	销售1部	3150	

图 10-65

步骤 02 在"查找内容"文本框中输入查找内容，选中"单元格匹配"复选框，单击"查找全部"按钮，再单击 Ctrl+A 组合键全部选中查找的内容，如图 10-66 所示。

步骤 03 单击"关闭"按钮关闭"查找和替换"对话框，可以看到表格中所有找到的数据已经满足要求，如图 10-67 所示。

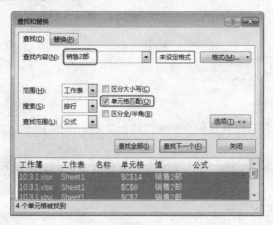

图 10-66

	A	B	C	D
1	编号	姓名	所属部门	7月提成额
2	001	王磊	销售1部	5320
3	002	杨文华	销售1部	6272
4	003	钱丽	销售2部(试)	2150
5	004	周梅	销售2部(试)	1495
6	005	王青	销售2部	8912
7	006	王芬	销售2部	6760
8	007	陈国华	销售1部(试)	1800
9	008	王潇平	销售2部(试)	707
10	009	王海燕	销售1部	7448
11	010	张燕	销售1部	9800
12	011	汪丽萍	销售1部	9640
13	012	林丽	销售2部	6433
14	013	何洋	销售2部	5741
15	014	陈楚楚	销售1部	3150

图 10-67

10.3.2 替换数据

如果需要从庞大的数据库中查找相关的记录并对其进行更改，可以利用"替换"功能来实现。

1. 替换数据并让替换后的数据特殊显示

如果数据量较大，当执行查找替换的操作后，哪些位置的数据是被替换过的，有时会不容易看到，如果能在数据替换的同时让替换后数据特殊显示则是一个很省力的做法。

步骤 01 光标定位到目标工作表中，单击"开始"→"编辑"选项组中的"查找和选择"下拉按钮，在展开的下拉菜单中单击"替换"命令，如图 10-68 所示（也可以按 Ctrl+H 组合键快速打开"查找和替换"对话框）。

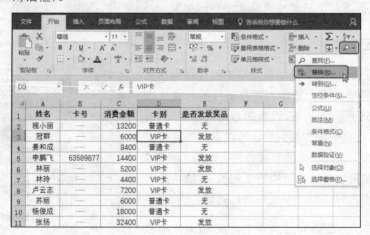

图 10-68

步骤 02 打开"查找和替换"对话框，并单击"选项"按钮，打开隐藏的选项。分别输入查找内容与替换为的内容，然后单击"替换为"右侧的"格式"按钮，如图 10-69 所示。

步骤 03 打开"替换格式"对话框，切换到"填充"标签，选择一种填充颜色，如图 10-70 所示。

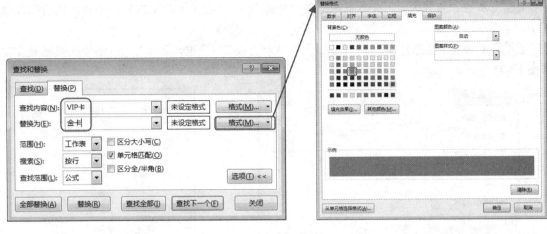

图 10-69　　　　　　　　　　　　　　　　　　图 10-70

步骤 04 单击"确定"按钮返回到"查找和替换"对话框,可以看到格式预览效果,如图 10-71 所示。

步骤 05 单击"全部替换"按钮后返回到工作表中,即可看到数据被替换了而且还以一种特殊格式显示,如图 10-72 所示。

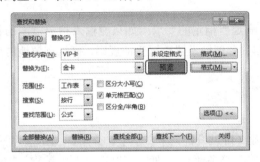

	A	B	C	D	E
1	姓名	卡号	消费金额	卡别	是否发放奖品
2	程小丽	……	13200	普通卡	无
3	冠群	……	6000	金卡	发放
4	姜和成	……	8400	普通卡	无
5	李鹏飞	63589877	14400	金卡	发放
6	林丽	……	5200	金卡	无
7	林玲	……	4400	金卡	无
8	卢云志	……	7200	金卡	发放
9	苏丽	……	6000	普通卡	无
10	杨俊成	……	18000	普通卡	无
11	张扬	……	32400	金卡	发放

图 10-71　　　　　　　　　　　　　　　　　　图 10-72

提示　无论是为"查找内容"还是"替换为"的内容设置了格式,如果不再需要使用格式,可以单击右侧的"格式"下拉按钮,在展开的下拉列表中选择"清除*格式"即可。

2. 查找替换时使用通配符

在查找数据时,如果想一次性找到某一类数据并进行替换,可以在查找关键字中配合使用通配符。下面的例子中(如图 10-73 所示)需要将所有外在试用期的销售员的所属部门都更改为"试用期"三个字,由于包含"试"字的数据有的在"销售 1 部",有的在"销售 2 部",因此按常规方法无法一次性替换。这时可以按如下操作步骤来设置查找关键字。

步骤 01 定位光标到目标工作表中,按 Ctrl+H 组合键(打开"查找和替换"对话框的快捷键)打开"查找和替换"对话框。

	A	B	C	D
1	编号	姓名	所属部门	7月提成额
2	001	王磊	销售1部	5320.00
3	002	杨文华	销售1部	6272.00
4	003	钱丽	销售2部(试)	2150.00
5	004	周梅	销售2部(试)	1495.00
6	005	王青	销售2部	8912.00
7	006	王芬	销售2部	6760.00
8	007	陈国华	销售1部(试)	1800.00
9	008	王潇平	销售2部(试)	707.00
10	009	王海燕	销售1部	7448.00
11	010	张燕	销售1部	9800.00
12	011	汪丽萍	销售1部	9640.00
13	012	林丽	销售2部	6433.00
14	013	何洋	销售2部	5741.00
15	014	陈楚楚	销售1部	3150.00

图 10-73

步骤 02 在"查找内容"文本框中输入"*(试)",在"替换为"文本框中输入"试用期",如图 10-74 所示。

步骤 03 单击"全部替换"按钮,关闭"查找和替换"对话框,可以看到表格中的数据被替换,如图 10-75 所示。

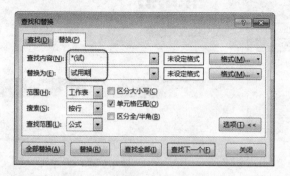

图 10-74

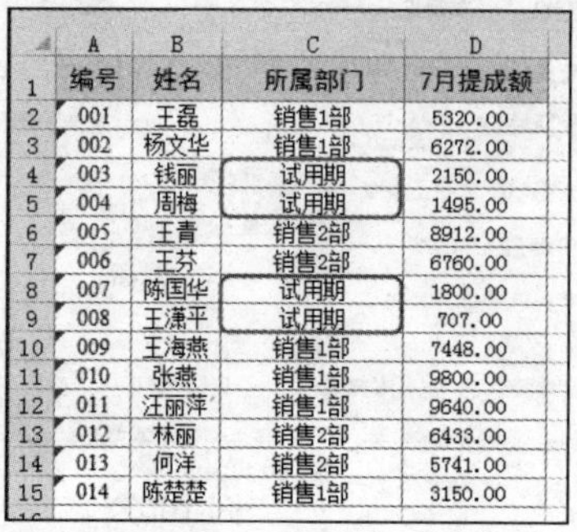

图 10-75

10.4 数据验证设置

数据验证是指在指定的单元格中输入的数据要满足所指定的要求:如只能输入指定范围的整数,只能输入小数,只能从给出的序列中选择输入等。合理地设置数据验证规则,可以有效地防止数据在输入时出错。

10.4.1 了解几种不同的验证条件

可设置的数据验证条件有多种,如允许输入整数(可以设置大于、小于、介于、等于等条件)、小数(可以设置大于、小于、介于、等于等条件)、日期(可以设置大于、小于、介于、等于等条件)、序列(只允许从给定的序列中选择输入)、公式等。

1.整数条件

数据必须满足是整数才可以输入,同时可以指定大于、小于、介于、等于等条件。

步骤 01 选中"活动经费"列,在"数据"→"数据工具"选项组中单击"数据验证"按钮(如图 10-76 所示),打开"数据验证"对话框。

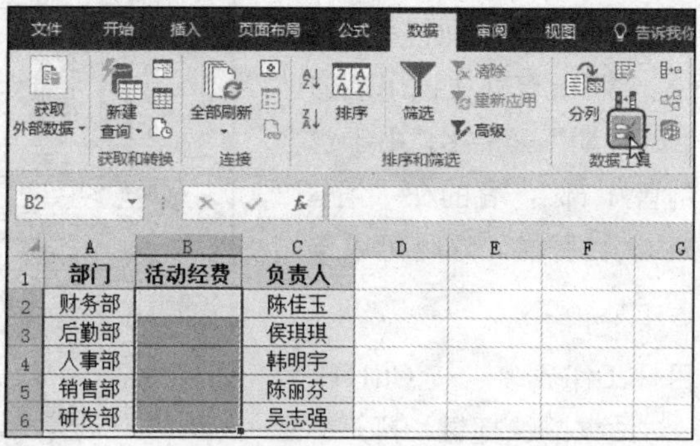

图 10-76

步骤 02 在"允许"下拉列表框中选择"整数"选项，如图 10-77 所示；在"数据"下拉列表框中选择"小于"选项，如图 10-78 所示；在"最大值"文本框中输入"5000"，如图 10-79 所示。

图 10-77

图 10-78

步骤 03 单击"确定"按钮完成设置。当在"活动经费"列中输入大于 5000 元的数据时，按 Enter 键即会弹出提示对话框，如图 10-80 所示。

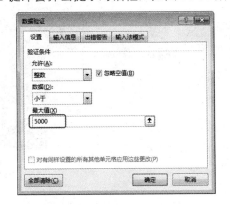

图 10-79

图 10-80

2．小数条件

必须满足是小数的数据才可以输入，同时可以指定大于、小于、介于、等于等条件。这个设置与整数条件的设置是相同的，打开"数据验证"对话框，按实际需要设定"允许"条件与"数据"条件即可。

3．日期条件

必须满足是日期的数据才可以输入，同时可以指定大于、小于、介于、等于等条件。这个设置与整数条件、小数条件的设置是相同的，打开"数据验证"对话框，按实际需要设定"允许"条件与"数据"条件即可。

4．序列

为选中的单元格或单元格区域建立一个可选择的序列列表，表示这一部分单元格的内容只能从这个列表中任选其一进行输入，而不能输入其他任何值。

步骤 01 选中目标数据区域，在"数据"→"数据工具"选项组中单击"数据验证"按钮，打开"数据验证"对话框。

步骤 **02** 在"允许"下拉列表框中选择"序列"选项，然后在"来源"文本框中输入序列的来源，即要显示在序列中的所有项目（注意各项目之间要使用半角逗号间隔），如图 10-81 所示。

步骤 **03** 单击"确定"按钮完成设置后，可以看到选中这个区域中的任意单元格时，右侧都会出现下拉按钮，在下拉列表中呈现的是可选择的项目，如图 10-82 所示。

图 10-81

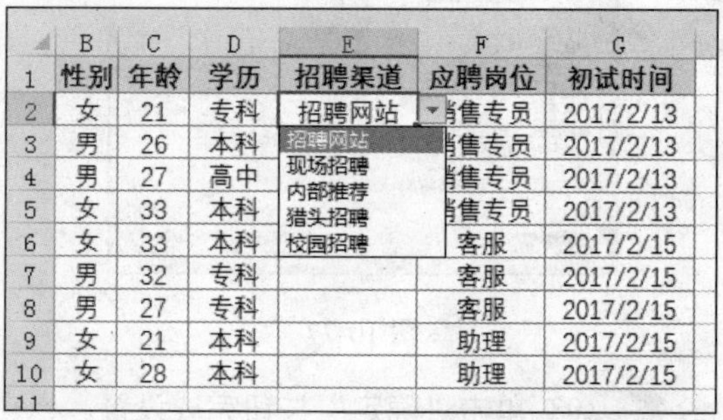

图 10-82

提 示　如果序列的项目比较多，可以在工作表的空白区域中先输入项目，然后在设置序列的来源时单击右侧的拾取器按钮（ 🔼 ）回到工作表中选择数据来源区域。

10.4.2　自定义提示信息

自定义提示信息包括两项设置，一是选中单元格时就会提示可输入的数据，二是当输入错误值时会弹出阻止输入的对话框，对话框中的提示信息可以自定义。

1. 设置输入提示信息

输入提示信息是指当选中单元格时会立即弹出提示文字。设置的方法如下。

步骤 **01** 选中目标数据区域，在"数据"→"数据工具"选项组中单击"数据验证"按钮，打开"数据验证"对话框。

步骤 **02** 切换到"输入信息"标签下，在"输入信息"文本框中输入提示文字，如图 10-83 所示。

步骤 **03** 单击"确定"按钮完成设置后，可以看到选中这个区域中的任意单元格时，都会出现关于可输入数据的提示文字，如图 10-84 所示。

图 10-83

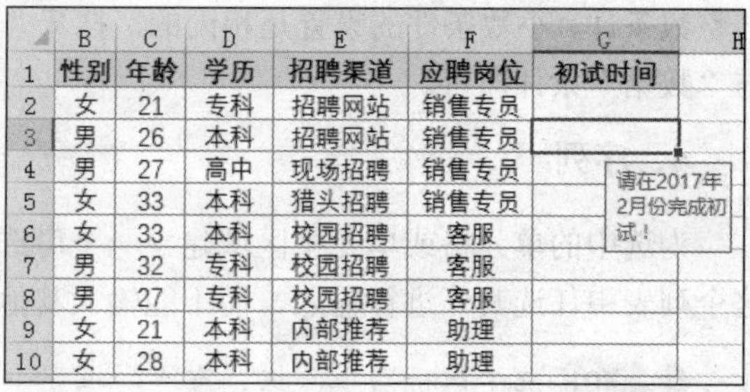

图 10-84

2. 自定义设置弹出的出错警告提示信息

当设置数据验证后，一旦输入了不满足条件的数据时，都会自动弹出阻止输入的对话框。在弹出的阻止输入对话框中，若是能自定义阻止输入的提示文字，则可以帮助我们正确地输入数据。

步骤01 选中目标数据区域，在"数据"→"数据工具"选项组中单击"数据验证"按钮（如图 10-85 所示），打开"数据验证"对话框。

步骤02 在"允许"下拉列表框中选择"日期"选项，在"数据"下拉列表框中选择"介于"选项，再分别设置所允许输入的开始日期与结束日期，如图 10-86 所示。

图 10-85

图 10-86

步骤03 切换到"出错警告"标签下，在"样式"下拉列表框中可以看到有几种警告样式以供选择（无论哪种样式，达到的效果是一样的），如图 10-87 所示。

步骤03 选择警告样式后，在"错误信息"文本框中编辑好文字提示信息，如图 10-88 所示。

图 10-87

图 10-88

步骤04 单击"确定"按钮完成设置后，当输入的数据不是日期时，将会弹出阻止输入对话框，显示自定义提示的文字信息，如图 10-89 所示。

步骤05 当输入的是日期但不在设定的范围时，也会弹出阻止输入对话框，显示自定义提示的文字信息，如图 10-90 所示。

图 10-89

图 10-90

10.4.3 "自定义"公式验证条件

自定义验证条件是数据验证中比较灵活的一项设置，它是通过公式来设定验证条件的，这增加了数据验证条件判断的灵活性。当程序没有提供现成的判断条件时，可以建立公式来设置。但公式的使用又具备一定的难度，需要用户具备一定的函数知识。本小节中给出几个非常实用的范例，读者既可以丰富自己的函数知识，又可以举一反三地创造出满足实际办公应用的判断条件。

1. 限制只能输入文本

如果某个单元格区域中只能输入文本数据而不允许输入其他任何类型的数据，可以通过"自定义"公式来设定数据验证的条件。

步骤 01 选中目标数据区域，在"数据"→"数据工具"选项组中单击"数据验证"按钮（如图 10-91 所示），打开"数据验证"对话框。

步骤 02 在"允许"下拉列表框中单击"自定义"选项（如图 10-92 所示），在"公式"文本框中输入公式"=ISTEXT(F2)"，如图 10-93 所示。

步骤 03 单击"确定"按钮返回到工作表中，当在选定的单元格中输入数字时，会弹出警示，阻止输入，如图 10-94 所示。

图 10-91

图 10-92

图 10-93

图 10-94

ISTEXT 函数是用来判断指定的数据是否为文本的函数，在本例中使用了 ISTEXT 函数来判断数据是否为文本。

2．只接受非重复的输入项

面对信息庞大的数据源表格，在录入数据时，难免会出现重复输入数据的情况，这会给后期的数据整理及数据分析带来麻烦。因此对于不允许输入重复值的数据区域，我们可以事先通过设置数据验证来限制重复值的输入，从根源上避免错误的产生。

步骤01 选中目标数据区域，在"数据"→"数据工具"选项组中单击"数据验证"按钮（如图 10-95 所示），打开"数据验证"对话框。

步骤02 在"允许"下拉列表框中单击"自定义"选项，在"公式"文本框中输入公式"=COUNTIF(B:B,B2)=1"，如图 10-96 所示。

图 10-95

步骤03 单击"出错警告"标签，在"标题""错误信息"等文本框中输入提示信息，如图 10-97 所示。

步骤04 单击"确定"按钮返回到工作表中，当在 B 列单元格中重复输入工号时会弹出提示框，如图 10-98 所示。

COUNTIF 函数用于计算单元格区域中满足指定条件的单元格个数，即依次判断所输入的数据在 B 列中出现的次数是否等于 1，如果等于 1 允许输入，否则不允许输入。

图 10-96

图 10-97

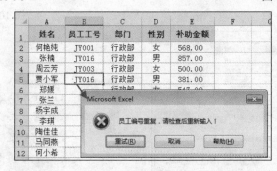

图 10-98

3. 限制输入空格

对于需要后期处理的工作表，在输入数据时一般都要避免输入空格，因为这些无关字符的存在，可能会导致后期查找数据时找不到，计算时会出错。通过设置数据验证则可以实现禁止空格的输入。

步骤 **01** 选中目标数据区域，在"数据"→"数据工具"选项组中单击"数据验证"按钮（如图 10-99 所示），打开"数据验证"对话框。

步骤 **02** 在"允许"下拉列表框中单击"自定义"选项，在"公式"文本框中输入公式 "=ISERROR(FIND(" ",A2))"，如图 10-100 所示。

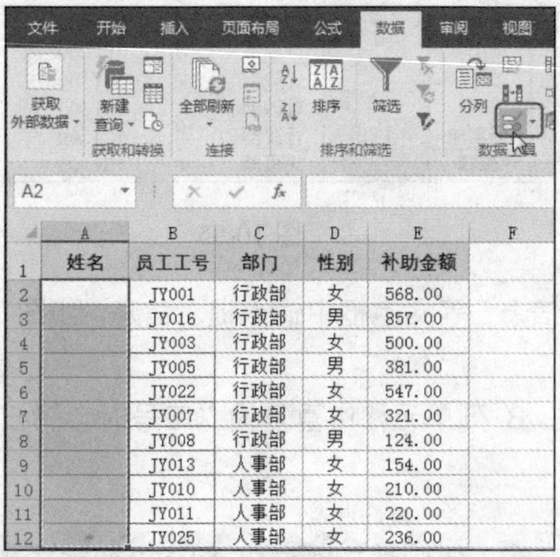

图 10-99

图 10-100

步骤 **03** 单击"确定"按钮返回到工作表中，当在 A 列中输入姓名时，只要输入空格就会弹出警示并阻止输入，如图 10-101 所示。

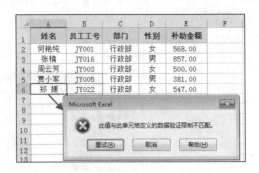

图 10-101

提 示

公式 "=ISERROR(FIND(" ",A2))" 说明：首先 FIND 函数在 B2 单元格中查找空格的位置，如果找到返回位置值；如果未找到则返回的是一个错误值。ISERROR 函数则判断值是否为任意错误值，如果是则返回 TRUE；如果不是则返回 FALSE。本例中当结果为 TRUE 时则允许输入，否则不允许输入。

4．禁止出库数量大于库存数

月末要编辑产品库存表，其中已记录了上月的结余量和本月的入库量，当产品要出库时，显然出库数量应当小于库存数。为了保证可以及时发现错误，需要设置数据验证，禁止输入的出库数量大于库存数量。

步骤 **01** 选中目标数据区域，在"数据"→"数据工具"选项组中单击"数据验证"按钮（如图 10-102所示），打开"数据验证"对话框。

步骤 **02** 在"允许"下拉列表框中单击"自定义"选项，在"公式"文本框中输入公式"=B2+C2>D2"，如图 10-103 所示。

步骤 **03** 单击"出错警告"标签，在"标题""错误信息"等文本框中输入提示信息，如图 10-104 所示。

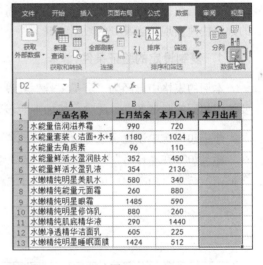

图 10-102

图 10-103

图 10-104

步骤 04 当在 D 列中输入的出库数量小于库存数（上月结余与本月入库之和）时，允许输入；当输入的出库数量大于库存数时，系统弹出提示框，如图 10-105 所示。

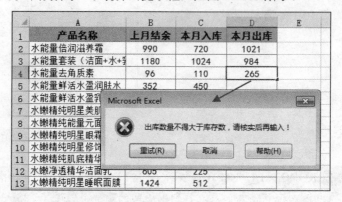

图 10-105

10.4.4 数据验证的复制及删除

在设置数据验证后，如果有其他位置需要使用相同的数据验证，可以利用复制的办法快速实现。当某处的数据验证条件不需要再使用时，也可以将其删除。

1. 复制设定的验证条件

本例的表格中已经为"员工工号"列设置了数据验证，即为禁止输入重复值，"姓名"列也需要使用相同的验证条件，此时可按如下的步骤进行操作。

步骤 01 选中设置了数据验证的单元格区域，按 Ctrl+C 组合键进行复制，如图 10-106 所示。

步骤 02 在"开始"→"剪贴板"选项组中单击"粘贴"下拉按钮，在下拉菜单中单击"选择性粘贴"命令（如图 10-107 所示），打开"选择性粘贴"对话框。

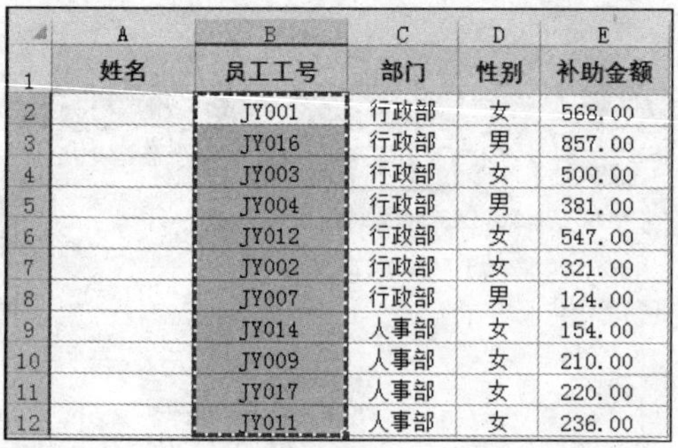

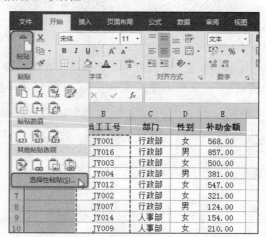

图 10-106

图 10-107

步骤 03 选中"验证"单选按钮（如图 10-108 所示），单击"确定"按钮即可完成数据验证的复制。

步骤 04 将"员工工号"列的数据验证复制到"姓名"列，在该列输入重复的姓名时也会弹出警示框，如图 10-109 所示。

图 10-108   图 10-109

2. 删除数据验证条件

本例的表格中为"年终奖金"列设置的数据验证条件为禁止输入文本数据,现在需要将该数据验证条件删除。

步骤 01 选中要清除数据验证条件的单元格区域,在"数据"→"数据工具"选项组中单击"数据验证"按钮,打开"数据验证"对话框。

步骤 02 单击"全部清除"按钮(如图 10-110 所示)即可清除该单元格区域的数据验证条件。

步骤 03 清除验证条件后,在该单元格区域中输入文本值时,不再弹出警示框,如图 10-111 所示。

图 10-110   图 10-111

10.5 综合实例:创建应聘人员信息汇总表

在招聘的过程中,信息数据的统计是不可缺少的一项工作。招聘人员在发出招聘申请后,经历着筛选简历、通知面试、组织复试、通知入职等一系列的工作。这也正是应聘者经历简历被筛选、参加初试、参加复试、入职等部分或全部过程,这个过程所产生的数据信息必须建表进行记录。

1. 建立表格输入基本数据

步骤 01 新建工作簿，在 Sheet1 工作表标签上双击，重新输入名称为"应聘人员信息表"。

步骤 02 规划好表格应包括的列标识，如图 10-112 所示。这项工作需要结合实际工作需要进行设置，如应聘人员信息要包括应聘者的基本信息、应聘岗位信息、初试信息、复试信息、入职信息等几个方面，涵盖从简历被筛选到入职的部分或全部过程。

图 10-112

2. 数据验证设置

凡是要输入的数据有固定几个可选择项的，可设置数据验证条件为可选择序列。

步骤 01 选中"性别"列，如图 10-113 所示。

姓名	性别	年龄	学历	招聘渠道	应聘岗位	初试时间	参加初试	初试通过

图 10-113

步骤 02 打开"数据验证"对话框，在"允许"下拉列表框中单击"序列"选项，在"来源"文本框中输入"男,女"，如图 10-114 所示。切换到"输入信息"标签，设置输入信息，如图 10-115 所示。设置后即可实现性别的选择性输入，如图 10-116 所示。

步骤 03 选中"学历"列，打开"数据验证"对话框，在"允许"下拉列表框中选择"序列"选项，并在"来源"文本框中输入"初中,中专,高中,专科,本科,硕士,博士"，如图 10-117 所示。切换到"输入信息"标签，设置输入信息，如图 10-118 所示。设置后实现学历的选择性输入，如图 10-119 所示。

图 10-114 图 10-115

图 10-116

图 10-117 图 10-118

步骤 **04** 按照相同的方法设置"招聘渠道"列的选择性输入,如图 10-120 所示。

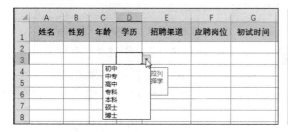

图 10-119 图 10-120

3. 日期数据的显示格式设置

当企业是外企时,对于日期的显示格式有特殊要求,因此需要在输入前对日期格式重新设置。

步骤**01** 选中"初试时间""复试时间""入职时间"列,在"开始"→"数字"选项组中单击 按钮(如图 10-121),打开"设置单元格格式"对话框。

步骤**02** 在"分类"列表框中选择"日期"选项,在右侧的"类型"列表框中选择"14-Mar-12"格式,如图 10-122 所示。

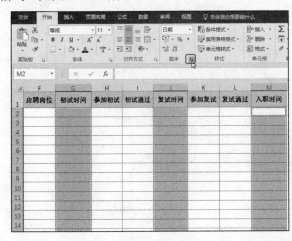

图 10-121

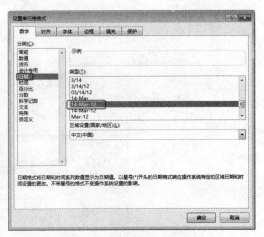

图 10-122

步骤**03** 单击"确定"按钮可以看到当输入日期时就会显示如图 10-123 所示的格式。

	应聘岗位	初试时间	参加初试	初试通过	复试时间	参加复试
1						
2		13-Jul-17				
3		13-Jul-17			20-Jul-17	
4		14-Jul-17				
5		14-Jul-17				
6						

图 10-123

4. 相同数据的快速填充

当表格中有连续相同的数据时,可以使用填充的方法实现。

步骤**01** 输入首个数据后,鼠标指针指向右下角的填充柄上(如图 10-124),向下拖动填充数据,如图 10-125 所示。

	姓名	性别	年龄	学历	招聘渠道	应聘岗位	初试时间
1	A	B	C	D	E	F	G
2	沈佳宜	女	21	专科	招聘网站	销售专员	13-Jul-17
3	刘长城	男	26	本科	招聘网站		13-Jul-17
4	胡桥	男	27	高中	现场招聘		14-Jul-17
5	盛洁	女	33	本科	招聘网站		14-Jul-17

图 10-124

招聘渠道	应聘岗位	初试时间
E	F	G
招聘网站	销售专员	13-Jul-17
招聘网站	销售专员	13-Jul-17
现场招聘	销售专员	14-Jul-17
招聘网站	销售专员	14-Jul-17

图 10-125

步骤**02** 如果有连续单元格中的内容是相同的日期,也可以使用填充得到,但日期默认是递增填充的,因此填充后需要单击"自动填充选项"下拉按钮(如图 10-126 所示),在打开的下拉列表中选择"复制单元格"单选按钮即可填充相同的数据,如图 10-127 所示。

图 10-126

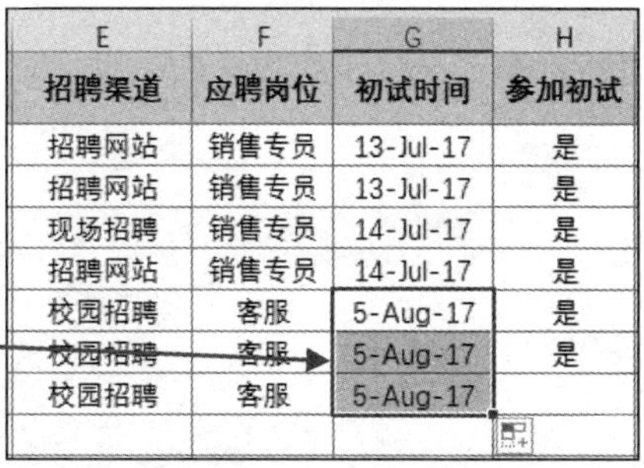

图 10-127

5. 对表格外观美化

完成对数据的输入后，可以对表格文字的对齐格式、边框、底纹等进行美化设置，通过设置后可以让表格呈现如图 10-128 所示的最终效果。

	A	B	C	D	E	F	G	H	I	J	K	L	M
1	姓名	性别	年龄	学历	招聘渠道	应聘岗位	初试时间	参加初试	初试通过	复试时间	参加复试	复试通过	入职时间
2	沈佳宜	女	21	专科	招聘网站	销售专员	13-Jul-17	是					
3	刘长城	男	26	本科	招聘网站	销售专员	13-Jul-17	是	是	20-Jul-17	是		
4	胡桥	男	27	高中	现场招聘	销售专员	14-Jul-17	是					
5	盛洁	女	33	本科	招聘网站	销售专员	14-Jul-17	是	是	20-Jul-17	是	是	1-Aug-17
6	王兴荣	女	33	本科	校园招聘	客服	5-Aug-17	是	是				
7	殷格	男	32	专科	校园招聘	客服	5-Aug-17						
8	谢天祥	男	27	专科	校园招聘	客服	5-Aug-17						
9	盛念慈	女	21	本科	内部招聘	助理	15-Aug-17	是					
10	吴小英	女	28	本科	内部招聘	助理	15-Aug-17	是	是	20-Aug-17	是		
11	江伟	男	31	硕士	猎头招聘	研究员	8-Sep-17	是	是	15-Sep-17	是	是	1-Oct-17
12	王成杰	女	29	本科	猎头招聘	研究员	8-Sep-17	是					
13	叶利文	男	31	本科	猎头招聘	研究员	10-Sep-17	是					
14	王晟成	男	28	本科	内部招聘	研究员	10-Sep-17	是	是	15-Sep-17	是	是	1-Oct-17
15	杨玲	女	36	本科	内部招聘	研究员	10-Sep-17	是	是	15-Sep-17	是		
16	董意	男	26	专科	内部招聘	研究员	10-Sep-17	是					
17	吴华成	男	23	本科	校园招聘	会计	15-Sep-17	是					
18	蔡妍	女	22	本科	校园招聘	会计	15-Sep-17						
19	陈伟	男	22	硕士	刊登广告	会计	15-Sep-17	是	是	20-Sep-17	是	是	1-Oct-17
20	卢伟	男	33	本科	刊登广告	会计	15-Sep-17	是					

图 10-128

表格的美化设置及打印

应用环境

  表格美化设置是在建立表格后为增强表格视觉效果而进行的相关操作，如边框和底纹效果、页眉和页脚设置等。如果建立的表格需要打印使用，则需要进行这些设置。

本章知识点

  ① 设置数据的字体、对齐方式
  ② 表框的边框和底纹设置
  ③ 表格的页面设置（页眉和页脚、页边距、横/纵向纸张等）

11.1　数据字体与对齐方式设置

  在单元格中输入数据后，默认情况下显示的效果是 11 号等线字体、文本默认左对齐、数字及日期时间等数据右对齐。在为表格排版时，虽然设置对齐方式是一项比较简单的操作，但也是很必要的操作。当默认的文字格式与对齐方式不满足要求时，则需要重新设置。

11.1.1　设置数据字体

  输入数据到单元格中默认显示为 11 号等线字体，可以根据实际需要重新设置数据的字体格式。

  步骤 01 在工作表中，选中要设置字体的单元格区域，如选中合并后的 A1 单元格。

  步骤 02 切换到"开始"→"字体"选项组中单击"字体"下拉按钮，在展开的下拉菜单中选择目标字体（如图 11-1 所示），单击即可应用。

步骤 03 单击"字号"下拉按钮，在展开的下拉菜单中选择字号大小，设置后的效果如图 11-2 所示。

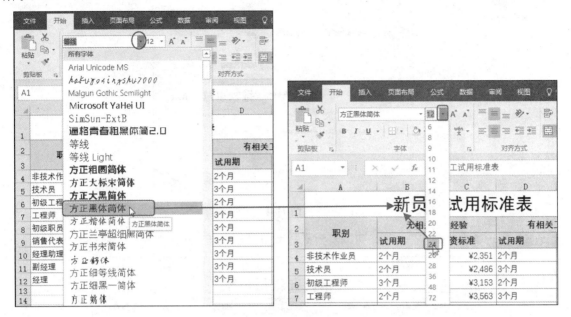

图 11-1　　　　　　　　　　　　　　　　图 11-2

步骤 04 在"开始"→"字体"选项组中还提供了"加粗"、"倾斜"、"下画线"几个按钮，单击它们可以快速设置文字的加粗格式、倾斜格式和添加下画线格式。单击"填充颜色"下拉按钮还可以设置文字的颜色。如图 11-3 所示为文字设置了加粗格式，并重新设置了颜色。

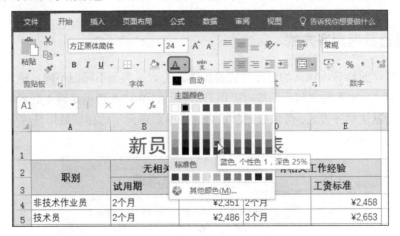

图 11-3

有些表格还需要设置文字的下画线效果，尤其是财务报表中经常会为标题文字应用会计用下画线，这时需要打开"设置单元格格式"对话框，在"字体"标签下设置。

步骤 01 选中标题所在的单元格，在"开始"→"字体"选项组中单击按钮，打开"设置单元格格式"对话框。

步骤 02 在"下画线"下拉列表框中选择"会计用单下画线"选项，如图 11-4 所示。

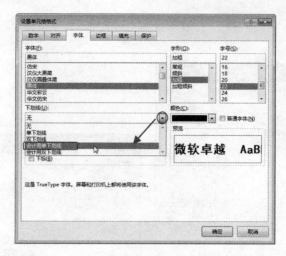

图 11-4

步骤 03 单击"确定"按钮，可以看到标题添加了会计用下画线效果，如图 11-5 所示。

	日期	凭证号	摘　要	科目名称	借方	贷方	结存
				银行存款日记账			
3	2017/6/1		期初余额				¥176,567.00
4	2017/6/2	0002	提款备用金	银行存款-中国银行	¥　　－	¥ 50,000.00	
5	2017/6/2	0004	收到A公司欠款	银行存款-中国工商银行	¥ 16,000.00	¥　　－	
6	2017/6/4	0005	收到弘扬科技的货款	银行存款-中国银行	¥ 69,000.00	¥　　－	
7	2017/6/5	0006	收到兰苑包装的货款	银行存款-中国工商银行	¥ 49,000.00	¥　　－	
8	2017/6/16	0008	支付尤特实业的货款	银行存款-中国银行	¥　　－	¥ 12,000.00	

图 11-5

11.1.2　设置数据对齐方式

数据输入到单元格后，默认的对齐方式根据输入的数据类型不同而不同：输入文本时采用左对齐，输入数字与日期等时采用右对齐。如图 11-6 所示是输入到表格中的数据采用的默认对齐方式，可以看到除了合并居中后单元格的标题数据是居中显示的，其他数据分左对齐与右对齐两种。

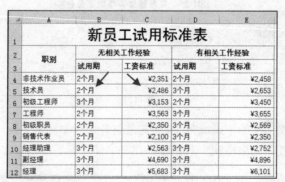

职别	新员工试用标准表			
	无相关工作经验		有相关工作经验	
	试用期	工资标准	试用期	工资标准
非技术作业员	2个月	¥2,351	2个月	¥2,458
技术员	2个月	¥2,486	3个月	¥2,653
初级工程师	3个月	¥3,153	2个月	¥3,450
工程师	2个月	¥3,563	3个月	¥3,655
初级职员	2个月	¥2,350	3个月	¥2,569
销售代表	2个月	¥2,100	3个月	¥2,350
经理助理	3个月	¥2,563	3个月	¥2,752
副经理	3个月	¥4,690	3个月	¥4,896
经理	3个月	¥5,683	3个月	¥6,101

图 11-6

选中要重新设置对齐方式的单元格，在"开始"→"对齐方式"选项组中通过以下快捷按钮来设置数据不同的对齐方式：

- ▤ ▤ ▤：此三个按钮用于设置数据水平对齐方式，依次为"顶端对齐""垂直居中""底端对齐"，输入的数据程序默认为"垂直居中"对齐方式；

- ▤ ▤ ▤：此三个按钮用于设置数据垂直对齐方式，依次为"文本左对齐""居中""文本右对齐"；

- ◈▾：此按钮用于设置文字倾斜或竖排显示，通过单击右侧的下拉按钮，还可以设置文字不同的倾斜方向或竖排形式。

1．横排效果设置

步骤01 在工作表中，选中要设置对齐方式的单元格区域，如此处选中 B3:E12 单元格区域。

步骤02 切换到"开始"→"对齐方式"选项组中单击"居中"按钮（如图 11-7 所示），即可实现如图 11-8 所示的对齐效果。

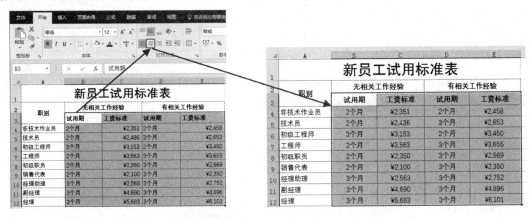

图 11-7　　　　　　　　　　　　　　　图 11-8

有时也会使用到分散对齐的效果，本例中可以为 B3:E3 的列标识应用分散对齐的效果。

步骤01 选中 B3:E3 单元格区域，在"开始"→"对齐方式"选项组中单击 ▣ 按钮，打开"设置单元格格式"对话框。

步骤02 在"水平对齐"与"垂直对齐"下拉列表框中有多个可选择选项，这里在"水平对齐"下拉列表框中选择"分散对齐"选项，如图 11-9 所示。

步骤03 单击"确定"按钮即可查看目标单元格区域数据分散对齐的效果，如图 11-10 所示。

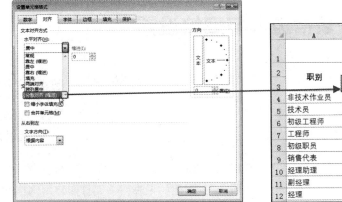

图 11-9　　　　　　　　　　　　　　　图 11-10

提 示
对齐方式的设置是一项比较简单的操作，但却必须进行设置。在对齐数据时，长度短的数据一般要采取居中对齐的方式；而对于长度较长且长短不一的数据一般建议采用左对齐方式，让数据有一个整体归属感，视觉效果会更佳。

2. 竖排效果设置

竖排文字使用的范围不算广泛，一般在打印一些表格中使用，下面也介绍一下其应用方法。如图 11-11 所示表格中的 A4、A5、D5 单元格可以使用竖排文字。

选中 A4、A5、D5 单元格，在"开始"→"对齐方式"选项组中单击 下拉按钮打开下拉菜单，单击"竖排文字"命令（如图 11-12）即可让选中单元格中的文字以竖排显示，如图 11-13 所示。

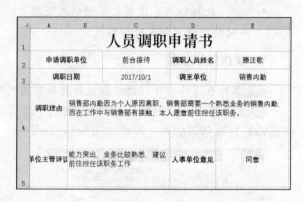
图 11-11

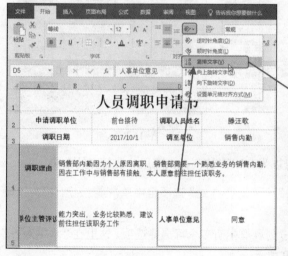

图 11-12   图 11-13

11.2　表格边框与底纹设置

在表格中完成了字体和对齐方式的设置后，为了达到美化的效果，可以继续为表格设置边框或底纹效果。

11.2.1　设置表格边框效果

Excel 2016 默认下显示网格线只是用于辅助单元格编辑，实际上这些线条是不存在的，在进入打印预览状态下可以看到线条并不能显示（如图 11-14 所示），因此如果表格需要打印使用网格线，则需要手动为表格添加边框。

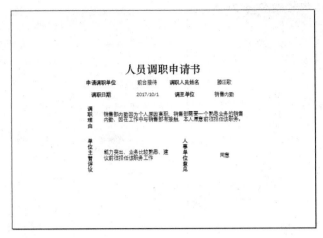

图 11-14

步骤 01 在工作表中，选中要设置表格边框的单元格区域，如 A2:E5 单元格区域。

步骤 02 在"开始"→"数字"选项组中单击"设置单元格格式"按钮，打开"设置单元格格式"对话框，如图 11-15 所示。

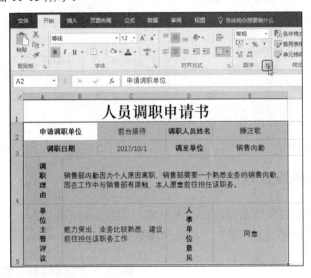

图 11-15

步骤 03 选择"边框"标签，在"样式"列表框中，先选择外边框的线条样式，接着在"颜色"下拉列表框中选择外边框的颜色。

步骤 04 在"预置"中，单击"外边框"按钮，即可将设置的样式和颜色应用到表格的外边框中，并且在下面的"预览"窗口中可以看到表格应用外边框后的效果，如图 11-16 所示。

步骤 05 在"样式"列表框中，选择内边框的线条样式，接着在"颜色"下拉列表框中选择内边框的颜色。

步骤 06 在"预置"中，单击"内部"按钮，即可将设置的样式和颜色应用到表格的内边框中，并且在下面的"预览"窗口中同样可以看到表格应用内边框后的效果，如图 11-17 所示。

步骤 07 设置完成后，单击"确定"按钮，选中的单元格区域即可套用设置的边框效果，如图 11-18 所示。

步骤 08 进入打印预览状态下可以看到边框可以显示出来，如图 11-19 所示。

图 11-16

图 11-17

图 11-18

图 11-19

11.2.2 设置表格底纹效果

为特定的单元格设置底纹效果可以在很大程度上美化表格，可以为单元格设置单色填充效果，也可以设置图案、渐变等特殊的填充效果。

1. 单色底纹

步骤 01 在工作表中选中要设置底纹的单元格区域，此处选中表格列标识区域。

步骤 02 在"开始"→"字体"选项组中，单击"填充颜色"下拉按钮，展开下拉菜单。

步骤 03 在"主题颜色""标准色"中，鼠标指针指向颜色时，表格中选中的区域即可进行预览（如图 11-20 所示），单击即可应用此填充颜色。

2. 图案底纹

在"设置单元格格式"对话框的"填充"标签

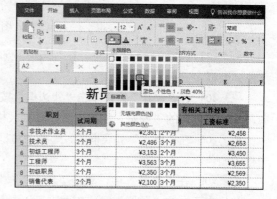

图 11-20

下，不仅可以设置单元格单色填充效果，还可以设置特殊的填充效果，如图案填充，渐变填充等。

步骤 01 在工作表中选中要设置底纹的单元格区域，此处选中表格的列标识区域。

步骤 02 在"开始"→"数字"选项组中单击"设置单元格格式"按钮，打开"设置单元格格式"对话框。选择"填充"标签，在"背景色"栏中可以选择单色来填充选中的单元格区域。

步骤 03 单击"图案颜色"右侧的下拉按钮，在弹出的下拉列表中可以选择图案颜色，如图 11-21 所示；单击"图案样式"右侧的下拉按钮，可以在下拉列表中选择图案样式，如图 11-22 所示。

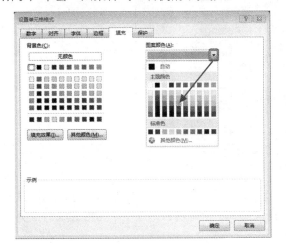

图 11-21

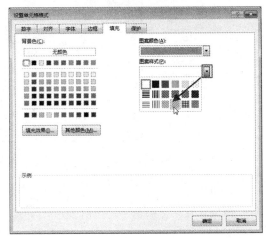

图 11-22

步骤 04 设置完成后，单击"确定"按钮，所实现的图案填充效果如图 11-23 所示。

新员工试用标准表				
职别	无相关工作经验		有相关工作经验	
	试用期	工资标准	试用期	工资标准
非技术作业员	2个月	¥2,351	2个月	¥2,458
技术员	2个月	¥2,486	3个月	¥2,653
初级工程师	3个月	¥3,153	2个月	¥3,450
工程师	2个月	¥3,563	3个月	¥3,655

图 11-23

提示 在"设置单元格格式"对话框的"填充"标签下，单击"填充效果"按钮可以打开"填充效果"对话框来设置表格的渐变填充效果。但在制作商务表格时，应该以简洁庄重的效果为主，不建议使用过于夸张的填充效果。

11.3 应用单元格样式

"单元格样式"这项功能是 Excel 2007 版本之后提供的新功能。单元格的样式我们可以理解为"预先定制"，使用此功能可以达到批量处理的效果。因此利用此功能可以预定义格式，然后引用该格式后即可实现批量快速地设置格式。

11.3.1 套用默认单元格样式

套用"单元格样式"就是将 Excel 2016 提供的单元格样式方案直接运用到选中的单元格中，可以使用"单元格样式"来设置表格的标题，具体操作如下：

步骤 01 选中要套用单元格样式的单元格区域，如图 11-24 所示。

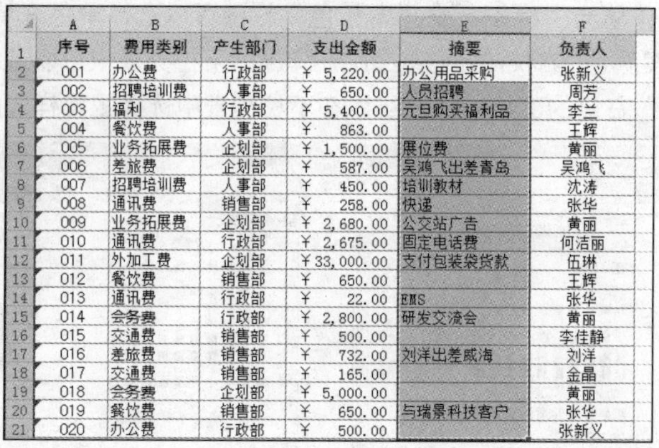

	A	B	C	D	E	F
1	序号	费用类别	产生部门	支出金额	摘要	负责人
2	001	办公费	行政部	￥ 5,220.00	办公用品采购	张新义
3	002	招聘培训费	人事部	￥ 650.00	人员招聘	周芳
4	003	福利	行政部	￥ 5,400.00	元旦购买福利品	李兰
5	004	餐饮费	人事部	￥ 863.00		王辉
6	005	业务拓展费	企划部	￥ 1,500.00	展位费	黄丽
7	006	差旅费	企划部	￥ 587.00	吴鸿飞出差青岛	吴鸿飞
8	007	招聘培训费	人事部	￥ 450.00	培训教材	沈涛
9	008	通讯费	销售部	￥ 258.00	快递	张华
10	009	业务拓展费	企划部	￥ 2,680.00	公交站广告	黄丽
11	010	通讯费	行政部	￥ 2,675.00	固定电话费	何洁丽
12	011	外加工费	企划部	￥33,000.00	支付包装袋货款	伍琳
13	012	餐饮费	销售部	￥ 650.00		王辉
14	013	通讯费	行政部	￥ 22.00	EMS	张华
15	014	会务费	行政部	￥ 2,800.00	研发交流会	黄丽
16	015	交通费	销售部	￥ 500.00		李佳静
17	016	差旅费	销售部	￥ 732.00	刘洋出差威海	刘洋
18	017	交通费	销售部	￥ 165.00		金晶
19	018	会务费	企划部	￥ 5,000.00		黄丽
20	019	餐饮费	销售部	￥ 650.00	与瑞景科技客户	张华
21	020	办公费	行政部	￥ 500.00		张新义

图 11-24

步骤 02 在“开始”→“样式”选项组中，单击“单元格样式”下拉按钮，展开程序默认提供的单元格样式方案下拉菜单，将鼠标指针指向“解释性文本”，可以看到选中单元格区域的预览效果，如图 11-25 所示。

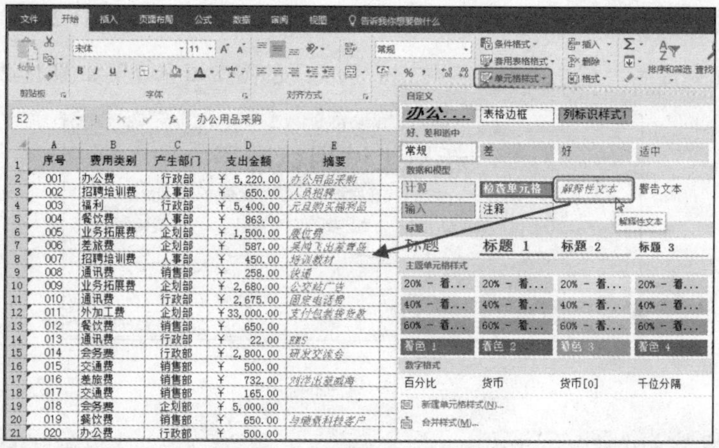

图 11-25

步骤 03 单击即可应用样式。

提示

Excel 2016 提供 4 种不同类型的方案样式，分别是“好、差和适中”“数据和模型”“标题”和“数字格式”。这些样式可以直接套用，比如选择显示金额的单元格区域，在“数字格式”栏中单击“货币”即可快速将金额转换为货币显示模式。

11.3.2 自定义单元格样式

在办公中如果经常需要按照特定的格式来修饰表格，可以根据自己的需要新建单元格的样式，当需要使用时直接套用即可。

步骤 01 在“开始”→“样式”选项组中，单击“单元格样式”下拉按钮，从下拉菜单中选择“新建单元格样式”命令（如图 11-26 所示），打开“样式”对话框。

步骤 02 在“样式名”文本框中输入样式名，如办公表格列标，如图 11-27 所示。

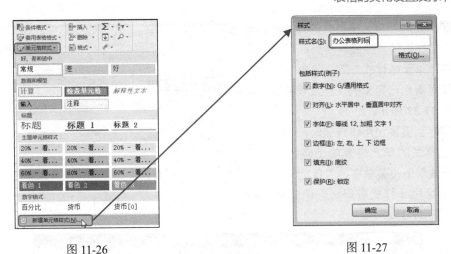

图 11-26   图 11-27

步骤 03 单击"格式"按钮，打开"设置单元格格式"对话框，在"字体"标签中，可以设置单元格的字体格式，如图 11-28 所示；切换到"边框"标签下，可以对单元格的边框样式进行设置，如图 11-29 所示。切换到"填充"标签下，可以对单元格的底纹进行设置，如图 11-30 所示。

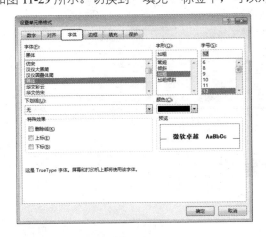

图 11-28

图 11-29

步骤 04 设置完成后，单击"确定"按钮返回到"样式"对话框中，在"样式包括"栏下可以看到设置的单元格样式，如图 11-31 所示。

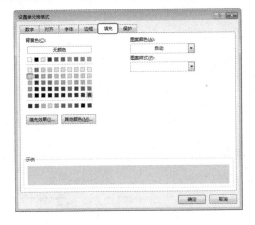

图 11-30

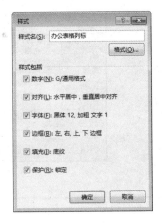

图 11-31

步骤 05 完成新单元格样式的设置后，单击"确定"按钮，该"办公表格列标"格式新建完成。在"单元格样式"下拉菜单中的"自定义"下即可看到已定义的"办公表格列标"样式，如图 11-32 所示。

步骤 06 当需要使用该样式时，可以先选中要引用该样式的单元格或单元格区域，在"单元格样式"下拉菜单中的"自定义"下单击该样式即可将此样式应用到选中的单元格区域中，如图 11-33 所示。

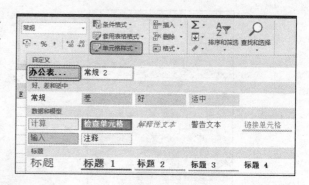

图 11-32

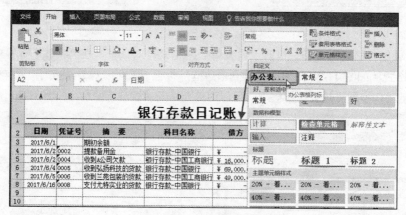

图 11-33

✄ 知识扩展 ✄

对已有样式修改或删除

程序默认的单元格样式或是自定义创建的单元格样式都是可以修改的，只要在样式上单击鼠标右键，在弹出的快捷菜单中单击"修改"命令即可（如图 11-34 所示），可以再次打开"样式"对话框，即可对样式进行修改。如果不再需要使用该样式，则可以单击"删除"命令即可。

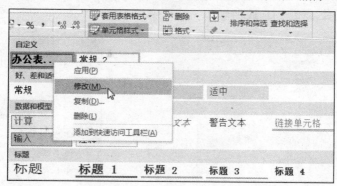

图 11-34

11.4 格式刷复制单元格格式

在完成表格格式的设置后，如果其他表格需要使用相同的格式，有一个比较快捷的方法——使用格式刷来快速复制表格样式。利用此方法复制的表格样式包括边框、底纹、字体、单元格的格式等。

步骤 01 选中要复制其格式的单元格，如 B4 单元格，切换到"开始"→"剪贴板"选项组中单击"格式刷"按钮，如图 11-35 所示。

步骤 02 光标变成小刷子形状（如图 11-36 所示），在目标位置上（即需要引用格式的单元格）单击一次，即可复制该格式，如图 11-37 所示。

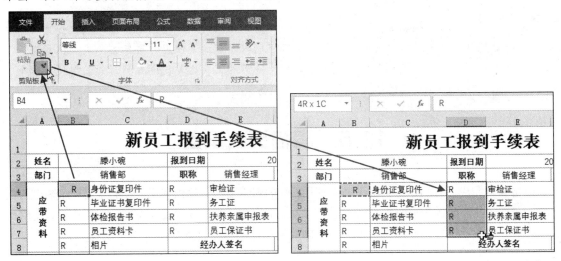

图 11-35   图 11-36

图 11-37

引用的格式不仅包括字体、边框、底纹效果，数字格式也可以一次性被引用。

步骤 01 如图 11-38 所示，选中 E4 单元格，切换到"开始"→"剪贴板"选项组中单击"格式刷"按钮。

步骤 02 在 E7:E11 单元格区域上拖动即可引用数字格式为货币格式，如图 11-39 所示。

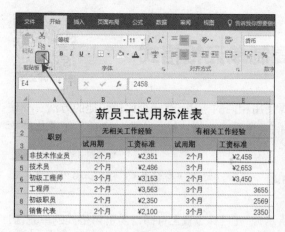

图 11-38 　　　　　　　　　　　　图 11-39

提示 如果多处单元格位置需要刷取同一格式，则双击格式刷即可，这样格式刷就一直处于启用状态，哪里需要使用此格式就在哪里刷取，直到不使用时再单击一次"格式刷"按钮退出即可。格式刷刷格式的方法极大地节约了表格美化设置的时间，想使用哪个单元格的格式就使用格式刷刷一下，非常方便。

11.5 表格页面设置

表格编辑完成后有的是作为电子文档使用，有的则需要打印输出使用。对于需要打印输出的工作表，在打印前需要进行页面格式的设置，如添加页眉和页脚、设置页面方向、调整边距、使用什么纸张等。如果不进行这些工作，最终的打印效果可能不尽如人意。

提示 在打印表格时，有时会由于一些特殊原因或者疏忽大意而导致打印出来的表格错误，如排版有问题、页面不完善等。那么在执行打印前打印预览就非常必要。

11.5.1 为打印表格添加页眉

有时用于打印的工作表需要添加页眉效果，如公司的人员变动申请表、商品清单列表等。在添加页眉时不但可以使用文字页眉，还可以使用图片页眉，例如将企业的 LOGO 图片添加到页眉上，这是一种比较常见的做法，此方法可以使表格更专业、美观。

1. 添加文字页眉

如果只是添加文字页眉，操作相对简单，编辑文字后对字体格式的设置是美化页眉的关键。

步骤 01 在"插入"→"文本"选项组中单击"页眉和页脚"按钮即可进入页眉页脚的编辑状态，如图 11-40 所示。

步骤 02 页眉区域包括三个编辑框，定位到目标框中输入文字，如图 11-41 所示。

步骤 03 选中文本，在"开始"→"字体"选项组中可以对文字的格式进行设置，页眉可呈现如图 11-42 所示的效果。

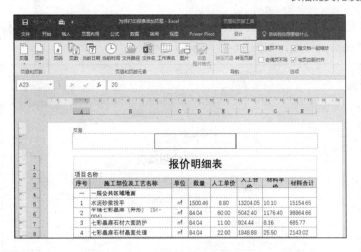

图 11-40

图 11-41

图 11-42

提 示

只有在页面视图中才可以看到页眉和页脚，我们日常编辑表格时都是在普通视图中，普通视图中是看不到页眉的。可以在"视图"→"工作簿视图"选项组中进行几种视图的切换。

2. 编辑图片页眉

根据表格性质的不同，有些表格在打印时可能需要显示图片的页眉效果，此时可以按照如下方法为表格添加图片页眉。

步骤 01 在"插入"→"文本"选项组中单击"页眉和页脚"按钮进入页眉和页脚的编辑状态，首先定位插入图片页眉的位置，如图 11-43 所示。

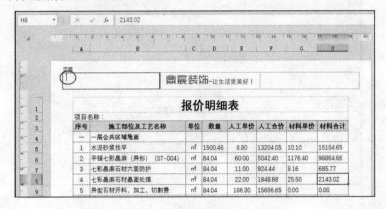

图 11-43

步骤 02 在"页眉和页脚工具-设计"→"页眉和页脚元素"选项组中单击"图片"按钮，打开"插入图片"提示窗口。

步骤 03 单击"浏览"按钮（如图 11-44 所示）弹出"插入图片"对话框，进入图片的保存位置并选中图片，如图 11-45 所示。

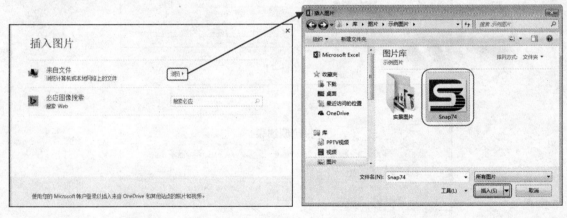

图 11-44   图 11-45

步骤 04 单击"插入"按钮即可完成图片的插入，程序默认显示的是图片的链接，而并不真正显示图片，如图 11-46 所示。要想查看图片，则在页眉区以外任意位置单击一次即可看到图片页眉的效果，如图 11-47 所示。

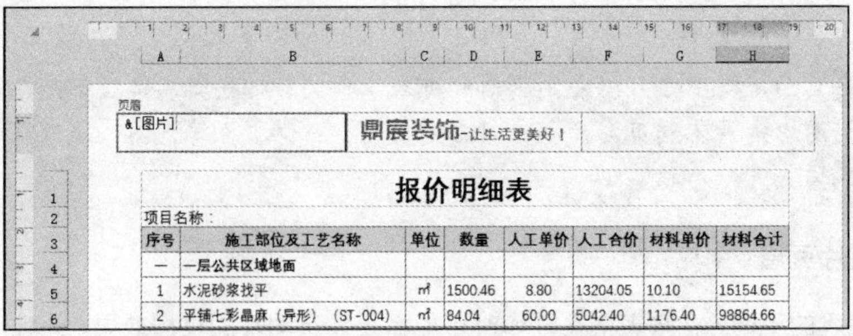

图 11-46

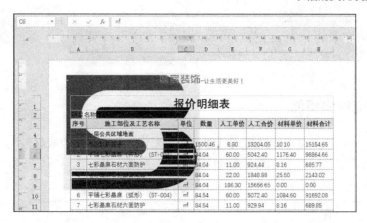

图 11-47

步骤 **05** 从图 11-47 中看到页眉图片的大小显然很不合适，此时需要对图片进行调整。光标定位到图片所在的编辑框中选中图片链接，在"页眉和页脚工具-设计"→"页眉和页脚元素"选项组中单击"设置图片格式"按钮，如图 11-48 所示，打开"设置图片格式"对话框。

步骤 **06** 在"大小"标签中设置图片的"高度"和"宽度"，如图 11-49 所示。

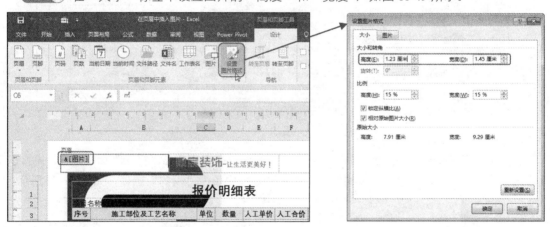

图 11-48   图 11-49

步骤 **07** 设置完成后，单击"确定"按钮即可完成图片的调整，页眉效果如图 11-50 所示。

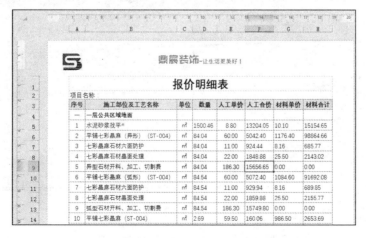

图 11-50

提示 在调整页眉中的图片大小时，可能一次调整并不能满足实际需要，此时可按照相同的方法进行多次调整，直到达成满意效果。

11.5.2 横向或纵向页面

在打印工作表时，默认会以纵向方式打印，如果工作表包含多列且表格较宽，如图 11-51 所示的表格显然以纵向的方式打印是无法完整显示的，这时需要设置打印方式为横向打印。

图 11-51

步骤01 打开要打印的文档，单击"文件"选项卡，在左侧单击"打印"标签，在"设置"选项区域中单击"纵向"右侧的下拉按钮，在下拉列表框中单击"横向"选项，如图 11-52 所示。

图 11-52

步骤02 设置完成后，单击"打印"按钮，即可以横向方式打印。

❋ 知识扩展 ❋

设置打印纸张的大小

如果对打印纸的大小有要求，则需要先进行设置后再调整纸张的方向或页面边距等。在"页面布局"→"页面设置"选项组中单击"纸张大小"下拉按钮，从打开的下拉菜单中选择当前使用的纸张规格，如图 11-53 所示。

图 11-53

11.5.3 设置页边距

表格实际内容的边缘与纸张边缘之间的距离就是页边距。一般情况下不需要调整页边距，但如果遇到只有少量内容未被显示的情况则需要调整页边距。

1. 重新调整页边距

当表格的实际内容超出打印的纸张时，可以通过调整页边距让其完整地显示在纸张上。如图 11-54 所示的表格，在打印预览状态下看到还有两列没有显示出来，这被打印到下一页显然是不合适的。

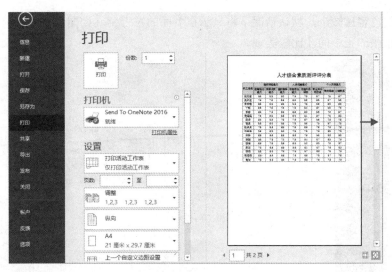

图 11-54

步骤 01 在当前需要打印的工作表中单击"文件"选项卡，在展开的界面中单击"打印"标签，即可在右侧的窗口中显示出表格的打印预览效果。

步骤 02 拖动"设置"栏中的滑块到底部，并单击底部的"页面设置"链接（如图 11-55 所示），打开"页面设置"对话框，选中"页边距"标签，将"左"与"右"的边距值都调小，如此处都调整为"0.6"，如图 11-56 所示。

步骤 03 单击"确定"按钮重新回到打印预览状态下，可以看到想打印的内容都能显示出来了，如图 11-57 所示。

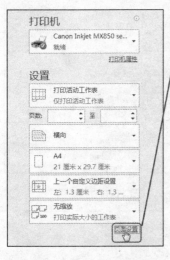
图 11-55

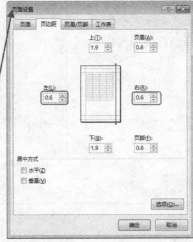
图 11-56

图 11-57

步骤 04 在预览状态下调整完毕后执行打印操作即可。

提示 此方法只适用于当超出页面的内容不太多的情况，当超出内容过多时，即使将页边距调整为 0 也不能完全显示，这时就需要分多页来打印或进行缩放打印了。

2. 让打印内容居中显示

如果表格的内容比较少，默认情况下将显示在页面的左上角（如图 11-58 所示），此时一般要将表格打印在纸张的正中间才比较美观。

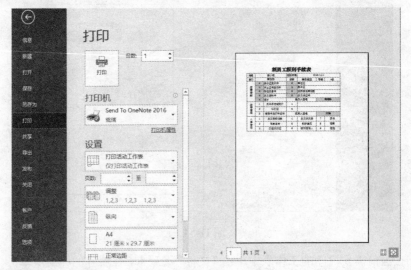
图 11-58

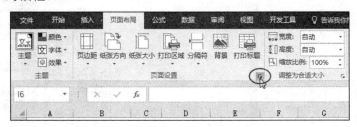

步骤 01 在"页面布局"→"页面设置"选项组中单击右下角的 按钮（如图 11-59 所示），打开"页面设置"对话框。

图 11-59

步骤 02 切换到"页边距"标签下，同时选中"居中方式"栏中的"水平"和"垂直"两个复选框，如图 11-60 所示。

步骤 03 单击"确定"按钮，可以看到打印预览效果中的表格显示在纸张的正中间，如图 11-61 所示。

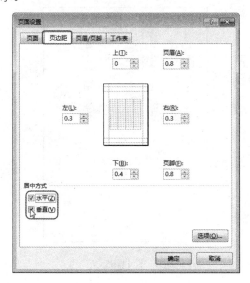

图 11-60

图 11-61

步骤 04 在预览状态下调整完毕后执行打印即可。

11.5.4 多页时自定义分页位置

当表格中的内容默认不止一页时，则会将剩余的内容自动显示到下一页中，如图 11-62 所示，在分页视图中可以看到当前的表格在一页纸上不能完全显示，剩余少量的内容被打印到第 2 页中。此时可以调整一下分页位置，让内容均衡地打印到两页纸上。

步骤 01 在当前需要打印的工作表中，单击"视图"→"工作簿视图"选项组中的"分页预览"按钮，进入分页预览视图中。

步骤 02 蓝色的虚线条是默认分页的位置，将鼠标指针定位到蓝色线条上，当出现上下对拉箭头时，按住鼠标拖动即可调整分页符到目标位置，如图 11-63 所示。

步骤 03 重新调整分页符的位置后，进入打印预览状态，可以看到当前工作表在指定的位置分到下一页中，如图 11-64 所示为第 1 页内容，如图 11-65 所示为第 2 页内容。

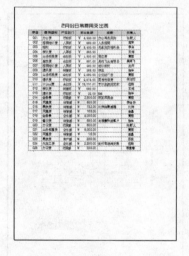

图 11-62

图 11-63

调整此
分页符

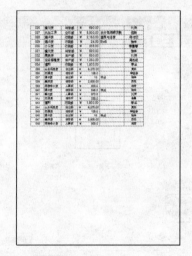

图 11-64

图 11-65

11.6 打印设置

在执行打印前一般需要对打印选项进行一些设置，例如设置打印份数与打印范围等。

11.6.1 添加打印区域

当整张工作表的数据较多时，若只需要打印一个连续显示的单元格区域或者一次性打印多个不连续的单元格区域时，可以通过添加打印区域来实现。

1. 只打印一个连续的单元格区域

如果只想打印工作表中一个连续的单元格区域，可以按照以下方法进行操作。

步骤 01 在工作表中选中部分需要打印的内容，单击"页面布局"→"页面设置"选项组中的"打印区域"下拉按钮，在打开的下拉菜单中单击"设置打印区域"命令，如图 11-66 所示。

步骤 **02** 执行步骤 01 的操作后即可建立一个打印区域，进入打印预览状态下可以看到当前工作表中只有这个打印区域将会被打印（如图 11-67 所示），其他内容不被打印。

图 11-66

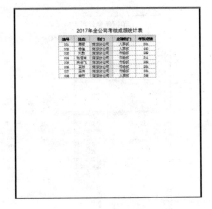

图 11-67

2. 一次性打印多个不连续的单元格区域

如果想有选择性地打印工作表中多个部分单元格区域的内容，可以按照以下的方法添加多个打印区域。

步骤 **01** 在工作表中选中部分需要打印的内容，并配合 **Ctrl** 键一次性选中多个不连续的区域，在"页面布局"→"页面设置"选项组中单击"打印区域"下拉按钮，在打开的下拉菜单中单击"设置打印区域"命令，如图 11-68 所示。

步骤 **02** 执行步骤 01 的操作后，单击"打印预览"按钮可以看到添加的区域被分成两页打印，如图 11-69 所示为第 1 页，如图 11-70 所示为第 2 页。

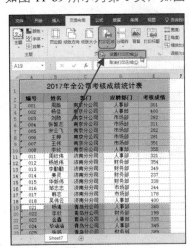

图 11-68

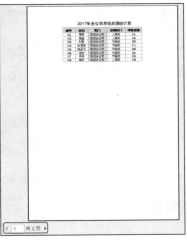

图 11-69

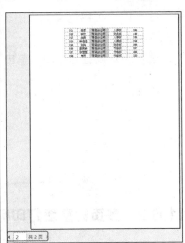

图 11-70

如果不连续的区域想在一页中连续打印出来，也可以实现的。在工作表中可以将不想打印的那些区域隐藏起来，使需要打印的区域连续显示，再将它们建立为一个打印区域。

步骤 **01** 在工作表中选中那些不想打印的区域，单击鼠标右键，在弹出的快捷菜单中单击"隐藏"命令将其隐藏（如果有多处要隐藏的区域则重复此操作，直到当前显示出来都是要打印的区域），如图 11-71 所示。

步骤 02 选中连续的数据区域，按照与前文所使用的方法为其建立一个打印区域。

步骤 03 进入打印预览状态下可以看到不连续的单元格区域被打印到一页中，如图 11-72 所示。

图 11-71

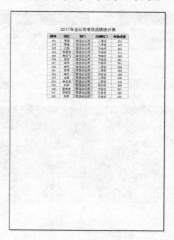

图 11-72

11.6.2 设置打印份数或打印指定页

在执行打印前可以根据需要设置打印份数，并且如果工作表中包含多页内容，也可以设置只打印指定的页。

步骤 01 切换到要打印的工作表中，单击"文件"选项卡，在打开的界面中单击"打印"标签，即可展开打印设置窗口。

步骤 02 在"份数"文本框中填写需要打印的份数；在"设置"栏下的"页数"文本框中输入要打印的页码或页码范围，如图 11-73 所示。

步骤 03 设置完成后，单击"打印"按钮，即可开始打印。

图 11-73

11.6.3 多页时重复打印标题行

在打印表格时，如果表格不止一页，列标识行只会在首页被打印出来。为了方便对表格数据进行查看，可以通过设置实现在每一页中都打印出表格列标题。

步骤 01 在"页面布局"→"页面设置"选项组中单击"打印标题"按钮（如图 11-74 所示），打开"页面设置"对话框。

步骤 02 在"工作表"标签下单击"顶端标题行"文本框右侧的拾取器按钮，如图 11-75 所示。

步骤 03 返回工作表中，选中显示在第二行中的列标识行（如图 11-76 所示），再次单击"页面设置"对话框中"顶端标题行"的拾取器按钮。

图 11-74

图 11-75

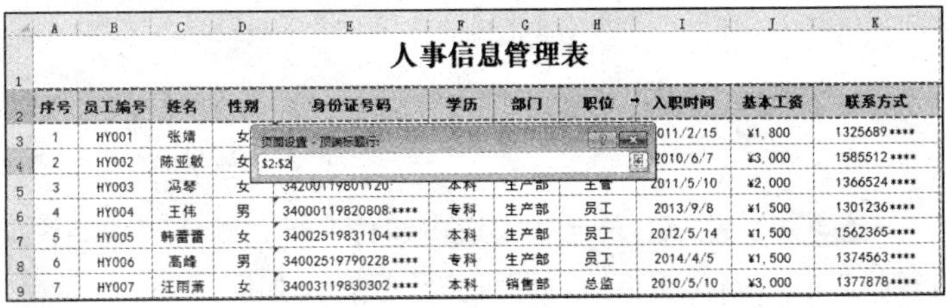

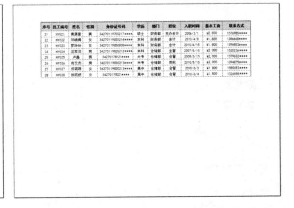

图 11-76

步骤 04 返回"页面设置"对话框,单击"确定"按钮。再次执行打印时就可以在每页中打印出列标识行,效果如图 11-77 和图 11-78 所示。

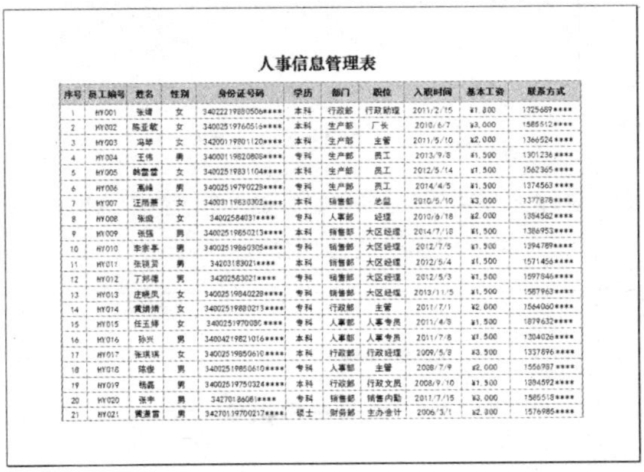

图 11-77

图 11-78

11.7 综合实例:差旅费用报销单

"差旅费用报销单"是企业中常用的一种财务单据,用于差旅费用报销前对各项明细数据进行记录的表单,这种单据使用非常广泛。费用报销虽然属于财务部门的工作,但对于小型公司而言,很多时候行政部门也会承担其制作工作。

1. 建立表格输入基本数据

根据企业性质的不同或个人设计思路的不同，其表格框架结构上也会稍有不同，但一般都会包括报销项目、金额以及提供相应的原始单据等。这些项目的规划可前期利用稿纸手写规划。在 Excel 中输入数据时，按 Enter 键不会自动换行，如果要强制换行需要按 Alt+Enter 组合键。

步骤 01 新建工作簿，在 Sheet1 工作表标签上双击，重新输入名称为"差旅费用报销单"。

步骤 02 调大第一行的行高，选中 A1 单元格，在"开始"→"对齐方式"选项组中单击"顶端对齐"和文本"左对齐"按钮，并单击"合并后居中"按钮，如图 11-79 示。

图 11-79

步骤 03 在 A1 单元格中双击定位光标，输入"填写说明："文字，如图 11-80 所示。需要换行时按 Alt+Enter 组合键，即可实现换行，如图 11-81 所示。

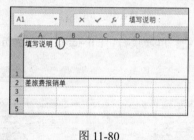

图 11-80

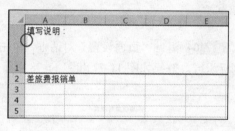

图 11-81

步骤 04 输入第二行文字，如图 11-82 所示（后面输入文字时只要有需要换行就按 Alt+Enter 组合键即可）。

步骤 05 接着按照拟订好的项目输入到表格中（内容的拟订可以根据需要在草稿上先规划好后，再录入到表格中），然后对需要合并的单元格区域进行合并，基本框架如图 11-83 所示。

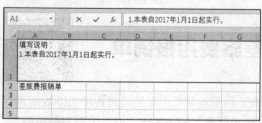

图 11-82

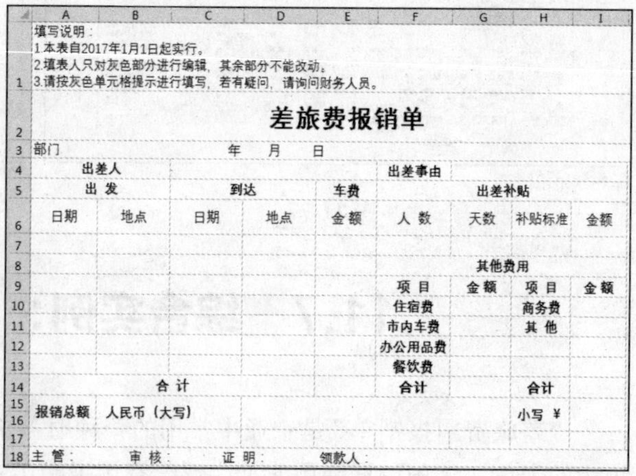

图 11-83

2. 设置边框线及底纹

步骤 01 选中要设置表格边框的单元格区域，如 A4:I16 单元格区域。

步骤 02 在"开始"→"字体"选项组中单击" 📉 "按钮（如图 11-84 所示），打开"设置单元格格式"对话框。

步骤 03 切换到"边框"标签，分别设置好外边框与内边框，如图 11-85 所示。

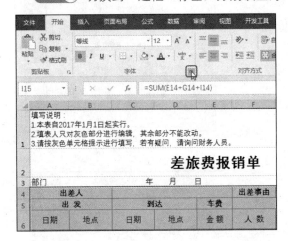

图 11-84

图 11-85

步骤 04 设置完成后，单击"确定"按钮，选中的单元格区域即可套用设置的边框效果，如图 11-86 所示。

步骤 05 按 Ctrl 键选中要设置底纹的单元格，在"开始"→"字体"选项组中单击"填充颜色"下拉按钮 🎨 ，在其下拉菜单中选择单元格填充色，如图 11-87 所示。

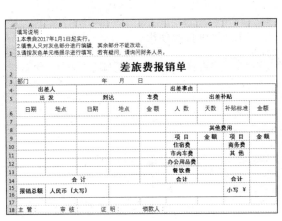

图 11-86

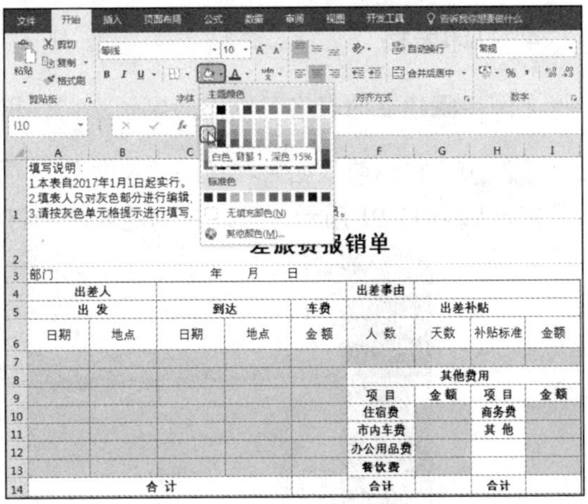

图 11-87

3. 竖排文字

在单元格中输入文字后默认是横向显示，但当单元格行较高、列较窄时，文字更适合竖向输入。可以利用文字方向功能，更改横排文字为竖排文字。

步骤 01 选中 J4:J16 单元格区域，在"开始"→" 对齐方式"选项组中单击"合并后居中"按钮，如图 11-88 所示。

步骤 02 输入文字后，在"开始"→"对齐方式"选项组中单击"方向"下拉按钮，在弹出的下拉菜单中单击"竖排文字"命令（如图 11-89 所示），即可实现文字的竖向显示，如图 11-90 所示。

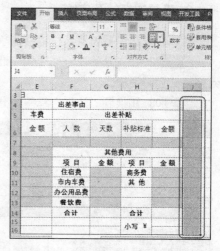

图 11-88

图 11-89

图 11-90

4. 打印表格

上面步骤建立的表格可以作为电子文档使用，需要时也可以打印使用。

步骤 01 在当前表格中，单击"文件"选项卡，在展开的界面中单击" 打印"标签，查看打印预览，如图 11-91 所示，可以看到此表横向打印更为合适。

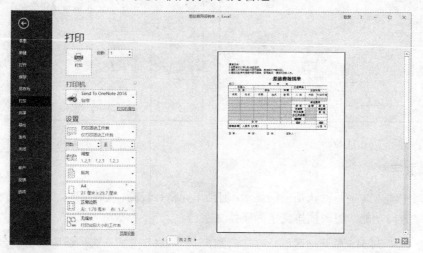

图 11-91

步骤 02 在"设置"选项区域单击"纵向"的下拉按钮，在下拉列表中单击"横向"选项，表格预览效果如图 11-92 所示。

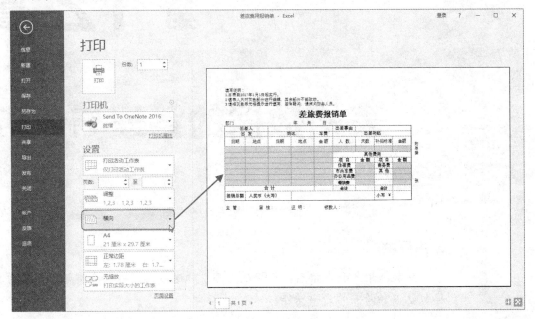

图 11-92

步骤 03 在"设置"选项区域中单击底部的"页面设置"链接，打开"页面设置"对话框，切换到"页边距"标签下，同时选中"居中方式"栏中的"水平"和"垂直"两个复选框，如图 11-93 所示。

步骤 04 单击"确定"按钮，可以看到预览效果中表格显示在纸张的正中间，如图 11-94 所示。

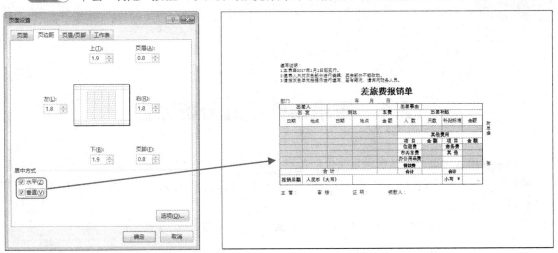

图 11-93   图 11-94

第 12 章

表格数据的管理与分析

应用环境

将数据录入到表格后，数据的排序、筛选查看，以及分类汇总等是对数据最基本和必要的分析操作。

本章知识点

① 应用条件格式使满足条件的特殊显示
② 数据的排序查看
③ 数据的筛选查看
④ 数据的分类汇总

12.1　应用条件格式分析数据

使用条件格式可以突出显示满足条件的数据，如大于指定值时显示特殊标记；小于指定值时显示特殊标记；等于某日期时显示特殊标记等。因此条件格式的功能可以起到在数据库中筛选查看并辅助分析数据的目的。

在Excel 2016程序中提供了几个预设的条件规则，应用起来非常方便。

选中要设置条件格式的单元格区域，在"开始"→"样式"选项组中单击"条件格式"下拉按钮，展开下拉菜单，可以看到几种预设的条件格式规则，如图 12-1 所示。一般来说这些规则基本可以满足对条件的判断，但还有一些特殊设置需要打开"新建格式规则"对话框（如图 12-2 所示）进行设置，在讲解后面实例的过程中会有介绍。

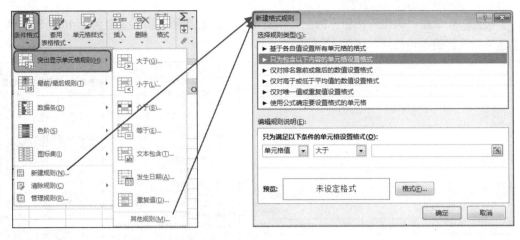

图 12-1   图 12-2

12.1.1 突出显示规则

Excel程序中把"大于""小于""等于""文本筛选"等多个条件规则总结为突出显示规则，下面通过两个例子介绍这些条件规则的使用方法。

1. 大于或小于指定值时突出显示

在销售统计表中要求将大于4000元的金额突出显示出来。

步骤 01 选中"销售金额"列的单元格区域，在"开始"→"样式"选项组中单击"条件格式"下拉按钮，在展开的下拉菜单中选择"突出显示单元格规则"→"大于"命令，如图12-3所示。

图 12-3

步骤 02 弹出"大于"对话框，设置单元格中的值大于"4000"时显示为"浅红填充色深红色文本"，如图 12-4 所示。

步骤 **03** 单击"确定"按钮返回到工作表中，可以看到所有销售金额大于 4000 元的单元格都显示为所设置的条件格式，如图 12-5 所示。

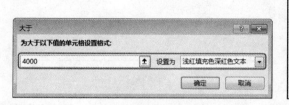

	A	B	C	D	E
1	产品名称	货号	销售单价	销售数量	销售金额
2	浅口尖头英伦皮鞋	B017F622	¥ 162.00	12	¥ 1,944.00
3	时尚流苏短靴	B017F603	¥ 228.00	5	¥ 1,140.00
4	浅口平底镂空皮鞋	B017F1021	¥ 207.00	10	¥ 2,070.00
5	正装中跟尖头女鞋	JMY039-54	¥ 198.00	11	¥ 2,178.00
6	侧拉时尚长靴	JMY039-10	¥ 209.00	15	¥ 3,135.00
7	小香风坡跟新款皮鞋	JMY039-44	¥ 248.00	21	¥ 5,208.00
8	贴布刺绣中简靴	M1702201-2	¥ 229.00	10	¥ 2,290.00
9	中跟方头女鞋	M1702201-1	¥ 198.00	21	¥ 4,158.00
10	春季浅口瓢鞋漆皮	EQS-0589	¥ 269.00	7	¥ 1,883.00
11	韩版过膝磨砂长靴	EQS-0510	¥ 219.00	5	¥ 1,095.00
12	黑色细跟正装工鞋	52DE2548W	¥ 268.00	22	¥ 5,896.00
13	复古雕花擦色单靴	B017F609	¥ 229.00	10	¥ 2,290.00
14	尖头低跟红色小皮鞋	170517301	¥ 208.00	18	¥ 3,744.00
15	一字扣红色小皮鞋	170509001	¥ 248.00	21	¥ 5,208.00
16	简约百搭小皮鞋	B017F601	¥ 199.00	10	¥ 1,990.00
17	尖头一字扣春夏皮鞋	B017F290	¥ 252.00	14	¥ 3,528.00

图 12-4 　　　　　　　　　　　　　　　　　　　　图 12-5

❄ 知识扩展 ❄

自定义特殊标记的格式

在设置满足条件的单元格显示的格式时，默认格式为"浅红填充色深红色文本"，可以单击"设置为"右侧的下拉按钮，从下拉列表中重新选择其他格式（如图12-6所示），或单击下拉列表中的"自定义格式"选项，打开"单元格格式设置"对话框来自定义单元格特殊的或个性化的格式。但笔者认为这项设置只是为了便于我们快速找到满足条件的数据，而不必去刻意设置过于个性的格式。

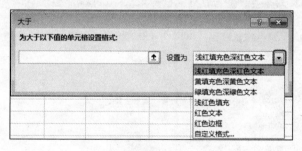

图 12-6

提示　"小于""介于""等于"这几个选项的设置与本例中介绍的"大于"指定值选项的设置方法是相同的，这里不再赘述。

2. 包含某文本时突出显示

突出显示规则中有一个"文本包含"命令选项，顾名思义，就是设置条件为某文本时，只要单元格中包含这个文本就会作为满足条件的单元格而被特殊显示。

步骤 **01** 选中"产品名称"列的单元格区域，在"开始"→"样式"选项组中单击"条件格式"下拉按钮，选择"突出显示单元格规则"→"文本包含"命令，如图 12-7 所示。

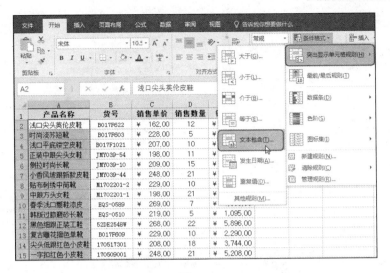

图 12-7

步骤 02 打开"文本中包含"对话框，设置包含文字为"靴"，格式仍然使用默认的"浅红填充色深红色文本"，如图 12-8 所示。

步骤 03 单击"确定"按钮即可看到所有"靴"类的产品名称都被特殊标记出来，如图 12-9 所示。

	A	B	C	D	E
1	产品名称	货号	销售单价	销售数量	销售金额
2	浅口尖头英伦皮鞋	B017F622	¥ 162.00	12	¥ 1,944.00
3	时尚流苏短靴	B017F603	¥ 228.00	5	¥ 1,140.00
4	浅口平底镂空皮鞋	B017F1021	¥ 207.00	10	¥ 2,070.00
5	正装中跟尖头女鞋	JMY039-54	¥ 198.00	11	¥ 2,178.00
6	侧拉时尚长靴	JMY039-10	¥ 209.00	15	¥ 3,135.00
7	小香风坡跟新款皮鞋	JMY039-44	¥ 248.00	21	¥ 5,208.00
8	贴布刺绣中筒靴	M1702201-2	¥ 229.00	10	¥ 2,290.00
9	中跟方头女鞋	M1702201-1	¥ 198.00	21	¥ 4,158.00
10	春季浅口瓢鞋漆皮	EQS-0589	¥ 269.00	7	¥ 1,883.00
11	韩版过踝磨砂长靴	EQS-0510	¥ 219.00	5	¥ 1,095.00
12	黑色细跟正装工鞋	52DE2548W	¥ 268.00	22	¥ 5,896.00
13	复古雕花擦色单鞋	B017F609	¥ 229.00	10	¥ 2,290.00
14	尖头低跟红色小皮鞋	170517301	¥ 208.00	18	¥ 3,744.00
15	一字扣红色小皮鞋	170509001	¥ 248.00	21	¥ 5,208.00
16	简约百搭小皮靴	B017F601	¥ 199.00	10	¥ 1,990.00

图 12-8   图 12-9

✄ 知识扩展 ✄

文本类数据条件格式的其他设置

前文中提到凡是预设的条件格式规则能满足要求时，就不必打开"新建格式规则"对话框进行设置，接下来的这种情况则需要打开"新建格式规则"对话框进行特殊条件格式的设置了。

步骤 01 打开"新建格式规则"对话框，在"选择规则类型"列表框中单击"只为包含以下内容的单元格设置格式"选项，如图 12-10 所示。文本条件不仅有"包含"，还有"不包含""始于"和"止于"几项。这里选择"不包含"选项，然后设置值为"靴"，如图 12-11 所示。

步骤 02 设置好特殊格式后（这里的格式设置需要单击"格式"按钮打开"设置单元格格式"对话框进行设置），单击"确定"按钮，可以看到特殊显示的格式效果（如图 12-12 所示）恰巧与上文中图 12-9 所示的结果相反。

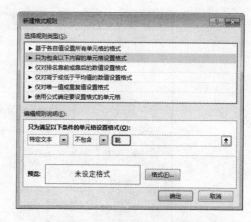

图 12-10   图 12-11

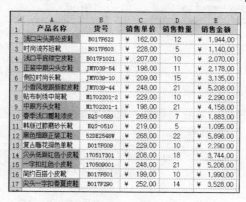

图 12-12

---

3. 标识重复值或唯一值

表格中显示的是值班安排表，要求将只值班一次的员工标识出来。

步骤01 选中显示值班人员姓名的单元格区域，在"开始"→"样式"选项组中单击"条件格式"下拉按钮，在展开的下拉菜单中选择"突出显示单元格规则"→"重复值"命令，如图 12-13所示。

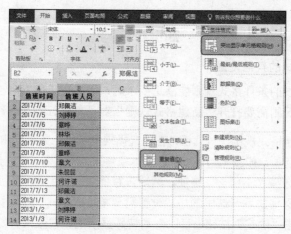

图 12-13

步骤 02 弹出“重复值”设置对话框，单击左侧的下拉按钮，在下拉列表框中选择“唯一”选项，如图 12-14 所示。单击右侧“设置为”的下拉按钮，在下拉列表框中选择“自定义格式”选项，打开“设置单元格格式”对话框，对满足条件的单元格格式进行设置。

步骤 03 设置完成后单击“确定”按钮，可以看到仅值班一次的人员显示为特殊格式，如图 12-15 所示。

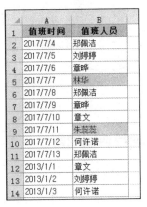

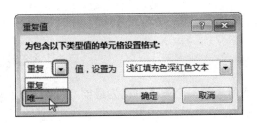

图 12-14

	A	B
1	值班时间	值班人员
2	2017/7/4	郑佩洁
3	2017/7/5	刘婷婷
4	2017/7/6	章晔
5	2017/7/7	林华
6	2017/7/8	郑佩洁
7	2017/7/9	章晔
8	2017/7/10	章文
9	2017/7/11	朱蕊蕊
10	2017/7/12	何许诺
11	2017/7/13	郑佩洁
12	2013/1/1	章文
13	2013/1/2	刘婷婷
14	2013/1/3	何许诺

图 12-15

4．标识指定日期

日期数据也可以进行相应条件的判断并显示出特殊的格式，通过如下设置可以实现让明天值班的人员能自动标识出来，以达到提醒的作用。

步骤 01 选中显示值班日期的单元格区域，在“开始”→“样式”选项组中单击“条件格式”下拉按钮，在展开的下拉菜单中选择“突出显示单元格规则”→“发生日期”命令，如图 12-16 所示。

步骤 02 弹出“发生日期”设置对话框，单击左侧的下拉按钮，在下拉列表框中选择“明天”选项，如图 12-17 所示（其他选项的设置可以根据自己的实际需要进行设置）。

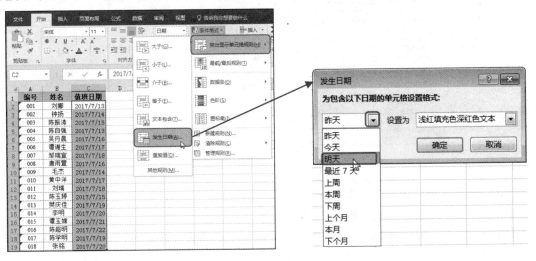

图 12-16

图 12-17

步骤 03 设置完成后单击“确定”按钮可以看到值班日期为明天的数据显示为所设置的特殊格式，如图 12-18 所示。

图 12-18

对日期条件的判断是与系统日期同步的，即今天是7月16日，则7月17日为满足条件的数据，将特殊显示。

提示

12.1.2 项目选取规则

Excel程序中把"前10项""前10%""高于平均值"等多个条件总结为最前/最后规则，下面通过例子介绍这几项条件规则的使用方法。

1. 最大或最小的几项突出显示

在销售统计表中想查看哪几种产品本期销售得不理想，以便分析销售失败的原因。

步骤 01 选中显示销售金额的单元格区域，在"开始"→"样式"选项组中单击"条件格式"下拉按钮，在展开的下拉菜单中选择"最前/最后规则"→"最后10项"，如图 12-19 所示。

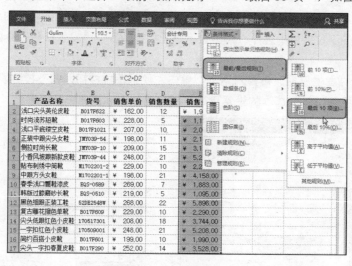

图 12-19

步骤 02 弹出"最后10项"设置对话框，重新设置值为"3"（这里只需要让排名后3名的销售金额数据显示为特殊格式），如图 12-20 所示。

步骤 03 设置完成后单击"确定"按钮即可看到后3名的销售金额数据显示为所设置的特殊格式，如图 12-21 所示。

当单元格中数据发生改变而影响了当前的后三名数据的排名时，数据格式将自动重新设置。

提示

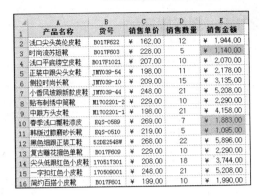

图 12-20

图 12-21

2. 高于或低于平均值的突出显示

还可以设置让高于或低于平均值的数据特殊显示,在下面的表格中希望找出考核成绩表中低于平均值的人员并特殊标记,以便安排二次培训。

步骤 01 选中显示考核成绩的单元格区域,在"开始"→"样式"选项组中单击"条件格式"下拉按钮,在展开的下拉菜单中选择"最前/最后规则"→"低于平均值",如图 12-22 所示。

图 12-22

步骤 02 打开"低于平均值"对话框(如图 12-23 所示),单击"确定"按钮可以看到低于平均值的成绩显示为特殊格式,如图 12-24 所示。

图 12-23

图 12-24

12.1.3 图标集规则

图标集规则就是根据单元格的值所在区间的不同而采用不同的颜色的图标来进行标记，图标的样式与值区间都是可以自定义设置的。比如可以选择"三色灯"图标，通过设置可以让绿色灯表示库存充足，红色灯表示库存紧缺，以起到警示的作用等。

1．为不同库存量亮起三色灯

仓库产品库存表中要求将不同的库存量用不同颜色的灯来表示。当库存量大于20时显示为绿灯；库存量在10到20之间时显示为黄灯；库存量小于10时显示为红色。

步骤 **01** 选中显示库存量的单元格区域，在"开始"→"样式"选项组中单击"条件格式"下拉按钮，在展开的下拉菜单中选择"图标集"→"其他规则"命令，如图 12-25 所示。

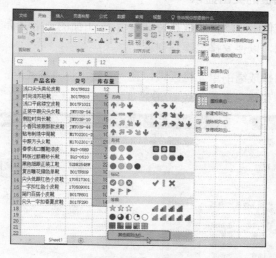

图 12-25

步骤 **02** 打开"新建格式规则"对话框（默认显示的图标就是三色灯），在绿灯后面"值"的数值框中输入"20"，然后单击"类型"右侧的下拉按钮，在下拉列表框中单击"数字"选项，如图 12-26 所示。

步骤 **03** 按照相同的方法设置黄灯的值为"10"，"类型"同样更改类型为"数字"，如图 12-27 所示。

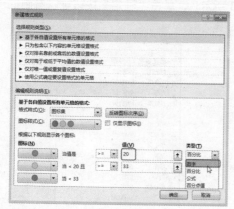

图 12-26

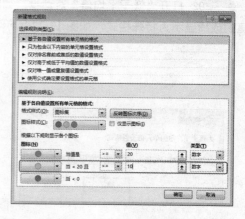

图 12-27

步骤04 单击“确定”按钮可以看到“库存量”列中大于 20 的显示绿灯、大于 10 小于 20 的显示黄灯、小于 10 的显示红灯，如图 12-28 所示。

	A	B	C
1	产品名称	货号	库存量
2	浅口尖头英伦皮鞋	B017F622	12
3	时尚流苏短靴	B017F603	5
4	浅口平底镂空皮鞋	B017F1021	10
5	正装中跟尖头女鞋	JMY039-54	11
6	侧拉时尚长靴	JMY039-10	15
7	小香风坡跟新款皮鞋	JMY039-44	21
8	贴布刺绣中筒靴	M1702201-2	10
9	中跟方头女鞋	M1702201-1	21
10	春季浅口瓢鞋漆皮	EQS-0589	7
11	韩版过膝磨砂长靴	EQS-0510	5
12	黑色细跟正装工鞋	52DE2548W	22
13	复古雕花擦色单靴	B017F609	10
14	尖头低跟红色小皮鞋	170517301	18
15	一字扣红色小皮鞋	170509001	21
16	简约百搭小皮靴	B017F601	10
17	尖头一字扣春夏皮鞋	B017F290	14

图 12-28

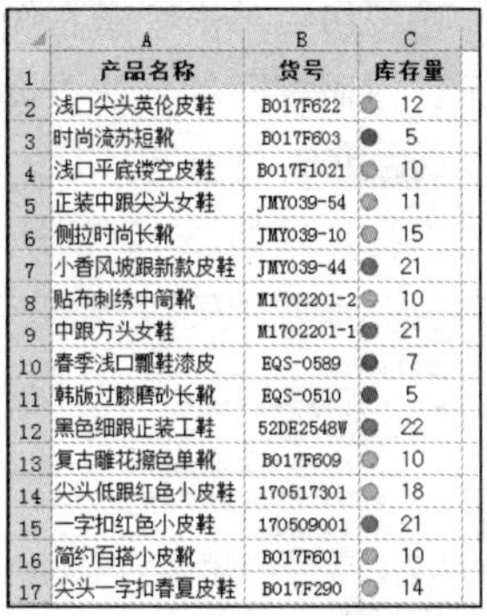

2. 给本期的优秀销售员插红旗

在本季度销售部所有员工的销售金额统计表中，要求为销售金额大于30000元的插上红旗以突出显示。

步骤01 选中显示销售金额的单元格区域，在“开始”→“样式”选项组中单击“条件格式”下拉按钮，在展开的下拉菜单中选择“图标集”→“其他规则”命令，如图 12-29 所示。

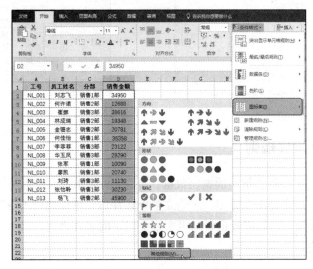

图 12-29

步骤02 打开“新建格式规则”对话框，单击“图标样式”右侧的下拉按钮，在下拉列表框中选择“三色旗”图标，如图 12-30 所示。

步骤03 单击绿旗右侧的下拉按钮，在下拉列表框中选择“红旗”，然后设置“值”为“30000”、“类型”为“数字”，如图 12-31 所示。

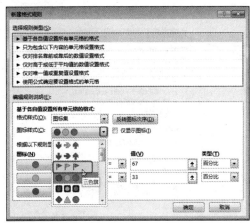

图 12-30

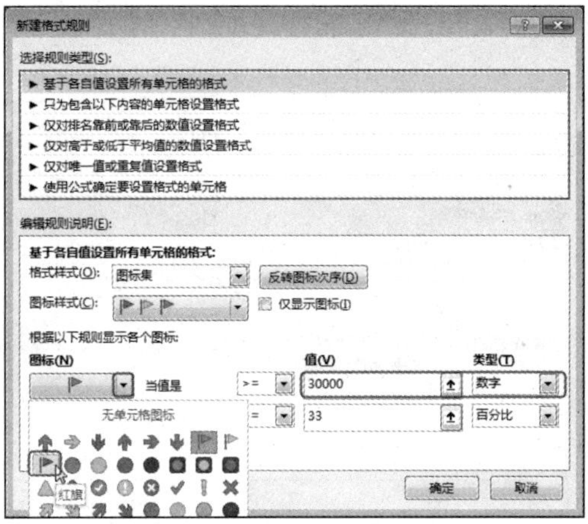

图 12-31

步骤 **04** 单击红旗右侧的下拉按钮，在下拉列表框中单击"无单元格图标"选项，如图 12-32 所示。按照相同的方法再设置第 3 个图标也为"无单元格图标"。

步骤 **05** 设置完成后，单击"确定"按钮可以看到表格中销售金额大于 30000 的数据前被插上了红旗标记，如图 12-33 所示。

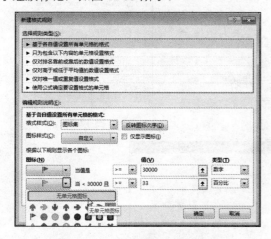

图 12-32

	A	B	C	D
1	工号	员工姓名	分部	销售金额
2	NL_001	刘志飞	销售1部	▶ 34950
3	NL_002	何许诺	销售2部	12688
4	NL_003	崔娜	销售3部	▶ 38616
5	NL_004	林成瑞	销售2部	19348
6	NL_005	金瑙忠	销售2部	20781
7	NL_006	何佳怡	销售1部	▶ 35358
8	NL_007	李菲菲	销售3部	23122
9	NL_008	华玉凤	销售3部	28290
10	NL_009	张军	销售1部	10090
11	NL_010	廖凯	销售1部	20740
12	NL_011	刘琦	销售3部	11130
13	NL_012	张怡聆	销售1部	▶ 30230
14	NL_013	杨飞	销售2部	▶ 45900

图 12-33

12.1.4　管理条件格式规则

利用条件格式功能可以将表格中的重要数据、满足分析要求的数据以特殊格式标记出来，这为数据分析带来不少方便。当建立多个条件后，可以通过"条件格式规则管理器"查看、修改、删除或者重新编辑表格中指定的条件格式，也可以复制条件规则，避免重新设置的麻烦。

1.重新编辑新建的条件规则

如果已经建立的规则需要进行修改，可以通过如下方法重新进行设置。

步骤 **01** 选中设置了条件格式的单元格区域，在"开始"→"样式"选项组中单击"条件格式"下拉按钮，在弹出的下拉菜单中单击"管理规则"命令，打开"条件格式规则管理器"对话框。

步骤 **02** 在"规则"列表框中选中要编辑的条件格式规则（如图 12-34 所示），单击"编辑规则"按钮，打开"编辑格式规则"对话框，如图 12-35 所示。

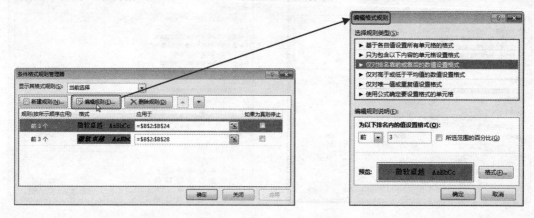

图 12-34

图 12-35

步骤 03 可以按照前文介绍的新建规则的方法重新设置条件格式规则即可。

2. 删除不需要的条件规则

如果不再需要已经建立的规则，此时可以通过以下方法将其删除。

步骤 01 选中设置了条件格式的单元格区域，在"开始"→"样式"选项组中单击"条件格式"下拉按钮，在展开的下拉菜单中单击"管理规则"命令，打开"条件格式规则管理器"对话框。

步骤 02 在"规则"列表框中，选中要删除的条件格式规则（如图 12-36 所示），单击"删除规则"按钮，即可从"规则"列表框中将其清除。

图 12-36

❀ 知识扩展 ❀

显示出当前工作表中的所有条件格式

如果未选中设置了条件格式的单元格，打开"条件格式规则管理器"对话框时"规则"列表框中不会显示任意的条件格式。如果想显示出本工作表中所有定义的条件格式，则需要在"显示其格式规则"的下拉列表框中单击"当前工作表"选项，如图12-37所示。

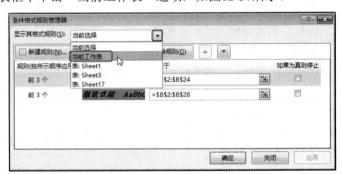

图 12-37

3. 复制条件格式规则

某处设置了条件格式后，如果另一处也需要使用相同的条件格式则不必重新设置，只要快速复制条件格式即可。

步骤 01 选中已经设置了条件格式规则的单元格区域，在"开始"→"剪贴板"选项组中单击"格式刷"按钮引用其格式，如图 12-38 所示。

步骤 02 在需要引用条件格式的单元格区域上拖动（如图 12-39 所示），释放鼠标左键即可看到单元格区域，引用了条件格式，如图 12-40 所示。

图 12-38

图 12-39

图 12-40

12.2 数据的排序

数据排序是指将无序的数据按照指定的关键字进行排列,通过排序的结果可以方便对数据进行查看与比较。

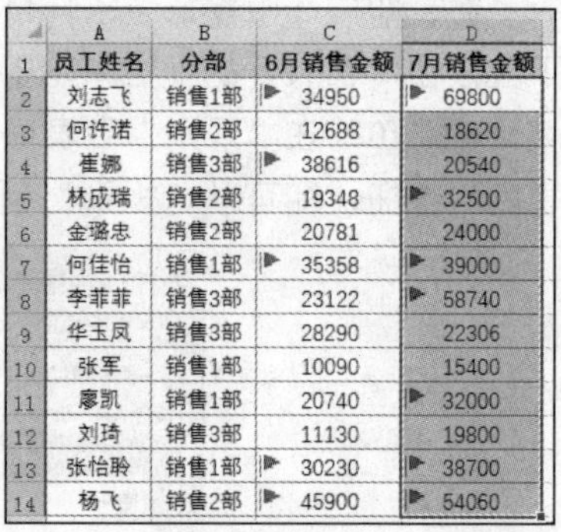

12.2.1 按单个条件排序

通过排序功能可以快速得出指定条件下的最大值、最小值等信息。下面对本期销售金额统计表中各商品的销售金额进行从大到小的排序。

步骤 01 将光标定位在"销售金额"列的任意单元格中，在"数据"→"排序和筛选"选项组中单击"降序"按钮，如图 12-41 所示。

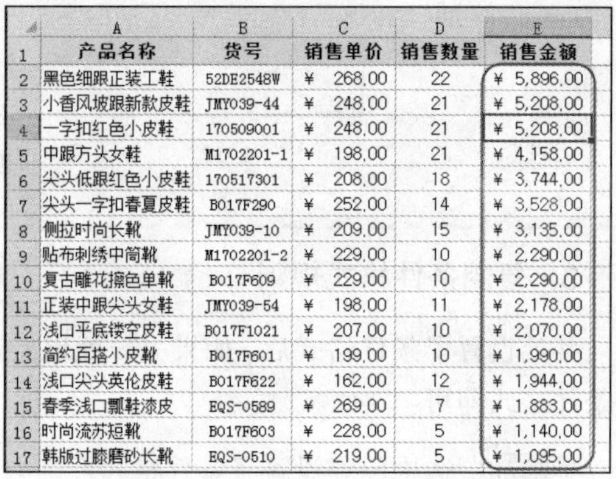

步骤 02 单击该按钮后，即可看到整张工作表按"销售金额"从大到小的顺序进行排列，如图 12-42 所示。

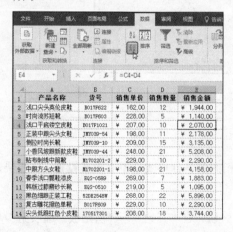

图 12-41

图 12-42

12.2.2　按多个条件排序

双关键字排序是指当按第一个关键字进行排序时出现重复记录，再按第二个关键字进行排序。在本例中，可以先按"所属部门"进行排序，再按"实发工资"进行排序，从而方便查看同一部门中各员工的工资排序情况。

步骤 01　选中表格编辑区域的任意单元格，在"数据"→"排序和筛选"选项组中单击"排序"按钮，打开"排序"对话框。

步骤 02　在"主要关键字"下拉列表框中选择"所属部门"选项；在"次序"下拉列表框中可以选择"升序"或"降序"选项，如图 12-43 所示。

步骤 03　单击"添加条件"按钮，接着在"列"下拉列表框中继续添加"次要关键字"。

步骤 04　在"次要关键字"下拉列表框中选择"实发工资"选项，在"次序"下拉列表框中选择"降序"选项，如图 12-44 所示。

图 12-43

图 12-44

步骤 05　单击"确定"按钮可以看到表格中首先按"所属部门"升序排序，而对于相同部门按"实发工资"的降序排序，如图 12-45 所示。

	A	B	C	D
1	编号	员工姓名	所属部门	实发工资
2	JX004	石晓静	办公室	2755
3	JX003	童红	办公室	2572
4	JX002	张发	办公室	1901
5	JX017	张一倩	财务部	4564
6	JX008	张凯	财务部	3611
7	JX009	胡琴	财务部	3242
8	JX001	李良敏	财务部	2351
9	JX013	丁宇	市场部	4745
10	JX012	周苗苗	市场部	4201
11	JX011	张久涛	市场部	3828
12	JX015	梅耶	市场部	3798
13	JX014	潘静	市场部	3613
14	JX010	李晓燕	市场部	3146
15	JX006	陈志强	市场部	3093
16	JX005	翁诗培	市场部	2997
17	JX018	戚修文	研发部	4021
18	JX016	于宝强	研发部	3693
19	JX007	葛信	研发部	3234

图 12-45

12.2.3　按自定义的规则排序

程序可以根据数值的大小进行排序，也可以按文本首字母的顺序进行排序，但是在实际工作中想要达到的排序结果程序并不都能识别，比如按学历的高低、按职位排序、按地域排序等。如果想要实现这种效果，需要自定义排序规则。下面举例介绍如何按学历从高到低进行排序，即按"博士-硕士-本科-大专"的顺序排列。

步骤 01　选中工作表中的任意单元格，在"数据"→"排序和筛选"选项组中单击"排序"按钮，如图 12-46 所示（此图为数据排序前的效果），打开"排序"对话框。

步骤02 单击"主要关键字"右侧的下拉按钮，在展开的下拉列表框中单击"学历"选项，然后单击"次序"下拉按钮，在展开的下拉列表框中单击"自定义序列"选项（如图 12-47 所示），打开"自定义序列"对话框。

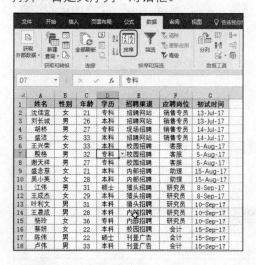

图 12-46

图 12-47

步骤03 在"输入序列"文本框中按学历的高低顺序输入序列，如图 12-48 所示。

图 12-48

步骤04 单击"确定"按钮返回到"排序"对话框中，在"次序"下拉列表框中即可看到所引用的学历序列，如图 12-49 所示。

图 12-49

步骤05 单击"确定"按钮返回到工作表中，即可看到工作表中的数据实现了按所设定的学历顺序显示的排序效果，如图 12-50 所示。

	A	B	C	D	E	F	G
1	姓名	性别	年龄	学历	招聘渠道	应聘岗位	初试时间
2	江伟	男	31	硕士	猎头招聘	研究员	8-Sep-17
3	陈伟	男	22	硕士	刊登广告	会计	15-Sep-17
4	刘长城	男	26	本科	招聘网站	销售专员	13-Jul-17
5	盛洁	女	33	本科	招聘网站	销售专员	14-Jul-17
6	王兴荣	女	33	本科	校园招聘	客服	5-Aug-17
7	盛念慈	女	21	本科	内部招聘	助理	15-Aug-17
8	吴小英	女	28	本科	内部招聘	助理	15-Aug-17
9	王成杰	女	29	本科	猎头招聘	研究员	8-Sep-17
10	叶利文	男	31	本科	猎头招聘	研究员	10-Sep-17
11	王晨成	男	28	本科	内部招聘	研究员	10-Sep-17
12	蔡妍	女	22	本科	校园招聘	会计	15-Sep-17
13	卢伟	男	33	本科	刊登广告	会计	15-Sep-17
14	胡桥	男	27	专科	现场招聘	销售专员	14-Jul-17
15	沈佳宜	女	21	专科	招聘网站	销售专员	13-Jul-17
16	殷格	男	32	专科	校园招聘	客服	5-Aug-17
17	谢天祥	男	27	专科	校园招聘	客服	5-Aug-17
18	杨玲	女	36	专科	内部招聘	研究员	10-Sep-17

图 12-50

12.3　数据筛选

数据筛选常用于对工作表的分析。通过设置筛选条件可以快速将工作表中满足指定条件的数据记录筛选出来，使数据的查看更具针对性。

12.3.1　添加筛选功能

添加自动筛选功能后，可以筛选出符合条件的数据。

步骤 01 选中表格编辑区域中的任意单元格，在"数据"→"排序和筛选"选项组中单击"筛选"按钮，则可以在表格的所有列标识上添加筛选下拉按钮，如图 12-51 所示。

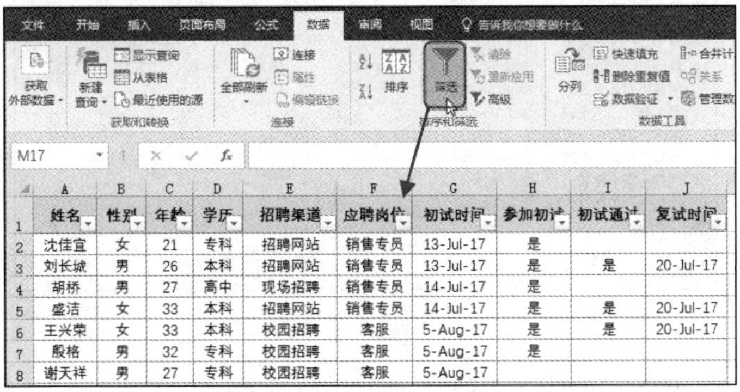

图 12-51

步骤 02 单击要进行筛选字段的右侧下拉按钮，如这里单击"初试通过"列标识右侧的下拉按钮，在弹出的下拉列表中撤选"全选"复选框，选中"是"复选框，如图 12-52 所示。

步骤 03 单击"确定"按钮，即可筛选出所有满足条件的记录（通过初试的员工记录），如图 12-53 所示。

图 12-52

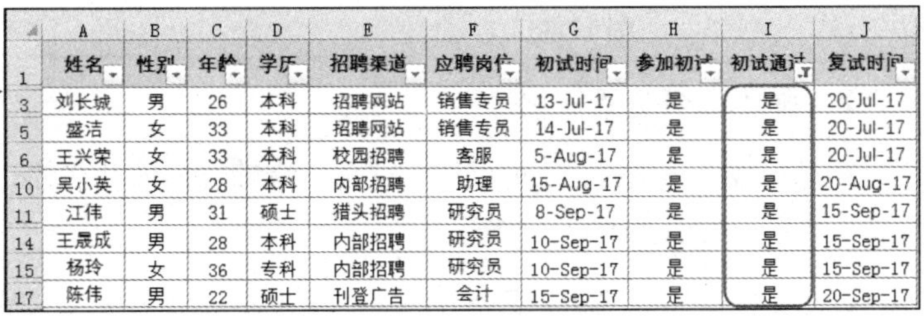

图 12-53

12.3.2　数值筛选

当用于筛选的字段是数值时，可以进行"大于""小于""介于"指定值的条件设置，从而筛选出满足条件的数据条目。

1．筛选出大于指定数值的记录

本例中要筛选出销售金额大于3000的记录，具体操作如下：

步骤01 选中表格编辑区域中的任意单元格，在"数据"→"排序和筛选"选项组中单击"筛选"按钮，则可以在表格的所有列标识上添加筛选下拉按钮。

步骤02 单击"销售金额"列标识右侧的下拉按钮，在打开的下拉列表中单击"数字筛选"→"大于"命令，如图 12-54 所示。

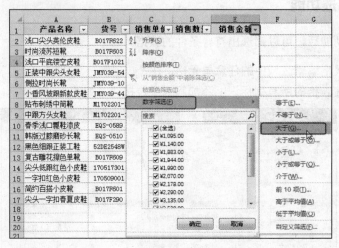

图 12-54

步骤03 单击该命令后，将会打开"自定义自动筛选方式"对话框，设置销售金额大于的数值为"3000"，如图 12-55 所示。

步骤04 单击"确定"按钮，即可筛选出销售金额大于 3000 的记录，如图 12-56 所示。

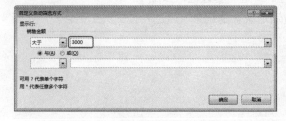

图 12-55

	产品名称	货号	销售单价	销售数	销售金额
6	侧拉时尚长靴	JMY039-10	¥ 209.00	15	¥ 3,135.00
7	小香风坡跟新款皮鞋	JMY039-44	¥ 248.00	21	¥ 5,208.00
9	中跟方头女鞋	M1702201-1	¥ 198.00	21	¥ 4,158.00
12	黑色细跟正装工鞋	52DE2548W	¥ 268.00	22	¥ 5,896.00
14	尖头低跟红色小皮鞋	170517301	¥ 208.00	18	¥ 3,744.00
15	一字扣红色小皮鞋	170509001	¥ 248.00	21	¥ 5,208.00
17	尖头一字扣春夏皮鞋	B017F290	¥ 252.00	14	¥ 3,528.00

图 12-56

2．筛选出前 5 名的记录

在进行数据筛选时，还可以按指定关键字筛选出前几名的记录。在下面的竞赛成绩统计表中需要将成绩前5名的记录筛选出来。

步骤01 选中表格编辑区域的任意单元格，在"数据"→"排序和筛选"选项组中单击"筛选"按钮，则可以在表格的所有列标识上添加筛选下拉按钮。

步骤02 单击"竞赛成绩"标识的右侧下拉按钮，在打开的列表中单击"数字筛选"→"前10项"命令，如图 12-57 所示。

步骤03 单击该命令后，可以打开"自动筛选前 10 个"对话框，设置最大值为"5"（默认是10），如图 12-58 所示。

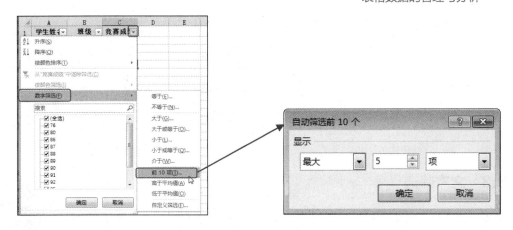

图 12-57   图 12-58

步骤 04 单击"确定"按钮即可筛选出竞赛成绩排名前 5 位的记录，如图 12-59 所示。

3．自定义筛选出满足两项条件的记录

在销售统计表中既要筛选查看销售比较好的产品，又要查看销售不太好的产品，可以一次性得出筛选结果。

学生姓名	班级	竞赛成绩
戚修文	五(2)	96
梅耶	五(1)	95
李晓燕	五(5)	92
葛信	五(5)	98
李良敏	五(5)	92

图 12-59

步骤 01 选中表格编辑区域中的任意单元格，在"数据"→"排序和筛选"选项组中单击"筛选"按钮，则可以在表格的所有列标识上添加筛选下拉按钮。

步骤 02 单击"销售金额"列标识右侧的下拉按钮，在打开的列表中单击"数字筛选"→"自定义筛选"命令（如图 12-60 所示），即可打开"自定义自动筛选方式"对话框。

图 12-60

步骤 03 设置"大于"数值为"5000"，选中"或"单选按钮；设置第二个筛选方式为"小于"数值"2000"，如图 12-61 所示。

步骤 04 单击"确定"按钮即可同时筛选出销售金额大于 5000 或者小于 2000 的记录，如图 12-62 所示。

提 示 在"自定义自动筛选方式"对话框中还可以选中"与"单选按钮，此时筛选得到的结果是同时满足这两个条件的记录。

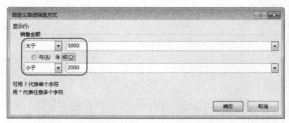

图 12-61

▲	A	B	C	D	E
1	产品名称 ▼	货号 ▼	销售单价 ▼	销售数量 ▼	销售金额 ▼
2	浅口尖头英伦皮鞋	B017F622	¥ 162.00	12	¥ 1,944.00
3	时尚流苏短靴	B017F603	¥ 228.00	5	¥ 1,140.00
7	小香风坡跟新款皮鞋	JMY039-44	¥ 248.00	21	¥ 5,208.00
9	春季浅口瓢鞋漆皮	EQS-0589	¥ 269.00	7	¥ 1,883.00
11	韩版过膝磨砂长靴	EQS-0510	¥ 219.00	5	¥ 1,095.00
12	黑色细跟正装工鞋	52DE2548W	¥ 268.00	22	¥ 5,896.00
15	一字扣红色小皮鞋	170509001	¥ 248.00	21	¥ 5,208.00
16	简约百搭小皮靴	B017F601	¥ 199.00	10	¥ 1,990.00

图 12-62

12.3.3 文本筛选

文本筛选是针对文本列标识的，可以设置"包含""不包含""开头是""结尾是"等条件。

1．利用筛选搜索器快速搜索

利用筛选搜索器筛选数据也是一种较为常用且快捷的方式，它主要针对文本包含的筛选。只要在搜索框中输入关键字，即可快速搜索到包含此关键字的数据，并且也可以实现同时满足双关键字或排除某关键字的筛选。

步骤01 选中工作表中的任意单元格，在"数据"→"排序和筛选"选项组中单击"筛选"按钮，如图 12-63 所示，即可在工作表的列标识上添加筛选按钮。

步骤02 单击"产品名称"单元格右侧的下拉按钮，弹出下拉列表，在"搜索"文本框中输入要筛选的关键字，比如输入"长靴"，如图 12-64 所示。

图 12-63

图 12-64

步骤03 单击"确定"按钮，可以看到只要产品名称中有"长靴"两个字的就被筛选出来，如图 12-65 所示。

2．"文本筛选"功能

利用筛选搜索器筛选记录是包含式的筛选。如果想实现完全等于式的筛选则需要使用"文本筛选"功能。

▲	A	B	C	D
1	产品名称 ▼	货号 ▼	库存量 ▼	
6	侧拉时尚长靴	JMY039-10	15	
8	贴布刺绣长靴	M1702201-2	10	
11	韩版过膝磨砂长靴	EQS-0510	5	
18				

图 12-65

我们使用筛选搜索器查找"经理"的记录，得到的记录中不只有应聘岗位为"经理"的记录，还包括"区域经理""客户经理"等记录（如图12-66所示），那么如何排除"区域经理""客户经理"的记录，只显示"经理"的记录呢？

图 12-66

步骤 01 单击"应聘岗位"单元格右侧的下拉按钮，在弹出的下拉列表中单击"文本筛选"→"等于"命令（如图 12-67 所示），打开"自定义自动筛选方式"对话框。

图 12-67

步骤 02 在"等于"后的文本框中输入要查找的内容"经理"，如图 12-68 所示。

步骤 04 单击"确定"按钮，即可查看所有应聘岗位为"经理"的记录，如图 12-69 所示。

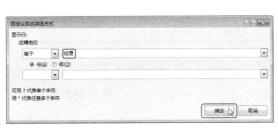

图 12-68

图 12-69

提 示

在"文本筛选"的子菜单中有"包含""不包含""开头是"等命令，可以按实际的筛选要求进行选择即可。例如"不包含"可以实现排除某个关键字的筛选，即只要文本不包含这个关键字就被作为满足条件的记录筛选出来。

12.3.4 高级筛选

采用高级筛选的方式可以将筛选到的结果存放在其他位置上，以便得到单一的分析结果，便于用户使用。在高级筛选方式下可以实现只满足一个条件的筛选（"或"条件的筛选），也可以实现同时满中两个条件的筛选（"与"条件的筛选）。

1. "与"条件筛选（筛选出同时满足多条件的所有记录）

表格中统计了学生各门科目的成绩，要求将各门科目成绩都大于90分的记录筛选出来。

步骤 01 在表格空白处设置筛选条件，注意要包括列标识，如图 12-70 所示，F1:H2 单元格区域为设置筛选条件的区域。

步骤 02 在"数据"→"排序和筛选"选项组中单击"高级"按钮（如图 12-71 所示），打开"高级筛选"对话框。

图 12-70

图 12-71

步骤 03 在"列表区域"中设置参与筛选的单元格区域（可以单击右侧的 按钮在工作表中进行选择）；在"条件区域"中设置条件单元格区域；选中"将筛选结果复制到其他位置"单选按钮；再在"复制到"中设置要将筛选后的数据放置的起始位置，如图 12-72 所示。

步骤 04 单击"确定"按钮即可筛选出满足条件的记录，如图 12-73 所示。

图 12-72

图 12-73

2. "或"条件筛选（筛选出满足多条件中任意一个条件的所有记录）

表格中统计了学生各门科目的成绩，要求将只要有一门科目成绩大于90分的记录都筛选出来。

步骤 01 在表格空白处设置筛选条件，注意要包括列标识，如图 12-74 所示，其中，F1:H4 单元格区域为设置筛选条件的区域。

	A	B	C	D	E	F	G	H
1	姓名	语文	数学	英语		语文	数学	英语
2	沈佳宜	92	89	88		>=90		
3	刘长城	58	55	67			>=90	
4	胡桥	76	71	78				>=90
5	盛洁	91	92	90				
6	王兴荣	78	87	90				
7	殷格	92	90	95				
8	谢天祥	89	87	88				
9	盛念慈	71	88	72				
10	吴小英	92	90	88				
11	江伟	87	89	76				
12	王成杰	90	92	94				

图 12-74

步骤 **02** 在"数据"→"排序和筛选"选项组中单击"高级"按钮，打开"高级筛选"对话框。

步骤 **03** 在"列表区域"中设置参与筛选的单元格区域（可以单击右侧的▓按钮在工作表中进行选择）；在"条件区域"中设置条件单元格区域；选中"将筛选结果复制到其他位置"单选按钮；再在"复制到"中设置要将筛选后的数据放置的起始位置，如图 12-75 所示。

步骤 **04** 单击"确定"按钮即可筛选出满足条件的所有记录，如图 12-76 所示。

图 12-75

图 12-76

12.3.5 取消筛选

在设置数据筛选后，如果想还原成原始数据表，需要取消设置的筛选条件。

步骤 **01** 单击设置了筛选的列标识右侧下拉按钮，在打开的下拉列表中单击"从'**'中删除筛选"命令即可，如图 12-77 所示。

步骤 **02** 如果数据表中多处使用了筛选功能，想要一次性完全清除，可单击"数据"→"排序和筛选"选项组中的"清除"按钮即可。

图 12-77

12.4 数据分类汇总

分类汇总，顾名思义，就是先分类再汇总，即为同一类的数据自动添加合计或小计，如统计各部门的总销售额；统计档案表中的男女人数；统计各班级的考试平均成绩等。此功能是工作表分析过程中一个非常实用的功能。

12.4.1 单字段分类汇总

在创建分类汇总前需要对所汇总的数据进行排序，即将同一类别的数据排列在一起，然后将各个类别的数据按指定方式汇总。在本例中，要统计出在5月份前半个月中各项费用的支出金额合计值，则首先要按"费用类别"字段进行排序，然后进行分类汇总设置。

步骤 **01** 选中"费用类别"列中的任意单元格。

步骤 **02** 在"数据"→"排序和筛选"选项组中，单击"升序"按钮（如图 12-78 所示）进行排序，如图 12-79 所示。

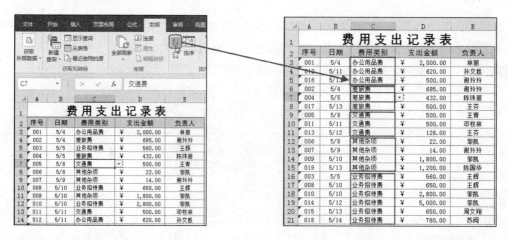

图 12-78   图 12-79

步骤 **03** 在"数据"→"分级显示"选项组中，单击"分类汇总"按钮，如图 12-80 所示，打开"分类汇总"对话框。

图 12-80

步骤 **04** 单击"分类字段"右侧的下拉按钮，在下拉列表中选中"费用类别"字段；在"选定汇总项"列表框中选中"支出金额"复选框，如图 12-81 所示。

步骤 **05** 设置完成后，单击"确定"按钮，即可显示分类汇总后的结果（汇总项为"支出金额"），如图 12-82 所示。

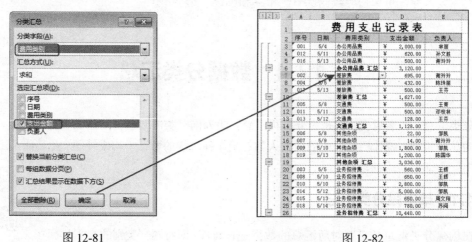

图 12-81   图 12-82

12.4.2 更改汇总计算的函数

在进行分类汇总时，默认是求和运算。除此之外，还可以设置不同的分类汇总方式计算或统计出各个分类的平均值、最大值、记录条数等。在本例所使用的应聘信息统计表中，需要统计出本批应聘者中各学历的人数，具体操作如下。

步骤01 选中"学历"列中的任意单元格，在"数据"→"排序和筛选"选项组中，单击"升序"或"降序"按钮即可按"学历"字段进行排序，如图 12-83 所示。

	A	B	C	D	E	F	G	H
1	姓名	性别	年龄	学历	招聘渠道	应聘岗位	初试时间	初试通过
2	刘长城	男	26	本科	招聘网站	销售专员	13-Jul-17	是
3	盛洁	女	33	本科	招聘网站	销售专员	14-Jul-17	是
4	王兴荣	女	33	本科	校园招聘	客服	5-Aug-17	是
5	盛念慈	女	21	本科	内部招聘	助理	15-Aug-17	
6	吴小英	女	28	本科	内部招聘	助理	15-Aug-17	是
7	王成杰	女	29	本科	猎头招聘	研究员	8-Sep-17	
8	叶利文	男	31	本科	猎头招聘	研究员	10-Sep-17	
9	王晟成	男	28	本科	内部招聘	研究员	10-Sep-17	是
10	蔡妍	女	22	本科	校园招聘	会计	15-Sep-17	
11	卢伟	男	33	本科	刊登广告	会计	15-Sep-17	
12	江伟	男	31	硕士	猎头招聘	研究员	8-Sep-17	是
13	陈伟	男	22	硕士	刊登广告	会计	15-Sep-17	是
14	沈佳宜	女	21	专科	招聘网站	销售专员	13-Jul-17	
15	胡桥	男	27	专科	现场招聘	销售专员	14-Jul-17	
16	殷格	男	32	专科	校园招聘	客服	5-Aug-17	
17	谢天祥	男	27	专科	校园招聘	客服	5-Aug-17	
18	杨玲	女	36	专科	内部招聘	研究员	10-Sep-17	是

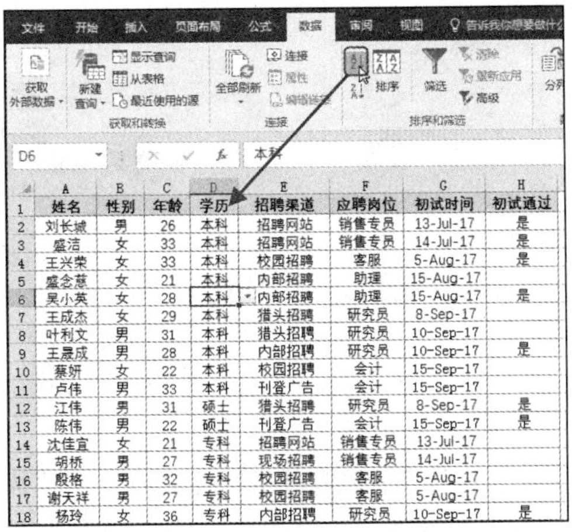

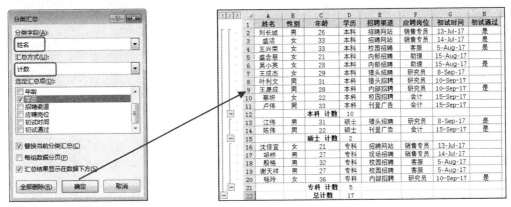

图 12-83

步骤02 在"数据"→"分级显示"选项组中单击"分类汇总"按钮，打开"分类汇总"对话框。

步骤03 单击"分类字段"设置框右侧的下拉按钮，在下拉列表中选中"学历"字段；在"汇总方式"设置框中单击右侧的下拉按钮，选择"计数"选项（如图 12-84 所示）；在"选定汇总项"列表框中选中"学历"复选框。

步骤04 设置完成后，单击"确定"按钮，即可显示分类汇总后的结果（汇总项为各个学历的人数统计），如图 12-85 所示。

图 12-84

	A	B	C	D	E	F	G	H
1	姓名	性别	年龄	学历	招聘渠道	应聘岗位	初试时间	初试通过
2	刘长城	男	26	本科	招聘网站	销售专员	13-Jul-17	是
3	盛洁	女	33	本科	招聘网站	销售专员	14-Jul-17	是
4	王兴荣	女	33	本科	校园招聘	客服	5-Aug-17	是
5	盛念慈	女	21	本科	内部招聘	助理	15-Aug-17	
6	吴小英	女	28	本科	内部招聘	助理	15-Aug-17	是
7	王成杰	女	29	本科	猎头招聘	研究员	8-Sep-17	
8	叶利文	男	31	本科	猎头招聘	研究员	10-Sep-17	
9	王晟成	男	28	本科	内部招聘	研究员	10-Sep-17	是
10	蔡妍	女	22	本科	校园招聘	会计	15-Sep-17	
11	卢伟	男	33	本科	刊登广告	会计	15-Sep-17	
12			本科 计数	10				
13	江伟	男	31	硕士	猎头招聘	研究员	8-Sep-17	是
14	陈伟	男	22	硕士	刊登广告	会计	15-Sep-17	是
15			硕士 计数	2				
16	沈佳宜	女	21	专科	招聘网站	销售专员	13-Jul-17	
17	胡桥	男	27	专科	现场招聘	销售专员	14-Jul-17	
18	殷格	男	32	专科	校园招聘	客服	5-Aug-17	
19	谢天祥	男	27	专科	校园招聘	客服	5-Aug-17	
20	杨玲	女	36	专科	内部招聘	研究员	10-Sep-17	是
21			专科 计数	5				
22			总计数	17				

图 12-85

12.4.3 按级别显示分类汇总结果

在进行分类汇总后，如果只想查看分类汇总结果，可以通过单击分级序号来实现。需要注意的是当为表进行更多级的分类汇总时，序号的数目则更多，其中，数字越小级别越高。

1. 只显示分类汇总结果

步骤01 在进行多级分类汇总后，工作表编辑窗口左上角显示的序号即为分级序号，单击 2 按钮，如图 12-86 所示。

步骤 02 执行上述操作后即可实现只显示出分类汇总总和的结果，如图 12-87 所示

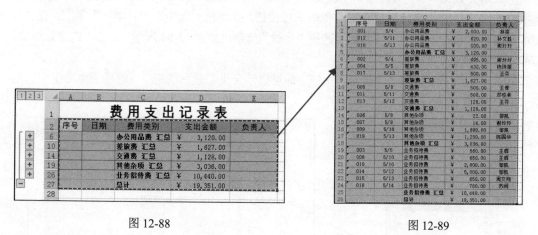

图 12-86

图 12-87

2. 复制使用分类汇总的结果

只显示出分类汇总的结果后，其他条目实际上是被隐藏了。如果需要将汇总结果复制到其他位置使用，默认会连同隐藏的数据一并复制。如图 12-88 所示是分类汇总的结果，只显示了分类汇总条目，其他明细条目被隐藏，当想要复制此结果到别处使用时，默认连同所有隐藏的数据都会被复制，如图 12-89 所示。

图 12-88

图 12-89

步骤 01 选中显示分类汇总结果的单元格区域，按键盘上的 F5 键，打开"定位"对话框，单击"定位条件"按钮（如图 12-90 所示），打开"定位条件"对话框，并选中"可见单元格"单选按钮，如图 12-91 所示。

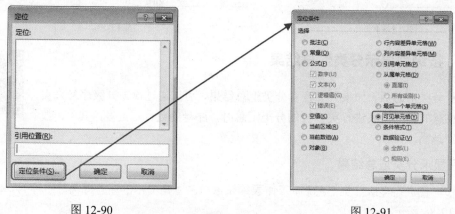

图 12-90

图 12-91

步骤02 单击"确定"按钮即可工作表中选中所有可见单元格，按Ctrl+C组合键复制（如图 12-92 所示），选择要粘贴到的目标单元格位置后，按Ctrl+V组合键进行粘贴即可，效果如图 12-93 所示。

	A	B	C	D	E
1	费用支出记录表				
2	序号	日期	费用类别	支出金额	负责人
6			办公用品费 汇总	¥ 3,120.00	
10			差旅费 汇总	¥ 1,627.00	
14			交通费 汇总	¥ 1,128.00	
19			其他杂项 汇总	¥ 3,036.00	
26			业务招待费 汇总	¥ 10,440.00	
27			总计	¥ 19,351.00	
28					

图 12-92

	A	B	C	D	E
1	序号	日期	费用类别	支出金额	负责人
2			办公用品费 汇总	¥ 3,120.00	
3			差旅费 汇总	¥ 1,627.00	
4			交通费 汇总	¥ 1,128.00	
5			其他杂项 汇总	¥ 3,036.00	
6			业务招待费 汇总	¥ 10,440.00	
7			总计	¥ 19,351.00	

图 12-93

12.5 综合实例：员工销售月度统计表分析

每月月末时销售部门都会对月度销售数据进行统计分析，如判断销售员的销售业绩是否达标；计算销售员的销售提成；统计各销售分部的总销售金额等。这些操作都可以通过Excel来实现。如图12-94所示为销售数据统计表，其中，对销售员销售业绩是否达标的判断与对提成金额的计算是通过设置公式来实现的。

	A	B	C	D	E	F	G
1	工号	员工姓名	分部	销售数量	销售金额	是否达标	提成金额
2	NL_001	刘志飞	销售1部	56	34950	达标	3495
3	NL_002	何许诺	销售2部	20	12688	不达标	380.64
4	NL_003	崔娜	销售3部	59	38616	达标	3861.6
5	NL_004	林成瑞	销售2部	24	19348	不达标	580.44
6	NL_005	金璐忠	销售2部	32	20781	达标	1039.05
7	NL_006	何佳怡	销售1部	18	15358	不达标	460.74
8	NL_007	李菲菲	销售3部	30	23122	达标	1156.1
9	NL_008	华玉凤	销售3部	31	28290	达标	1414.5
10	NL_009	张军	销售1部	17	10090	不达标	302.7
11	NL_010	廖凯	销售1部	25	20740	达标	1037
12	NL_011	刘琦	销售3部	19	11130	不达标	333.9
13	NL_012	张怡聆	销售1部	20	30230	达标	3023
14	NL_013	杨飞	销售2部	68	45900	达标	4590

图 12-94

F2单元格中使用的计算公式是"=IF(E2>=20000,"达标","不达标")"（如图12-95所示），然后将此公式向下复制填充即可依次判断销售业绩达标情况，如图12-96所示（关于公式的引用方法将会在第13章中做详细介绍）。

SUM ｜ =IF(E2>=20000,"达标","不达标")

	A	B	C	D	E	F
1	工号	员工姓名	分部	销售数量	销售金额	是否达标
2	NL_001	刘志飞	销售1部	56	34950	不达标")
3	NL_002	何许诺	销售2部	20	12688	
4	NL_003	崔娜	销售3部	59	38616	
5	NL_004	林成瑞	销售2部	24	19348	
6	NL_005	金璐忠	销售2部	32	20781	
7	NL_006	何佳怡	销售1部	18	15358	

图 12-95

	A	B	C	D	E	F	G
1	工号	员工姓名	分部	销售数量	销售金额	是否达标	
2	NL_001	刘志飞	销售1部	56	34950	达标	
3	NL_002	何许诺	销售2部	20	12688	不达标	
4	NL_003	崔娜	销售3部	59	38616	达标	
5	NL_004	林成瑞	销售2部	24	19348	不达标	
6	NL_005	金璐忠	销售2部	32	20781	达标	
7	NL_006	何佳怡	销售1部	18	15358	不达标	
8	NL_007	李菲菲	销售3部	30	23122	达标	
9	NL_008	华玉凤	销售3部	31	28290	达标	
10	NL_009	张军	销售1部	17	10090	不达标	
11	NL_010	廖凯	销售1部	25	20740	达标	
12	NL_011	刘琦	销售3部	19	11130	不达标	
13	NL_012	张怡聆	销售1部	20	30230	达标	
14	NL_013	杨飞	销售2部	68	45900	达标	

图 12-96

G2单元格中使用的计算公式是"=IF(E2<=20000,E2*0.03,IF(E2<=30000,E2*0.05,E2*0.1))"（如图12-97所示），表示销售金额小于20000元时提成为销售金额的3%；大于20000元且小于30000元时提成为销售金额的5%；大于30000时提成为销售金额的10%。然后将公式向下复制填充即可依次计算出提成金额，如图12-98所示。

图 12-97

图 12-98

1. 筛选出销售不达标的销售员

当前工作表中统计了员工的销售情况，为了查看销售不达标的员工有哪些，可以使用筛选功能查看。

步骤01 选中F1:F14 单元格，在"开始"→"排序和筛选"选项组中单击"筛选"命令（如图 12-99 所示），即可为列标识"是否达标"添加筛选按钮。

步骤02 单击"是否达标"右侧的下拉按钮，在弹出的列表中撤选"全选"复选框，并选中"不达标"复选框，如图 12-100 所示。

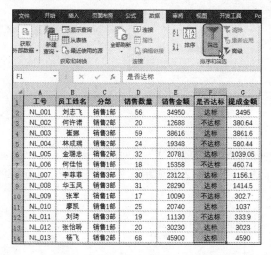

图 12-99

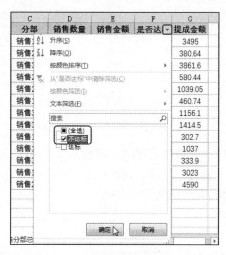

图 12-100

步骤03 单击"确定"按钮，返回到工作表中，即可查看销售不达标的记录，如图 12-101 所示。

	A	B	C	D	E	F	G
1	工号	员工姓名	分部	销售数量	销售金额	是否达标	提成金额
3	NL_002	何许诺	销售2部	20	12688	不达标	380.64
5	NL_004	林成瑞	销售2部	24	19348	不达标	580.44
7	NL_006	何佳怡	销售1部	18	15358	不达标	460.74
10	NL_009	张军	销售1部	17	10090	不达标	302.7
12	NL_011	刘琦	销售3部	19	11130	不达标	333.9

图 12-101

2. 筛选指定部门中不达标的销售记录

想要筛选查看指定部门中不达标的销售记录，可以利用高级筛选功能实现。

步骤01 在A17:B18 单元格区域中输入如图 12-102 所示的内容，该单元格区域是在进行高级筛选时的条件区域，可以根据需要来设置筛选条件。

步骤02 在"数据"→"排序和筛选"选项组中单击"高级"按钮，打开"高级筛选"对话框。在"列表区域"文本框中输入"$A$1:$G$14"（用于筛选的整个表格区域），在"条件区域"文本框中输入"$A$17:$B$18"，如图 12-103 所示。

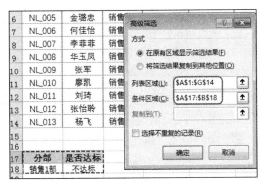

图 12-102　　　　　　　　　　　　　　　　　图 12-103

步骤03 选中"将筛选结果复制到其他位置"单选按钮，在"复制到"文本框中设置存放筛选结果的单元格区域的起始位置（可以直接输入，也可以单击文本框后面的拾取器按钮返回到工作表中选择），如图 12-104 所示。

步骤04 单击"确定"按钮即可查看筛选结果，如图 12-105 所示。

图 12-104　　　　　　　　　　　　　　　　　图 12-105

3. 按部门分类汇总销售额

要查看各部门的总销售额汇总结果，可以先按部门排序，将相同部门的数据排在一起，再进行分类汇总操作即可。

步骤01 选中"分部"列下的任意单元格，在"数据"→"排序和筛选"选项组中单击"升序"命令即可将相同部门的记录排列在一起，如图 12-106 所示。

步骤02 选中任意单元格，在"数据"→"分级显示"选项组中单击"分类汇总"按钮（如图12-107 所示），打开"分类汇总"对话框。

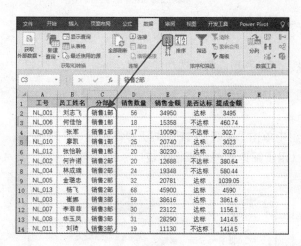
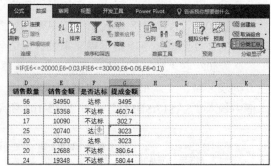

图 12-106
图 12-107

步骤 03 单击"分类字段"的下拉按钮，在弹出的下拉列表中选中"分部"选项；在"选定汇总项"列表框中选中"销售金额"和"提成金额"两个复选框，如图 12-108 所示。

步骤 04 单击"确定"按钮即可得到如图 12-109 所示的分类汇总结果。

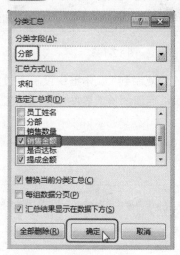

	工号	员工姓名	分部	销售数量	销售金额	是否达标	提成金额
2	NL_001	刘志飞	销售1部	56	34950	达标	3495
3	NL_006	何佳怡	销售1部	18	15358	不达标	460.74
4	NL_009	张军	销售1部	17	10090	不达标	302.7
5	NL_010	廖凯	销售1部	25	20740	达	3023
6	NL_012	张怡聆	销售1部	20	30230	达标	3023
7			销售1部 汇总		111368		10304.44
8	NL_002	何许诺	销售2部	20	12688	不达标	380.64
9	NL_004	林成瑞	销售2部	24	19348	不达标	580.44
10	NL_005	金璧忠	销售2部	32	20781	达标	1039.05
11	NL_013	杨飞	销售2部	68	45900	达标	4590
12			销售2部 汇总		98717		6590.13
13	NL_003	崔娜	销售3部	59	38616	达标	3861.6
14	NL_007	李菲菲	销售3部	30	23122	达标	1156.1
15	NL_008	华玉凤	销售3部	31	28290	达标	1414.5
16	NL_011	刘琦	销售3部	19	11130	不达标	1414.5
17			销售3部 汇总		101158		7846.7
18			总计		311243		24741.27

图 12-108
图 12-109

第 **13** 章

表格数据的计算

应用环境

Excel 具有强大的数据计算能力，而 Excel 的这一功能又得力于公式与函数。在使用公式时，需要引用单元格的数值进行运算，还需要使用相关的函数来完成特定的计算。

本章知识点

① 多表数据的合并计算

② 了解函数与公式的应用方法

③ 学习数据源的不同引用方式

④ 学习一些重要函数解决工作中问题

13.1　多表数据合并计算

合并计算功能是将多个区域中的值合并计算到一个新区域中，比如各月的销售数据、库存数据等分别存放于不同的工作表中，当进行季度或全年合计计算时，可以利用数据合并功能快速完成合并计算。

13.1.1　按位置合并计算

当需要合并计算的数据存放在不同的工作表中的位置相同（顺序和位置均相同）时，则可以按位置进行合并计算。

如图13-1、图13-2、图13-3所示分别为各产品第一季度每个月的销售记录表，这三张工作表的结构都相同，现在我们需要根据现有的数据建立一张汇总表格，得到每个产品第一季度的总销售金额，此时可以使用合并计算功能来完成。

步骤 **01** 新建一张工作表，重命名为"季度合计"，建立基本数据。选中B2 单元格，在"数据"→"数据工具"选项组中单击"合并计算"按钮（如图 13-4 所示），打开"合并计算"对话框，如图 13-5 所示。

图 13-1

图 13-2

图 13-3

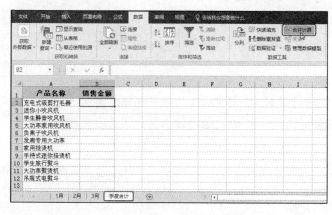

图 13-4

图 13-5

步骤 02 在"函数"下拉列表框中使用默认的"求和"函数，光标定位到"引用位置"文本框中，单击右侧的 ⬆ 按钮回到工作簿中，切换到"1 月"工作表中选择待计算的C2:C12 单元格区域（注意不要选中列标识），如图 13-6 所示。

步骤 03 选择单元格区域后单击 ⬆ 按钮返回到"合并计算"对话框中，单击"添加"按钮即可完成对第一个计算区域的引用，如图 13-7 所示。

图 13-6

图 13-7

步骤 04 再次将光标定位到"引用位置"文本框中，单击右侧的 ⬆ 按钮回到工作簿中，按相同的方法依次添加"2 月"工作表中的C2:C12 单元格区域和"3 月"中的C2:C12 单元格区域作为计算区域，如图 13-8 所示。

步骤 05 单击"确定"按钮可以看到"季度合计"工作表中显示了第一季度各月工作表销售金额合并计算后的结果，如图 13-9 所示。

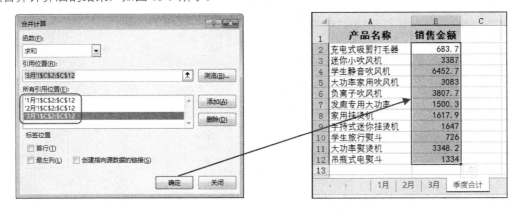

图 13-8　　　　　　　　　　　　　　　　图 13-9

提示
如果希望合并计算的结果随着源数据的更改而自动更改，则需要在"合并计算"对话框中选中"创建指向源数据的链接"复选框。

13.1.2　按类别合并计算

在 13.1.1 小节中对不同工作表的数据进行合并计算时，只限于表格结构完成相同的情况，即对多张表格同一位置上的数据进行合并计算。如果数据结构并不是完全相同，比如数据的记录顺序不同、条目也不完全相同，此时则需要按类别进行合并计算。

在图 13-10 和图 13-11 所示的两张表格中，产品的名称有相同的也有不同的，显示顺序也不尽相同，现在要对这两张表格的数据进行汇总，只要有相同的名称，无论数据在什么位置都能将其找到并对其进行合并计算；如果有些名称并不是在每张表格中都有，也会被列出来，合并计算的结果就是其与 0 相加。

图 13-10　　　　　　　　　　　　　　　　图 13-11

步骤 01 新建一张工作表用于显示数据合并计算的结果，建立表格的标识。选中 A2 单元格，在"数据"→"数据工具"选项组中单击"合并计算"按钮（如图 13-12 所示），打开"合并计算"对话框。

步骤 02 单击"引用位置"右侧的拾取器按钮↑（如图 13-13 所示），并单击"销售单 1"工作表中的A2:C20 单元格区域，如图 13-14 所示。

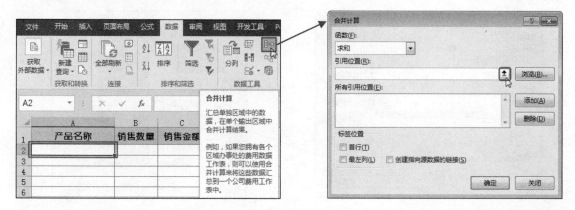

图 13-12　　　　　　　　　　　　　　　　　　图 13-13

步骤 03 然后单击↑按钮后返回"合并计算"对话框中，单击"添加"按钮即可将选择的引用位置添加到"所有引用位置"的列表框中，如图 13-15 所示。

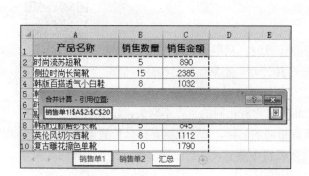　　　　

图 13-14　　　　　　　　　　　　　　　　　　图 13-15

步骤 04 再次单击"引用位置"右侧的拾取器按钮，并返回到"销售单 2"工作表中选中A2:C19 单元格区域，按步骤 03 中的方法添加此区域为第二个引用位置。接着在"标签位置"栏中选中"最左列"复选框（必选项），如图 13-16 所示。

步骤 05 单击"确定"按钮即可进行数据的合并计算，如图 13-17 所示。

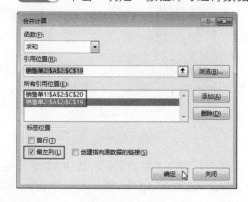

图 13-16　　　　　　　　　　　　　　　　　　图 13-17

13.1.3　更改合并计算的函数（求平均值）

合并计算并不是只能进行求和运算，还可以求平均值、计数、计算标准偏差等。

如图13-18和图3-19所示的表格是产品在线上和线下两种渠道的销售记录，现在需要统计出各产品的平均销量，可以通过合并计算功能来实现。

	A	B	C
1	编号	产品名称	销量
2	001	碧根果	210
3	002	夏威夷果	265
4	003	开口松子	218
5	004	奶油瓜子	168
6	005	紫薯花生	120
7	006	山核桃仁	155
8	007	炭烧腰果	185
9	008	芒果干	116
10	009	草莓干	106
11	010	猕猴桃干	106
12	011	柠檬干	66
13	012	和田小枣	180
14	013	黑加仑葡萄干	280
15	014	蓝莓干	108
16	015	奶香华夫饼	248
17	016	蔓越莓曲奇	260
18	017	爆米花	150
19	018	美式脆薯	100

图 13-18

	A	B	C
1	编号	产品名称	销量
2	001	碧根果	278
3	002	夏威夷果	329
4	003	开口松子	108
5	004	奶油瓜子	70
6	005	紫薯花生	67
7	006	山核桃仁	168
8	007	炭烧腰果	62
9	008	芒果干	333
10	009	草莓干	69
11	010	猕猴桃干	53
12	011	柠檬干	36
13	012	和田小枣	43
14	013	黑加仑葡萄干	141
15	014	蓝莓干	32
16	015	奶香华夫饼	107
17	016	蔓越莓曲奇	33
18	017	爆米花	95
19	018	美式脆薯	20

图 13-19

步骤01 新建一张工作表用于显示数据合并计算的结果，建立表格的标识，选中B2 单元格，在"数据"→"数据工具"选项组中单击"合并计算"按钮（如图 13-20 所示），打开"合并计算"对话框。

步骤02 单击"函数"下拉按钮，在展开的下拉列表中单击"平均值"选项，如图 13-21 所示。

图 13-20

图 13-21

步骤03 单击"引用位置"右侧的按钮，切换到"线上"工作表中选取数据区域，如图 13-22 所示。

步骤04 单击按钮返回到"合并计算"对话框中，再单击"添加"按钮，将引用的位置添加到"所有引用位置"的列表框中，如图 13-23 所示。

步骤05 按照相同的方法将"线下"工作表中的数据区域也添加到"所有引用位置"的列表框中，在"标签位置"栏中选中"最左列"复选框，如图 13-24 所示。

图 13-22

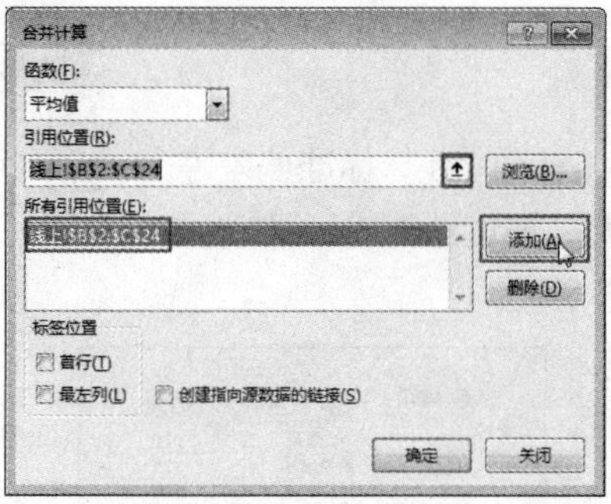

图 13-23

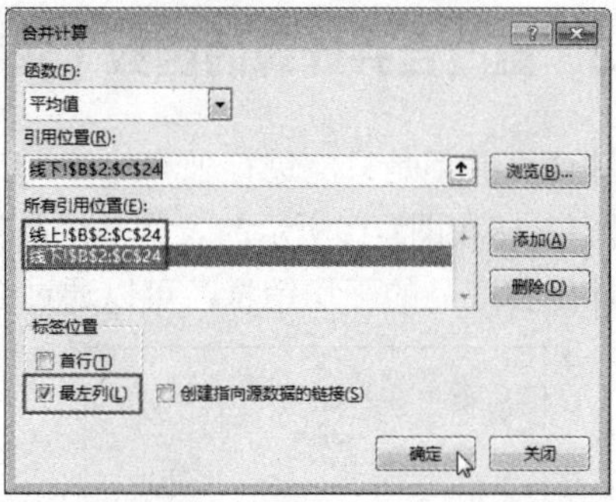

图 13-24

步骤06 单击“确定”按钮合并两张表格中的数据，即对各产品的销量进行求平均值的运算，如图 13-25 所示。

编号	产品名称	平均销量
001	碧根果	244
002	夏威夷果	297
003	开口松子	163
004	奶油瓜子	119
005	紫薯花生	93.5
006	山核桃仁	161.5
007	炭烧腰果	123.5
008	芒果干	224.5
009	草莓干	87.5
010	猕猴桃干	79.5
011	柠檬干	51
012	和田小枣	111.5
013	黑加仑葡萄干	210.5
014	蓝莓干	70

线上 线下 平均销量

图 13-25

知识扩展

多表合并计算中的计数统计

合并计算时默认使用的函数是求和函数，展开“函数”的下拉列表，可以看到还有多个函数可供选择，如最大值、最小值、乘积、计数、偏差等，选择合理的运算函数可以完成多种形式的合并计算，比如最大值函数可以帮助从添加的计算区域中找到最大值、计数函数可以从添加的计算区域中统计各个标签的条目数等。下面主要介绍使用“计数”函数进行数据的合并计算统计。

如图13-26和图13-27所示的两张表格，为各个产品在1月和2月在不同店铺中所开展的不同活动主题促销活动统计表，现在需要对开展的活动主题次数进行统计。

活动主题	店铺
美妆产品折扣	红街店
羽绒服折扣	西都店
美妆产品折扣	万达店
电器折扣	步行街店
羽绒服折扣	红街店
电器折扣	步行街店
美妆产品折扣	西都店
电器折扣	红街店
羽绒服折扣	万达店
电器折扣	西都店
美妆产品折扣	万达店
羽绒服折扣	红街店
美妆产品折扣	西都店

1月促销 2月促销

图 13-26

活动主题	店铺
家电产品折扣	红街店
羽绒服折扣	万达店
美妆产品折扣	西都店
冬靴折扣	万达店
羽绒服折扣	红街店
洗护产品折扣	西都店
美妆产品折扣	红街店
冬靴折扣	西都店
羽绒服折扣	万达店
春季新款折扣	步行街店
美妆产品折扣	红街店
洗护产品折扣	步行街店
美妆产品折扣	西都店

1月促销 2月促销

图 13-27

创建汇总表，建立如图 13-28 所示的列标识。打开"合并计算"对话框，选择函数为"计数"（如图 13-29 所示），然后添加两个用于计算的数据区域到"所有引用位置"列表框中。同时，选中"最左列"复选框（如图 13-30 所示），单击"确定"按钮后即可得到如图 13-31 所示的统计结果，即统计出两个月中每种活动主题的开展次数。

图 13-28

图 13-29

图 13-30

图 13-31

13.2 使用公式进行数据计算

公式是为了解决某个计算问题而设定的计算式，比如"=1+2+3+4"是公式，"=（3+5）×8"也是公式。而在Excel中设定某个公式后，就不只是常量间的运算了，还会涉及对数据源的引用以及引入函数完成特定的数据计算。如果只是常量的加减乘除运算，与使用计算器来运算无任何区别。公式计算是Excel中一项非常重要的功能。

13.2.1 公式的运算符

运算符是公式的基本元素，也是必不可少的元素，每一个运算符都代表一种运算。在Excel中有4种运算符类型，每类运算符的作用以及示例如表13-1所示。其中，"算术运算符"与"比较运算符"与我们一直接触的数据运算中的运算符差不多，这里不再赘述；对"文本连接运算符"与"引用运算符"这两种运算符进行介绍，它们也并非难以理解。

表 13-1　公式中的运算符

运算符类型	运算符	作用	示例
算术运算符	+	加法运算	10+5 或 A1+B1
	-	减法运算	10-5 或 A1-B1 或 -A1
	*	乘法运算	10*5 或 A1*B1
	/	除法运算	10/5 或 A1/B1
	%	百分比运算	85.5%
	^	乘幂运算	2^3
比较运算符	=	等于运算	A1=B1
	>	大于运算	A1>B1
	<	小于运算	A1<B1
	>=	大于等于运算	A1>=B1
	<=	小于等于运算	A1<=B1
	<>	不等于运算	A1<>B1
文本连接运算符	&	用于连接多个单元格中的文本字符串，生成一个新的文本字符串	A1&B1
引用运算符	:（冒号）	特定区域引用运算	A1:D8
	,（逗号）	联合多个特定区域引用运算	SUM(A1:C2,C2:D10)
	（空格）	交叉运算，即对两个引用区域中共有的单元格区域进行运算	A1:B8 B1:D8

1. 文本连接运算符

文本连接运算符只有一个，就是"&"，它可以将多个单元格中的文本连接在一起并在一个单元格中显示。如图13-32所示，在C2单元格中使用了公式"=A2&B2"，即将A2与B2单元格中的文本连接成一个文本，连接的新文本显示在C2单元格中。

在日常工作中凡是遇到要将多个单元格中的文本合并成一个新文本并显示到一个单元格时，都可以使用"&"符号来连接，并且还可以连接常量，比如公式"=A2&B2&C2&D2&"人""（注意常量要使用双引号）。

2. 引用运算符

如图13-33所示的B10单元格内的公式为"=SUM(B2:B9)"，公式中使用了引用运算符中的":"（冒号），表示引用的是从B2单元格开始到B3、B4、B5、……B9的单元格区域的值。

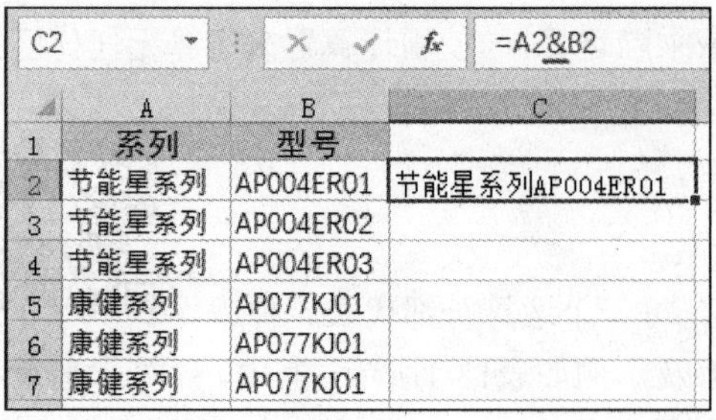

图 13-32

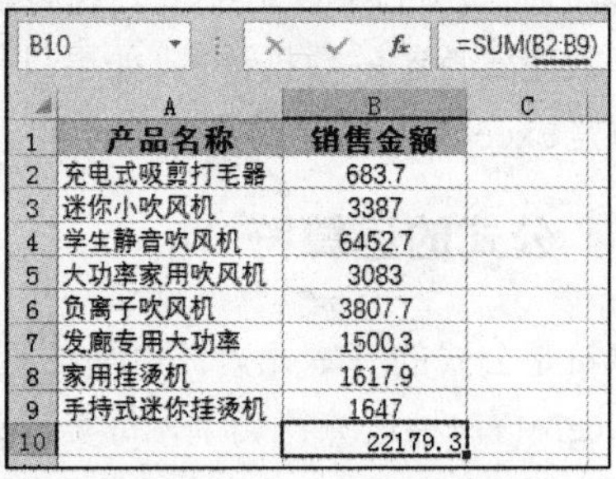

图 13-33

13.2.2 输入公式

公式要以等号"="开始（不以"="作为起始不能称之为公式），等号后面的计算式可以包括函数、引用、运算符和常量。例如"=SUM(A2:A10)*B1+100"这样一个公式，其中，"SUM(A2:A10)"这一部分是函数；"B1"则是对B1单元格地址的引用（计算时使用B1单元格中显示的数据）；"100"则是常量；"*"和"+"则是算术运算符。

在使用公式进行数据运算、统计、查询时，首先要掌握公式的输入与编辑。

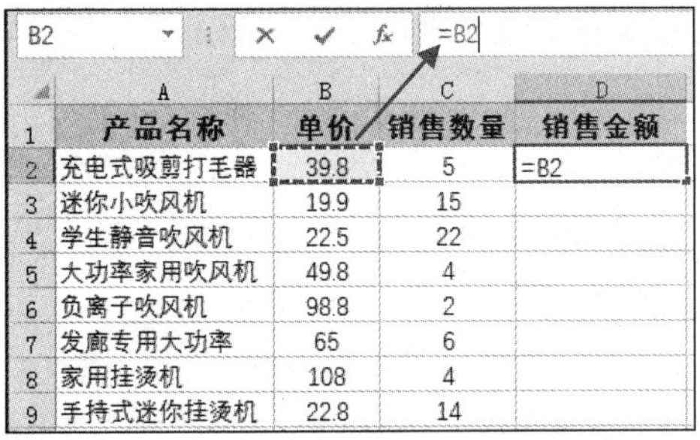

步骤01 选中要输入公式的单元格，本例中选中D2 单元格，在编辑栏中输入"="号，如图13-34 所示。

步骤02 在B2 单元格上单击，即可引用B2 单元格中的数据进行运算，如图13-35 所示。

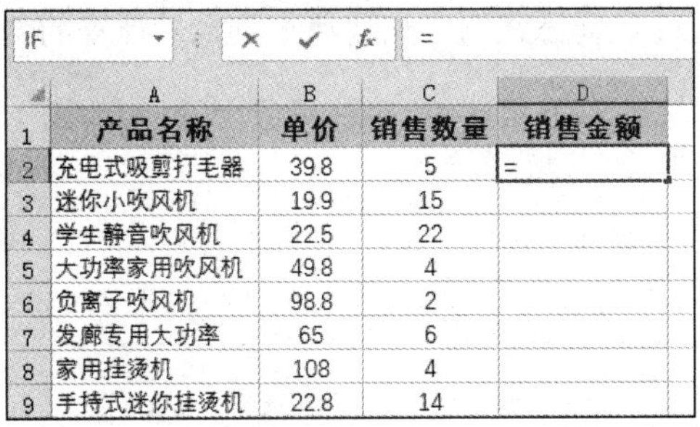

图 13-34

图 13-35

步骤03 当需要输入运算符号时，手工输入运算符号即可，如图13-36 所示。

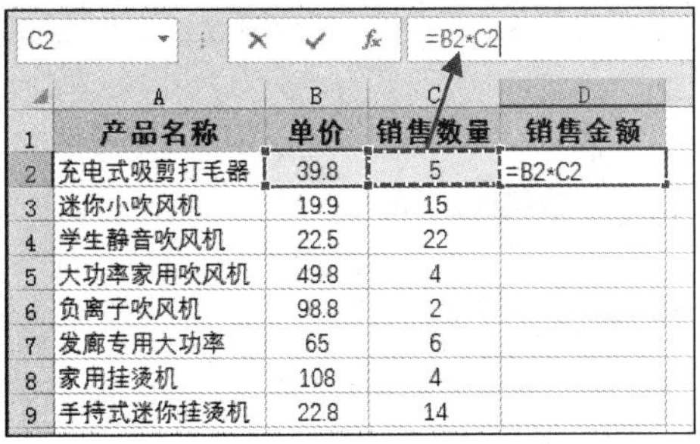

步骤04 接着在要参与运算的单元格上单击，如单击C2 单元格，如图13-37 所示。

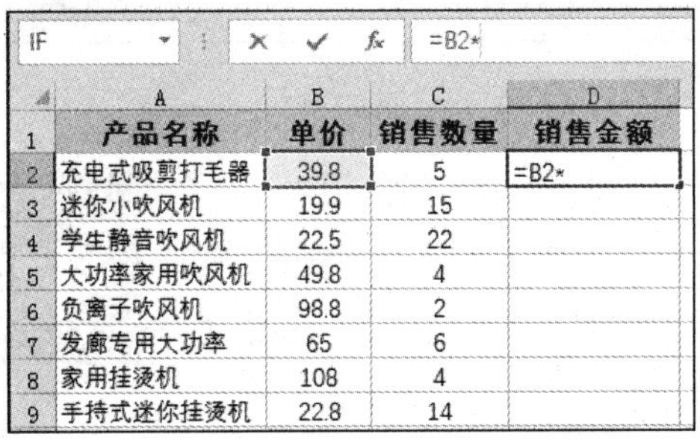

图 13-36

图 13-37

步骤05 按Enter键即可得出计算结果，如图13-38 所示。

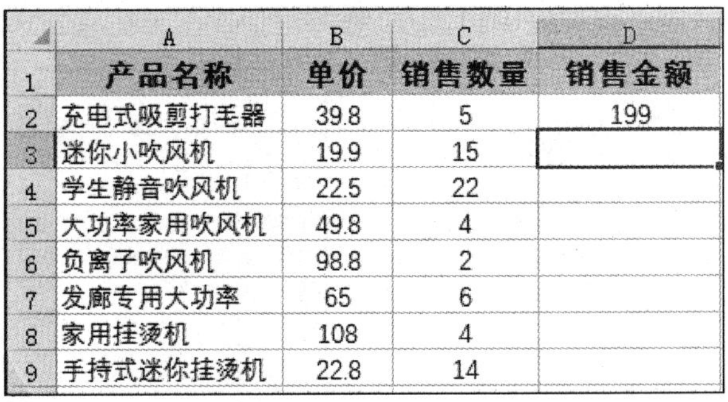

图 13-38

提 示

（1）在选择单元格时，如果是参与计算的单个单元格，直接在其上面单击即可；如果是单元格区域，则需要在起始单元格上单击，然后按住鼠标左键不放进行拖动选中单元格区域。

（2）在编辑栏中输入公式时，可以看到单元格与编辑栏中是同步显示的，因此也可以在选中目标单元格后，直接在单元格中输入公式，也能达到相同目的。

13.2.3 复制公式完成批量计算

在Excel中进行数据运算的最大优点是在设置好一个公式后，可以通过复制公式的方法快速完成一系列运算。本例中在完成D2单元格公式的建立后，很显然并不只是想计算出这一种产品的销售金额，而是需要依次计算出所有产品的销售金额，那么是依次重复这个操作吗？实际上并不需要，可以通过复制公式的方法快速得到批量计算的结果。

步骤01 选中D2 单元格，将鼠标指针指向此单元格的右下角，直至出现黑色十字形，如图 13-39 所示。

步骤02 按住鼠标左键不放向下拖动，松开鼠标后，拖动过的单元格区域即可显示出计算结果，如图 13-40 所示。

	A	B	C	D
1	产品名称	单价	销售数量	销售金额
2	充电式吸剪打毛器	39.8	5	199
3	迷你小吹风机	19.9	15	
4	学生静音吹风机	22.5	22	
5	大功率家用吹风机	49.8	4	
6	负离子吹风机	98.8	2	
7	发廊专用大功率	65	6	
8	家用挂烫机	108	4	
9	手持式迷你挂烫机	22.8	14	

图 13-39

	A	B	C	D	E
1	产品名称	单价	销售数量	销售金额	
2	充电式吸剪打毛器	39.8	5	199	
3	迷你小吹风机	19.9	15	298.5	
4	学生静音吹风机	22.5	22	495	
5	大功率家用吹风机	49.8	4	199.2	
6	负离子吹风机	98.8	2	197.6	
7	发廊专用大功率	65	6	390	
8	家用挂烫机	108	4	432	
9	手持式迷你挂烫机	22.8	14	319.2	
10					

图 13-40

13.2.4 编辑公式

输入公式后，如果需要对公式进行更改或是发现有错误需要修改，可以利用下面的方法来重新对公式进行编辑。

方法1：双击法。在输入了公式且需要重新编辑公式的单元格中双击，此时即可进入公式的编辑状态，把需要修改的部分删除。删除方法是在编辑栏中利用鼠标拖动的方法选中要删除的部分公式（如图13-41所示），按键盘上的Delete键删除（如图13-42所示），然后重新选择要引用的单元格，或手工输入即可。输入时注意想在哪里修改、在哪里插入都要在原公式中先定位好光标的位置。

IF　　× ✓ fx　=B3*C3

	A	B	C	D
1	产品名称	单价	销售数量	销售金额
2	充电式吸剪打毛器	39.8	5	199
3	迷你小吹风机	19.9	15	=B3*C3
4	学生静音吹风机	22.5	22	495
5	大功率家用吹风机	49.8	4	199.2
6	负离子吹风机	98.8	2	197.6
7	发廊专用大功率	65	6	390
8	家用挂烫机	108	4	432
9	手持式迷你挂烫机	22.8	14	319.2

图 13-41

	A	B	C	D
1	产品名称	单价	销售数量	销售金额
2	充电式吸剪打毛器	39.8	5	199
3	迷你小吹风机	19.9	15	=*C3
4	学生静音吹风机	22.5	22	495
5	大功率家用吹风机	49.8	4	199.2
6	负离子吹风机	98.8	2	197.6
7	发廊专用大功率	65	6	390
8	家用挂烫机	108	4	432
9	手持式迷你挂烫机	22.8	14	319.2

图 13-42

方法2：按F2功能键。 选中需要重新编辑公式的单元格，按键盘上的F2功能键，即可对公式进行编辑。

方法3：利用编辑栏。 选中需要重新编辑公式的单元格，在编辑栏中单击一次，即可对公式进行编辑。

13.3 公式计算中函数的使用

公式是Excel工作表中进行数据计算的等式，如"=1+2+3+4+5"就是一个公式，但是仅用表达式的公式只能解决简单的计算，要想完成特殊的计算或进行较为复杂的数据计算必须使用函数。

13.3.1 函数的作用

加、减、乘、除等运算，只需要将运算符号和单元格地址结合，就能执行计算。如图13-43所示，使用单元格依次相加的办法计算总和，原则上并没有什么错误。

但试想一下，如果有更多条数据，甚至多达几百上千条，我们还是要这样一个个加吗？那么即使是再简单的工作，其耗费的时间也是惊人的。这时使用一个函数则可以立即解决此问题，如图13-44所示。

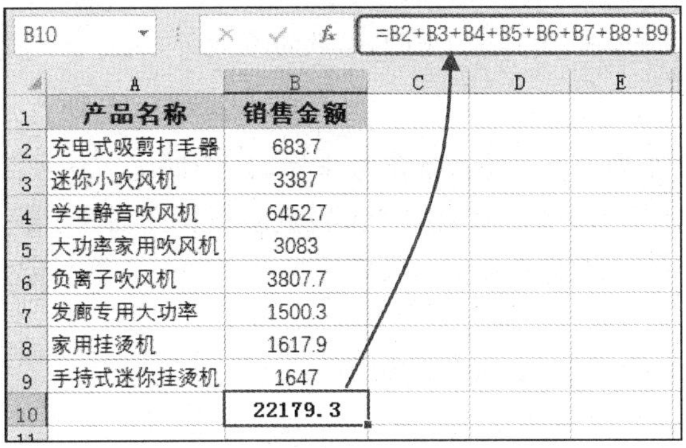

图 13-43

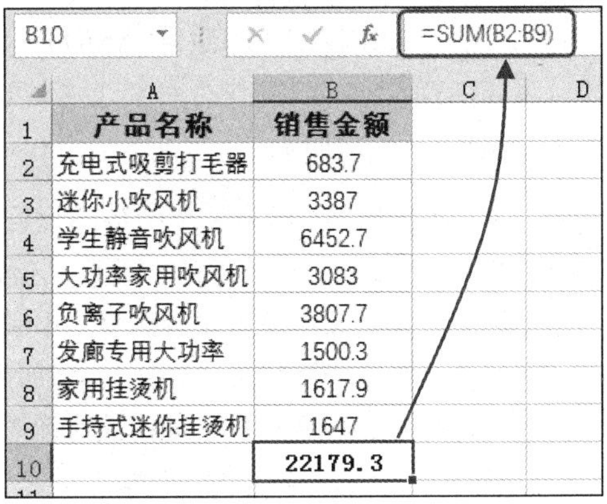

图 13-44

SUM函数就是一个专门用于求和的函数，并且如果单元格的条目特别多时，利用鼠标拖动选择单元格区域怕出错时，也可以直接输入单元格的地址，例如输入"=SUM(B2:B1005)"则会对B2到B1005间的所有单元格进行求和运算。

除此之外，有些函数能解决的问题，普通数学表达式是无法完成的。例如SUMIF函数可以先进行条件判断，然后只对满足条件的数据进行求和，这样的运算是普通数学表达式无论如何也完成不了的。如图13-45所示的工作表中需要根据员工的销售额返回其销售排名，使用的是专业的排位函数，针对这样的统计需求，如果不使用函数而只使用表达式，显然也无法得到想要的结果。

图 13-45

要想完成各式各样复杂的或特殊的计算，就必须使用函数。函数是公式运算中非常重要的元素，如果能很好地学习函数，还可以利用函数的嵌套来解决众多办公难题。函数的学习并非一朝一夕之功，可以选择一本好书，多看多练，应用得多了，使用起来才有可能更加自如。

13.3.2 函数的构成

函数的结构以函数名称开始，后面依次是左括号、以逗号分隔的参数、接着则是标志函数结束的右括号。

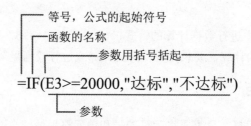

通过为函数设置不同的参数，可以实现解决多种不同问题。如下几个示例进行说明：

- 公式 "=SUM（B2:E2）"：括号中的 "B2:E2" 就是函数的参数，且是一个变量值。
- 公式 "=IF(D3=0,0,C3/D3)"：括号中 "D3=0" "0" "C3/D3" 分别为 IF 函数的 3 个参数，且参数为常量和表达式两种类型。
- 公式 "=LEFT(A5,FIND("-",A5)-1)"：除了使用了变量值作为参数，还使用了函数表达式 "FIND("-",A5)-1" 作为参数（以该表达式返回的值作为 LEFT 函数的参数），这个公式是函数嵌套使用的例子。

函数可以嵌套使用，即将某个函数的返回结果作为另一个函数的参数来使用。有时为了达到某一计算要求，在公式中需要嵌套多个函数，这就需要用户对各个函数的功能及其参数有详细的了解。

函数必须要在公式中使用才有意义，单独的函数是没有意义的，在单元格中只输入函数，返回的是一个文本而不是计算结果，如图13-46所示。

另外，如果只引用单元格地址而缺少函数则也不能返回正确值，如图13-47所示。

图 13-46

图 13-47

13.3.3 用函数进行数据运算

利用函数运算时一般有两种方式，一种是利用"函数参数"向导对话框逐步设置参数；二是对函数的参数设置较为熟练时，可以直接在编辑栏中完成公式的输入。

1. 单个函数运算

步骤01 选中目标单元格，单击公式编辑栏前的"f_x"按钮（如图 13-48 所示），弹出"插入函数"对话框，在"选择函数"列表框中选择"AVERAGEIF"函数，如图 13-49 所示。

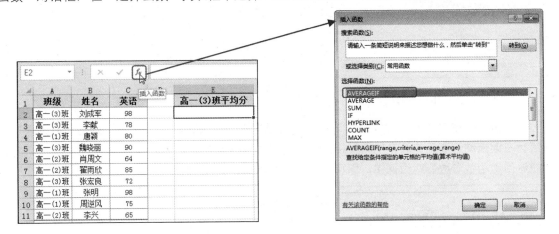

图 13-48   图 13-49

步骤02 单击"确定"按钮，弹出"函数参数"设置对话框，将光标定位到第一个参数设置框中，在下方可以看到关于此参数的设置说明，如图 13-50 所示。

图 13-50

步骤03 单击右侧的 ⬆ 按钮，返回到工作表中按住鼠标左键拖动选取工作表中的单元格区域作为参数（如图 13-51 所示），释放鼠标左键后单击 ⬆ 按钮返回到"函数参数"对话框中，即可得到要设置的第一个参数，如图 13-52 所示。

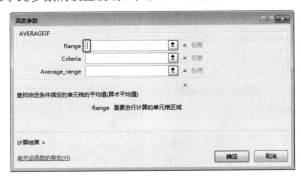

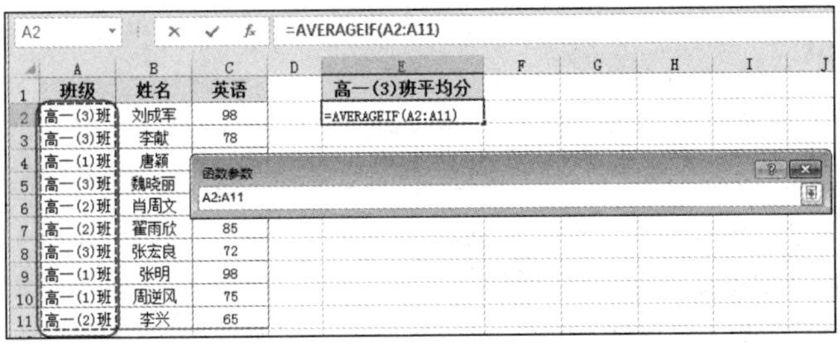

图 13-51

步骤04 将光标定位到第二个参数设置框中，可看到相应的设置说明，手动编辑第二个参数，如图 13-53 所示。

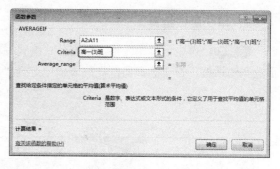

图 13-52   图 13-53

步骤 05 接着再将光标定位到第三个参数设置框中，单击右侧的 ⬆ 按钮，返回到数据表中按住鼠标左键拖动选取工作表中的单元格区域作为参数（如图 13-54 所示），释放鼠标左键后单击 ⬇ 按钮返回"函数参数"对话框中，即可得到第三个参数，如图 13-55 所示。

图 13-54   图 13-55

步骤 06 单击"确定"按钮后，即可得到公式的计算结果，如图 13-56 所示。

关闭"函数参数"对话框后，可以看到编辑栏中显示出了完整的公式。如果对这个函数的参数设置比较了解，则不必打开"函数参数"对话框，直接在编辑栏中进行编辑即可。编辑公式时需要注意参数是引用区域时则可以利用鼠标指针拖动选取，是常量或表达式时可以手工输入，各参数间用半角逗号间隔。

图 13-56

2. 函数嵌套运算

为解决一些复杂的数据计算问题，我们不能仅限于使用单个函数，更多的时候需要嵌套使用多个函数，让一个函数的返回值作为另一个函数的参数，以便实现更多层条件的判断。

IF函数默认只能判断一项条件，当条件满足时返回某值，不满足时返回另一值。如图13-57所示；当要求一次判断两个条件，即理论成绩与实践成绩必须同时满足">80"时，才能返回"合格"；只要有一个条件不满足，就返回"不合格"。单独使用一个IF函数则无法实现的判断，可以在IF函数中嵌套一个AND函数来判断两个条件是否都满足，AND函数就是用于判断给定的所有的条件是否都为"真"（如果都为"真"，返回TRUE，否则返回FALSE），然后使用它的返回值作为IF函数的第一个参数。

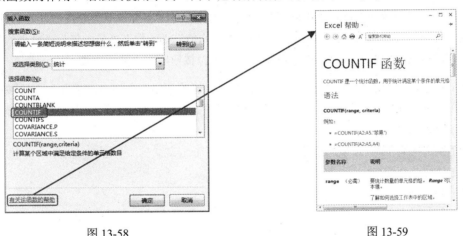

图 13-57

它的返回值作为 IF 函数的第一个参数，D2 单元格的公式在此步的返回值为

<hr/>

❈ 知识扩展 ❈

学习函数的用法

函数众多，要把每个函数都用好，也绝非一朝一夕之功。因此对于初学者来说，当不了解某个函数的用法时，可以使用Excel帮助来辅助学习。

在"插入函数"对话框的"选择函数"列表框中选择函数后（如COUNTIF），单击该对话框左下角的"有关该函数的帮助"链接（如图13-58），即可进入"Microsoft Excel帮助"的窗口中，显示该函数的作用、语法及使用示例（向下拖动滚动条可以看到），如图13-59所示。

图 13-58   图 13-59

<hr/>

13.3.4 函数类型

不同的函数可以达到不同的计算目的，在Excel 2016中提供了300多个内置函数，可以满足不同的计算需求，这些函数被划分为多个类别。

1. 了解函数的类别及其所包含的函数

步骤01 在"公式"→"函数库"选项组中显示了多个不同的函数类别，单击相关函数类别就可以查看该类别下的所有函数（按字母顺序排列），如图 13-60 所示。

步骤02 当前想使用的函数是日期和时间函数中的"DAYS360"函数，单击"日期和时间"右侧的下拉按钮，在打开的下拉菜单中单击"DAYS360"，立即弹出"函数参数"对话框（如图13-61 所示），可接着完成对此函数参数的设置。

图 13-60   图 13-61

2. "自动求和" 的使用

在 "公式" → "函数库" 选项组中除了显示函数的类别外, 还有一个 "自动求和" 按钮, 该按钮下集成了几个比较常用的函数, 包括 "求和" "平均值" "计数" "最大值" "最小值" 等函数。如果要使用这几个函数, 可以单击 "自动求和" 下拉按钮应用, 非常方便。

步骤 01 选中 B8 单元格, 在 "公式" → "函数库" 选项组中单击 "自动求和" 下拉按钮, 在弹出的下拉菜单中单击 "求和" 命令 (如图 13-62 所示), 系统会根据当前数据的情况, 自动建立公式, 如图 13-63 所示。

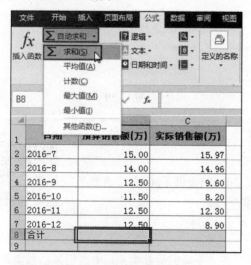

图 13-62   图 13-63

步骤 02 按 Enter 键即可得到求和结果, 如图 13-64 所示。

步骤 03 如果只想对部分数据求和, 不是选择程序默认的计算区域, 则可以按住鼠标左键拖动重新选择目标区域, 如图 13-65 所示。

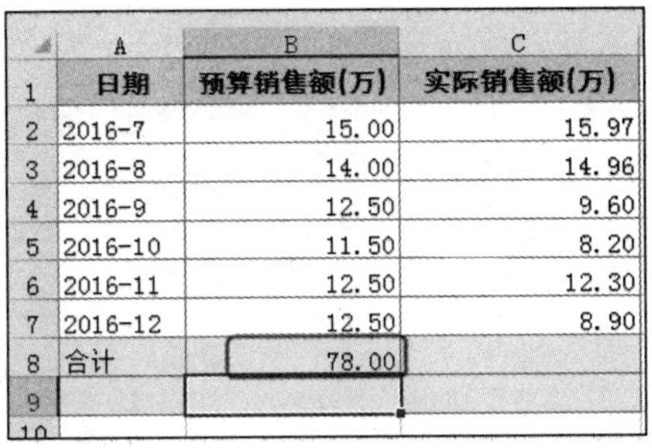

	A	B	C
1	日期	预算销售额(万)	实际销售额(万)
2	2016-7	15.00	15.97
3	2016-8	14.00	14.96
4	2016-9	12.50	9.60
5	2016-10	11.50	8.20
6	2016-11	12.50	12.30
7	2016-12	12.50	8.90
8	合计	78.00	
9			

图 13-64

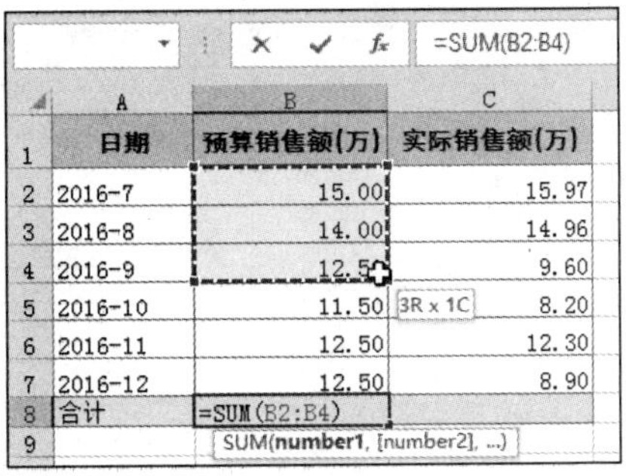

=SUM(B2:B4)

	A	B	C
1	日期	预算销售额(万)	实际销售额(万)
2	2016-7	15.00	15.97
3	2016-8	14.00	14.96
4	2016-9	12.50	9.60
5	2016-10	11.50	8.20
6	2016-11	12.50	12.30
7	2016-12	12.50	8.90
8	合计	=SUM(B2:B4)	
9		SUM(number1, [number2], ...)	

图 13-65

13.4 公式计算中数据源的引用

在使用公式进行数据运算时，除了将一些常量引入到公式中参与计算外，最主要的是引用单元格中的数据来参与计算，我们称之为对数据源的引用。在引用数据源计算时可以采用相对引用方式、也可以采用绝对引用方式，还可以引用其他工作表或工作簿中的数据。本节中将分别介绍数据源的这几种引用方式。

13.4.1 相对引用数据源

在公式运算中必然包括对单元格地址的引用。单元格的引用方式包括相对引用和绝对引用，在不同的应用场合需要使用不同的引用方式。在编辑公式时，当选择某个单元格或单元格区域参与运算时，其默认的引用方式是相对引用方式，显示为A1、A2:B2这种形式。采用相对引用方式的数据源，当将公式复制到其他位置时，公式中的单元格地址也会随着改变。

步骤01 选中E2 单元格，在公式编辑栏中输入公式“=(D2-C2)/C2”，按Enter键即可计算出商品“天之蓝”的利润率，如图 13-66 所示。

步骤02 建立首个公式后就可以通过复制公式来批量计算出其他商品的利润率，选中E2 单元格，拖动其右下角的填充柄至E11 单元格，即可计算出其他商品的利润率，如图 13-67 所示。

下面我们来看公式对单元格的引用情况，选中E5单元格，在公式编辑栏中显示该单元格的公式为“=(D5-C5)/C5”，如图13-68所示。选中E9单元格，在公式编辑栏中显示该单元格的公式为“=(D9-C9)/C9”，如图13-69所示。

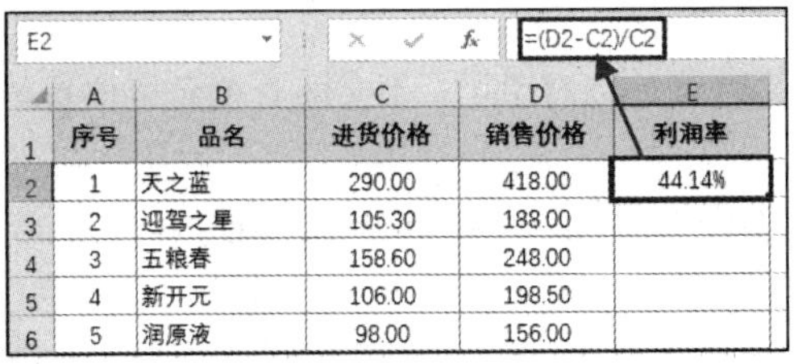

E2 =(D2-C2)/C2

	A	B	C	D	E
1	序号	品名	进货价格	销售价格	利润率
2	1	天之蓝	290.00	418.00	44.14%
3	2	迎驾之星	105.30	188.00	
4	3	五粮春	158.60	248.00	
5	4	新开元	106.00	198.50	
6	5	润原液	98.00	156.00	

图 13-66

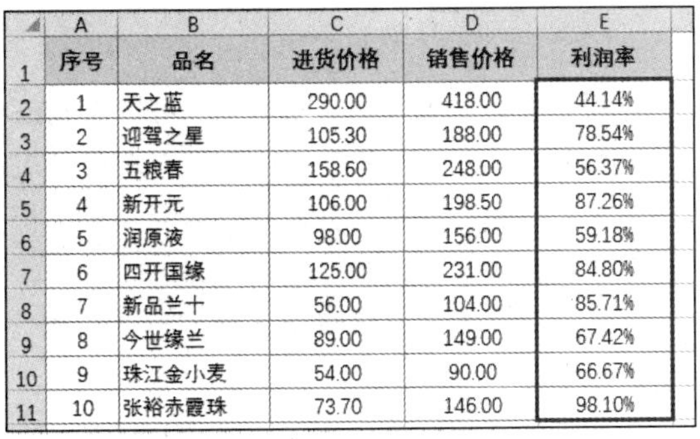

	A	B	C	D	E
1	序号	品名	进货价格	销售价格	利润率
2	1	天之蓝	290.00	418.00	44.14%
3	2	迎驾之星	105.30	188.00	78.54%
4	3	五粮春	158.60	248.00	56.37%
5	4	新开元	106.00	198.50	87.26%
6	5	润原液	98.00	156.00	59.18%
7	6	四开国缘	125.00	231.00	84.80%
8	7	新品兰十	56.00	104.00	85.71%
9	8	今世缘兰	89.00	149.00	67.42%
10	9	珠江金小麦	54.00	90.00	66.67%
11	10	张裕赤霞珠	73.70	146.00	98.10%

图 13-67

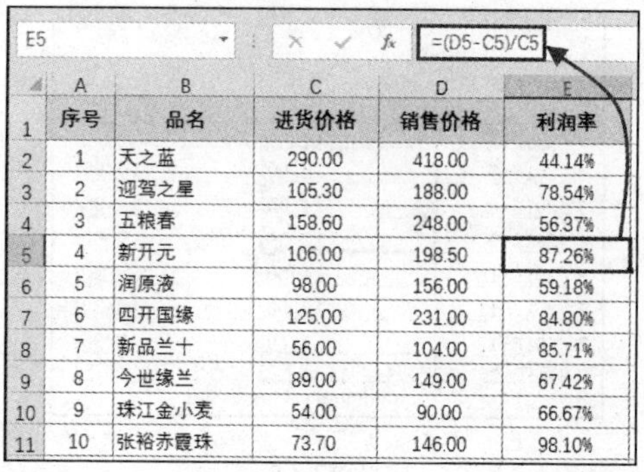

图 13-68

图 13-69

通过对比E2、E5、E9单元格中的公式可以发现当向下复制E2单元格的公式时，采用相对引用的数据源也发生了相应的变化，这正是计算其他产品利润率时所需要的正确公式（复制公式是批量建立公式求值的一个常见的办法，可以有效避免逐一输入公式的烦琐程序）。

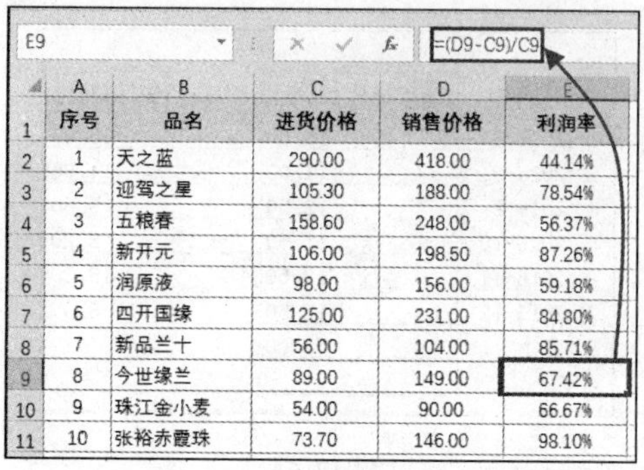

13.4.2　绝对引用数据源

绝对引用是指把公式移动或复制到其他单元格中时，公式的引用位置保持不变。要判断公式中用了哪种引用方式很简单，区别就在于单元格地址前面是否有"$"符号。"$"符号表示"锁定"，添加了"$"符号的引用方式就是绝对引用。

如图13-70所示的"培训成绩表"中，我们在E2单元格中输入公式"=$C$2+$D$2"来计算该员工的总成绩，按Enter键即可得到计算结果。向下填充E2单元格的公式，得到如图13-71所示的结果，所有的单元格得到的结果都相同，没有变化。

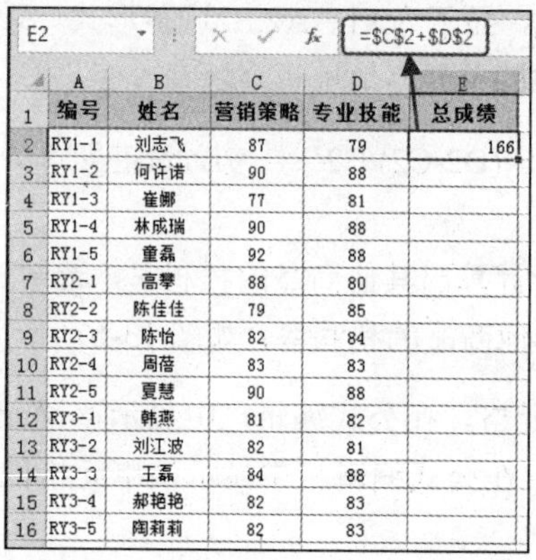

图 13-70

图 13-71

分别查看其他单元格中的公式，可以看到E3单元格的公式是"=$C$2+$D$2"，如图13-72所示；E7单元格的公式是"=$C$2+$D$2"，如图13-73所示。

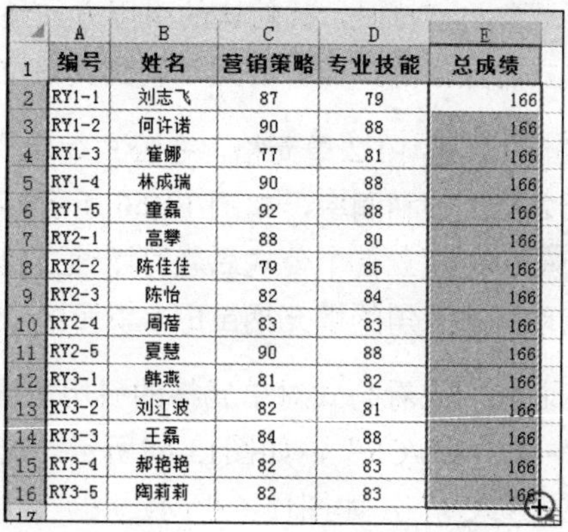

由于所有的公式都一样，所以计算结果也都一样，这就是绝对引用。不会随着单元格位置的改变，而改变公式中引用单元格的地址。

显然上面分析的这种情况下使用绝对引用方式是不合理的，那么哪种情况需要使用绝对引用方式呢？

在如图13-74所示的表格中，我们要计算各个部门的销售金额占总销售金额的百分比，首先在D2单元格中输入公式"=C2/SUM(C2:C8)"来计算销售额的占比。

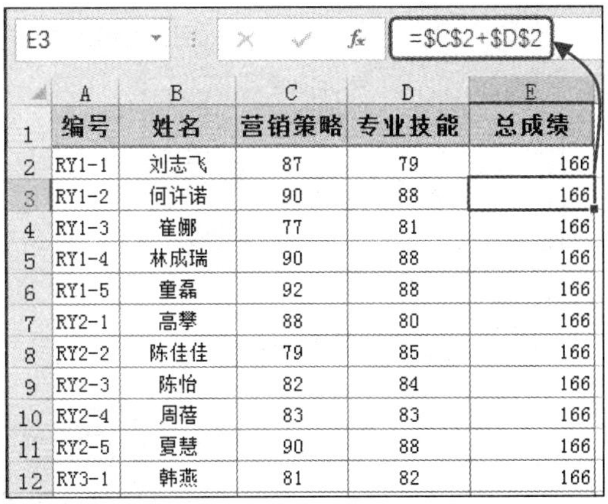

E3 =$C$2+$D$2

	A	B	C	D	E
1	编号	姓名	营销策略	专业技能	总成绩
2	RY1-1	刘志飞	87	79	166
3	RY1-2	何许诺	90	88	166
4	RY1-3	崔娜	77	81	166
5	RY1-4	林成瑞	90	88	166
6	RY1-5	童磊	92	88	166
7	RY2-1	高攀	88	80	166
8	RY2-2	陈佳佳	79	85	166
9	RY2-3	陈怡	82	84	166
10	RY2-4	周蓓	83	83	166
11	RY2-5	夏慧	90	88	166
12	RY3-1	韩燕	81	82	166

图 13-72

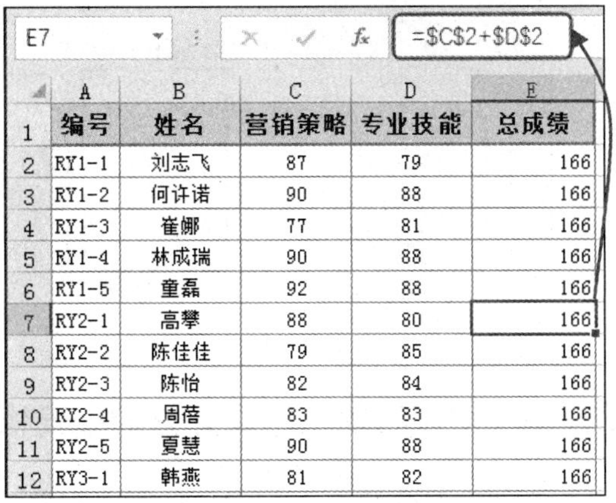

E7 =$C$2+$D$2

	A	B	C	D	E
1	编号	姓名	营销策略	专业技能	总成绩
2	RY1-1	刘志飞	87	79	166
3	RY1-2	何许诺	90	88	166
4	RY1-3	崔娜	77	81	166
5	RY1-4	林成瑞	90	88	166
6	RY1-5	童磊	92	88	166
7	RY2-1	高攀	88	80	166
8	RY2-2	陈佳佳	79	85	166
9	RY2-3	陈怡	82	84	166
10	RY2-4	周蓓	83	83	166
11	RY2-5	夏慧	90	88	166
12	RY3-1	韩燕	81	82	166

图 13-73

我们向下填充公式到D3单元格时，得到的就是错误的计算结果（除数的计算区域发生了变化），如图13-75所示。

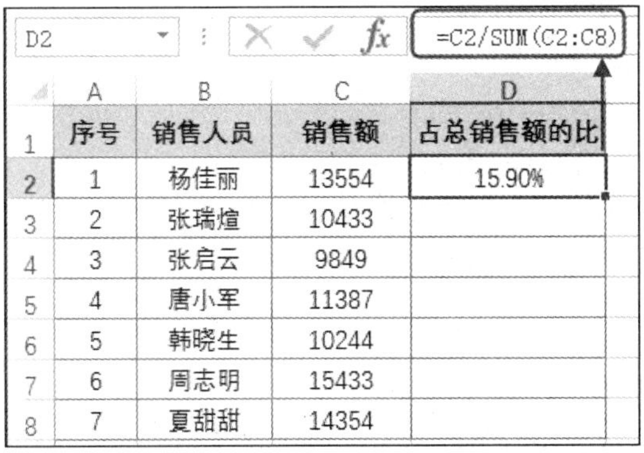

D2 =C2/SUM(C2:C8)

	A	B	C	D
1	序号	销售人员	销售额	占总销售额的比
2	1	杨佳丽	13554	15.90%
3	2	张瑞煊	10433	
4	3	张启云	9849	
5	4	唐小军	11387	
6	5	韩晓生	10244	
7	6	周志明	15433	
8	7	夏甜甜	14354	

图 13-74

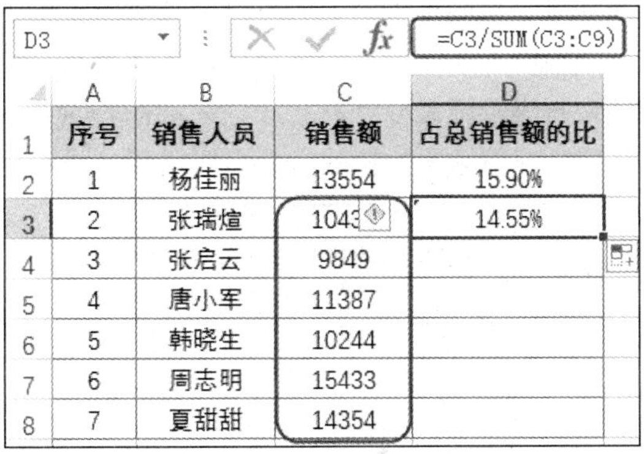

D3 =C3/SUM(C3:C9)

	A	B	C	D
1	序号	销售人员	销售额	占总销售额的比
2	1	杨佳丽	13554	15.90%
3	2	张瑞煊	1043	14.55%
4	3	张启云	9849	
5	4	唐小军	11387	
6	5	韩晓生	10244	
7	6	周志明	15433	
8	7	夏甜甜	14354	

图 13-75

因为除数是总销售额，即SUM(C2:C5)是个定值，而我们采用了相对引用的方式，使得在填充公式时，单元格的引用位置发生了变化，这一部分求和区域需要使用绝对引用方式。

步骤01 选中D2 单元格，在公式编辑栏中输入公式“=C2/SUM($C$2:$C$8)”，如图 13-76 所示。被除数（各销售人员的销售额）用相对引用，除数（总销售额）用绝对引用。

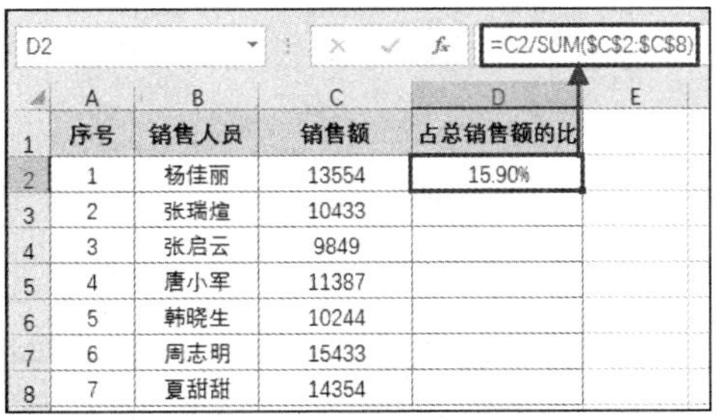

D2 =C2/SUM($C$2:$C$8)

	A	B	C	D	E
1	序号	销售人员	销售额	占总销售额的比	
2	1	杨佳丽	13554	15.90%	
3	2	张瑞煊	10433		
4	3	张启云	9849		
5	4	唐小军	11387		
6	5	韩晓生	10244		
7	6	周志明	15433		
8	7	夏甜甜	14354		

图 13-76

步骤02 选中D2 单元格，拖动右下角的填充柄至D8 单元格，即可计算出其他销售员的销售额占总销售额的百分比，如图 13-77 所示。选中D4 单元格，在公式编辑栏中可以看到该单元格的公式为“=C4/SUM($C$2:$C$8)”，如图 13-78 所示。

通过对比D2、D4单元格中的公式可以发现当向下复制D2单元格的公式时，采用绝对引用的数据源未发生任何变化。本例中在计算出第一个销售员的销售额占总销售额的百分比后，通过复制填充公式计算出其他员工的销售额占总销售额的比例，公式中“SUM($C$2:$C$8)”的这一部分是不发生变化的，需要采用绝对引用。

图 13-77

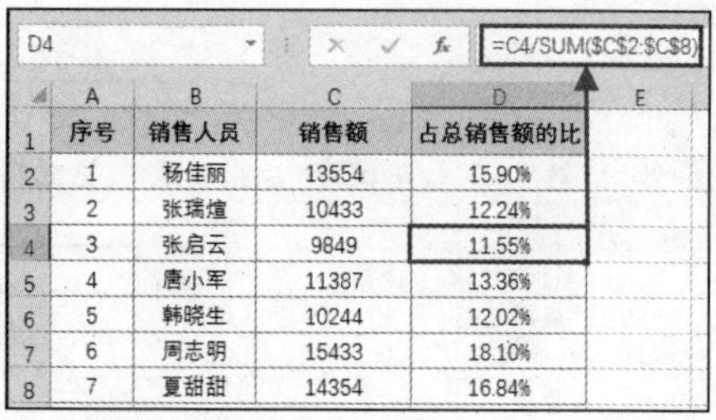

图 13-78

13.4.3 引用当前工作表之外的单元格

日常工作中会不断产生众多数据，并且数据会根据性质的不同被记录在不同的工作表中。而在进行数据计算时，相关联的数据则需要进行合并计算或引用判断等，这自然就造成建立公式时通常要引用其他工作表中的数据进行判断或计算。

在引用其他工作表的数据进行计算时，需要设置的格式为"=函数（工作表名！数据源地址）"。下面通过一个例子来介绍如何引用其他工作表中的数据进行计算。

当前的工作簿中有两张表格，如图13-79所示的表格为"员工培训成绩统计分析表"，用于对成绩数据进行记录并计算总成绩；如图13-80所示的表格为"成绩统计表"，用于对成绩按分部求平均值。显然求平均值的运算需要引用"员工培训成绩统计分析表"中的数据。

图 13-79

图 13-80

步骤 01 在"成绩统计表"中选中目标单元格，在公式编辑栏中输入"=AVERAGE()"公式，将光标定位到括号中，如图 13-81 所示。

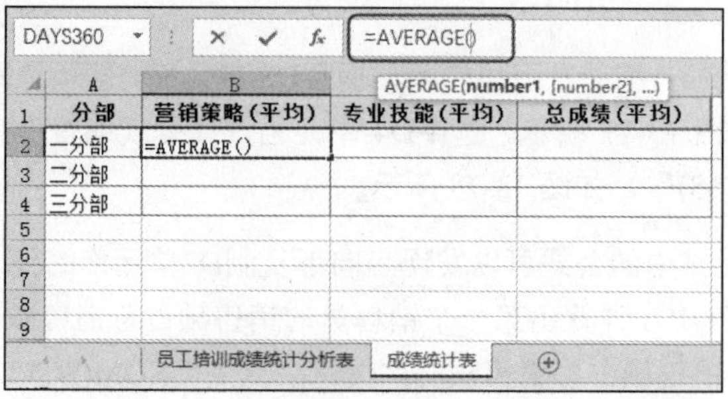

图 13-81

步骤 02 在"员工培训成绩统计分析表"的名称标签上单击，切换到"员工培训成绩统计分析表"中，选中要参与计算的数据，如图 13-82 所示。

DAYS360	▼	:	×	✓	fx	=AVERAGE(员工培训成绩统计分析表!C2:C7)

	A	B	C	D	E	H
1	编号	姓名	营销策略	专业技能	总成绩	
2	一分部-1	刘志飞	87	79	166	
3	一分部-2	何许诺	90	88	178	
4	一分部-3	崔娜	77	81	158	
5	一分部-4	林成瑞	90	88	178	
6	一分部-5	童磊	92	88	180	
7	一分部-6	徐志林	83	86	169	
8	二分部-1	高攀	88	80	168	
9	二分部-2	陈佳佳	79	85	164	
10	二分部-3	陈怡	82	84	166	
11	二分部-4	周蓓	83	83	166	
12	二分部-5	夏慧	90	88	178	
13	二分部-6	韩文信	82	83	165	
14	三分部-1	韩燕	81	82	163	
15	三分部-2	刘江波	82	81	163	
16	三分部-3	王磊	84	88	172	

员工培训成绩统计分析表　成绩统计表

图 13-82

步骤 03 公式输入完成后，则按Enter键结束输入（如图 13-83 所示已得出一分部员工营销策略的平均成绩），如果公式还未编辑完可以在"成绩统计表"标签上单击切换回去，以继续完成公式的输入与编辑。

B2	▼	:	×	✓	fx	=AVERAGE(员工培训成绩统计分析表!C2:C7)

	A	B	C	D	E
1	分部	营销策略（平均）	专业技能（平均）	总成绩（平均）	
2	一分部	86.5			
3	二分部				
4	三分部				
5					

图 13-83

 提示 在需要引用其他工作表中的单元格时，也可以直接在公式编辑栏中输入公式，但需要注意使用"工作表名！数据源地址"这种格式。

13.5 常用函数范例

在Excel中为用户提供了很多函数，用户可根据自己的需要选择。下面举例介绍一些较为常用的函数。

13.5.1 逻辑函数

IF函数是用来判断指定条件的真假，当指定条件为真时返回指定的内容；当指定条件为假时则返回另一个指定的内容。

IF函数有三个参数，第1参数为判断条件的表达式；第2个参数为判断条件为真时返回的值；第3参数是判断条件为假时返回的值。其中后两个参数可以忽略，默认其返回值分别为TRUE和FALSE。

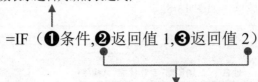

第 1 参数表示逻辑判断的表达式；

=IF（❶条件,❷返回值 1,❸返回值 2）

当第 1 参数返回 TRUE 值时，返回第 2 参数；否则返回第 3 参数。

1．判断库存数量是否充足

当库存量小于20件时返回“补货”文字，否则返回“充足”文字。

步骤 01 选中C2 单元格，单击“公式”→“函数库”选项组中“逻辑”的下拉按钮，在打开的下拉菜单中单击“IF”（如图 13-84 所示），立即弹出“函数参数”对话框，可以分别设置IF函数的三个参数，如图 13-85 所示（常量上的双引号不必输入，程序会自动生成）。

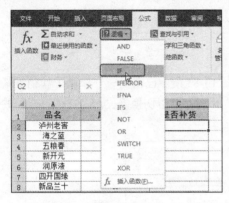

图 13-84

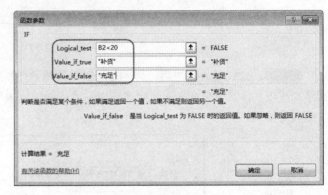

图 13-85

步骤 02 单击“确定”按钮，可以看到C2 单元格中返回了运算结果，同时在编辑栏中也可以看到完整的公式，如图 13-86 所示。

步骤 03 将鼠标指针指向C2 单元格的右下角，出现黑色十字形时按住鼠标左键向下拖动，可得到批量运算结果，如图 13-87 所示。

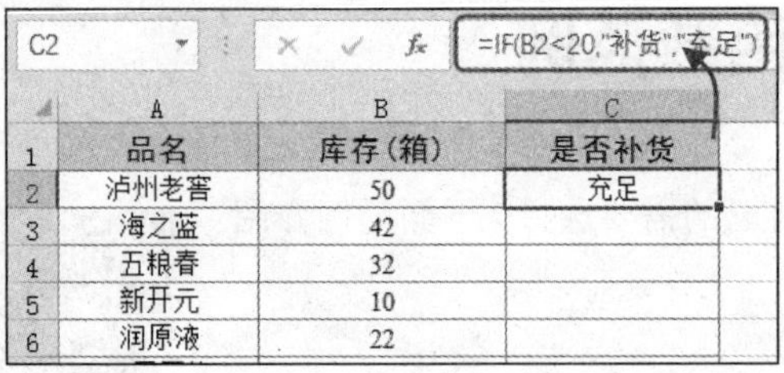

图 13-86

品名	库存(箱)	是否补货
泸州老窖	50	充足
海之蓝	42	充足
五粮春	32	充足
新开元	10	补货
润原液	22	充足
四开国缘	45	充足
新品兰十	15	补货
今世缘兰	25	充足
珠江金小麦	12	补货
张裕赤霞珠	8	补货

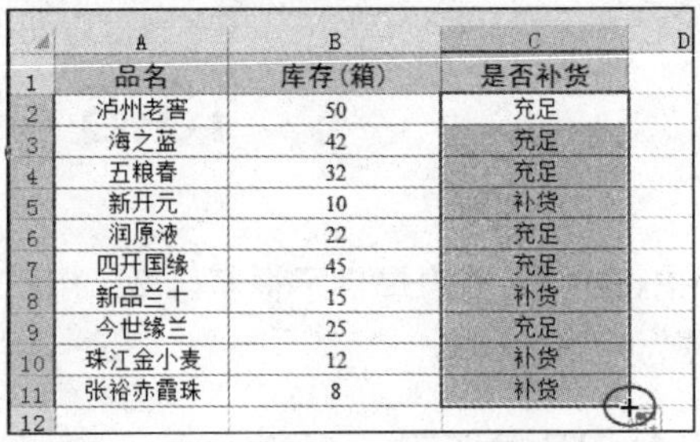

图 13-87

2．根据消费积分判断顾客所得赠品

IF函数还可以嵌套使用，可以一次性判断多个条件。下面的例子中是商场为了回馈顾客，根据不同积分预备发放礼品，其具体规则是积分大于10000的，赠送烤箱；积分大于5000小于10000的，赠送加湿器；积分大于1000小于5000的，赠送洁面仪；积分小于1000的，赠送水杯。

步骤01 选中C2 单元格，在编辑栏中输入公式 "=IF(B2>10000,"烤箱",IF(B2>5000,"加湿器", IF(B2>1000,"洁面仪","水杯")))"，按Enter键即可计算出第一位顾客所获得的赠品，如图 13-88 所示。

步骤02 将鼠标指针指向C2 单元格的右下角，出现黑色十字形时按住鼠标左键向下拖动，可以得到批量运算结果，如图 13-89 所示。

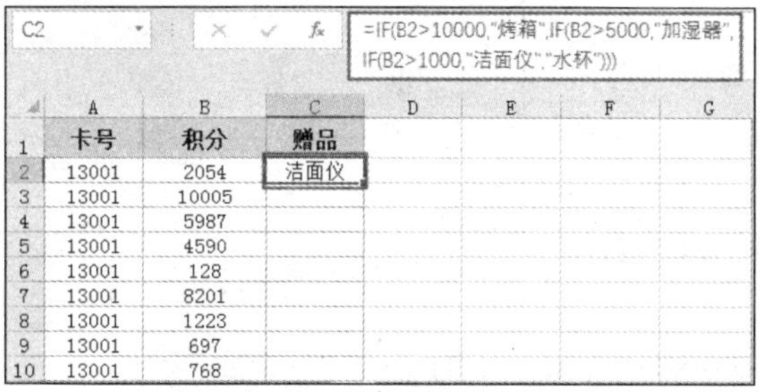

图 13-88

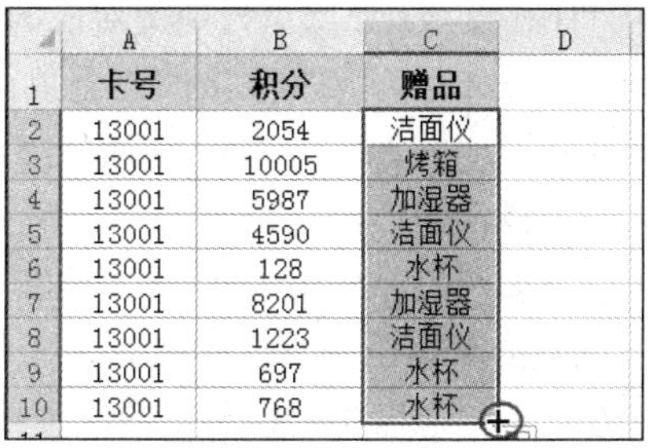

图 13-89

3．根据多项成绩判断最终考评结果是否合格

本例中需要三项成绩都达到80分时，才会显示"合格"，否则显示为"不合格"。可以利用AND函数并配合IF函数来进行成绩的评定，AND函数可以用来检验一组数据是否都满足条件。

AND（❶条件1，❷条件2，❸条件3……）

当多个条件同时都为 TURE 时，返回 TURE，否则返回 FALSE。

步骤01 选中E2 单元格，在编辑栏中输入公式 "=IF(AND(B2>80,C2>80,D2>80),"合格","不合格")"，按Enter键即可判断B2、C2、D2 单元格中的各个值是否全部大于 80，如果都满足条件，则返回结果"合格"；如果有一项不满足，则返回结果"不合格"，如图 13-90 所示。

步骤02 将鼠标指针指向E2 单元格的右下角，出现黑色十字形时按住鼠标左键向下拖动，即可得出批量运算结果，如图 13-91 所示。

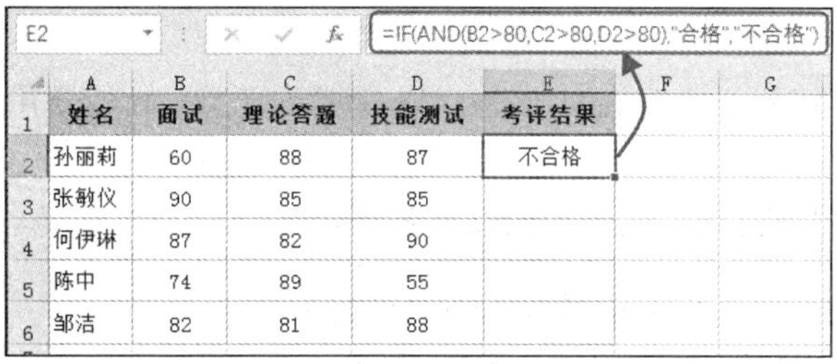

图 13-90

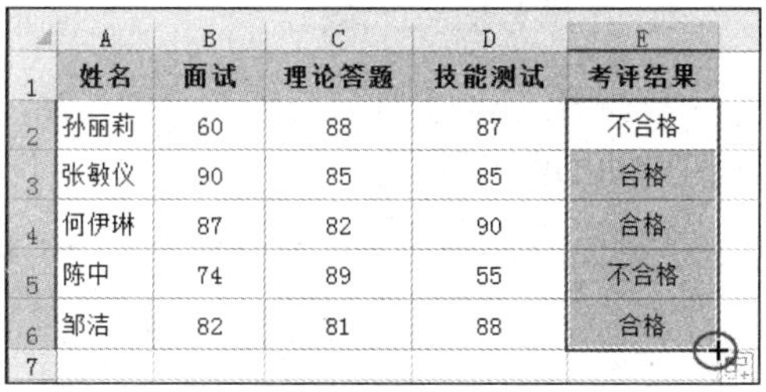

图 13-91

13.5.2　日期函数

日期函数，顾名思义，就是针对日期进行处理运算的函数，比如人事数据处理、财务数据处理等经常需要使用到日期函数。

1．计算员工年龄

计算年龄时要提取日期中的年份，需要使用YEAR函数。

=YEAR（日期值）

提取日期中的年份。

与YEAR函数相对应的还有MONTH函数和DAY函数，MONTH函数用于返回某日期所对应的月份，返回值是介于1（一月）到12（十二月）之间的整数；DAY函数用于返回某日期所对应的天数。这两个函数与YEAR函数一样，也都只有一个日期参数。

通过如图13-92所示的示例，可以理解YEAR、MONTH、DAY函数的基本用法及返回值。

图 13-92

在员工信息表中已知员工的出生日期，可以快速计算出员工的年龄。

步骤 01 选中E2 单元格，在公式编辑栏中输入公式"=YEAR(TODAY())-YEAR(D2)"，按Enter键即可计算出第一位员工的年龄，如图 13-93 所示。

步骤 02 将鼠标指针指向E2 单元格的右下角，出现黑色十字形时按住鼠标左键向下拖动，可以得到批量运算结果，如图 13-94 所示。

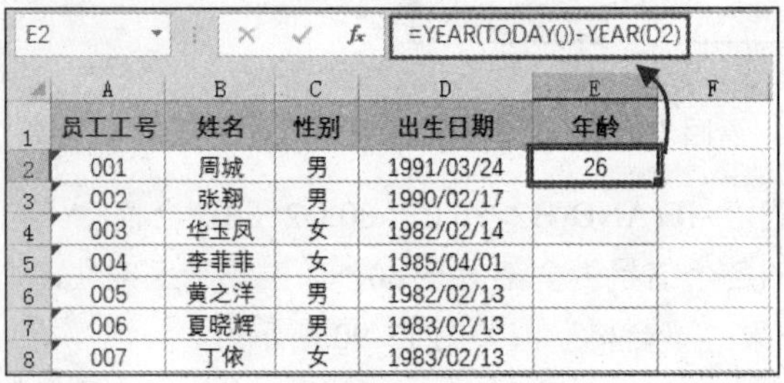

图 13-93

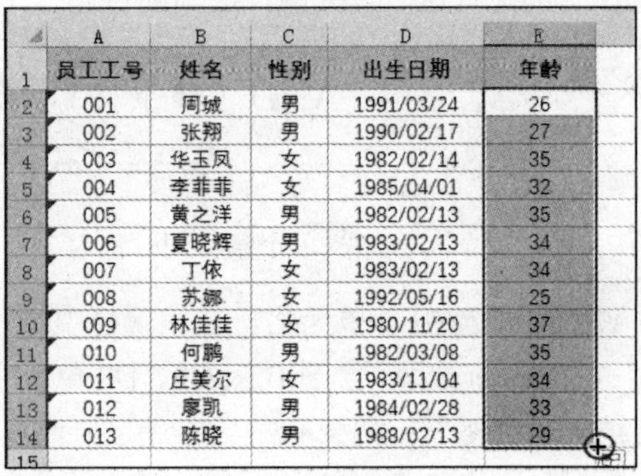

图 13-94

2. 计算总借款天数

计算借款天数会涉及日期差值的计算，即计算两个日期值间隔的年数、月数与天数，比较常用的是DATEDIF函数。

DATEDIF函数有三个参数，分别用于指定起始日期、终止日期以及返回值类型。

第1、2参数用于指定参与计算的起始日期和终止日期，日期可以是带引号的字符串、日期序列号、单元格引用以及其他公式的计算结果等。

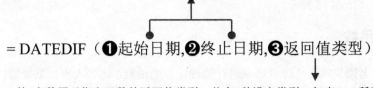

= DATEDIF （❶起始日期,❷终止日期,❸返回值类型）

第3参数用于指定函数的返回值类型，共有6种设定类型，如表13-2所示。

表 13-2　DATEDIF 函数第 3 参数设置不同表示不同的计算公式

参数	函数返回值
"y"	返回两个日期值间隔的整年数
"m"	返回两个日期值间隔的整月数
"d"	返回两个日期值间隔的天数
"md"	返回两个日期值间隔的天数（忽略日期中的年和月）
"ym"	返回两个日期值间隔的月数（忽略日期中的年和日）
"yd"	返回两个日期值间隔的天数（忽略日期中的年）

步骤 01　选中 D2 单元格，在编辑栏中输入公式"= DATEDIF(B2, C2, "D")"，按Enter键即可计算出第一项借款的总借款天数，如图 13-95 所示。

步骤 02　将鼠标指针指向D2 单元格的右下角，出现黑色十字形时按住鼠标左键向下拖动，即可得出批量运算结果，如图 13-96 所示。

图 13-95

图 13-96

❈ **知识扩展** ❈

计算两个日期值间隔的月份数

如果想计算两个日期向的月份数，则只要将函数的最后一个参数更改为"M"即可。如图13-97所示的表格中要求计算固定资产已使用的月份数，只要将函数的第3参数设置为"M"即可得到正确结果。

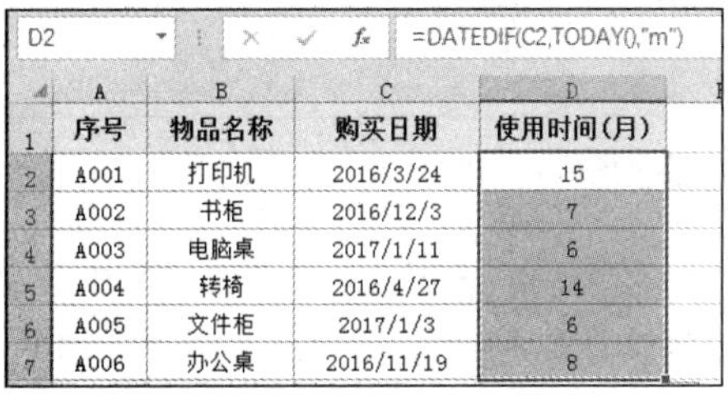

图 13-97

3．返回值班日期对应的星期数

要返回日期所对应的星期数，需要使用WEEKDAY函数。WEEKDAY函数用于返回某日期所对应的星期数。默认情况下，其值为1（星期天）到7（星期六）。WEKKDAY函数有两个参数，分别为指定日期与指定返回值的类型。

第 1 参数用于要返回星期几的日期；

= WEEKDAY（❶指定日期,❷返回值类型）

第 2 参数用于指定函数的返回值类型，共有 3 种设定方式，如表 13-3 所示。

表 13-3 　WEEKDAY 函数第 2 参数设置不同公式返回结果不同

参数	函数返回值
"1"	从 1（星期日）到 7（星期六）的数字
"2"	从 1（星期一）到 7（星期日）的数字
"3"	从 0（星期一）到 6（星期日）的数字

如果省略第 2 参数，函数返回值与将第 2 参数设置为"1"相同，其值以星期天作为起始，如果想按我们日常工作中的习惯以星期一作为起始，则可以将第 2 参数指定为"2"即可。

步骤01 选中D2 单元格，在编辑栏中输入公式"=WEEKDAY(C2,2)"，按Enter键可以看到显示的值为代表日期的阿拉伯数字，如图 13-98 所示。

步骤02 本例中要求公式值显示为"星期*"的形式，因此可以将公式改进为"=TEXT(WEEKDAY(C2),"aaaa")"，按Enter键可以看到单元格中返回了日期所对应的星期值（中文文本格式），如图 13-99 所示。

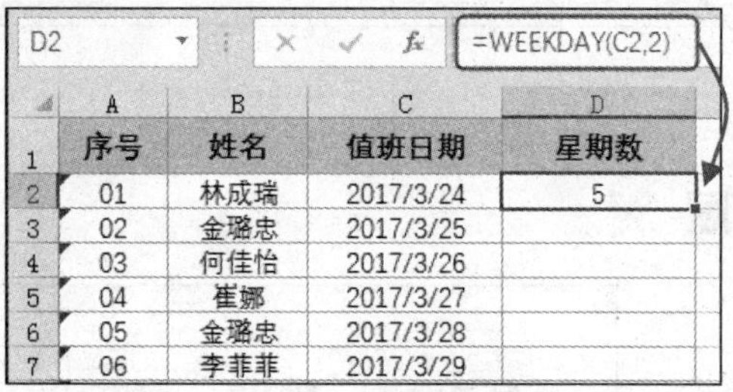

图 13-98

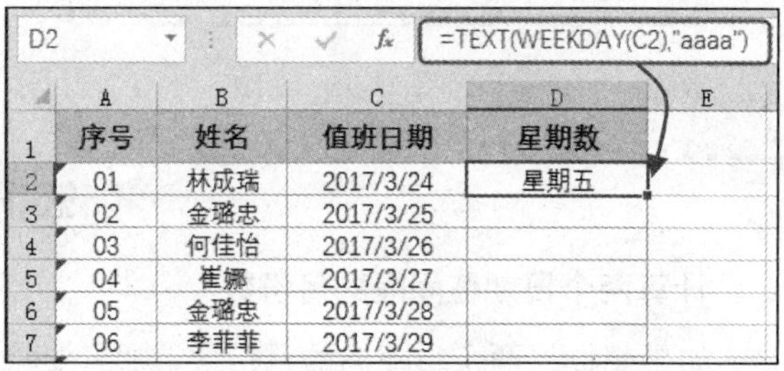

图 13-99

步骤03 将鼠标指针指向D2 单元格的右下角，出现黑色十字形时按住鼠标左键向下拖动,可得出批量结果，如图 13-100 所示。

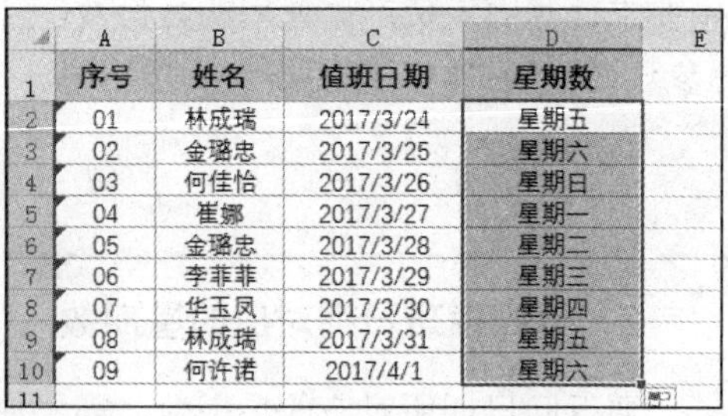

图 13-100

提 示

TEXT函数主要用于转换数据的显示格式，如可以将小写金额转换为大写金额；让数据显示统一位数；让日期显示为指定格式等。

TEXT函数有两个参数，第1参数为要设置的数值，可以是数值或计算结果为数值的公式；第2参数为要显示的数字格式。本例中设置的第2参数就是要求将数字显示为文本的格式。

4．判断值班日期是平时加班还是双休日加班

表格中记录了加班日期，要求根据加班日期判断是工作日加班还是平时加班。这里可以使用IF、OR、WEEKDAY函数来完成公式的设计。

步骤01 选中D2 单元格，在编辑栏中输入公式“=IF(OR(WEEKDAY(C2,2)=6, WEEKDAY(C2,2)=7), "双休日加班","平时加班")”，按Enter键即可得出加班性质，如图 13-101 所示。

步骤02 将鼠标指针指向D2 单元格的右下角，出现黑色十字形时按住鼠标左键向下拖动，即可得出批量结果，如图 13-102 所示。

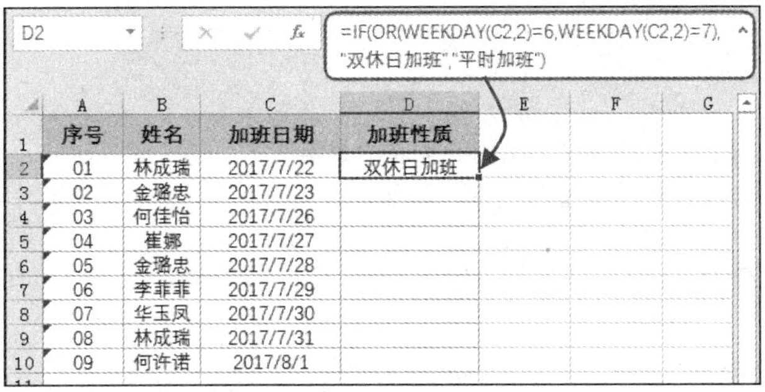

D2　=IF(OR(WEEKDAY(C2,2)=6,WEEKDAY(C2,2)=7),"双休日加班","平时加班")

序号	姓名	加班日期	加班性质
01	林成瑞	2017/7/22	双休日加班
02	金璐忠	2017/7/23	
03	何佳怡	2017/7/26	
04	崔娜	2017/7/27	
05	金璐忠	2017/7/28	
06	李菲菲	2017/7/29	
07	华玉凤	2017/7/30	
08	林成瑞	2017/7/31	
09	何许诺	2017/8/1	

图 13-101

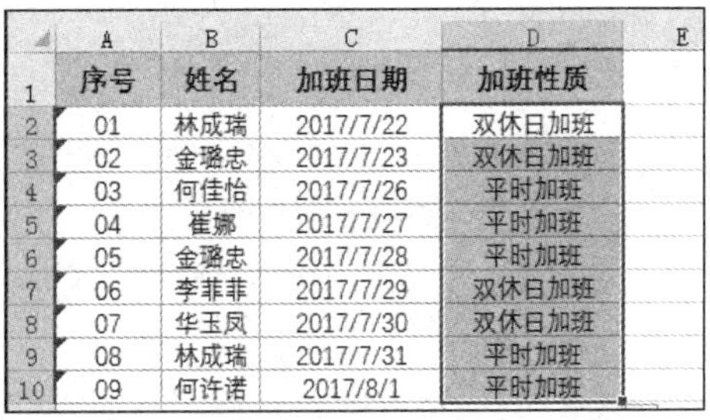

序号	姓名	加班日期	加班性质
01	林成瑞	2017/7/22	双休日加班
02	金璐忠	2017/7/23	双休日加班
03	何佳怡	2017/7/26	平时加班
04	崔娜	2017/7/27	平时加班
05	金璐忠	2017/7/28	平时加班
06	李菲菲	2017/7/29	双休日加班
07	华玉凤	2017/7/30	双休日加班
08	林成瑞	2017/7/31	平时加班
09	何许诺	2017/8/1	平时加班

图 13-102

提示

公式中使用WEEKDAY函数判断C2单元格中日期所对应的星期数是6还是7，如果是则返回“双休日加班”，否则返回“平时加班”。

此公式中嵌套使用了OR函数。OR函数用于判断给定的多个参数的逻辑值中是否有真值，只要有一个为真值就返回TRUE。

13.5.3 数学函数

数学函数中有几个函数是非常实用、常用的，如求和函数以及由此衍生的按条件求和函数、按多条件求和函数等。除此之外，舍入函数、求余数函数等也比较常用。

1．根据各月预算费用计算总预算费用

表格中统计了各类别费用在1月、2月、3月的预算金额，要求用一个公式计算出1月与3月的总预算费用。

选中B10 单元格，在编辑栏中输入公式“=SUM(B2:B8, D2:D8)”，按Enter键得出结果，如图 13-103 所示。

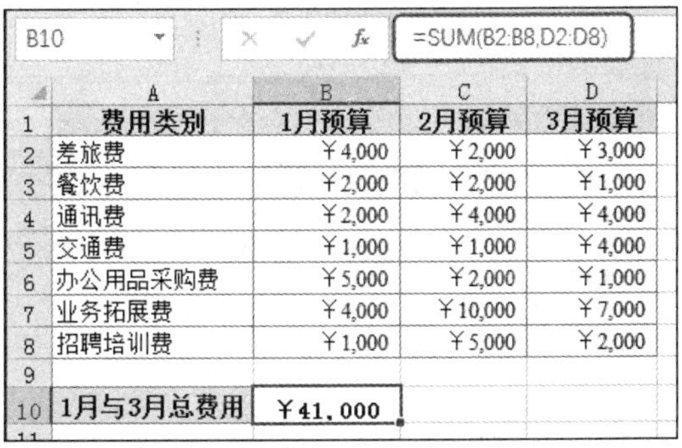

B10　=SUM(B2:B8,D2:D8)

费用类别	1月预算	2月预算	3月预算
差旅费	￥4,000	￥2,000	￥3,000
餐饮费	￥2,000	￥2,000	￥1,000
通讯费	￥2,000	￥4,000	￥4,000
交通费	￥1,000	￥1,000	￥4,000
办公用品采购费	￥5,000	￥2,000	￥1,000
业务拓展费	￥4,000	￥10,000	￥7,000
招聘培训费	￥1,000	￥5,000	￥2,000
1月与3月总费用	￥41,000		

图 13-103

提示

在使用SUM函数求和时，一般是设置一个单元格区域，该单元格区域是连续的，那么如果要实现对多个不连续的单元格区域求和该如何操作呢？只需要使用逗号将多个单元格区域进行间隔即可。

2．按部门分类统计工资总额

在表格中统计了各员工的工资（分属于不同的部门），要求统计出各个部门员工的工资总额，可以使用SUMIF函数进行统计。SUMIF函数用于按照指定条件对若干个单元格、单元格区域或引用求和。

SUMIF函数有三个参数，分别为条件判断的区域、条件、用于求和的区域。

第 1 参数是条件判断区域，比如在销售表中，它可以是销售人员列或其所属部门列。

第 3 参数是用于求和的区域，比如在销售表中，它可以是销售金额列。

=SUMIF（❶ 用于条件判断的区域，❷ 条件，❸ 用于求和的区域）

第 2 参数是条件，比如要求和的是某部门的金额或指定范围的日期。

步骤01 在表格中建立辅助列标识，F2:F4 单元格区域中的内容公式需要引用到，如图 13-104 所示。

步骤02 选中G2 单元格，在编辑栏中输入公式"=SUMIF($C$2:$C$12,F2,$D$2:$D$12)"，按Enter键即可得出"财务部"的工资总额，如图 13-105 所示。

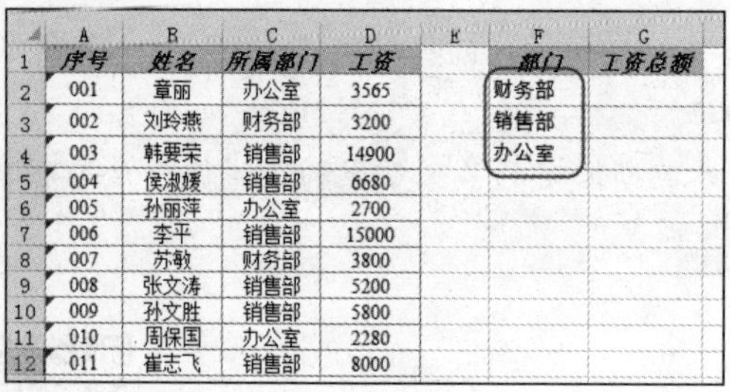

	A	B	C	D	E	F	G
1	序号	姓名	所属部门	工资		部门	工资总额
2	001	章丽	办公室	3565		财务部	
3	002	刘玲燕	财务部	3200		销售部	
4	003	韩要荣	销售部	14900		办公室	
5	004	侯淑媛	销售部	6680			
6	005	孙丽萍	办公室	2700			
7	006	李平	销售部	15000			
8	007	苏敏	财务部	3800			
9	008	张文涛	销售部	5200			
10	009	孙文胜	销售部	5800			
11	010	周保国	办公室	2280			
12	011	崔志飞	销售部	8000			

图 13-104

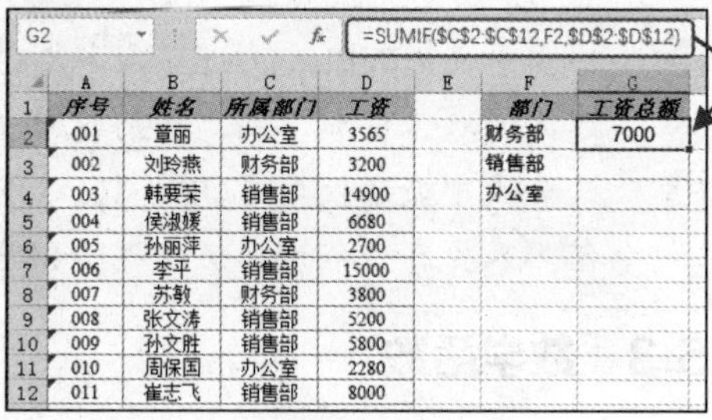

G2 =SUMIF($C$2:$C$12,F2,$D$2:$D$12)

	A	B	C	D	E	F	G
1	序号	姓名	所属部门	工资		部门	工资总额
2	001	章丽	办公室	3565		财务部	7000
3	002	刘玲燕	财务部	3200		销售部	
4	003	韩要荣	销售部	14900		办公室	
5	004	侯淑媛	销售部	6680			
6	005	孙丽萍	办公室	2700			
7	006	李平	销售部	15000			
8	007	苏敏	财务部	3800			
9	008	张文涛	销售部	5200			
10	009	孙文胜	销售部	5800			
11	010	周保国	办公室	2280			
12	011	崔志飞	销售部	8000			

图 13-105

步骤03 将鼠标指针指向G2 单元格的右下角，出现黑色十字形时按住鼠标左键向下拖动，即可得出"销售部"与"办公室"两个部门的工资总额。G3 单元格中的公式如图 13-106 所示，G4 单元格中的公式如图 13-107 所示。

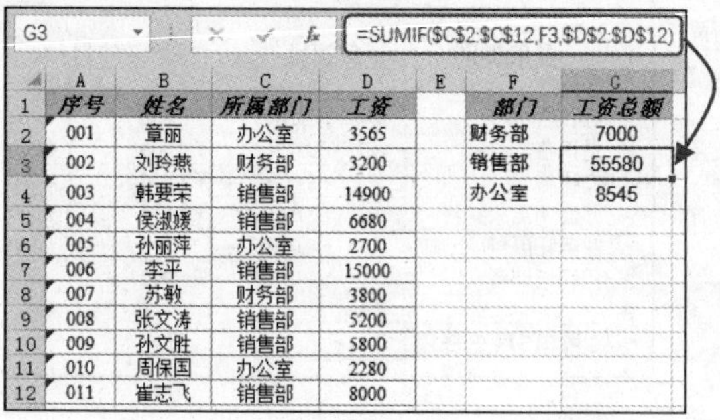

G3 =SUMIF($C$2:$C$12,F3,$D$2:$D$12)

	A	B	C	D	E	F	G
1	序号	姓名	所属部门	工资		部门	工资总额
2	001	章丽	办公室	3565		财务部	7000
3	002	刘玲燕	财务部	3200		销售部	55580
4	003	韩要荣	销售部	14900		办公室	8545
5	004	侯淑媛	销售部	6680			
6	005	孙丽萍	办公室	2700			
7	006	李平	销售部	15000			
8	007	苏敏	财务部	3800			
9	008	张文涛	销售部	5200			
10	009	孙文胜	销售部	5800			
11	010	周保国	办公室	2280			
12	011	崔志飞	销售部	8000			

图 13-106

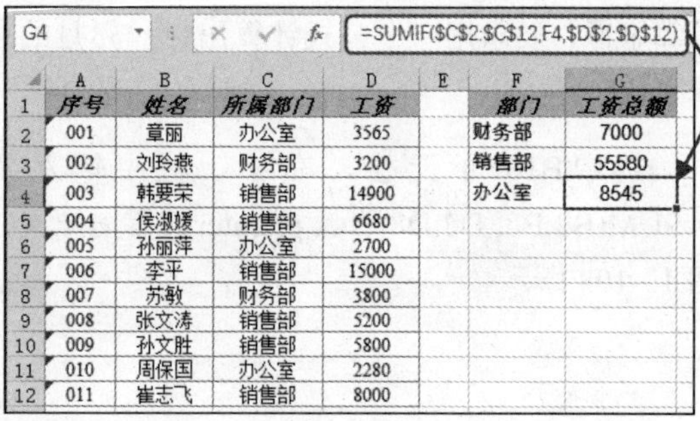

G4 =SUMIF($C$2:$C$12,F4,$D$2:$D$12)

	A	B	C	D	E	F	G
1	序号	姓名	所属部门	工资		部门	工资总额
2	001	章丽	办公室	3565		财务部	7000
3	002	刘玲燕	财务部	3200		销售部	55580
4	003	韩要荣	销售部	14900		办公室	8545
5	004	侯淑媛	销售部	6680			
6	005	孙丽萍	办公室	2700			
7	006	李平	销售部	15000			
8	007	苏敏	财务部	3800			
9	008	张文涛	销售部	5200			
10	009	孙文胜	销售部	5800			
11	010	周保国	办公室	2280			
12	011	崔志飞	销售部	8000			

图 13-107

通过公式可以发现，这是一个绝对引用与相对引用混合使用的例子，在复制填充公式时第1参数与第3参数是不做任何改变的，所以使用绝对引用方式，而在复制填充公式时需要改变第2参数，因此使用相对引用方式。

3．按日期汇总销售金额

如图13-108所示的表格中记录了产品的销售日期、产品的名称以及产品的销售金额，现在要求将产品上半月销售金额的总值统计出来。

选中E2 单元格，在编辑栏中输入公式"=SUMIF(A2:A17,"<=2017/11/15",C2:C17)"，按Enter键即可统计出产品上半月的销售额，如图 13-109 所示。

	A	B	C
1	日期	产品名称	销售金额
2	11/1	贴布刺绣中筒靴	￥ 2,685.00
3	11/2	侧拉时尚长靴	￥ 1,272.00
4	11/2	简约百搭小皮靴	￥ 1,490.00
5	11/4	韩版过膝磨砂长靴	￥ 676.00
6	11/4	简约百搭小皮靴	￥ 745.00
7	11/8	侧拉时尚长靴	￥ 954.00
8	11/10	时尚流苏短靴	￥ 890.00
9	11/11	侧拉时尚长靴	￥ 2,385.00
10	11/17	时尚流苏短靴	￥ 1,485.00
11	11/21	贴布刺绣中筒靴	￥ 1,790.00
12	11/18	韩版过膝磨砂长靴	￥ 845.00
13	11/25	复古雕花擦色单靴	￥ 1,790.00
14	11/25	侧拉时尚长靴	￥ 954.00
15	11/26	贴布刺绣中筒靴	￥ 716.00
16	11/27	时尚流苏短靴	￥ 1,890.00
17	11/28	韩版过膝磨砂长靴	￥ 845.00

图 13-108

E2 ｜ =SUMIF(A2:A17,"<=2017/11/15",C2:C17)

	A	B	C	D	E
1	日期	产品名称	销售金额		上半月销售额总计
2	11/1	贴布刺绣中筒靴	￥ 2,685.00		11097
3	11/2	侧拉时尚长靴	￥ 1,272.00		
4	11/2	简约百搭小皮靴	￥ 1,490.00		
5	11/4	韩版过膝磨砂长靴	￥ 676.00		
6	11/4	简约百搭小皮靴	￥ 745.00		
7	11/8	侧拉时尚长靴	￥ 954.00		
8	11/10	时尚流苏短靴	￥ 890.00		
9	11/11	侧拉时尚长靴	￥ 2,385.00		
10	11/17	时尚流苏短靴	￥ 1,485.00		
11	11/21	贴布刺绣中筒靴	￥ 1,790.00		
12	11/18	韩版过膝磨砂长靴	￥ 845.00		
13	11/25	复古雕花擦色单靴	￥ 1,790.00		
14	11/25	侧拉时尚长靴	￥ 954.00		
15	11/26	贴布刺绣中筒靴	￥ 716.00		
16	11/27	时尚流苏短靴	￥ 1,890.00		
17	11/28	韩版过膝磨砂长靴	￥ 845.00		

图 13-109

提 示　SUMIF函数的第2参数用于条件的判断，可以是数字、文本、逻辑表达式或者单元格的引用，如果是文本或逻辑表达式则需要对其使用双引号。

4．统计指定店铺指定时间的销售金额

当前表格为按日期、按店铺统计的产品销售记录，现在要统计出上半月中各店铺产品的销售金额。

在本例中要满足指定日期与指定店铺这两个条件，而SUMIF函数只能设置一个求解条件，此时就需要使用SUMIFS函数来解决问题。SUMIFS函数就是判断多条件，然后对满足多条件的数据进行求和运算。

=SUMIFS（❶ 用于求和的区域，❷用于条件判断的区域1，❸条件1，❹ 用于条件判断的区域2，❺ 条件2……）

步骤01 在工作表中输入数据并建立好辅助列标识，F2:F3 单元格区域中的值公式中会使　用到。

步骤02 选中 G2 单元格，在编辑栏中输入公式" =SUMIFS($D$2:$D$17,$A$2:$A$17,"<=17-11-15",$B$2:$B$17,F2)"，按Enter键即可统计出"步行街专卖店"上半月的销售金额，如图 13-110 所示。

步骤03 选中G2 单元格，向下复制公式到G3 单元格，可以快速统计出"鼓楼店"上半月的销售金额，如图 13-111 所示。查看 G3 单元格的公式为" =SUMIFS($D$2:$D$17,$A$2:$A$17,"<=17-11-15",$B$2:$B$17,F3)"。

图 13-110

图 13-111

提 示　我们看到公式中用于求和的区域与用于条件判断的区域都没有发生改变，唯一发生改变的就是F列中关于店铺名称的判断条件。在进行条件判断时，并非只能设置两个条件，还可以设置更多条件，只要按照参数的顺序依次设置即可。

13.5.4　统计函数

在Excel中将求平均值函数、计数函数、最大最小值函数、排位函数等都归纳到统计函数的范畴中，而这几类函数也是日常办公中的常用函数。

1．按部门统计平均工资

对于求平均值相信大家都知道要使用AVERAGE函数，在如图13-112所示的表格中求解平均工资就需要用到AVERAGE函数。

图 13-112

针对上面的例子，如果想统计指定部门员工的平均工资，则需要函数在进行运算前就能对部门进行判别，然后只对指定部门的员工工资额进行求平均值。这就需要使用按条件求平均值的AVERAGEIF函数，AVERAGEIF函数也是比较常用的函数之一。

=AVERAGEIF（❶判断区域，❷条件，❸求平均值区域）

可以是数字、文本、逻辑表达式或者单元格的引用，如果是文本或者逻辑表达式则需要对其使用双引号。

步骤01 在工作表中输入数据并建立好辅助列标识，E2:E3 单元格区域中的内容公式中需要引用到。

步骤02 选中F2 单元格，在编辑栏中输入公式“=AVERAGEIF($B$2:$B$11,E2,$C$2:$C$11)”，按Enter键即可计算出“销售部”员工的平均工资，如图 13-113 所示。

步骤03 选中F2 单元格，向下复制公式到F3 单元格，可以快速统计出“企划部”员工的平均工资，如图 13-114 所示。F3 单元格的公式为“=AVERAGEIF($B$2:$B$11,E3,$C$2:$C$11)”。

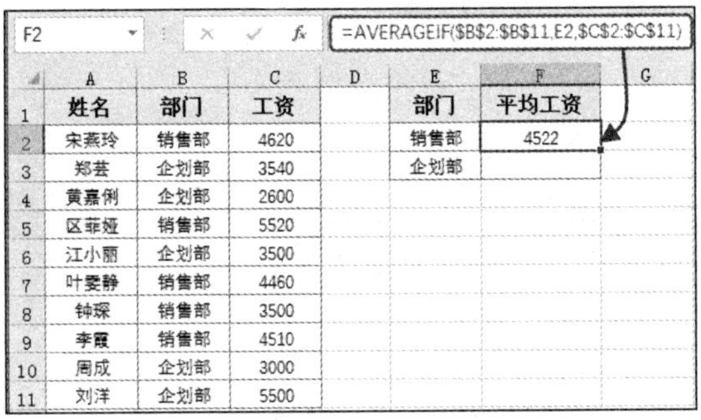

F2 =AVERAGEIF($B$2:$B$11,E2,$C$2:$C$11)

	A	B	C	D	E	F
1	姓名	部门	工资		部门	平均工资
2	宋燕玲	销售部	4620		销售部	4522
3	郑芸	企划部	3540		企划部	
4	黄嘉俐	企划部	2600			
5	区菲娅	销售部	5520			
6	江小丽	企划部	3500			
7	叶雯静	销售部	4460			
8	钟琛	销售部	3500			
9	李霞	销售部	4510			
10	周成	企划部	3000			
11	刘洋	企划部	5500			

图 13-113

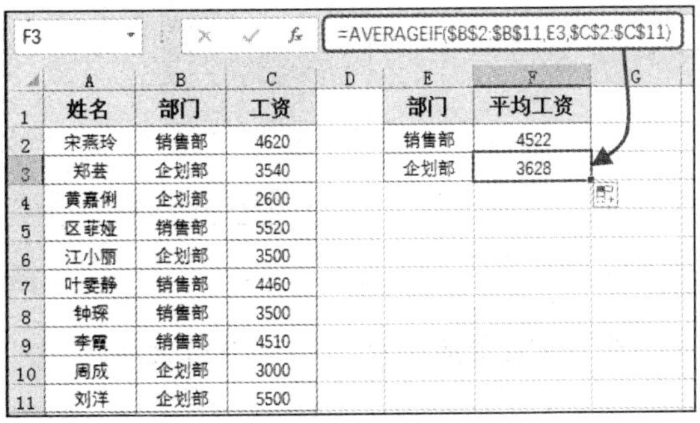

F3 =AVERAGEIF($B$2:$B$11,E3,$C$2:$C$11)

	A	B	C	D	E	F
1	姓名	部门	工资		部门	平均工资
2	宋燕玲	销售部	4620		销售部	4522
3	郑芸	企划部	3540		企划部	3628
4	黄嘉俐	企划部	2600			
5	区菲娅	销售部	5520			
6	江小丽	企划部	3500			
7	叶雯静	销售部	4460			
8	钟琛	销售部	3500			
9	李霞	销售部	4510			
10	周成	企划部	3000			
11	刘洋	企划部	5500			

图 13-114

2. 计算平均分时忽略 0 值

计算平均分时，单元格中的0值也会被计算在内。如图13-115所示使用AVERAGE函数求考核成绩的平均值，数据区域中包含两个0值。那么如果想忽略这两个0值来求考核成绩的平均值，就要把“不等于0”作为一个判断条件，可以使用AVERAGEIF函数来设置公式。

选中F2 单元格，在编辑栏中输入公式“=AVERAGEIF(C2:C11,"<>0",C2:C11)”，按Enter键即可计算忽略 0 值后的平均分，如图 13-116 所示。

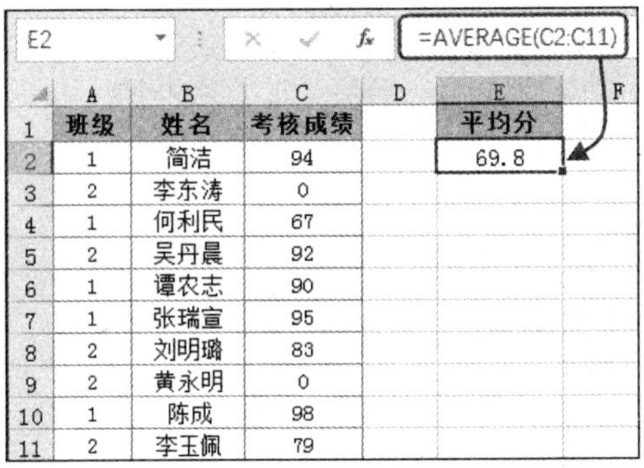

E2 =AVERAGE(C2:C11)

	A	B	C	D	E
1	班级	姓名	考核成绩		平均分
2	1	简洁	94		69.8
3	2	李东涛	0		
4	1	何利民	67		
5	2	吴丹晨	92		
6	1	谭农志	90		
7	1	张瑞宣	95		
8	2	刘明璐	83		
9	2	黄永明	0		
10	1	陈成	98		
11	2	李玉佩	79		

图 13-115

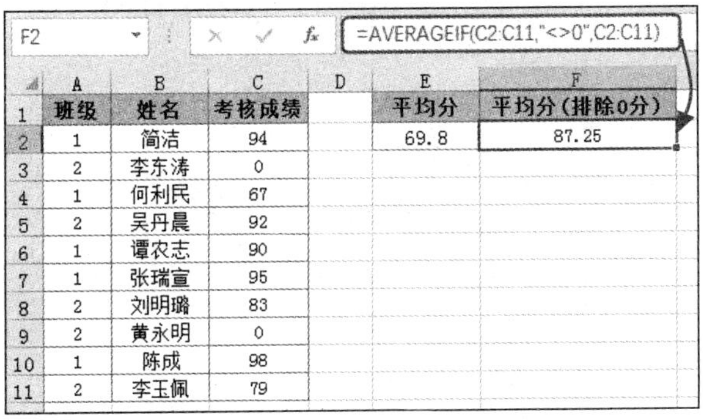

F2 =AVERAGEIF(C2:C11,"<>0",C2:C11)

	A	B	C	D	E	F
1	班级	姓名	考核成绩		平均分	平均分（排除0分）
2	1	简洁	94		69.8	87.25
3	2	李东涛	0			
4	1	何利民	67			
5	2	吴丹晨	92			
6	1	谭农志	90			
7	1	张瑞宣	95			
8	2	刘明璐	83			
9	2	黄永明	0			
10	1	陈成	98			
11	2	李玉佩	79			

图 13-116

3. 计算一车间女职工的平均工资

本例中要满足"一车间"与性别为"女"这两个条件后再求工资的平均值，是典型的满足双条件求平均值，需要使用AVERAGEIFS函数。AVERAGEIFS函数用于计算满足多重条件的求平均值（算术平均值）。

= AVERAGEIFS (❶ 求值区域 ❷ 条件1区域，条件1❸条件2区域，条件2❹条件3区域，条件3……)

选中D14 单元格，在编辑栏中输入公式"=AVERAGEIFS(D2:D12,B2:B12,"一车间",C2:C12,"女")"，按Enter键即可得出一车间女职工的平均工资，如图 13-117 所示。

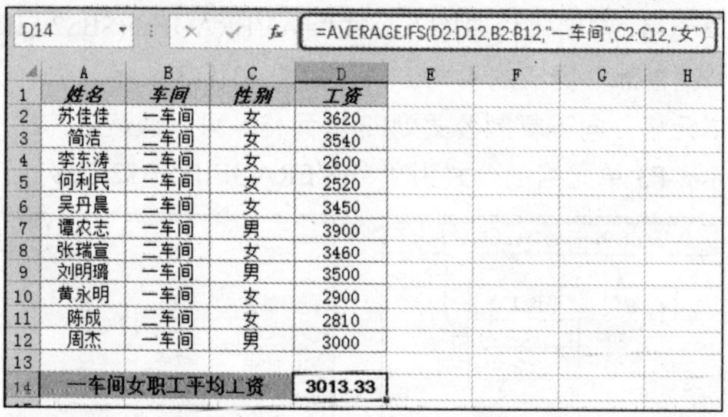

图 13-117

4. 返回企业中女性员工的最大年龄

对最大值的求解需要使用MAX函数。MAX函数用于返回数据集中的最大值。

=MAX（❶ 数值1，❷ 数值2，❸ 数值3……）

MAX 函数的语法很简单，参数为一系列数据组成的数据集可以要找出最大数值的 1~30 个数值，在销售记录表中返回销售金额的最大值或者在成绩表中返回得分最高的分数等都会用到 MAX 函数。

步骤 01 选中E2 单元格，在"公式"→"函数库"选项组中单击"自动求和"下拉按钮，在弹出的下拉菜单中单击"最大值"命令（如图 13-118 所示），建立如图 13-119 所示的公式。

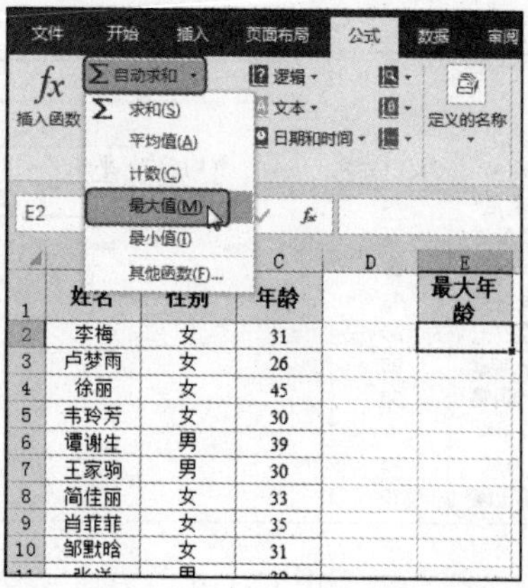

图 13-118

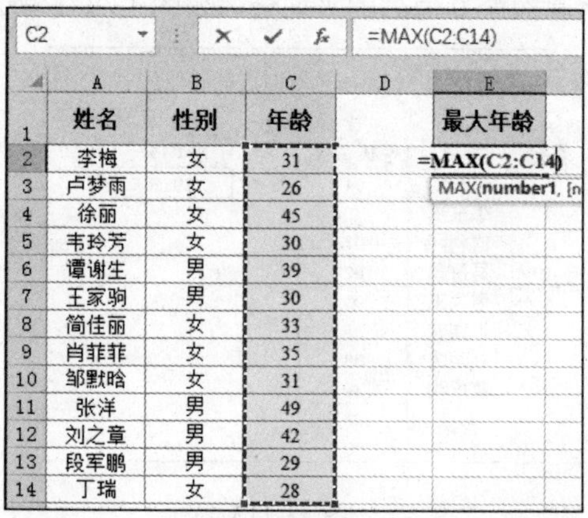

图 13-119

步骤 02 按Enter键即可得到年龄的最大值，如图 13-120 所示。

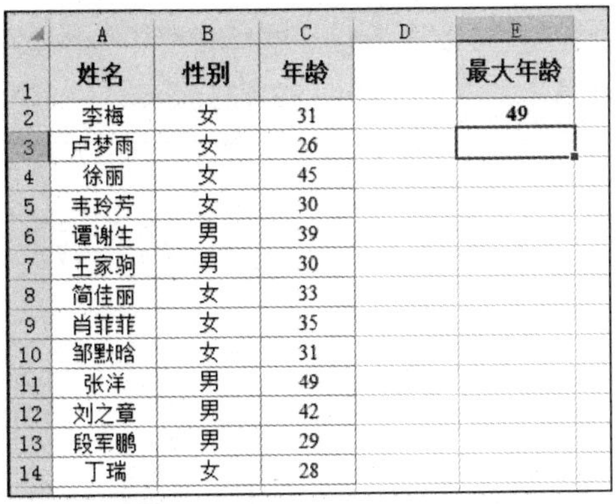

如果想统计出女性员工的最大年龄，则必须要满足"女"这个条件，但 Excel 函数中并没有 MAXIF 函数，参照前面介绍的 SUMIF、AVERAGEIF 函数，我们可以推理出 MAX(IF)函数可以用来返回满足指定条件的数据中最大的数值。由于并没有专门用于条件求最大值的函数，可以使用 MAX 函数并配合数组公式来实现按条件求最大值。

步骤 01 选中F2 单元格，在编辑栏中输入公式"=MAX((B2:B14="女")*C2:C14)"，如图 13-121 所示。

步骤 02 按Ctrl+Shift+Enter组合键即可得出性别为"女"的最大年龄，如图 13-122 所示。

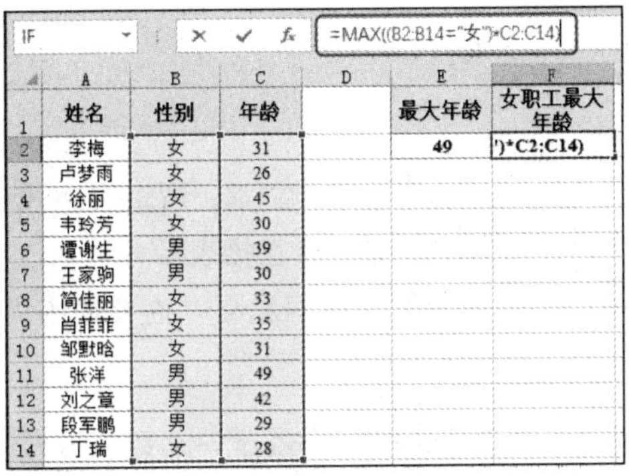

图 13-120

图 13-121

图 13-122

提示 与前面公式不同的是，此公式输入后是按Ctrl+Shift+Enter组合键结束而并不是按Enter键结束，这是因为比公式是一个数组公式（数组公式会用一对"{}"括住）。公式首先依次判断B2:B14单元格区域中有哪些是"女"，是则返回TRUE，不是则返回FALSE，组成一个数组。接下来将数组中的值依次与C2:C14单元格区域中的数据进行相乘，即年龄值分别与TRUE、FALSE相乘年龄值与TRUE值相乘依旧是年龄值，年龄值与FALSE相乘得0值，得到的还是一个数组，再使用MAX函数从这个数组中取最大值。

提示 与MAX函数用法完全相同的还有MIN函数，MIN函数用于返回数据集中的最小值。

5. 统计满足条件的记录条数

要统计满足条件的记录条数需要使用COUNTIF函数。COUNTIF函数也是比较常用的函数之一，专门用于解决按条件计数的问题。

=COUNTIF（❶ 计数区域，❷ 计数条件）

可以是数字、文本、逻辑表达式或者单元格的引用，如果是文本或者逻辑表达式则需要对其使用双引号。

在下面的表格中需要统计"女"性员工的人数。

选中F2 单元格,在编辑栏中输入公式"=COUNTIF(C2:C12,"女")",按Enter键即可统计出女性员工的人数,如图 13-123 所示。

	A	B	C	D	E	F
1	姓名	车间	性别	工资		女性人数
2	苏佳佳	一车间	女	3620		8
3	简洁	二车间	女	3540		
4	李东涛	二车间	女	2600		
5	何利民	一车间	女	2520		
6	吴丹晨	二车间	女	3450		
7	谭农志	一车间	男	3900		
8	张瑞宣	二车间	男	3460		
9	刘明璐	一车间	男	3500		
10	黄永明	一车间	男	2900		
11	陈成	二车间	女	2810		
12	周杰	一车间	男	3000		

图 13-123

6. 统计大于指定分值的人数

在讲解COUNTIF函数的参数时讲到第2参数为计数条件,可以是数字、文本、逻辑表达式或单元格的引用。当第2参数是表达式时可以表示为">80""=60",但却不能直接表示为">H2"这种方式,即比较运算符不能直接与单元格的引用相连接,那么如何解决此问题呢?需要使用"&"这个连接运算符将比较运算符与单元格引用连接起来。

步骤01 在工作表中输入数据并建立好辅助列标识,其中D2:D3 单元格区域中的数据公式需要引用到。

步骤02 选中E2 单元格,在编辑栏中输入公式"=COUNTIF($B$2:$B$15,">="&D2)",按Enter键即可统计出大于 60 分的人数,如图 13-124 所示。

步骤03 选中E2 单元格,向下复制公式到E3 单元格,即可统计出大于 80 分的人数,如图 13-125 所示

图 13-124   图 13-125

7. 统计指定分部销量达标的人数

要统计出指定分部中销量达标的人数,显然要求满足两个条件,一是指定分部,二是指定销量,需要使用COUNTIFS函数来设置公式。COUNTIFS函数可以进行满足多条件时的计数统计。

=COUNTIFS（（❶条件1表达式），（❷条件2表达式），（❸条件1表达式），（❹条件1表达式）……）

选中E2 单元格，在编辑栏中输入公式"=COUNTIFS(B2:B11,"一部",C2:C11,">300")"，按Enter 键即可统计出一部中销量达标（高于 300）的员工人数，如图 13-126 所示。

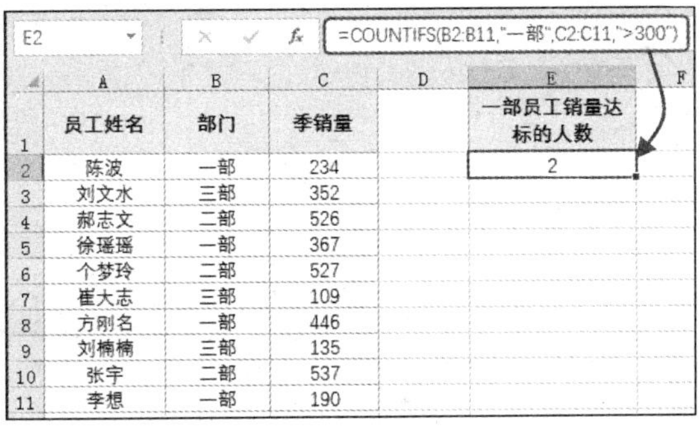

图 13-126

13.5.5 查找函数

LOOKUP函数与VLOOKUP函数也是比较常用的查找函数。用于从庞大的数据库中快速找到满足条件的数据，并返回相应的值，是日常办公中不可缺少的函数之一。

1. 查找利器 LOOKUP

LOOKUP函数是一个较为重要的查找函数，它的参数如下。

LOOKUP 函数的第 2 参数可以设置为任意行列的常量数组或区域数组，但无论是什么数组，查找值所在行或列的数据都应按升序排列。函数将在这个数组的首列或首行中查找与第 1 参数匹配的值，并返回数值最后一列或最后一行对应位置的数据。

=LOOKUP（❶查找值，❷数组）

如图13-127所示，在G2单元格中使用公式"=LOOKUP（A2,C2:E9）"，在C2:E9单元格区域的首列上查找与"210"相匹配的值，找到后，返回对应在E列上的值。

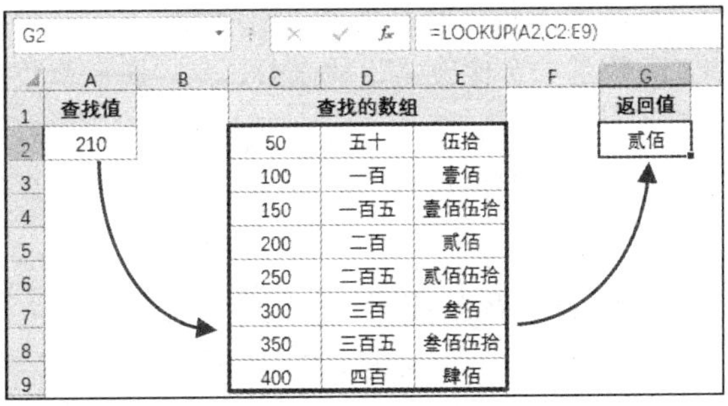

图 13-127

在人事信息数据表中，记录了所有员工的性别和担任的职位，要求快速查找任意指定员工的职位信息。

步骤01 单击A列中的任意单元格，在"数据"→"排序和筛选"选项组中单击"升序"按钮

（如图 13-128 所示），使表格中的数据按照姓名升序排列，如图 13-129 所示。（注意：利用LOOKUP函数查询时，一定要对数组的第一列进行升序排列。）

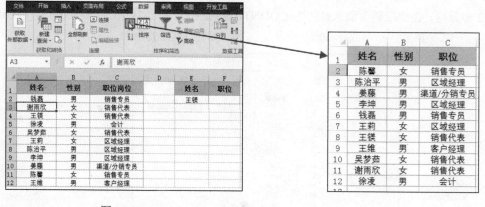

图 13-128　　　　　　　　　　　　　　　　　　　图 13-129

步骤 02　选中F2 单元格，在编辑栏中输入公式"=LOOKUP(E2, A2:C12)"，按Enter键即可返回"王镁"的职位，如图 13-130 所示。

步骤 03　建立公式后，当改变E2 单元格中的查询对象时，F2 单元格则会重新自动查询。如输入"李坤"，按Enter键即可返回"李坤"的职位，如图 13-131 所示。

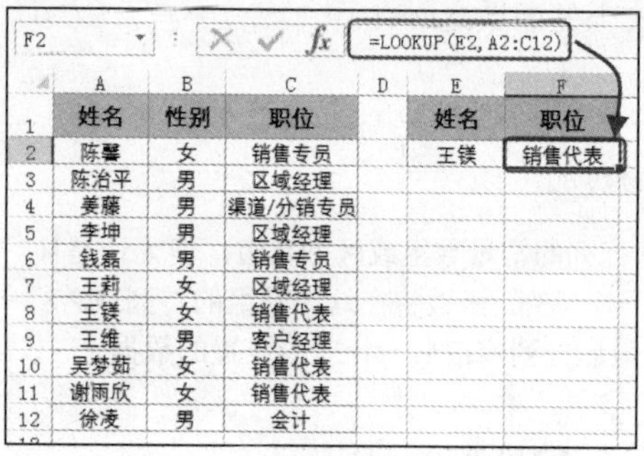

图 13-130 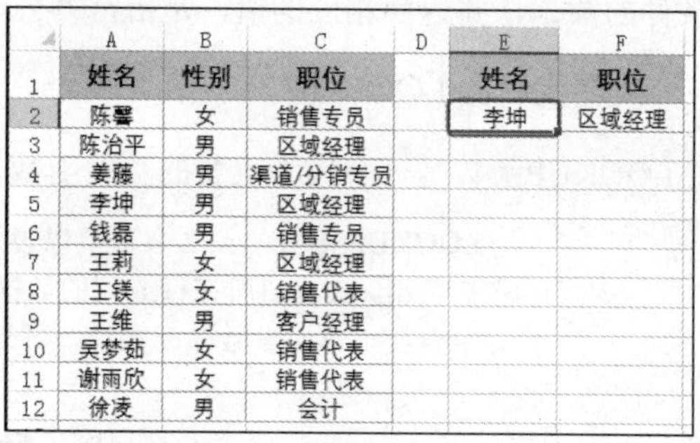　　　　　　　　　　　　　　　　　　　图 13-131

2. VLOOKUP 函数

VLOOKUP函数可以在表格或数值数组的首列查找指定的数值，并由此返回表格或数组当前行中指定列处的值。VLOOKUP函数是一个比较常用的函数，在实现多表数据查找与匹配中发挥着重要的作用。

VLOOKUP函数有三个参数，分别为指定查找的值或单元格、用于查找的区域以及返回值所对应的列号。

$$=VLOOKUP（❶ 要查找的值或单元格，❷ 用于查找的区域，$$
$$❸ 要返回值对应的列号）$$

第 3 参数决定函数要返回的内容，对于一条记录，它有多种属性的数据，
分别位于不同的列中，通过对该参数的设置可以返回要查看的内容。

在如图13-132所示的表格中，H2单元格中的公式指定返回第2列的数据，因此返回值为"周瑞"；在H4单元格中，公式指定返回第4列的数据，因此返回值为"人事部"。

	A	B	C	D	E	F	G	H
1	序号	姓名	性别	部门	职位		查询值	01
2	01	周瑞	女	人事部	HR专员		返回值	周瑞
3	02	于青青	女	财务部	主办会计		公式	=VLOOKUP(H1,A2:E9,2)
4	03	罗羽	女	财务部	会计		返回值	人事部
5	04	邓志诚	男	财务部	会计		公式	=VLOOKUP(H1,A2:E9,4)
6	05	程飞	男	客服一部	客服			
7	06	周城	男	客服一部	客服			
8	07	张翔	男	客服一部	客服			
9	08	华玉凤	女	客服一部	客服			

图 13-132

如图13-133所示为产品库存表（Sheet2），现在创建了另一张工作表（如图13-134所示），要求此产品库存表中匹配出这几个产品的库存数量及出库数量。

	A	B	C	D	E	F
1	产品名称	规格	上月结余	本月入库	库存总量	本月出库
2	柔润盈透洁面泡沫	150g	900	3456	4356	3000
3	气韵焕白套装	套	890	500	1390	326
4	盈透精华水	100ml	720	300	1020	987
5	保湿精华乳液	100ml	1725	380	2105	1036
6	保湿精华霜	50g	384	570	954	479
7	明星美肌水	100ml	580	340	920	820
8	能量元面霜	45ml	260	880	1140	1003
9	明星眼霜	15g	1485	590	2075	1678
10	明星修饰乳	40g	880	260	1140	368
11	肌底精华液	30ml	290	1440	1730	1204
12	精华洁面乳	95g	605	225	830	634
13	明星睡眠面膜	200g	1424	512	1936	1147
14	倍润滋养霜	50g	990	720	1710	1069
15	水能量套装	套	1180	1024	2204	1347
16	去角质素	100g	96	110	206	101
17	鲜活水盈润肤水	120ml	352	450	802	124
18	鲜活盈润乳液	100ml	354	2136	2490	2291

图 13-133

	A	B	C	D
1	产品名称	库存	出库	
2	气韵焕白套装			
3	盈透精华水			
4	保湿精华乳液			
5	保湿精华霜			
6	明星眼霜			
7	明星修饰乳			
8	水能量套装			
9	鲜活水盈润肤水			

| Sheet1 | Sheet2 | Sheet3 | ⊕ |

图 13-134

步骤 01 选中B2单元格,在公式编辑栏中输入公式"=VLOOKUP(A2,Sheet2!A$1:F$18,5,FALSE)",按Enter键即可从"Sheet2!A$1:$F$18"这个区域的首列匹配A2数据,匹配后返回对应在第5列上的值, 如图 13-135 所示。

步骤 02 按照相同的思路, 在C2 单元格中输入公式, 与前面公式不同的只是函数的第3参数, 因为"出库"列位于"Sheet2!A$1:$F$18"这个区域的第 6 列上, 所以将其设为 6, 如图 13-136 所示。

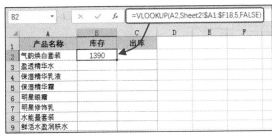

B2		× ✓ fx	=VLOOKUP(A2,Sheet2!$A1:$F18,5,FALSE)

	A	B	C	D	E	F
1	产品名称	库存	出库			
2	气韵焕白套装	1390				
3	盈透精华水					
4	保湿精华乳液					
5	保湿精华霜					
6	明星眼霜					
7	明星修饰乳					
8	水能量套装					
9	鲜活水盈润肤水					

图 13-135

C2		× ✓ fx	=VLOOKUP(A2,Sheet2!$A1:$F18,6,FALSE)

	A	B	C	D	E	F
1	产品名称	库存	出库			
2	气韵焕白套装	1390	326			
3	盈透精华水					
4	保湿精华乳液					
5	保湿精华霜					
6	明星眼霜					
7	明星修饰乳					
8	水能量套装					
9	鲜活水盈润肤水					

图 13-136

步骤 03 选中B2:C2 单元格区域,向下复制公式即可得到批量数据查询匹配的结果,如图 13-137 所示。

⊿	A	B	C	D
1	产品名称	库存	出库	
2	气韵焕白套装	1390	326	
3	盈透精华水	1020	987	
4	保湿精华乳液	2105	1036	
5	保湿精华霜	954	479	
6	明星眼霜	2075	1678	
7	明星修饰乳	1140	368	
8	水能量套装	2204	1347	
9	鲜活水盈润肤水	802	124	

图 13-137

提 示　在建立返回库存与出库数量的公式后，利用复制公式的办法可以快速得到其他需要查询的产品的库存数与出库数。这正是因为公式中对用于查询的区域"Sheet2!$A$1:$F$18"使用了绝对引用，以保证公式复制时其始终不变；对查找对象使用相对引用，公式复制时会自动变化。另外，返回库存量指定在"Sheet2!$A$1:$F$18"区域的第5列，返回出库量指定在"Sheet2!$A$1:$F$18"区域的第6列。

3. LOOKUP 实现按多条件查找

在进行数据查找时，多条件查找经常会遇到，但却并不好解决，可以使用LOOKUP函数来解决。

如图13-138所示的表格中统计了各个店铺第一季度的营销数据，需要建立公式查询指定店铺在指定月份所对应的营业额。

步骤 01　选中F3 单元格，在编辑栏中输入公式"= LOOKUP(1,0/((A2:A10=F1)*(B2:B10=F2)), C2:C10)"。

⊿	A	B	C	D	E	F
1	店铺	月份	营业额		查找店铺	上派
2	西都	1月	9876		查找月份	2月
3	红街	2月	10329		返回金额	
4	上派	3月	11234			
5	西都	1月	12057			
6	红街	2月	13064			
7	上派	3月	15794			
8	西都	1月	16352			
9	红街	2月	13358			
10	上派	3月	16992			

图 13-138

步骤 02　按Enter键即可返回该店铺 2 月份的营业额，如图 13-139 所示。

F3			fx	= LOOKUP(1,0/((A2:A10=F1)*(B2:B10=F2),C2:C10)			
⊿	A	B	C	D	E	F	G	H
1	店铺	月份	营业额		查找店铺	上派		
2	西都	1月	9876		查找月份	2月		
3	红街	1月	10329		返回金额	15794		
4	上派	1月	11234					
5	西都	2月	12057					
6	红街	2月	13064					
7	上派	2月	15794					
8	西都	3月	16352					
9	红街	3月	13358					
10	上派	3月	16992					

图 13-139

该公式是先执行两个比较运算"A2:A10=F1"和"B2:B10=F2"，判断店铺和月份是否满足查询条件，再执行乘法运算，得到一个由数组0和1组成的数组（只有TRUE与TRUE相乘时才返回1，其他全部返回0）。然后用数值0除以计算后得到的数组，得到一个由数值0和错误值#DIV/0组成的数组。在该数组中，查找小于或等于1的最大值，最后返回C2:C10单元格区域中对应位置的数据。这样就可以得到满足两个查询条件的结果。

上述公式计算原理如果不能理解，只要记住公式的查询模式的，无论要求满足几个条件的查找都可以轻松实现。如果查询条件不止两个，只需在LOOKUP函数的第2参数中添加用于判断是否符合查询条件的比较计算式，即总是按照如下的模式来套用公式即可。

$$=LOOKUP(1,0/((条件1区域=条件1)*(条件2区域=条件2)*$$
$$(条件3区域=条件3)*……(条件n区域=条件n)),返回值区域)。$$

当然我们实际工作中可能并不会应用太多的查询条件，一般两个或三个比较常用。

13.6 综合实例1：员工信息表的完善及查询

身份证号码是人事信息中一项比较重要的数据,在建表时一般都需要规划此项标识。并且身份证号码包含了持证人的多项信息，如性别信息、出生日期等信息。同时通过人事信息数据表员工的入职日期还可以计算工龄，并且当存在多条记录信息时，还能快速查询任意员工的基本信息。这些操作都可以利用函数建立公式来实现。

1. 身份证号码中提取有效信息

身份证号码的第7~14位表示出生年月日；第17位表示性别，单数为男性、偶数则为女性。因此可以建立公式提取这些信息。

步骤01 选中D3 单元格，在编辑栏中输入公式"=IF(MOD(MID(E3,17,1),2)=1,"男","女")"，按Enter键，即可从第一位员工的身份证号码中判断出该员工的性别，如图 13-140 所示。

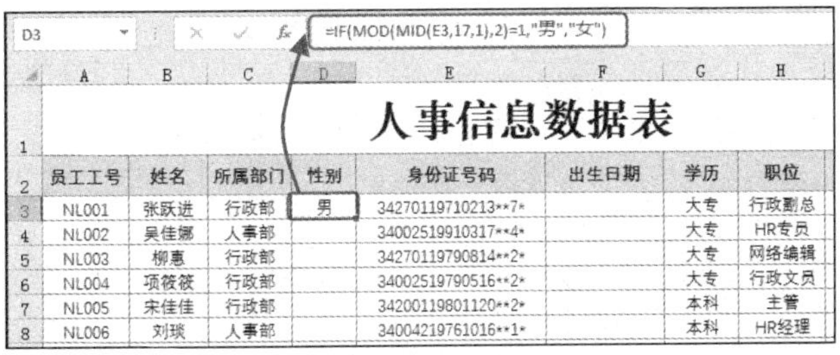

图 13-140

步骤02 选中D3 单元格，鼠标指针指向D3 单元格的右下角，当其变为黑色十字形时，向下拖动填充柄填充公式，释放鼠标，即可快速得出每位员工的性别，如图 13-141 所示。

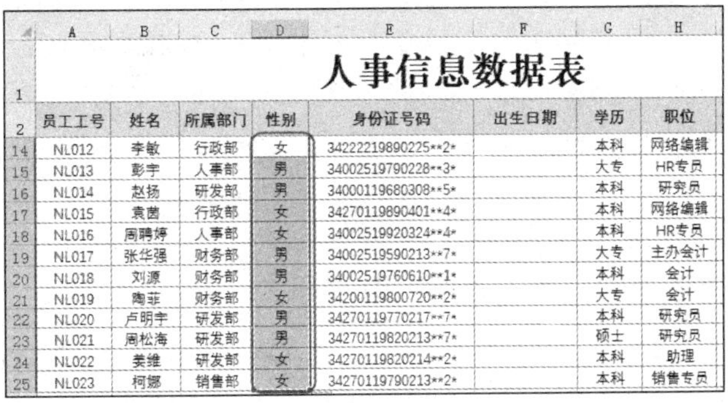

图 13-141

提示

公式 "=IF(MOD(MID(E3,17,1),2)=1,"男","女")" 用来判断18位身份证号码的倒数第二位是否能被2整除，即判断其是奇数还是偶数。如果不能被2整除则返回"男"，否则返回"女"。

该公式中还嵌套使用了MOD函数（数学函数）与MID函数（文本函数）。MOD函数可以返回两数相除的余数，结果的符号与除数相同。MID函数用于返回文本字符串中从指定位置开始的特定数目的字符，该数目可以由用户指定。

步骤 04 选中F3 单元格，在编辑栏中输入公式 " =CONCATENATE(MID(E3,7,4),"-", MID(E3,11,2),"-",MID(E3,13,2))"，按Enter键即可从第一位员工的身份证号码中提取出该员工的出生日期，如图 13-142 所示。

	A	B	C	D	E	F	G	H	I
	\multicolumn{9}{c}{人事信息数据表}
2	员工工号	姓名	所属部门	性别	身份证号码	出生日期	学历	职位	入职时间
3	NL001	张跃进	行政部	男	34270119710213**7*	1971-02-13	大专	行政副总	2009/5/8
4	NL002	吴佳娜	人事部	女	34002519910317**4*		大专	HR专员	2015/6/4
5	NL003	柳惠	行政部	女	34270119790814**2*		大专	网络编辑	2010/11/5
6	NL004	项筱筱	行政部	女	34002519790516**2*		大专	行政文员	2015/3/12
7	NL005	宋佳佳	行政部	女	34200119801120**2*		本科	主管	2015/3/5
8	NL006	刘瑛	人事部	男	34004219761016**1*		本科	HR经理	2010/6/18

图 13-142

步骤 05 选中F3 单元格，鼠标指针指向F3 单元格的右下角，当其变为黑色十字形时，向下拖动填充柄进行公式填充，即可快速得到每位员工的出生日期，如图 13-143 所示。

	A	B	C	D	E	F	G	H	I
	\multicolumn{9}{c}{人事信息数据表}
2	员工工号	姓名	所属部门	性别	身份证号码	出生日期	学历	职位	入职时间
13	NL011	简佳居	行政部	女	34212219911103**2*	1991-11-03	本科	网管	2013/6/11
14	NL012	李敏	行政部	女	34222219890225**2*	1989-02-25	本科	网络编辑	2015/1/2
15	NL013	彭宇	人事部	男	34002519790228**3*	1979-02-28	大专	HR专员	2016/4/18
16	NL014	赵扬	研发部	男	34000119680308**5*	1968-03-08	本科	研究员	2015/3/12
17	NL015	袁茜	行政部	女	34270119890401**4*	1989-04-01	本科	网络编辑	2011/7/10
18	NL016	周婷婷	人事部	女	34002519920324**4*	1992-03-24	大专	网管	2013/1/27
19	NL017	张华强	财务部	男	34002519590213**7*	1959-02-13	大专	主办会计	2013/4/15
20	NL018	刘源	财务部	男	34002519760610**1*	1976-06-10	本科	会计	2013/11/6
21	NL019	陶菲	财务部	女	34200119800720**2*	1980-07-20	本科	会计	2014/2/15
22	NL020	卢明宇	研发部	男	34270119770217**7*	1977-02-17	本科	研究员	2013/1/30
23	NL021	周松海	研发部	男	34270119820213**7*	1982-02-13	硕士	研究员	2014/2/15
24	NL022	姜维	研发部	男	34270119820214**2*	1982-02-14	本科	助理	2013/1/31
25	NL023	柯娜	销售部	女	34270119790213**2*	1979-02-13	本科	销售专员	2008/5/2

图 13-143

提示

公式 "=CONCATENATE(MID(E3,7,4),"-",MID(E3,11,2),"-",MID(E3,13,2))" 表示从E3单元格的第7位开始提取，共提取4位数字作为年；从E3单元格的第11位开始提取，共提取2位作为月；从E3单元格的第13位开始提取，共提取2位作为日，然后使用"-"符号将它们连接起来即可得到员工的出生日期。

2. 计算员工工龄

根据员工的入职时间，还可以使用函数计算出员工的工龄。

步骤 01 选中J3 单元格，在编辑栏中输入公式 "=DATEDIF(I3,TODAY(),"Y")"，按Enter键即可从第一位员工的入职时间中计算出该员工的工龄，如图 13-144 所示。

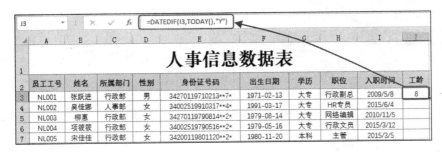

图 13-144

步骤 **02** 选中 J3 单元格，鼠标指针指向 J3 单元格的右下角，当其变为黑色十字形时，向下拖动填充柄填充公式即可得到每位员工的工龄，如图 13-145 所示。

员工工号	姓名	所属部门	性别	身份证号码	出生日期	学历	职位	入职时间	工龄
NL011	简佳丽	行政部	女	34212219911103**2*	1991-11-03	本科	网管	2013/6/11	4
NL012	李敏	行政部	女	34222219890225**2*	1989-02-25	本科	网络编辑	2015/1/2	3
NL013	彭宇	人事部	男	34002519790228**3*	1979-02-28	大专	HR专员	2016/4/18	2
NL014	赵扬	研发部	男	34000119680308**5*	1968-03-08	本科	研究员	2015/3/12	2
NL015	袁茵	行政部	女	34270119890401**4*	1989-04-01	本科	网络编辑	2011/7/10	6
NL016	周聘婷	人事部	女	34002519920324**2*	1992-03-24	本科	HR专员	2013/1/27	4
NL017	张华强	财务部	男	34002519590213**7*	1959-02-13	大专	主办会计	2013/4/15	4
NL018	刘源	财务部	男	34002519760610**1*	1976-06-10	本科	会计	2013/11/6	4
NL019	陶菲	财务部	女	34200119800720**2*	1980-07-20	大专	会计	2014/2/15	3
NL020	卢明宇	研发部	男	34270119770217**7*	1977-02-17	本科	研究员	2013/1/30	3
NL021	周松海	研发部	男	34270119820213**7*	1982-02-13	硕士	研究员	2014/2/15	3
NL022	姜维	研发部	女	34270119820214**2*	1982-02-14	本科	助理	2013/1/31	4
NL023	柯娜	销售部	女	34270119790213**2*	1979-02-13	本科	销售专员	2008/5/2	9

图 13-145

提 示

（1）TODAY 函数没有参数，它用于返回当前日期的序列号。

（2）"=DATEDIF(I3,TODAY(),"Y")" 计算出从 I3 单元格的日期到今天日期之间的差值。

（3）"Y" 这个参数用于确定提取差值中的整年数。

3. 建立员工信息查询系统

建立了人事信息数据表之后，如果企业员工较多，要想查询某位员工的数据信息会不太容易。我们可以利用 Excel 中的函数功能建立一个查询表，当需要查询某位员工的数据时，只需输入其工号即可快速查询。

步骤 **01** 员工信息查询表是建立在人事信息数据表的基础上，所以选择在同一个工作簿中插入新工作表，并建立查询标识，如图 13-146 所示。

步骤 **02** 选中 D2 单元格，在"数据"→"数据工具"选项组中单击"数据验证"下拉按钮，在下拉菜单中单击"数据验证"命令（如图 13-147 所示），通过数据验证功能设置此单元格的可选择序列（具体设置请参照本书第 10 章内容的介绍），如图 13-148 所示。

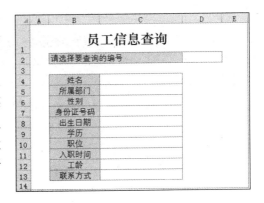

图 13-146

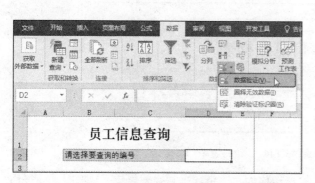

图 13-147

图 13-148

步骤 03 选中C4 单元格，在编辑栏输入公式"=VLOOKUP($D$2,人事信息数据表!$A$3:$L$100,ROW(A2))"，按Enter键，即可根据选择的员工工号返回员工的姓名，如图13-149 所示。

图 13-149

步骤 04 选中C4 单元格，鼠标指针指向C4 单元格的右下角，当其变为黑色十字形时向下拖动至C13 单元格中，释放鼠标即可返回各项对应的信息，如图 13-150 所示。

步骤 05 单击D2 单元格的下拉按钮，在其下拉列表中选择其他员工工号，系统即可自动更新返回相应的员工信息，如图 13-151 所示。

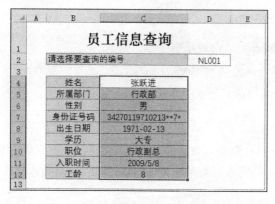

图 13-150

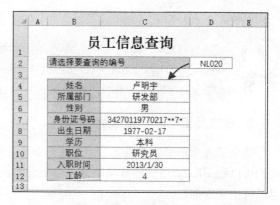

图 13-151

提 示

在人事信息数据表的$A$3:$L$100单元格区域的首列中查找与D2单格中相同的工号，找到后返回对应在第2列中的值，即对应的姓名。此公式中的查找范围与查找条件都使用了绝对引用方式，即在向下复制公式时单元格地址都是不改变的，唯一要改变的是用于指定返回人事信息数据表中$A$3:$L$100单元格区域哪一列值的参数。本例中使用了"ROW(A2)"来表示，当公式复制到C5单元格时，"ROW(A2)"变为"ROW(A3)"，返回值为3；当公式复制到C6单元格时，"ROW(A2)"变为"ROW(A4)"，返回值为4，依次类推。

13.7 综合实例2：加班费统计

对于用人单位而言，支付加班费能够有效地抑制用人单位随意地延长工作时间，进而保护劳动者的合法权益。在对加班记录进行正确登记后，到月末需要对每个人的加班费进行核算。

1. 根据加班性质计算加班费

加班记录是需要按实际加班情况逐条记录的，每条记录都需要记录加班开始时间与结束时间，再根据加班时间来计算每条加班记录的加班费。

假设员工日平均工资为150元，平时加班费为每小时18.75元，双休日加班费为平时加班的2倍。有了这些已知条件后，就可以设置公式来计算加班费。

步骤01 选中G3单元格，在编辑栏中输入公式"=(HOUR(F3)+MINUTE(F3)/60)-(HOUR(E3)+MINUTE(E3)/60)"，按Enter键即可计算出第一条加班记录的加班小时数，如图13-152所示。

图 13-152

步骤02 选中G3单元格，鼠标指针指向G3单元格的右下角，当其变为黑色十字形时，向下拖动填充柄填充公式，即可得到每条加班记录的加班小时数，如图13-153所示。

图 13-153

提示 先提取F3单元格中时间的小时数，再提取F3单元格中时间所对应的分钟数，除以60可以转化为小时数，二者相加即为F3单元格中时间所对应的小时数；按照相同的方法对E3单元格中的时间进行转换，再取F3单元格时间对应小时数与其之间的差值即可得到加班小时数。

步骤 **03** 选中H3 单元格，在编辑栏中输入公式 "=IF(D3="平常日",G3*18.75,G3*(18.75*2))"。按Enter键即可计算出第一条加班记录所对应的加班费，如图 13-154 所示。

图 13-154

步骤 **04** 选中H3 单元格，鼠标指针指向H3 单元格的右下角，当其变为黑色十字形时，向下拖动填充柄填充公式，即可得到每条加班记录所对应的加班费，如图 13-155 所示。

图 13-155

2. 每位加班员工加班费汇总统计

由于一位员工可能对应多条加班记录，因此当完成本月所有员工加班记录的统计后，需要对每位加班员工的加班费进行汇总统计。

步骤 **01** 在空白位置上建立 "姓名" 与 "加班费" 列标识，注意姓名是不重复的，应为所有有加班记录的人员，如图 13-156 所示。

图 13-156

步骤 **02** 选中K3 单元格，在编辑栏中输入公式 "=SUMIF($B$2:$B$32,J3,$H$3:$H$32)"。按Enter键即可统计出 "胡莉" 这名员工的总加班费用，如图 13-157 所示。

=SUMIF($B$2:$B$32, J3, $H$3:$H$32)

		份 加 班 记 录 表						
D	E	F	G	H	I	J	K
加班类型	开始时间	结束时间	加班小时数	加班费统计		姓名	加班费
平常日	17:30	21:30	4	75		胡莉	750
平常日	18:00	22:00	4	75		王青	
公休日	17:30	22:30	5	187.5		何以玫	
公休日	17:30	22:00	4.5	168.75		王飞扬	
公休日	17:30	22:00	3.5	131.25		童瑶瑶	
平常日	9:00	17:30	8.5	159.375		吴晨	
平常日	9:00	17:30	8.5	159.375		钱毅力	
平常日	17:30	20:00	2.5	46.875		管一非	
平常日	18:30	22:00	3.5	65.625		胡梦婷	
平常日	17:30	22:00	4.5	84.375			

图 13-157

步骤 **03** 选中K3 单元格，鼠标指针指向K3 单元格的右下角，当其变为黑色十字形时，向下拖动填充柄填充公式即可利用公式求出每一位员工的加班费合计金额，如图 13-158 所示。

× ✓ ƒx =SUMIF($B$2:$B$32, J3, $H$3:$H$32)

		0 月 份 加 班 记 录 表						
C	D	E	F	G	H	I	J	K
加班时间	加班类型	开始时间	结束时间	加班小时数	加班费统计		姓名	加班费
2015/10/2	平常日	17:30	21:30	4	75		胡莉	750
2015/10/2	平常日	18:00	22:00	4	75		王青	421.875
2015/10/3	公休日	17:30	22:30	5	187.5		何以玫	206.25
2015/10/4	公休日	17:30	22:00	4.5	168.75		王飞扬	515.625
2015/10/4	公休日	17:30	21:00	3.5	131.25		童瑶瑶	365.625
2015/10/5	平常日	9:00	17:30	8.5	159.375		吴晨	337.5
2015/10/6	平常日	9:00	17:30	8.5	159.375		钱毅力	196.875
2015/10/7	平常日	17:30	20:00	2.5	46.875		管一非	506.25
2015/10/8	平常日	18:30	22:00	3.5	65.625		胡梦婷	168.75
2015/10/9	平常日	17:30	22:00	4.5	84.375			

图 13-158

提 示　在统计每位员工的加班费时，可以在其他工作表中建立统计表，也可以如本例操作一样在当前表格中建立统计表。由公式得到的加班费用可以转换为数值后随意移到其他位置上使用。

第 **14** 章

数据的透视分析

应用环境

数据的透视表具有极其强大的功能，无论是人事数据、销售数据、生产数据、教育统计数据等，都可以使用它进行分类汇总的统计，并且可以通过简单地变动字段获取不同的统计结果。数据的透视表是办公人员必须掌握的数据分析工具。

本章知识点

① 了解数据透视表的作用与结构
② 数据透视表的创建与编辑
③ 在数据透视表中查看分析数据
④ 一键创建匹配的数据透视图

14.1　了解数据透视表

数据透视表是一种交互式报表，可以对大量数据进行快速分类汇总和比较。如果要分析相关的汇总值，尤其是在要合计较大的数据表并对每项汇总值进行多种比较时，可以使用数据透视表。并且可以通过设置不同的行和列字段，以快速查看不同的统计结果。

14.1.1　数据透视表的作用

数据透视表有机地整合了数据排序、筛选、分类汇总等数据分析功能的优点，建立数据透视表之后，通过拖动鼠标来调节字段的位置从而快速获取不同的统计结果，即表格具有动态性。还可以调整分类汇总的方式从而计算不同的汇总额，如计数或平均值等。另外，还可以根据数据透视表直接生成图表（数据透视图），从而更直观地查看数据分析结果。

如图14-1所示的表格，通过创建数据透视表，设置几个字段则可以快速统计出每个销售部门的提成总额（实际工作中可能会有更多条数据，这里只列举部分数据进行讲解）。

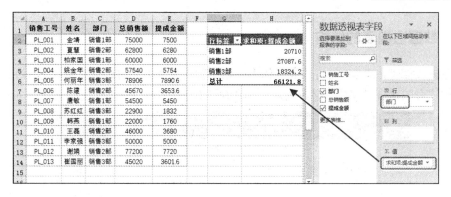

图 14-1

如图14-2所示的数据透视表，通过对字段进行分组设置，还可以统计出各个提成金额不同区间中所对应的人数。

图 14-2

如图14-3所示的表格为员工加班记录表，一位员工可能对应多条加班记录，加班记录表是按日期逐条记录的，因此在月末需要对每位员工的总加班费用进行核算。虽然数据看上去杂乱且找不到任何规律，但利用数据透视表可以很轻松地做出统计。建立数据透视表，添加"姓名""加班小时数""加班费统计"几个字段到相应的区域中即可得到统计结果，如图14-4所示。

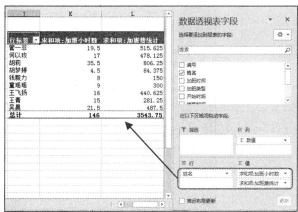

图 14-3
图 14-4

通过上述的几个例子可以看到通过数据透视表可以得到所需要的各种统计分析结果，同时对数据分析是非常有用和必要的。

14.1.2 数据透视表的结构

数据透视表创建完成后，就可以在工作表中显示数据透视表的结构与组成元素，还有专门用于编辑数据透视表的窗格，并显示字段列表，如图14-5所示。

图 14-5

在数据透视表中一般包含的元素有字段、项、Σ数值和报表筛选，下面我们来逐一认识这些元素的作用。

1. 字段

建立数据透视表后，源数据表中的列标识都会生成相应的字段，如图14-6所示，在"选择要添加到报表的字段"列表框中显示的都是字段名称。

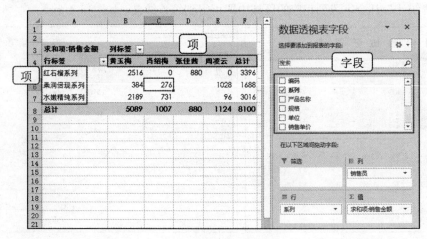

图 14-6

字段列表中的字段又可分为行字段、列字段和数值字段。如图14-6所示的数据透视表中，"系列"字段被设置为行标签、"销售员"字段被设置为列标签、"销售金额"字段被设置为数值字段。

2．项

项是字段的子分类或成员。如图14-6所示，行标签下的具体"系列"名称以及列标签下的具体"销售员"姓名都称作项。

3．Σ数值

可以设置数值字段中的值进行合并的计算类型。数据透视表中通常为包含数字的数值字段使用SUM函数，而为包含文本的数值字段使用COUNT函数。建立数据透视表并进行汇总分析时，可以选择其他的汇总函数，如AVERAGE、MIN、MAX 和 PRODUCT函数等。

4．报表筛选

在字段的下拉列表中可以设置在字段中显示的项，以便进行数据的筛选。当单击行标签或列标签的下拉按钮 时，即可打开字段的下拉列表，如图14-7所示和图14-8所示。

图 14-7

图 14-8

14.2 建立数据透视表

数据透视表是一种交互式报表，通过在数据透视表中设置不同的行标签、列标签以及数值字段可以得出不同的数据分析结果。数据透视表是对表格数据进行分析过程中一个必不可少的工具。

14.2.1 新建数据透视表

数据透视表的创建是基于已经建立好的数据表，需要在创建数据透视表之前对数据表进行整理，保证没有数据缺漏、没有双行标题等。

1．创建数据透视表

步骤01 打开数据表（如图 14-9 所示），选中数据表中的任意单元格，切换到"插入"→"表格"选项组中单击"数据透视表"命令按钮，如图 14-10 所示。

步骤02 打开"创建数据透视表"对话框，在"表/区域"文本框中显示了作为当前要建立的数据透视表的数据源（默认情况下将整张数据表作为建立数据透视表的数据源），如图 14-11 所示。

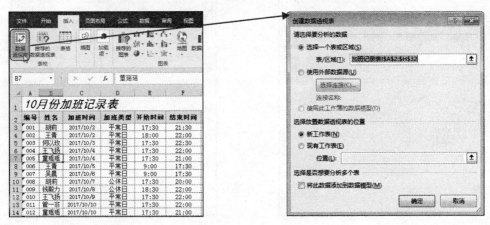

图 14-9

图 14-10   图 14-11

步骤 03 单击"确定"按钮即可新建了一张工作表，该工作表即为数据透视表，默认是空白的数据透视表，在右侧"数据透视表字段"窗格中可以设置数据透视表中将显示的字段，其中，字段就是数据表中所有的列标识，如图 14-12 所示。

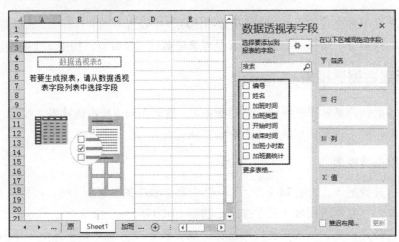

图 14-12

❉ 知识扩展 ❉

字段列表的显示样式

建立数据透视表后就会显示"数据透视表字段"右侧窗格，此窗格的显示样式是可以进行更改的，可以设置成"字段节和区域节并排"显示方式，也可以设置成"字段节和区域节层叠"等显示方式，如图14-13所示。

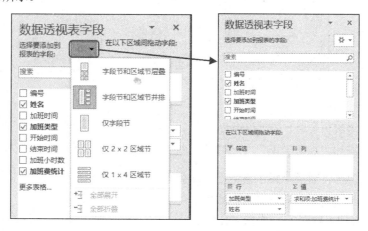

图 14-13

2. 添加字段

默认建立的数据透视表只是一个框架，要想得到相应的分析数据，则需要根据实际情况合理地设置字段，不同的字段布局可以得到不同的统计结果。沿用上面创建的数据透视表来介绍添加字段的方法。

步骤 01 选中数据透视表，在字段列表中选中"姓名"字段，按住鼠标左键不放将其拖至"行"区域中（如图 14-14 所示），释放鼠标左键，即可设置"姓名"字段为行标签。

步骤 02 在字段列表中选中"加班费统计"字段，按住鼠标左键不放将其拖至"值"区域中（如图 14-15 所示），释放鼠标左键，即可设置"加班费统计"字段为数值字段。

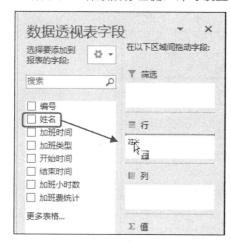

图 14-14

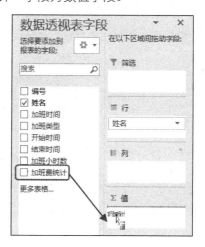

图 14-15

步骤 **03** 添加字段的同时，数据透视表会显示相应的统计结果，如图 14-16 所示，该统计结果为每位员工的加班费金额统计。

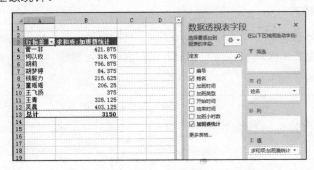

图 14-16

当数据表涉及多级分类时，还可以设置多个字段为同一标签，此时则又可以得到不同的统计结果。本例中还可以添加"加班类型"与"姓名"两个字段都为行标签。

步骤 **01** 在上面已设置的字段的基础上，接着选中"加班类型"字段，按住鼠标左键不放将该字段拖至"行"区域中，注意要放置在"姓名"字段的上方（如图 14-17 所示），释放鼠标左键，得到的统计结果如图 14-18 所示。先按"公休日"与"平常日"两种加班类型进行分类统计，再对相应的加班类型下不同人员的加班费用进行统计。

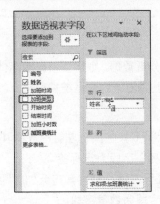

图 14-17

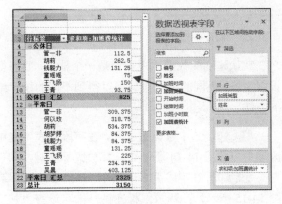

图 14-18

步骤 **02** 如果将"加班类型"字段放置在"姓名"字段的下方得到的统计结果如图 14-19 所示。

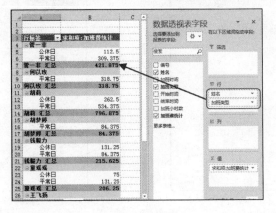

图 14-19

✺ 知识扩展 ✺

删除字段

添加字段后，如果想获取其他统计结果时，可以随时删除字段，然后重新添加字段。当要删除字段时，可以在区域中选中字段向外拖（如图14-20所示）即可删除字段，或者在字段列表中撤选字段前面的复选框。

图 14-20

14.2.2 更改数据源

在创建数据透视表后，如果需要重新设置数据源，不需要重新建立数据透视表，可以直接在当前的数据透视表中更改数据源即可。

步骤 01 选中当前数据透视表，切换到"数据透视表工具-分析"→"数据"选项组中单击"更改数据源"命令按钮（如图 14-21 所示），打开"更改数据透视表数据源"对话框，如图 14-22 所示。

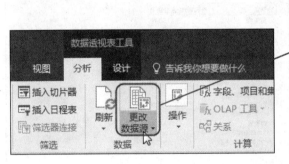

图 14-21

图 14-22

步骤 02 单击"表/区域"右侧的拾取器按钮 ⬆，返回到工作表中重新选择数据源即可。

14.2.3 数据透视表的刷新

若原工作表中的数据发生更改，此时则需要刷新原数据透视表以便重新得到正确的统计结果。

选中数据透视表，单击"数据透视表工具-分析"→"数据"选项组中的"刷新"下拉按钮，从下拉菜单中单击"刷新"命令（如图 14-23 所示）即可让数据透视表按新数据源重新汇总得出统计结果。

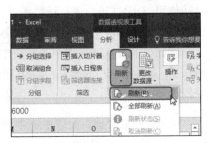

图 14-23

提示 在修改数据源时，如果更改了字段的名称（原数据表中的列标识），而且该字段之前已经被添加到数据透视表中，此时则会被自动删除，需要重新添加。

14.3 编辑数据透视表

建立数据透视表后，可以对数据透视表进行一系列的编辑操作，比如改变字段的显示顺序、更改统计字段的算法等来达到不同的统计目的。还可以移动、删除数据透视表，优化数据透视表的显示效果等。

14.3.1 字段设置

1．调整字段的显示顺序

添加多个字段为同一标签后，可以调整字段的显示顺序来得到不同的统计结果。

在"行"区域中单击要调整的字段，在打开的下拉菜单中选择"上移"或"下移"命令（如图 14-24 所示）即可调整字段的显示顺序。可对比字段调整前后的统计结果，如图 14-25 所示，与图 14-24 的统计结果不同。

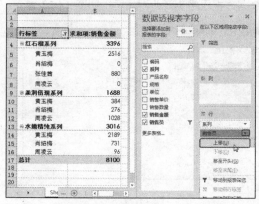

图 14-24　　　　　　　　　　图 14-25

2．更改默认的汇总方式

当设置某个字段为数值字段后，数据透视表会自动对数值字段中的数据进行合并计算。其默认的计算方式为如果字段是数值数据会自动使用SUM函数进行求和运算，如果字段是文本数据则会自动使用COUNT函数进行计数统计。如果想得到其他的计算结果，如求最大最小值、求平均值等，则需要对数值字段中数据的合并计算类型进行修改。

例如当前数据透视表中的数值字段为两个科目的成绩，默认是对成绩进行求和运算（如图14-26所示），对各个部门的考核成绩求和不具备太大意义。可以通过更改汇总方式来统计出各个部门的平均成绩。

步骤 01 在"值"区域中选中要更改其汇总方式的字段，单击即可打开下拉菜单，单击"值字段设置"命令（如图 14-27 所示），打开"值字段设置"对话框。

图 14-26

步骤 02 单击"值汇总方式"标签,在列表框中可以选择汇总方式,如此处选择"平均值"选项,如图 14-28 所示。

图 14-27   图 14-28

步骤 03 单击"确定"按钮即可更改默认的求和汇总方式为求平均值汇总方式,如图 14-29 所示。按照相同的方法将"顾客心理"字段的值汇总方式也更改为求平均值汇总方式,如图 14-30 所示。

图 14-29   图 14-30

提 示 针对此数据透视表,还可以设置值汇总方式为最大最小值,直观查看各个部门中两个考核科目的最高分与最低分。

3．更改数据透视表的值显示方式

设置数据透视表的数值字段之后,还可以设置值显示方式。在如图14-31所示的数据透视表中统计了各个部门的总销售额,现在要求统计各个部门的销售额占总销售额的百分比。

图 14-31

步骤 **01** 选中数据透视表，在"值"区域中单击要更改其显示方式的字段，在打开的下拉菜单中单击"值字段设置"命令（如图 14-32 所示），打开"值字段设置"对话框。

步骤 **02** 单击"值显示方式"标签，在"值显示方式"的下拉列表框中选择"总计百分比"选项，如图 14-33 所示。

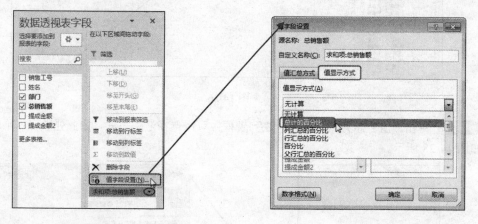

图 14-32　　　　　　　　　　　　　　　　图 14-33

步骤 **03** 单击"确定"按钮，在数据透视表中就已统计出部门的销售额占总销售额的百分比，如图 14-34 所示。

行标签	求和项:总销售额
销售1部	30.32%
销售2部	41.46%
销售3部	28.22%
总计	**100.00%**

图 14-34

14.3.2　显示明细数据

建立数据透视表之后，在对各个字段以及数值字段进行汇总统计后，如果需要查看明细数据，可以通过以下方法实现。

步骤 **01** 比如想查看"柔润倍现系列"的明细数据，则双击"柔润倍现系列"对应的汇总项 B9 单元格，如图 14-35 所示。

步骤 **02** 双击后即可新建一个工作表，该工作表用于显示"柔润倍现系列"的明细数据，如图 14-36 所示。

行标签	求和项:销售金额
红石榴系列	3396
黄玉梅	2516
肖绍梅	0
张佳普	880
周凌云	0
柔润倍现系列	1688
黄玉梅	384
肖绍梅	276
周凌云	1028
水嫩精纯系列	3016
黄玉梅	2189
肖绍梅	731
周凌云	96
总计	8100

编码	系列	产品名称	规格	单位	销售单价	销售数量	销售金额	销售员
C-0003	柔润倍现系列	柔润倍现套装	套		288	0	0	黄玉梅
C-0002	柔润倍现系列	柔润盈洁盂150g	瓶		48	8	384	黄玉梅
C-0005	柔润倍现系列	水嫩柔滑夜110g	瓶		69	4	276	肖绍梅
C-0006	柔润倍现系列	柔润倍现保湿50g	瓶		88	6	528	周凌云
C-0004	柔润倍现系列	柔润倍现保湿100ml	瓶		85	0	0	周凌云
C-0001	柔润倍现系列	柔润倍现盈透100ml	瓶		50	10	500	周凌云

图 14-35　　　　　　　　　　　　　　　　图 14-36

如果是双字段，双击二级字段下的汇总项B14单元格（如图14-37所示），显示出的明细数据则同时满足"水嫩精纯系列"与"黄玉梅"两个条件，如图14-38所示。

图 14-37

图 14-38

14.3.3　数据透视表的复制与删除

数据透视表是一种统计报表，得到的统计结果很多时候都需要复制到其他的地方使用。因此在得到统计结果后可以将其转换为普通表格，方便使用。

1．将数据透视表转换为普通表格

步骤 01　选中整张数据透视表，按Ctrl+C组合键进行复制。

步骤 02　在当前工作表或新工作表中选中一个空白单元格，在"开始"→"剪贴板"选项组中单击"粘贴"下拉按钮，在展开的下拉菜单中单击"值和源格式"命令按钮（如图14-39所示），即可将数据透视表转换为普通表格，如图 14-40 所示。

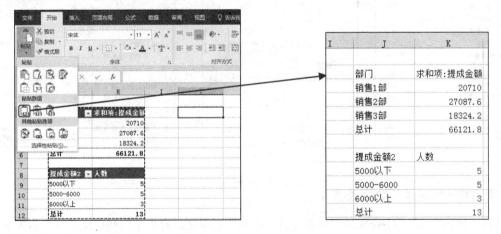

图 14-39

图 14-40

步骤 03　把数据透视表转换为普通表格后，就可以得到想要的统计结果，同时，可以重新设置表格的格式，也可以将表格中的数据复制到任意需要的位置上去应用。

2．数据透视表的删除

数据透视表是一个整体，不能单一地删除其中任意单元格的数据（删除时会弹出错误提示），要删除数据透视表中的数据就需要整体删除，其操作方法如下。

步骤01 选中数据透视表，在"数据透视表工具-分析"→"操作"选项组中单击"选择"下拉按钮，从下拉菜单中选择"整个数据透视表"命令（如图 14-41 所示），将整张数据透视表选中。

步骤02 按键盘上的Delete键，即可删除整张数据透视表。

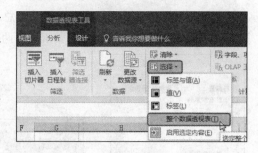

图 14-41

14.3.4 优化数据透视表

创建达到分析目的的数据透视表后，还可以对其布局及外观效果进行优化设置。

1. 更改数据透视表为表格布局

建立数据透视表时，默认是以压缩形式显示的，如图14-42所示的数据透视表有"系列"与"销售员"两个行标签，但在表格中并没有看见，而是只显示"行标签"字样，真正的标签名称被隐藏了。如果设置数据透视表的布局为"以表格形式显示"，则可以获取更好的显示效果。

步骤01 选中数据透视表，在"数据透视表工具-设计"→"布局"选项组中单击"报表布局"下拉按钮，从下拉菜单中单击"以表格形式显示"命令，如图 14-43 所示。

步骤02 执行上述命令后，数据透视表的显示效果如图 14-44 所示。

图 14-42

图 14-43

图 14-44

2. 套用样式快速美化数据透视表

"数据透视表样式"是Excel 2007版本之后提供的一项功能，提供了一些已经设置好的表格格式，建立好数据透视表后可以通过套用数据透视类样式来达到快速美化表格的目的。

步骤01 选中数据透视表中的任意单元格，在"数据透视表工具-设计"→"数据透视表样式"选项组中可以选择数据透视表套用的样式，单击"其他"按钮（如图 14-45 所示）即可打开下拉菜单，有多种样式可供选择，如图 14-46 所示。

步骤02 选中某一样式后，单击一次即可将样式应用到当前的数据透视表中，如图 14-47 所示。

图 14-45

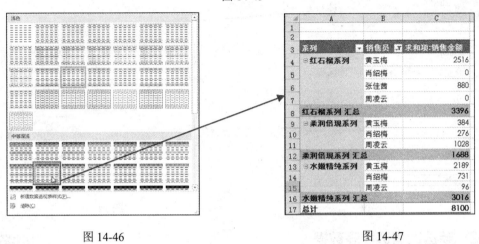

图 14-46   图 14-47

❈ **知识扩展** ❈

设置数据透视表的默认效果

如果希望数据透视表在创建时就自动应用某种效
果，可以进行设置。具体操作为在样式列表中找到目
标样式后，单击鼠标右键，在弹出的快捷菜单中单击
"设为默认值"命令即可，如图14-48所示。

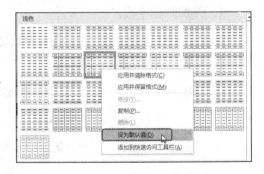

图 14-48

14.4　数据透视表分析

数据透视表是对数据进行分类统计的结果，对于统计后的数据还可以进行一系列的分析操作，
其目的也是为了更进一步获取更多有价值的数据。如对统计结果进行排序、筛选、分组等。

14.4.1　对数据透视表中的数据进行排序

要实现数据按数值字段进行排序，关键在于根据实际需要选中目标单元格，然
后执行排序命令即可。例如当前的数据透视表中是对日销售额进行的合并统计（因

为原数据表中一日会对应多条销售记录），对统计的结果可以进行排序，以直观查看销售额最高的日期。

选中"求和项：销售金额"列下的任意单元格，在"数据"→"排序和筛选"选项组中单击"降序"按钮（如图 14-49 所示）即可显示销售额降序排序的结果，如图 14-50 所示。

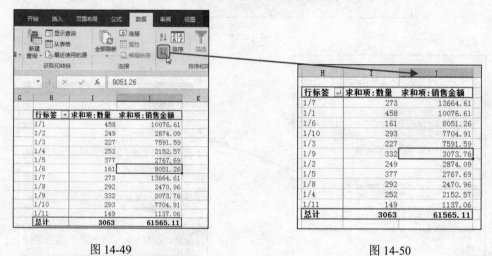

图 14-49   图 14-50

14.4.2 筛选数据透视表数据

在数据透视表中对数据进行筛选，以方便对特定数据进行查看。

1. 添加筛选字段

通过添加字段到"筛选"标签中也可以实现对数据透视表数据的筛选，从而有选择地统计目标数据。

步骤 01 添加"商品类别"字段到"筛选"区域中，如图 14-51 所示。

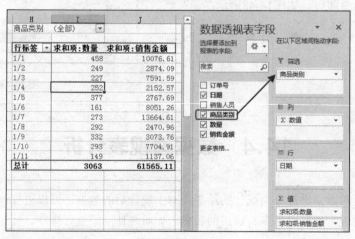

图 14-51

步骤 02 在数据透视表中单击筛选字段右侧的下拉按钮，选中"选择多项"复选框，然后撤选"全部"复选框，选中要显示项目前面的复选框，如选中"图书"，如图 14-52 所示。

步骤 **03** 单击"确定"按钮,当前数据透视表的统计结果则只是针对图书销售记录,其他商品类别则不在统计范围内,如图 14-53 所示。

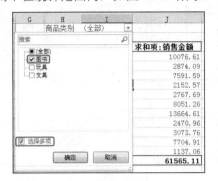

图 14-52	图 14-53

步骤 **04** 在进行数据筛选统计时,也可以一次性选中多个项目,如图 14-54 所示,同时选中"图书"与"玩具"两个项目。

步骤 **05** 单击"确定"按钮,当前数据透视表返回的则是针对"图书"与"玩具"类别的统计结果,如图 14-55 所示。

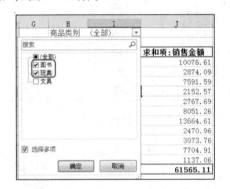

图 14-54	图 14-55

2.添加切片器快速实现数据筛选

切片器是Excel 2013以后版本中的新增功能,该功能提供一种可视性极强的筛选方式。插入切片器后,即可使用多个按钮对数据进行快速筛选统计,以显示所需要的数据。

步骤 **01** 选中数据透视表中的任意单元格,单击"数据透视表工具-分析"→"筛选"选项组中的"插入切片器"按钮(如图 14-56 所示),打开"插入切片器"对话框,如图 14-57 所示。

步骤 **02** 在"插入切片器"对话框中,选中要为其创建切片器的数据透视表字段的复选框,单击"确定"按钮即可创建一个切片器,如图 14-58 所示。

步骤 **03** 在切片器中,单击要筛选的项目即可显示筛选的统计结果,如图 14-59 所示显示的是"第一车间"费用支出的统计结果。

步骤 **04** 要筛选出多个项目,可以按住Ctrl键不放,使用鼠标左键依次选择即可。如图 14-60 所示显示的是多个筛选结果。

提 示

在"插入切片器"对话框中,可以通过选中项目前面的复选框来同时添加多个切片器。对多个切片器中项目的选择,实际上是实现"与"条件的筛选。

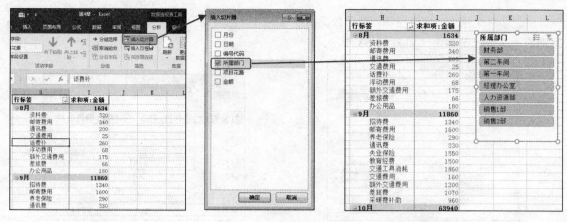

图 14-56　　　　　　　图 14-57　　　　　　　图 14-58

图 14-59

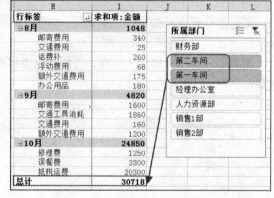

图 14-60

14.4.3　数据透视表字段的分组

对字段进行分组是指对过于分散的统计结果进行分段、分类等统计，从而获取某一类数据的统计结果。下面通过两个例子来进行学习。

1．以指定步长分组统计

当前数据表中记录了每位员工的工龄，现在想分析企业员工的稳定程度，即需要整体查看各个工龄段的人数。

步骤 01 在数据透视表中统计各个工龄段的人数时，默认的统计结果不会自动对工龄进行分组，而是只要员工中有对应的工龄就会显示，显示的结果比较分散，如图 14-61 所示。

步骤 02 选中"工龄"字段下的任意项，在"数据透视表工具-分析"→"分组"选项组中单击"分组选择"按钮，如图 14-62 所示。

图 14-61

步骤 **03** 打开"组合"对话框，在"步长"后的文本框输入"3"，如图 14-63 所示。

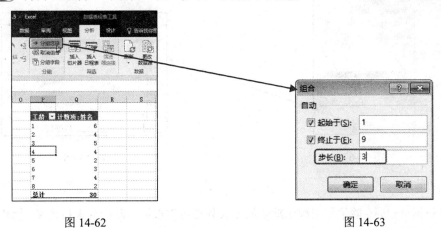

<table>
<tr><td>图 14-62</td><td>图 14-63</td></tr>
</table>

步骤 **04** 单击"确定"按钮即可看到各工龄段中对应的员工人数，如图 14-64 所示。通过分组后的结果可以看到该企业工龄在 1～3 年的员工人数居多。

步骤 **05** 选中"计数项：姓名"单元格，将其更改为"人数"，表格的最终效果如图 14-65 所示。

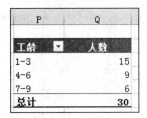

<table>
<tr><td>图 14-64</td><td>图 14-65</td></tr>
</table>

2．按月分组统计

如图 14-66 所示，数据透视表中按日期统计了产品对应的销售金额。由于日期过于分散，统计效果较差，此时可以对日期进行分组，从而汇总出各个月份的销售金额。

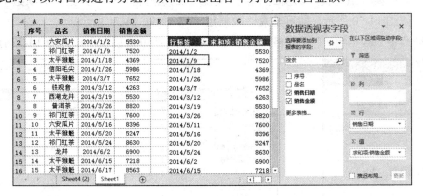

图 14-66

步骤 **01** 选中"销售日期"列下的任意单元格，切换到"数据透视表工具-分析"→"分组"选项组中单击"分组选择"按钮。

步骤 **02** 打开"组合"对话框，在"步长"列表框中选中"月"选项，如图 14-67 所示。

步骤 **03** 单击"确定"按钮，可以看到数据透视表即可按月汇总统计结果，如图 14-68 所示。

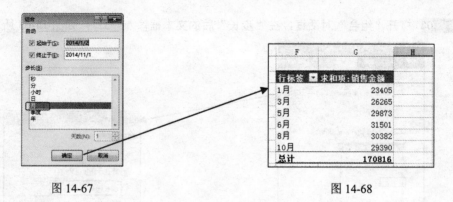

图 14-67 图 14-68

3. 手动分组

在进行数据分组时，除了使用程序默认的步长外还可以根据实际情况来自定义，操作起来只是稍多几个操作步骤，并无太大难度。

如图 14-69 所示的数据透视表想汇总各个提成区间的人数，设置"提成金额"为行标签、"姓名"字段为值标签时，默认的统计结果很分散。下面要对此数据透视表进行分组统计。

图 14-69

步骤 01 选中要分组的项，切换到"数据透视表工具-分析"→"分组"选项组中单击"分组选择"按钮（如图 14-70 所示）即可建立"数据组 1"，如图 14-71 所示。

步骤 02 选中"数据组 1"单元格，重新输入名称为"5000 以下"，如图 14-72 所示。

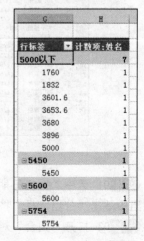

图 14-70 图 14-71 图 14-72

步骤 03 接着在数据透视表中选中要分为第二个组的项，切换到"数据透视表工具-分析"→"分组"选项组中单击"分组选择"按钮（如图 14-73 所示）即可建立"数据组 2"，如图 14-74 所示。

步骤 04 选中"数据组 2"单元格，重新输入名称为"5000-7000"，如图 14-75 所示。

图 14-73

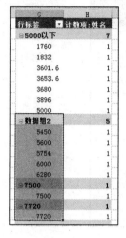

图 14-74

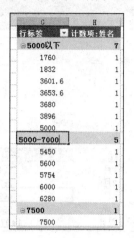

图 14-75

步骤 05 按照相同的方法建立第三个分组为"7000 以上"，如图 14-76 所示。单击组前面的 ⊟ 按钮可以将下面的明细项折叠起来（如图 14-77 所示），最终的分组效果如图 14-78 所示。

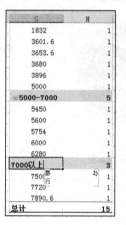

图 14-76

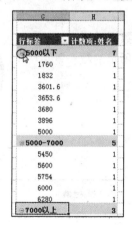

图 14-77

图 14-78

14.5　创建数据透视图反映统计结果

建立数据透视表后，可以以数据透视表为数据源直接生成图表（数据透视图），从而更加直观地查看、比较数据的分析结果。

14.5.1　创建数据透视图

数据透视图与数据透视表是同步显示的，可以直观地显示出数据透视表的统计结果。在创建数据透视表后可以快速生成数据透视图。

步骤 01 选中数据透视表中的任意单元格，在"数据透视表工具-分析"→"工具"选项组中单击"数据透视图"按钮（如图 14-79 所示），打开"插入图表"对话框。

步骤 02 在左侧单击"饼图"，在右侧选中子图表类型，如图 14-80 所示。

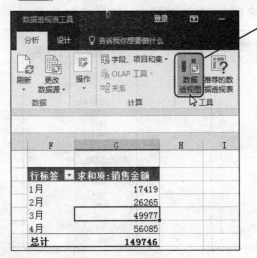

图 14-79

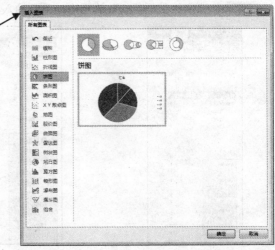

图 14-80

步骤 03 单击"确定"按钮，返回到数据透视表中，即可看到创建的数据透视图，如图 14-81 所示。

步骤 04 使用如图 14-82 所示的数据透视表，按类似的方法可以创建如图 14-83 所示的数据透视图。

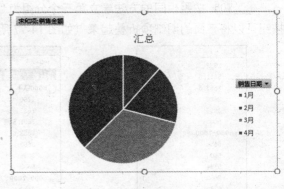

图 14-81

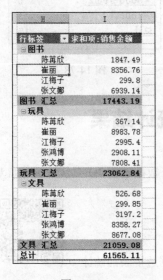

图 14-82

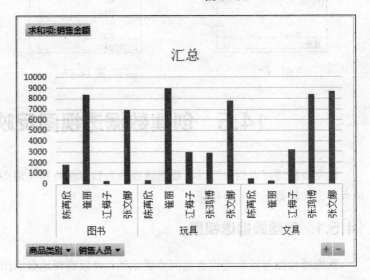

图 14-83

14.5.2 编辑及应用数据透视图

创建数据透视图后，可以对数据透视图进行编辑，比如一般会为其添加标题与数据标签等。

1. 添加图表名称

添加的数据透视图其默认名称一般都为"汇总"，因此需要重新将图表名称更改为与实际统计结果相符的名称。

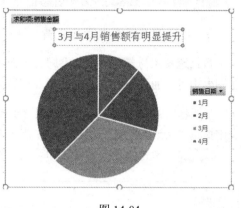

定位到标题编辑框中，光标闪烁，在其中输入新的标题文字即可，如图 14-84 所示。

2. 添加数据标签

可以为图表添加类别名称、值、百分比等数据标签。饼图一般都需要这项操作。

图 14-84

步骤 01 选中图表，单击图表右上角的"图表元素"按钮，在展开的菜单中鼠标指针指向"数据标签"，在子菜单中单击"更多选项"命令，如图 14-85 所示。

步骤 02 打开"设置数据标签格式"右侧窗格，选中"类别名称"和"百分比"复选框，如图 14-86 所示。

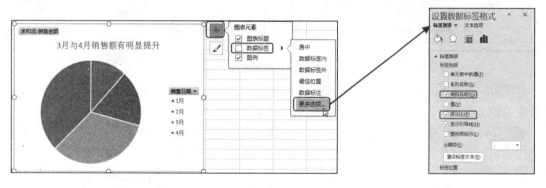

图 14-85   图 14-86

步骤 03 执行上述操作后，即可看到为图表添加的数据标签，如图 14-87 所示。

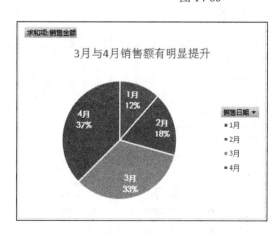

图 14-87

3. 在数据透视图中筛选查看

数据透视图与普通图表的不同之处在于添加的行标签、列标签、值等字段也会显示在图表中，在图表中可以通过筛选的方法只对部分数据进行比较，从而更加针对性地查看各种数据分析结果。

步骤01 如图 14-88 所示的数据透视图，单击"商品类别"字段右侧的下拉按钮，在打开的列表中撤选"全选"复选框，然后选中想查看的那个类别（也可以一次选中多个）。

步骤02 单击"确定"按钮即可查看到只针对"图书"类别的图表，如图 14-89 所示。

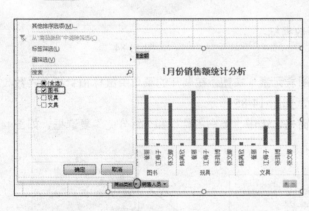

图 14-88

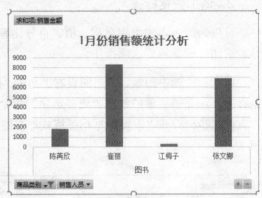

图 14-89

步骤03 单击"销售人员"字段右侧的下拉按钮，在打开的列表中撤选"全选"复选框，选中想查看的销售员（也可以一次选中多个，比如比较某两位销售员的销售业绩），如图 14-90 所示。

步骤04 单击"确定"按钮即可查到指定销售员销售金额的统计分析结果，如图 14-91 所示。

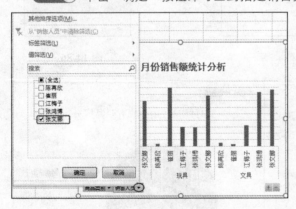

图 14-90

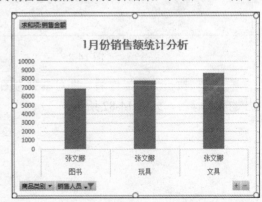

图 14-91

14.6　综合实例：报表分析员工档案数据

　　在"人事信息数据表"中记录了每个员工的年龄、学历、所在部门、入职日期、工龄等信息，针对"人事信息数据表"，可以通过建立数据透视表来进行多项数据的分析。

1. 编制员工学历层次统计数据透视表

　　步骤01　在"人事信息数据表"中选中"学历"列单元格区域，单击"插入"→"表格"选项组中的"数据透视表"按钮，如图 14-92 所示。

　　步骤02　打开"创建数据透视表"对话框，在"表/区域"文本框中显示了选中的单元格区域，选中"新工作表"单选按钮，如图 14-93 所示。

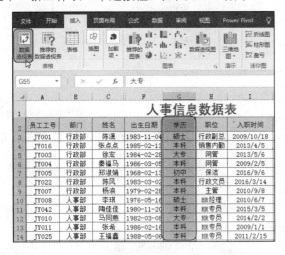

图 14-92

图 14-93

　　步骤03　单击"确定"按钮即可新建数据透视表。本例只选中一列数据来创建数据透视表，因此只有一个字段，同一字段可以添加到不同的标签中。将"学历"字段添加为行标签字段，接着再添加"学历"为数值字段（默认汇总方式为计数），如图 14-94 所示。

图 14-94

步骤 04 在"值"区域中单击"学历"下拉按钮,在其下拉菜单中选择"值字段设置"命令,打开"值字段设置"对话框。在"自定义名称"文本框中输入名称为"人数",单击"值显示方式"标签,在列表框中选择"总计的百分比"显示方式,如图 14-95 所示。

步骤 05 单击"确定"按钮返回到数据透视表中,可以看到各个学历层次人数占总人数的百分比,将"行标签"更改为"学历分类",接着在表格第二行中输入表格的标题,如图 14-96 所示。

图 14-95

图 14-96

2. 建立员工学历层次分析透视图

创建数据透视表统计出企业员工的学历层次后,还可以创建数据透视图将其直观地表现出来。

步骤 01 选中数据透视表中的任意单元格,切换到"数据透视表工具-分析"→"工具"选项组中单击"数据透视图"按钮,如图 14-97 所示。

步骤 02 打开"插入图表"对话框,在左侧列表框中单击"饼图"选项,接着单击"三维饼图"子图表类型,单击"确定"按钮,如图 14-98 所示。

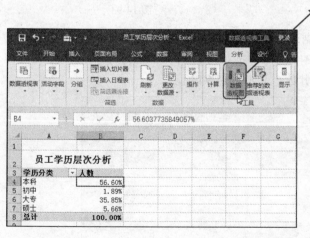

图 14-97

图 14-98

步骤 03 返回工作表中,即可看到新建的数据透视图,如图 14-99 所示。

步骤 04 选中图表,单击"数据透视图工具-设计"→"图表样式"选项组中的"其他"下拉按钮(如图 14-100 所示),从展开的样式列表中可以选择样式套用来快速美化图表,如图 14-101所示。

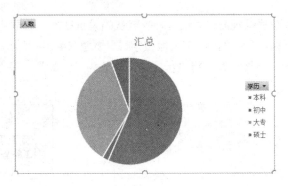

图 14-99

图 14-100

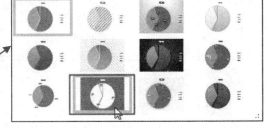

图 14-101

步骤 05 单击"样式 10"后,可以让图表达到如图 14-102 所示的效果。

3. 编制员工年龄层次分析数据透视表

根据人事信息数据表还可以对员工的工龄层次进行分析,以分析企业员工的稳定情况。

步骤 01 在"人事信息数据表"中选中"姓名"列至"工龄"列的单元格区域,在"插入"→"表格"选项组中单击"数据透视表"按钮,如图 14-103 所示。

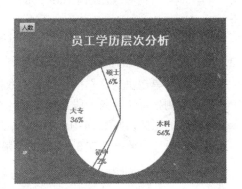

图 14-102

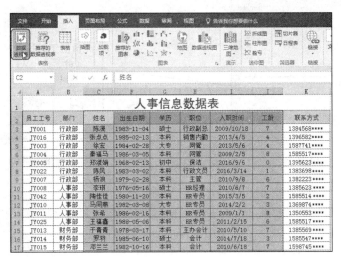

图 14-103

步骤02 打开"创建数据透视表"对话框，以默认的设置在新工作表中创建数据透视表。添加"工龄"字段为行标签字段，添加"姓名"为数值字段，如图 14-104 所示。

步骤03 在第二行输入表格标题，将"行标签"更改为"工龄"，将"计数项：姓名"更改为"人数"，如图 14-105 所示。

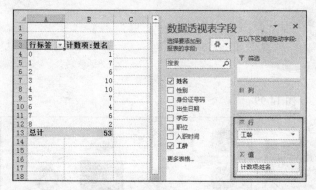

图 14-104

图 14-105

步骤04 选中"工龄"字段下的任意单元格，在"数据透视表工具-分析"→"分组"选项组中单击"分组选择"按钮（如图 14-106 所示），打开"组合"对话框。

步骤05 根据需要设置步长（本例中设置为"3"），如图 14-107 所示。

步骤06 单击"确定"按钮返回到数据透视表中，即可看到按指定步长分段显示工龄并统计出每个工龄段下的人数，如图 14-108 所示。从统计结果中可以看到员工主要分布在 3～5 年的工龄段中，企业员工还是相对稳定的。

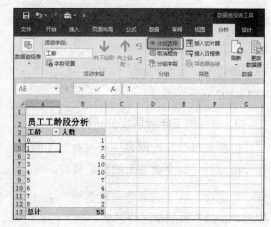

图 14-106

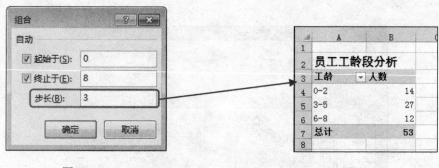

图 14-107

图 14-108

第 **15** 章

编辑 Excel 图表

应用环境

图表是将工作表中的数据用图形表示出来，能让用户更清晰、更有效地处理数据。图表是日常商务办公中是常用的数据分析工具之一。

本章知识点

① 了解商务图表的布局特点及美化原则
② 图表的创建方法与编辑
③ 坐标轴、数据系列等的优化调整
④ 图表中对象的美化

15.1 正确认识图表

图表可以直观反映数据，在日常生活与工作中在分析某些数据时，常会应用图表来比较数据、展示数据的发展趋势等。图表在现代商务办公中是非常重要的，比如编制总结报告、商务演示、招投标方案等，几乎都会应用到数据图表。

在报告中应用好看的图表可以瞬间降低纯文字报告带来的枯燥感，同时还要以提升数据的说服力。如图 15-1 所示的是分析报表，应用了多个图表。通过该报表，可以让人能直观地感受到图表的可视化效果有多强大，远比纯数据的说明给人的脑海中留下的印象深刻得多，同时也比纯数据更易阅读，是现代商务办公人士所乐于接受的表达方式。

要用好图表除了掌握其编辑方法外，还需要常握一些规则，如图表的布局规则、美化规则等。

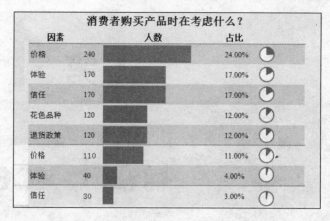

图 15-1

15.1.1 商务图表的布局特点

图表在现代商务办公中是非常重要的，它可以清晰呈现数据，将重要的信息更直观地传达给客户。要想做出比较专业的商务图表，了解其布局规则是十分有必要的。

我们先来看一个图表（如图 15-2 所示），该图表就是一个典型的商务图表的范例。

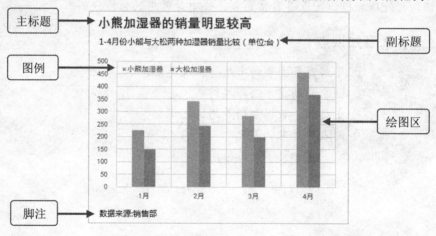

图 15-2

1. 完整的构图要素

图表除了可以直观地展示数据外，更重要的是要让人一眼就能明白图表所表达的意思。根据图 15-2 所示的图表，可以总结出商务图表的 5 个基本构成要素，分别是主标题、副标题、图例、绘图区和脚注。

主标题是用来阐明重要信息的，对任何图表而言，都不能缺少；而副标题是用来补充说明图表的；脚注一般表明数据来源等信息。图例是在两个或两个以上数据系列图表中出现的，一般在单数据系列的图表中不需要图例。

2. 突出的标题区

图表的标题与文档、表格的标题一样，是用来阐明图表的主要内容的。为了让人能够一眼就获取图表的重要信息，标题区需要鲜明突出，一般通过位置、字体的大小、文字格式等来突出标题区。图表的主标题有专用的占位符，一般我们将标题放在图表的最上方。

除了用字体与文字格式等来突出标题外，还要注意一定要把图表想表达的信息写入标题，因为通常标题明确的图表，能够更快速地引导阅读者理解图表的意思，读懂分析目的。可以使用"会员数量持续增加""A、B 两种产品库存不足""新包装销量明显提升"等类似直达主题的标题，不要使用意思模糊，还需要让阅读者去分析图表所表达目的的标题文字。如图 15-3 和图 15-4 所示的标题都直达主题，让阅读者一眼明了。

副标题一般放在主标题的下方，需要通过绘制文本框的方式添加，用于对图表信息作更加详尽的说明。主标题和副标题用字体的格式、字号来区分。

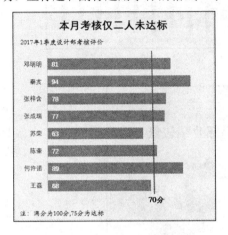

图 15-3

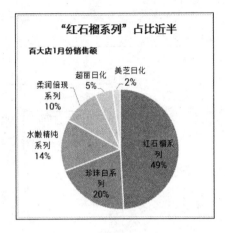

图 15-4

3. 不要把众多数据都写入图表

数据源表格通常会记录较多的数据信息，例如在销售业绩统计表中会记录销售员的姓名、销售数量、销售金额、提成金额等数据。在创建图表时，如果选择所有数据，创建的图表如图 15-5 所示。此图表显然不知所云，表达效果比较差。

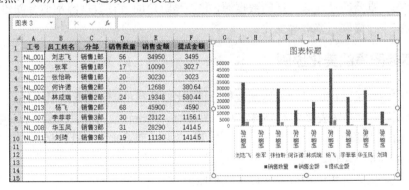

图 15-5

无论数据源表如何，创建图表时要根据所要表达的信息，选择合适的数据源创建图表，才能达到目的。

如果要比较员工的销售金额，可以创建柱形图图表，只需要选中 B 列和 E 列中的数据即可得到比较员工销售金额的图表，如图 15-6 所示。

如果要比较各部门的销售业绩时，直接使用原始数据源表格中的数据并不能得到想要的图表。这时则可以利用分析工具或函数从原始数据源表格中提取创建图表的数据源，然后再创建图表即可。如图 15-7 所示则是对三个销售分部的总销售额进行比较分析的图表。

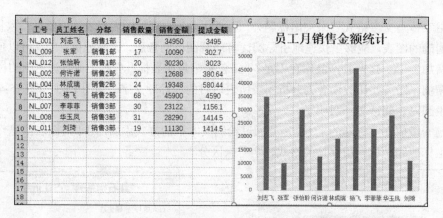

图 15-6

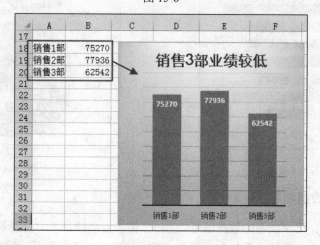

图 15-7

因此创建图表重要的是选取合适的数据源，并不是给定的所有数据源都适合创建图表，很多时候都需要对数据进行提取与整理等操作。

15.1.2 商务图表的美化原则

外观粗劣的图表虽然也可以勉强达到数据分析、比较的目的，但视觉效果不好，表达也不够直观。而且当图表需要对外展示时，图表的美化设置显得尤其重要。设计精良的图表可以给用户带来愉悦的体验，可以向用户传达着专业、敬业的职业形象。设计精良的图表在商务沟通中扮演着越来越重要的角色。

商务图表在美化的过程中可以遵循以下几个原则。

1. 简约

我们这里所说的设计精良并非是指一味追求复杂图表，相反，越简单的图表，越容易让人理解，越能让人快速地理解数据，这才是数据可视化最重要的目的和最高追求。太过复杂的图表会直接给使用者造成信息读取上的障碍，所以商务图表在美化时，首先要遵从的就是简约的原则。

简约的原则也可以理解为设计中常说的最大化数据墨水原则。最大化数据墨水原则指的是一幅图表的绝大部分笔墨应该用于展示数据信息，每一点笔墨都要有其存在的理由。具体我们可以从以下几个方面把握这一原则。

- 背景填充色因图而异，需要时使用淡色
- 网格线有时不需要，需要时使用淡色
- 坐标轴有时不需要，需要时使用淡色
- 图例有时不需要
- 慎用渐变色
- 不需要应用 3D 效果

如图 15-8 所示的图表是著名的麦肯锡图表，这张图表直接反映了问题，并且在整体和局部上都设置得非常合理，恰到好处。图表并不复杂，但该有的元素都有，可以当作模板学习。

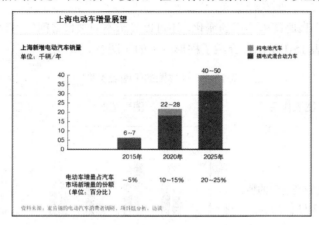

图 15-8

2. 对比强调

上面我们强调了简约这一设计原则，接下来介绍对比强调这一原则，在弱化非数据元素的同时又增强和突出了数据元素。

如图 15-9 所示的图表，对重要的数据点设置了颜色强调，并且设置了发光效果，突出了空调夏季销量最高的信息。而图 15-10 所示的图表，通过对数据点分离扇面、颜色对比等操作，强调了空调在秋季销量最低的信息。

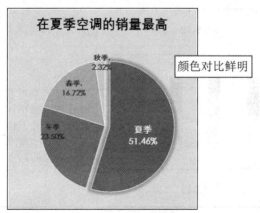

图 15-9   图 15-10

由此可见，对图表中那些非常重要的，想让人瞬间就注意到的重要信息，可以采取对比强调的原则来展现。

我们可以通过以下方法达到强调的效果：设置数据点的字体（大小、粗细）；设置数据点的颜色（冷暖、深浅或明暗等）以及设置不同的填充效果等。

15.1.3 学会选用正确的图表类型

对于初学者而言，如何根据当前数据源选择一个合适的图表类型是一个难点。不同的图表类型其表达的重点也有所不同，因此我们首先要了解各类型图表的应用范围，学会根据当前数据源以及分析目的选用合适的图表类型。

1. 柱形图

柱形图可以显示一段时间内数据的变化，还可以显示不同项目之间的对比效果。柱形图是比较常用的图表之一，如表 15-1 所示，介绍了柱形图中的子图表类型。

表15-1　柱形图的子图表类型

图表名称	图表作用	图表范例	图表结论
簇状柱形图	用于比较类别间的值，如图 15-11 所示	1、2月份各品牌销售额比较 图 15-11	从图表中可直观比较各品牌在两个月份中的销售额
堆积柱形图	显示各个项目与整体之间的关系，从而比较各类别的值在总和中的分布情况，如图 15-12 所示	1、2月份各品牌销售额比较 图 15-12	从图表中可以直观看出哪种品牌商品的销售额最高，哪种最低
百分比堆积柱形图	以百分比形式比较各类别的值在总和中的分布情况，如图 15-13 所示	1、2月份各品牌销售额比较 图 15-13	垂直轴的刻度显示为百分比而非数值，此图表显示了各个品牌中在 1 月与 2 月的销售额所占总销售额的百分比情况

提 示　簇状柱形图、堆积柱形图、百分比堆积柱形图都是二维格式，这几种图表类型都可以以三维效果显示，其表达效果与二维效果相同，只是显示的形状不同，分别为柱形、圆柱形、圆锥形和棱锥形。

2. 条形图

条形图是显示各个项目之间的对比情况，主要用于反映各项目之间的数据差额。可以将其看成是顺时针旋转 90°的柱形图，因此条形图的子图表类型与柱形图基本一致，各种子图表类型的用法与用途也基本相同，如表 15-2 所示。

表15-2　条形图的子图表类型

图表名称	图表作用	图表范例	图表结论
簇状条形图	用于比较类别间的值，如图 15-14 所示	图 15-14	垂直轴方向表示类别（如不同品牌），水平轴方向表示各类别的值（如销售额）
堆积条形图	显示各个项目与整体之间的关系，从而比较各类别的值在总和中的分布情况，如图 15-15 所示	图 15-15	从图表中可以直观看出哪种品牌的销售额最高，哪种品牌的销售额最低
百分比堆积条形图	以百分比形式比较各类别的值在总和中的分布情况。		

3. 折线图

折线图显示数据随时间或类别的变化趋势。如表 15-3 所示为折线图的子图表类型。折线图可以分为带数据标记与不带数据标记两大类，不带数据标记是指只显示折线不包含标记点。

表15-3　折线图的子图表类型

图表名称	图表作用	图表范例	图表结论
折线图	显示各个值的分布随时间或类别的变化趋势，如图 15-16 所示	图 15-16	从图表中可以直观看到这一段时间票房的变化趋势
堆积折线图	显示各个值与整体之间的关系，从而比较各个值在总和中的分布情况		
百分比堆积折线图	该图表类型以百分比方式显示各个值的分布随时间或类别的变化趋势		

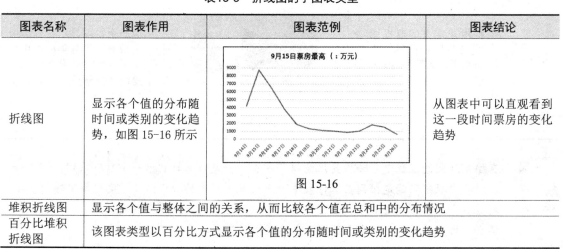

✲ **知识扩展** ✲

面积图

强调数据随时间变化的幅度时，除了折线图，也可以使用面积图。如图 15-17 所示，同样可以看到票房的最高点和最低点以及票房的变化趋势。

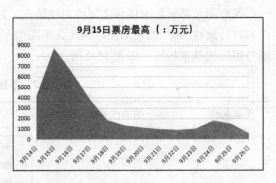

图 15-17

4. 饼图

饼图显示组成数据系列的项目在项目总和中所占的比例。饼图通常只显示一个数据系列（建立饼图时，如果有几个系列同时被选中，那么图表仅绘制其中一个系列），如表 15-4 所示，为饼图的子图表类型。

表15-4　饼图的子图表类型

图表名称	图表作用	图表范例	图表结论
饼图	显示各个值在总和中的分布情况，如图 15-18 所示	1月份销售额占比分析 图 15-18	从图表中可以直观看到各分类销售金额的占比情况
复合饼图	将用户定义的值提取出来并显示在另一个饼图中，如图 15-19 所示	三星、OPPO、VIVO销售较好 图 15-19	第一个饼图显示各分类所占份额，当分类所占份额小于 10%时被作为第二个绘图区的分类

提示　在绘制饼图的过程中，必须要注意以下两点：一是饼图只显示一个数据系列，即在绘制过程中数据只能是排列在工作表中的一行或一列中的数据；二是类别数目建议不要超过 6 个，如果超过 6 个，应该选择最重要的 6 个类目，其余的类目统归于"其他"类别。因为过多的分类会导致图表表达效果并不直观。

15.1.4　Excel 2016 新增的实用图表

除了上文介绍的常规图表类型外，在 Excel 2016 中还新增了几类图表，要想在 Excel 2016 之前的版本中建立这些图表，可能需要进行重新组织数据源、创建辅助数据并进行多步设置才能实现。

1. 展示数据二级分类的旭日图

二级分类是指在大的一级分类下，还有下级的分类，甚至更多级别（级别过多也会影响图表的表达效果）。如图 15-20 所示的表格中记录了公司 1～4 月份的支出金额，其中 4 月份记录了各个项目的明细支出。

	A	B	C
1	月份	项目	金额（万）
2	1月		8.57
3	2月		14.35
4	3月		24.69
5	4月	差旅报销	20.32
6		办公品采购	6.20
7		通讯费	4.63
8		礼品	2.57

图 15-20

使用旭日图，既能比较四个月中各项支出金额的大小，又能比较在 4 月份各明细项目支出金额的大小。Excel 2016 中新增了专门用以展现数据二级分类的旭日图。旭日图与圆环图类似，是个同心圆环，最内层的圆表示层次结构的顶级，往外是下一级分类。

选中数据源，在"插入"→"图表"选项组中单击"插入层次结构图表"命令按钮，在下拉菜单中可以看到"旭日图"（如图 15-21 所示）。单击后即可创建图表，对图表进行格式设置，达到如图 15-22 所示的效果。

通过旭日图既可以比较 1 月到 4 月中，支出金额最高的月份，也可以比较 4 月份的支出金额里，差旅报销费用最高，即达到了二级分类的目的。

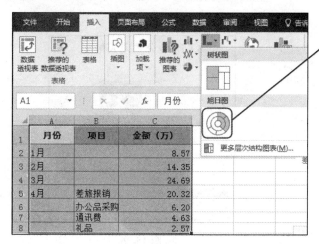

图 15-21

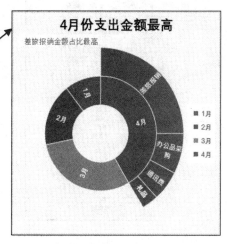

图 15-22

2. 展示数据累计的瀑布图

瀑布图名称的来源应该是其外观看起来像瀑布，瀑布图是柱形图的变形，悬空的柱子代表数值的增减，通常用于表达数值之间的增减演变过程。瀑布图可以很直观地显示数据增加与减少后的累计情况。在表示一系列正值和负值对初始值的影响时，这种图表非常有用。

选中如图 15-23 所示的数据源，在"插入"→"图表"选项组中单击"插入瀑布图或股价图"下拉按钮，在下拉菜单中可以看到"瀑布图"。单击后即可创建图表，对图表进行格式设置即可达到如图 15-24 所示的效果。

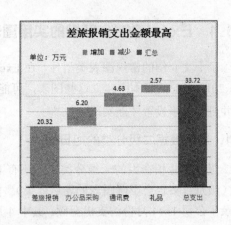

图 15-23

图 15-24

3. 瞬间分析数据分布区域的直方图

直方图是分析数据分布比重和分布频率的利器，为了更加简便地分析数据的分布区域，Excel 2016 新增了直方图类型的图表，利用此图表可以让看似找不到规律的数据或大数据能在瞬间得出分析图表，从图表中可以很直观地看到这批数据的分布区间。

根据图 15-25 所示的表格，可以创建此次大赛中参赛者得分整体分布区间的直方图，如图 15-26 所示。通过该直方图我们可以从庞大的数据区域中寻找相关的规律，本例中可以直接判断出分布在 6.6 到 8.2 这个分数段的人数最多。

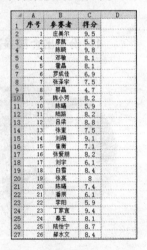

图 15-25

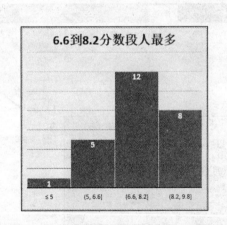

图 15-26

提 示　对于瀑布图、直方图等这些图表类型，如果程序默认创建的图表类型不能满足要求，需要进行设置。比如建立直方图后，当默认的箱数不满足要求时，用户可以自定义箱数，还可以自定义箱宽度。

15.2　图表的创建与编辑

在使用图表的过程中，首先要学会判断什么样的数据使用哪种图表类型合适，然后就是要从当前表格中选择数据源来建立图表。

15.2.1　新建图表

当前需要建立图表对 1 月份各个品牌商品的销售金额进行比较，具体操作步骤如下。

步骤 01　在数据表中选中 A1:B6 单元格区域，切换到"插入"→"图表"选项组中单击"柱形图"下拉按钮，展开下拉菜单，如图 15-27 所示。

步骤 02　单击"簇状条形图"子图表类型，即可新建图表，如图 15-28 所示。图表中柱子的长短代表了销售金额的多少，哪个柱子最长表示销售金额最高，效果十分明显。

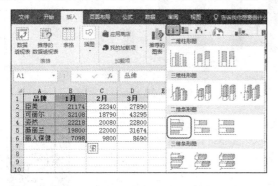

图 15-27

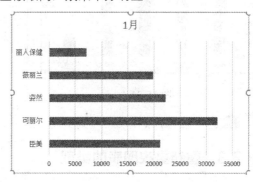

图 15-28

还可以创建图表对第一季度中各品牌商品的总销售额进行比较，具体操作步骤如下。

步骤 01　在数据表中选中 A1:D6 单元格区域，切换到"插入"→"图表"选项组中单击"柱形图"下拉按钮，展开下拉菜单，如图 15-29 所示。

步骤 02　单击"堆积柱形图"子图表类型即可新建图表，如图 15-30 所示。图表一方面可以很直观地显示在第一季度中，"可丽尔"的总销售金额是最高的，另一方面还可以显示各个品牌的销售金额在三个月中的分布情况。

图 15-29

图 15-30

15.2.2　添加图表标题

默认创建的图表有时包含标题，但一般只会显示"图表标题"字样，如果有默认的标题框，只要在标题框中重新输入标题文字即可；如果没有标题框则需要通过设置显示出标题框后再输入文字即可。

步骤 01 选中默认的标题框，在标题框中单击即可进入文字编辑状态，重新编辑标题即可，如图 15-31 所示。

步骤 02 如果图表默认未包含标题框，需要选中图表，单击右上角的"图表元素"按钮，在展开的菜单中选中"图表标题"复选框（如图 15-32 所示）即可显示出标题框，如图 15-32 所示。

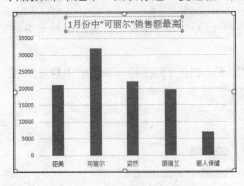

图 15-31

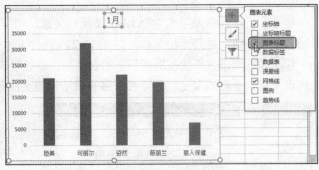

图 15-32

步骤 03 在添加的标题框中输入标题文字即可。

15.2.3　重新更改图表的类型

图表创建完成后，如果想对图表类型进行更改，可以直接在已建立的图表上进行更改，而不必重新创建图表。

步骤 01 选中要更改其类型的图表，切换到"图表工具-设计"→"类型"选项组中单击"更改图表类型"按钮，如图 15-33 所示。

图 15-33

步骤 02 在打开的"更改图表类型"对话框中选择要更改为的图表类型，本例中选择饼图，如图 15-34 所示。

步骤 03 单击"确定"按钮即可将条形图图表更改为饼图，如图 15-35 所示。

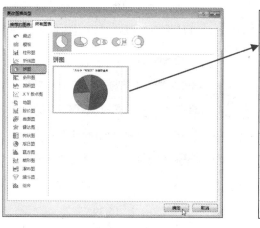

图 15-34

图 15-35

15.2.4　更改图表的数据源

图表建立完成后，可以不用重新建立图表就可以更改图表的数据源，还可以向图表中添加新数据或者删除不需要的数据。

1. 重新选择数据源

创建图表后，如果想重新更改图表的数据源，不需要重新创建图表，在原图表上直接更改数据源即可。

步骤 01 选中图表，切换到 "图表工具-设计" → "数据" 选项组中单击 "选择数据" 命令按钮（如图 15-36 所示），打开 "选择数据源" 对话框。

步骤 02 单击 "图表数据区域" 右侧的 ↑ 按钮（如图 15-37 所示），回到工作表中重新选择数据源，如图 15-38 所示（选择第一个数据区域后，按住 Ctrl 键不放，再选择第二个数据区域即可）。

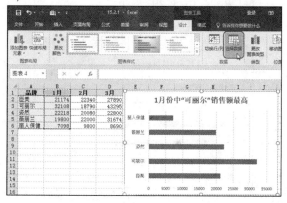

图 15-36

图 15-37

图 15-38

步骤 03 选择数据源后，单击 ⊡ 按钮返回到 "选择数据源" 对话框中，单击 "确定" 按钮，即可看到图表的数据源已被更改了，如图 15-39 所示。

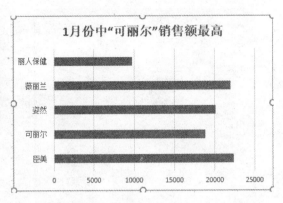

提示

在更改图表的数据源后，要相应地将图表的标题修改为与当前数据贴合的标题，如本例中，在将数据源更改后，将标题更改为 2 月份中"臣美"销售额最高。

图 15-39

2．添加新数据

通过复制和粘贴的方法可以快速地向图表中添加新数据。

步骤01 选择要添加到图表中的单元格区域，注意如果希望添加的数据的行（列）标识也显示在图表中，则选定区域时还应包含数据的行（列）标识。

步骤02 按 Ctrl+C 组合键进行复制（如图 15-40 所示），然后选中图表区（注意要选中图表区，在图表边缘上单击即可选中图表区），按 Ctrl+V 组合键进行粘贴，则可以快速将该数据作为一个数据系列添加到图表中，如图 15-41 所示新添加了"2 月"这个数据系列。

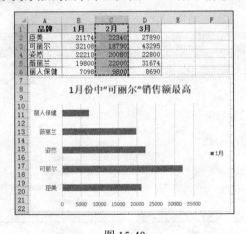

图 15-40

图 15-41

3．删除图表中的数据

在图表中准确选中要删除的数据系列（如图 15-42 所示），然后按键盘上的 Delete 键即可删除所选中的数据系列，如图 15-43 所示。

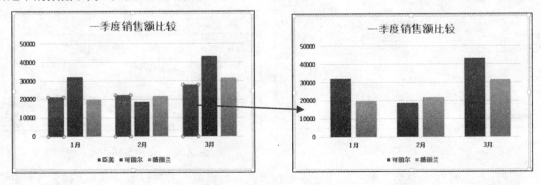

图 15-42

图 15-43

15.2.5　图表中对象的隐藏、显示及准确选中

在前文介绍图表的美化原则时，其中一个比较重要的原则就是"简洁"，因此图表中不需要的元素可以将其隐藏起来，当需要再次显示时也可以将元素重新显示即可。

1．隐藏不必要的元素

单数据系列时图例可以隐藏；添加数据标签时数值轴也可以隐藏；网格线不需要显示时也可以隐藏。图表中的元素是否要隐藏，可由当前的排版需求来决定。

要隐藏图表中元素的操作步骤比较简单，准确选中对象（选中的对象四角出现蓝色的圆圈，本例中选中图表标题），按键盘上的 Delete 键即可。如果想让其重新显示出来，则需要选中整个图表，再单击右上角的图表元素按钮，在展开的菜单中可以看到有多个项，选中复选框表示显示相对的图表元素（如图 15-44 所示），撤选复选框表示隐藏相对应的图表元素。鼠标指针指向相应的图表元素时如果出现向右的黑色箭头（▸）表示还有子菜单（如图 15-45 所示），展开子菜单后凡是带复选框的项则都可以通过选中复选框来显示图表元素或撤选复选框来隐藏图表元素。

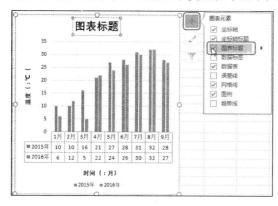

图 15-44

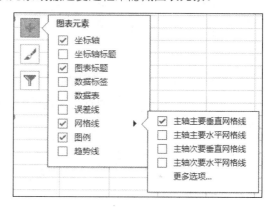

图 15-45

2．准确选中待编辑对象

一张图表包括多个图形对象，如标题、坐标轴、网络线、坐标轴标签、数据标签等。无论哪一个对象，当要对其进行编辑时，首先就是要准确选中这个对象，之后才能对其进行编辑。这里我们介绍选中图表中对象的方法，后面在针对图表中对象的操作时不再赘述。

方法 1：利用鼠标选择图表各个对象

在图表的边线上单击选中整张图表，然后将鼠标指针移动到要选中对象上（可停顿两秒，即出现提示文字），如图 15-46 所示，单击即可选中对象。

方法 2：利用工具栏选择图表各个对象

当我们需要设置的对象用鼠标点选感觉操作不便时，可以利用工具栏来准确选取。

步骤01　单击图表，在"图表工具-格式"→"当前所选内容"选项组中，单击"图表区"下拉按钮，在弹出的下拉列表中，显示了该图表应用的所有对象，如图 15-47 所示。

步骤02　找到想要编辑的对象，单击即可选中。

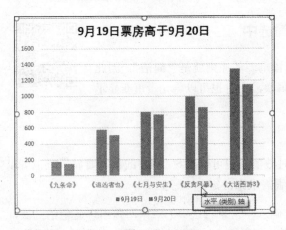

图 15-46

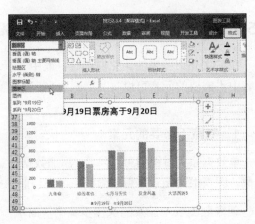

图 15-47

15.2.6 快速创建迷你图

迷你图是 Excel 2013 版本新增的一种将数据形象化呈现的图表制作工具，它以单元格为绘图区域，简单便捷地绘制出简明的小图表。从迷你图中可以看出一组数据中的最大值和最小值，以及数据的走势等信息。迷你图只有柱形图、折线图、盈亏图三种类型。

1.创建迷你图

根据如图 15-48 所示的数据表建立迷你折线图，以显示黄山风景区一年里的客流量变化，并比较 2016 年和 2015 年的月客流量变化情况。

步骤 01 选中 B2:B13 单元格区域，在"插入"→"迷你图"选项组中单击"折线图"按钮，如图 15-48 所示。

步骤 02 弹出"创建迷你图"对话框，在"位置范围"文本框中输入要放置迷你图的位置，即为 B14 单元格，如图 15-49 所示。

步骤 03 单击"确定"按钮，返回到工作表中，即可看到创建的迷你图，如图 15-50 所示。

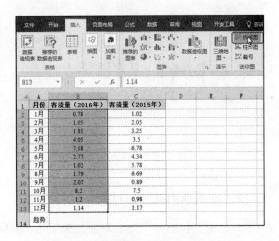

图 15-48

图 15-49

月份	客流量（2016年）	客流量（2015年）
1月	0.78	1.02
2月	1.05	2.05
3月	1.85	3.25
4月	4.05	3.5
5月	7.18	6.78
6月	2.77	4.34
7月	1.02	5.78
8月	1.79	6.69
9月	2.07	0.89
10月	8.2	7.5
11月	1.2	0.98
12月	1.14	1.17
趋势		

图 15-50

创建一个迷你图后，如果其他连续的单元格中也需要创建同类型的迷你图，则可以利用填充的方法快速创建。

步骤 01 选中 B14 单元格，将光标指向单元格的右下角，待光标变成黑色十字形状后，向右拖动，如图 15-51 所示。

步骤 02 松开鼠标左键后即可看到 C14 单元格中填充了迷你图，如图 15-52 所示。

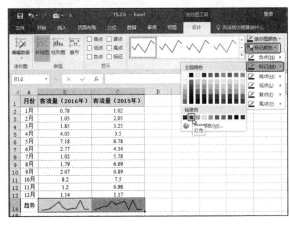

	A	B	C
1	月份	客流量（2016年）	客流量（2015年）
2	1月	0.78	1.02
3	2月	1.05	2.05
4	3月	1.85	3.25
5	4月	4.05	3.5
6	5月	7.18	6.78
7	6月	2.77	4.34
8	7月	1.02	5.78
9	8月	1.79	6.69
10	9月	2.07	0.89
11	10月	8.2	7.5
12	11月	1.2	0.98
13	12月	1.14	1.17

图 15-51　　　　　　　　　　　　　　　　图 15-52

2. 标记顶点

为了便于查看，在创建折线迷你图之后，通常为其标记顶点。

步骤 01 选中迷你图，切换到"迷你图工具-设计"→"样式"选项组中单击"标记颜色"下拉按钮，在展开的下拉菜单中单击"标记"命令，在子菜单中选择需要使用的标记颜色，如图 15-53 所示。

步骤 02 执行上述操作后，迷你图效果如图 15-54 所示。

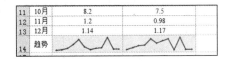

图 15-53　　　　　　　　　　　　　　　　图 15-54

15.3　编辑图表坐标轴与数据系列

通过对坐标轴与数据系列进行编辑可以实现对图表的优化设置，而且有些图表的效果是程序默认状态无法达到的，必须要对其进行相应的格式设置。

15.3.1　编辑图表坐标轴

坐标轴分为水平轴与垂直轴，水平轴为分类轴，垂直轴为数值轴，条形图则相反。对坐标轴的设置可以包括对刻度数值的设置、标签显示位置的设置、水平轴与垂直轴交叉位置的设置等。

1. 重新设置坐标轴的刻度

创建的图表，Excel 程序会根据所选数据的情况以及图表类型来设置数值轴中值的范围。系统默认给定的值只会大于当前系列的最高值，这样往往会出现默认值过大，图表显示过于松散，为了让图表显示得更加紧凑，当最大值不合适时可以重新修改。

如图 15-55 所示的图表，数值轴上默认的最大数值是 4，实际 3.5 就够了。

步骤 01 在水平轴上双击，打开"设置坐标轴格式"窗格。

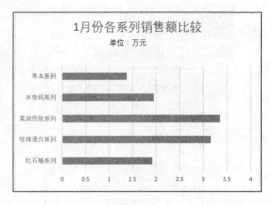

图 15-55

步骤 02 单击"坐标轴选项"标签按钮，在"边界"栏中将"最大值"设置为"3.5"，如图 15-56 所示。设置后的图表效果如图 15-57 所示。

图 15-56

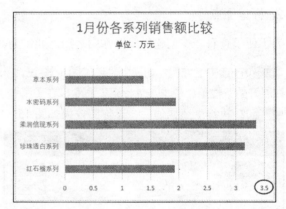

图 15-57

2. 避免负值系列与坐标轴标签重叠

坐标轴的数据标签默认显示在坐标轴旁，因此当条形图中出现负值时，数据标签会默认被负值系列图形覆盖，如图 15-58 所示，这种情况下需要将数据标签移至图外。

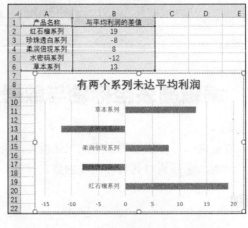

图 15-58

步骤 01 双击垂直轴，打开"设置坐标轴格式"窗格。

步骤 02 单击"坐标轴选项"标签按钮,在"标签"栏中单击"标签位置"后的下拉按钮,在弹出下拉列表中单击"低"选项(如图 15-59 所示),即可将标签移至图外,如图 15-60 所示。

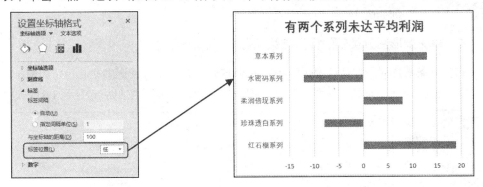

图 15-59   图 15-60

3. 更改水平轴与垂直轴的交叉位置

在日常工作中常常见到这样的图表,就是图表左右处于分隔状态(如图 15-61 所示),这样的图表常用于表示某项措施执行前后数据变化前与变化后的对比,效果很好。要实现这样的效果,需要重新设置水平轴与垂直轴的交叉位置。

步骤 01 在水平轴上双击,打开"设置坐标轴格式"窗格。

步骤 02 单击"坐标轴选项"标签按钮,展开"坐标轴选项"栏,在"纵坐标轴交叉"栏中选中"分类编号"单选按钮,并设置值为"7",如图 15-62 所示。

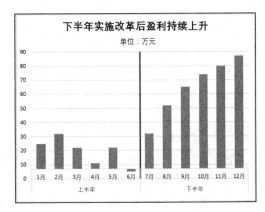

图 15-61

设置完成后即可将坐标轴移至指定的交叉位置,如图 15-63 所示。由于垂直轴的线条默认是被隐藏的,因此还需要通过设置将线条显现出来,并将垂直轴的标签移至最左端,就能实现用 Y 轴左右分隔图表。

步骤 01 在垂直轴上双击,打开"设置坐标轴格式"右侧窗格,单击"填充与线条"标签按钮,展开"线条"栏,选中"实线"单选按钮;单击"颜色"设置框下拉按钮,可选择线条颜色;设置"宽度"值,即改变线条粗细,如图 15-64 所示。

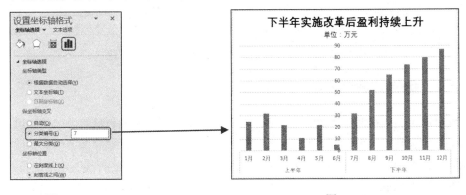

图 15-62   图 15-63

步骤 02 单击"坐标轴选项"标签按钮，在"标签"栏下单击"标签位置"后的下拉按钮，弹出下拉列表，单击"低"选项，如图 15-65 所示。完成设置后即可显示出坐标轴线条并将数据标签显示到图外去，即如图 15-61 所示的效果。

4. 解决条形图分类轴的标签与数据源顺序相反问题

在建立条形图时，默认情况下分类轴的标签显示与实际数据源顺序相反，如图 15-66 所示的图表，数据源按照从 1 月到 6 月顺序显示，但绘制出的图表却是按照从 6 月到 1 月顺序显示。

图 15-64

图 15-65

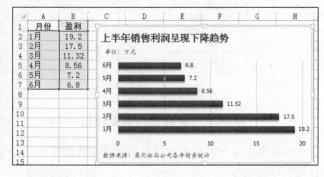

图 15-66

因此一般来说，在建立条形图时，如果数据是时间序列，那么在建立数据源时就特意将数据源以相反次序建立，否则需要在建立图表后进行更改。

步骤 01 在垂直轴（分类轴）上单击鼠标右键，打开"设置坐标轴格式"右侧窗格。

步骤 02 单击"坐标轴选项"标签按钮，在"坐标轴选项"栏下同时选中"逆序类别"复选框与"最大分类"单选按钮，如图 15-67 所示。设置完成后即可以正确的顺序建立条图形，如图 15-68 所示。

图 15-67

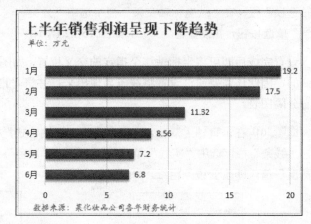

图 15-68

15.3.2 编辑数据系列

在前面 15.2.4 小节中讲解更改图表的数据源、删除图表中的数据时实际已经讲解了关于数据系列的操作。因为添加数据源就是添加数据系列，删除图表中数据就是删除数据系列。数据系列是图表的主体，比如柱形图中的柱子、折线图中的线条、条形图中的条状图形等。本小节将继续讲解为数据系列添加数据标签、调整系列的分类间距等操作。

1．快速添加数据标签

添加数据系列标签是指将数据系列的值显示在图表上，即将其显示在数据系列上，即使不显示刻度，也可以直观地对比数据。

步骤01 选中图表，单击“图表元素”按钮，在弹出的菜单中将鼠标指针指向“数据标签”，在弹出的子菜单中可以选择让数据标签显示的位置，如图 15-69 所示。

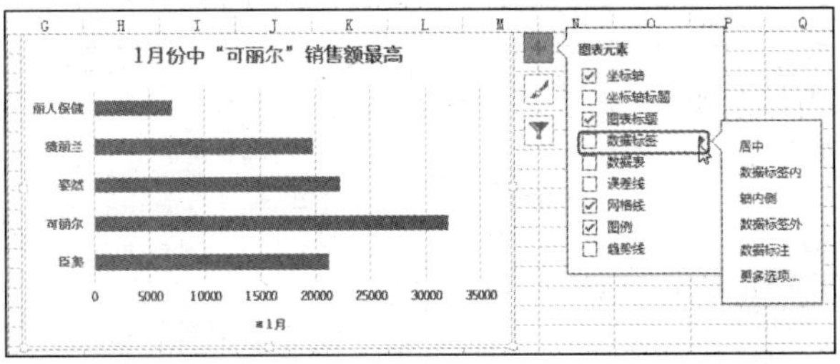

图 15-69

步骤02 单击“数据标签外”命令，效果如图 15-70 所示。

步骤03 当选择为图表添加数据标签后，可以将数值轴删除，从而让表图更加简洁，如图 15-71 所示为删除了图表的图例、数值轴、网格线后的效果。

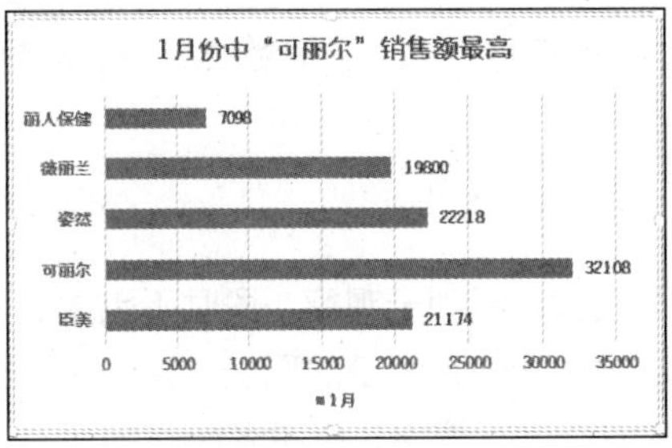

图 15-70

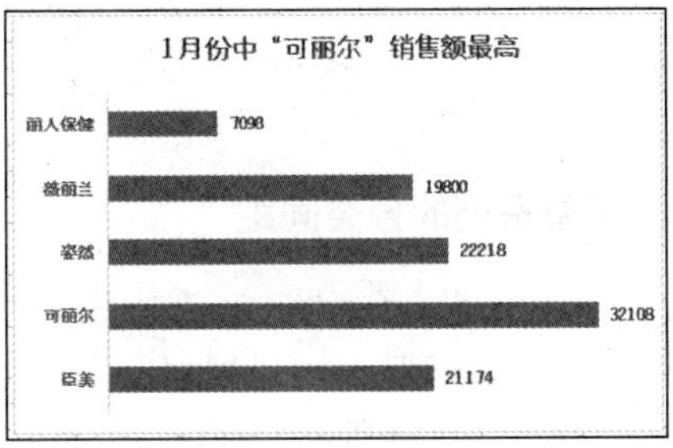

图 15-71

知识扩展

添加单个数据点的数据标签

当前图表中不只有一个系列，如果想为图表中所有的系列添加数据标签，就需要选中图表区，然后执行添加数据标签的命令。如果只想为某一个数据系列或者单个数据点（如突出显示最大值的数据点）添加数据标签，重点是要准确选中数据系列或单个数据点，再执行添加数据标签的命令，添加数据标签后的效果如图 15-72 所示。

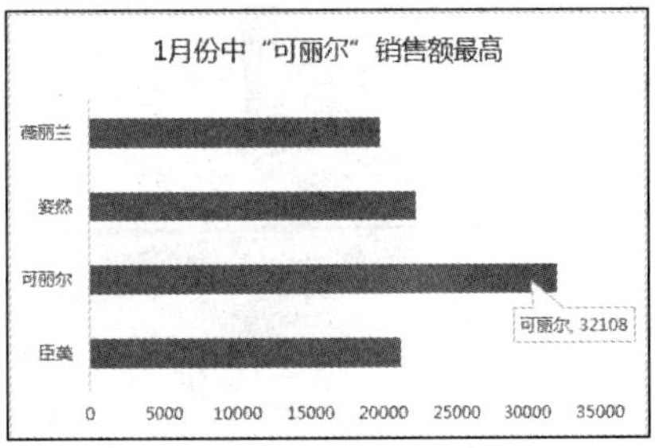

图 15-72

2．应用更加详细的数据标签

数据标签一般包括“值”“系列名称”“类别名称”数据标签。上一实例中通过单击“数据标签”，在展开的子菜单中无论选择哪个选项都只能显示“值”数据标签，只是显示的位置有所不同。如果想添加其他数据标签或者一次显示多个数据标签，则需要打开"设置数据标签格式"窗格进行设置。比如很多时候就需要为饼图添加多种数据标签。

步骤 01 选中图表，单击"图表元素"按钮，在弹出的菜单中将鼠标指针指向"数据标签"，在弹出的子菜单中单击"更多选项"命令，如图 15-73 所示。

步骤 02 打开"设置数据标签格式"右侧窗格，单击"标签选项"标签按钮，选择想显示的数据标签，这里选中"类别名称"与"百分比"复选框，如图 15-74 所示。

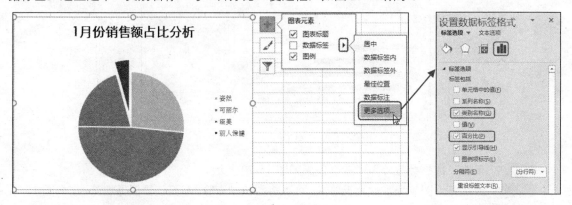

图 15-73　　　　　　　　　　　　　　　　　　　　图 15-74

步骤 03 执行上述操作后，可以看到图表中显示了"类别名称""百分比"数据标签，如图 15-75 所示。

3. 调整系列的分类间距

在创建柱形图或条形图时，有一些图表往往分类间距较大，不利于观察，同时不也太美观。对于程序默认的分类间距是可以根据实际需要进行调整的。如图 15-76 所示的图表，默认的分类间距较大，柱子细长，可以通过更改默认分类间距的方法来对图表进行调整，使图表能够更加准确地传递信息。

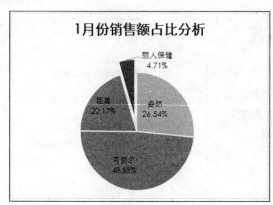

图 15-75

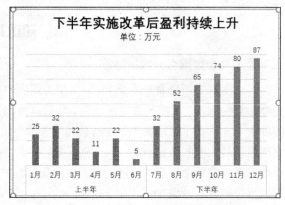

图 15-76

步骤 01 在图表的柱形上双击，打开"设置数据系列格式"窗格，单击"系列选项"标签按钮，在"分类间距"文本框中调整分类间距值，如图 15-77 所示。（分类间距值可调整的范围为从 0%到 500%之间。百分比值越大，意味着分类间距越大，反之越小。）

步骤 02 关闭"设置数据系列格式"右侧窗格，图表最终效果如图 15-78 所示。

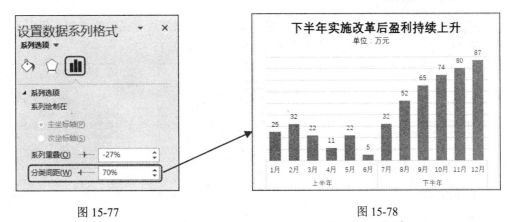

图 15-77   图 15-78

将分类间距调整为 0

如果将分类间距调整为 0,可以让图表获取不一样的视觉效果,如图 15-79 所示。如果日常中我们见到这样的图表,便可以知道其设置方法了。

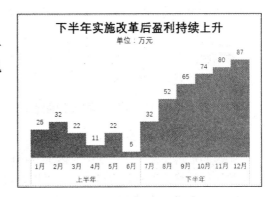

图 15-79

15.4 图表对象的美化设置

在 15.1.2 小节中讲解图表的美化原则时讲到图表要保持简洁、美化设置要恰到好处,不建议过分夸张。图表中对象的美化可以分为线条美化与填充美化两个部分,虽然操作并不复杂,但我们首先要知道其操作方法,在美化原则的基础上对图表进行合理的编辑。

在前面我们说到要实现对图表中各个对象的编辑,需要首先准确选中目标对象,然后对其进行编辑。下面我们会列举一些对象的编辑方法,其他对象的设置(无论要设置边框还是填充),其操作方法都是相同的。

15.4.1 设置图表中对象填充效果

图表中对象的填充效果都可以重新设置,例如下面要设置当前图表中最大值的条状显示特殊的填充颜色,以达到特殊强调的效果,增强图表的表达效果。

步骤01 在当前条形图中选中最大值条状图形(如图 15-80 所示),然后在选中的对象上双击即可打开"设置数据点格式"右侧窗格,单击"填充与线条"标签按钮,在"填充"栏中选中"纯色填充"单选按钮,然后在下面的"颜色"设置框中选择填充颜色,如图 15-81 所示。

步骤 02 展开"边框"栏，选中"实线"单选按钮；设置边框颜色为"深灰色"、宽度为"2磅"；在"短划线类型"的下拉列表中可选择虚线类型，如图 15-82 所示。

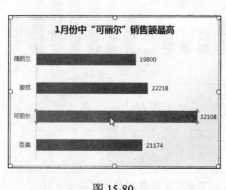

图 15-80

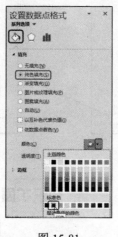

图 15-81

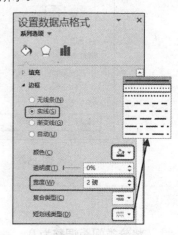

图 15-82

步骤 03 完成上述设置后关闭"设置数据点格式"右侧窗格，图表效果如图 15-83 所示。

接下来要为图 15-83 所示图表的图表区设置纹理填充效果。

步骤 01 选中图表区，在图表区上双击即可，打开"设置图表区格式"右侧窗格，单击"填充与线条"标签按钮，选中"图案填充"单选按钮，在列表中选择图案样式，然后在下面的"前景"与"背景"设置框中选择前景色与背景色，如图 15-84 所示。

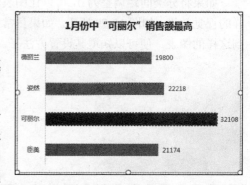

图 15-83

步骤 02 完成上述设置后关闭"设置图表区格式"右侧窗格，图表区的填充效果如图 15-85 所示。

图 15-84

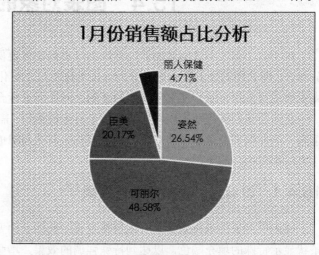

图 15-85

提示

在图表的数据系列上单击时默认选中的是整个数据系列，如果要选中单个数据点，方法是先选中数据系列，然后在目标数据点上单击一次即可选中单个数据点。

15.4.2 折线图线条及数据标记点格式设置

我们默认创建的折线图的线条颜色为蓝色，线条粗细为 2.25 磅，线条为锯齿线形状，连接点的标记一般被隐藏，如图 15-86 所示即为程序默认样式。而通过线条及数据标记点格式的设置可以让图表达到如图 15-87 所示的效果。

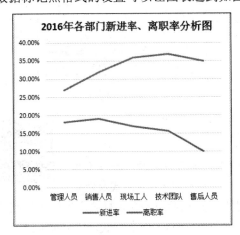

图 15-86

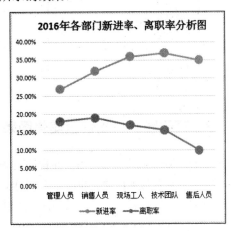

图 15-87

步骤 01 选中目标数据系列，在线条上（注意不要在标记点位置）双击打开"设置数据系列格式"右侧窗格。

步骤 02 单击"填充与线条"标签按钮，在展开的"线条"栏下，单击"实线"单选按钮，设置折线图线条的颜色和宽度，如图 15-88 所示。

步骤 03 单击"标记"标签按钮，在展开的"数据标记选项"栏下，单击"内置"单选按钮，接着在"类型"的下拉列表中选择标记样式，并设置其大小，如图 15-89 所示。

步骤 04 展开"填充"栏（注意是"标记"子标签按钮下的"填充"栏），单击"纯色填充"单选按钮，设置填充颜色与线条的颜色一样，如图 15-90 所示。

图 15-88

图 15-89

图 15-90

步骤 05 展开"边框"栏，单击"无线条"单选按钮，如图 15-91 所示。设置完成后，可以看到"新进率"这个数据系列的线条和标记的效果如图 15-92 所示。

步骤 06 选中"离职率"数据系列，打开"设置数据系列格式"窗格，可按照相同的方法完成对其线条及数据标签格式的设置。

图 15-91

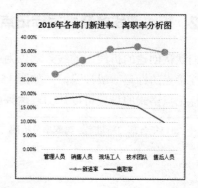

图 15-92

15.4.3 套用图表样式快速美化图表

从 Excel 2013 版本开始，Excel 程序对图表样式库进行了大量提升，融合了布局样式及外观效果两大板块，即通过套用样式可以同时更改图表的布局样式及外观效果，这为初学者带来了福音，当创建程序默认的图表后，通过简单的图表样式套用即可瞬间投入使用。而对于有更高要求的用户而言，也可以先选择套用大致合适的图表样式，然后对不满意的部分做局部的调整编辑。

步骤 01 如图 15-93 所示为创建的默认图表样式及布局。选中图表，单击右上角的"图表样式"按钮，在菜单中可以显示出所有可以套用的图表样式。

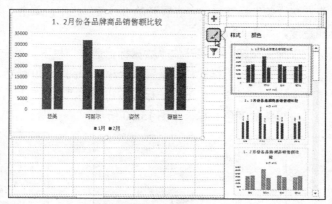

图 15-93

步骤 02 如图 15-94 与图 15-95 所示分别为套用两种不同样式的图表。

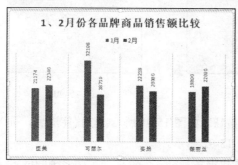

图 15-94

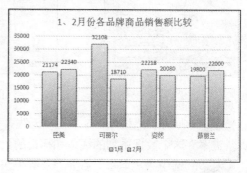

图 15-95

步骤 03 针对不同的图表类型，程序给出的样式会有所不同，如图 15-96 所示为折线图及其样式。

步骤 04 如图 15-97 所示为套用"样式 3"后的图表效果。

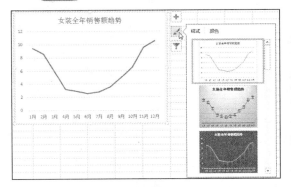

图 15-96

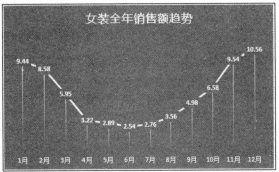

图 15-97

提 示

当套用样式后会覆盖之前设置的所有格式，因此如果预备套用样式，则可以先套用，然后补充设置具体格式。

15.5 综合实例 1：达标线图表

达标线图表是通过在数据源表格上添加辅助数据，然后创建柱形图与折线图的组合图。通过添加辅助线，对比数据点柱子的高度，就可以判断该数据点与达标线的关系。当然这个辅助数据可以是一个自定义的达标值，也可以是求取的平均值。

步骤 01 在数据源表格中，添加如图 15-98 所示的辅助数据，注意是整列相同的数据（如果是平均值可以使用 AVERAGE 函数求取）。

步骤 02 选中 A1:C9 单元格区域，在"插入"→"图表"选项组中单击"组合图"下拉按钮 ，在弹出的下拉菜单中单击"簇状柱形图-折线图"命令（如图 15-99 所示），即可快速创建平均线图表雏形，如图 15-100 所示。

	A	B	C
1	姓名	业绩	达标业绩
2	王磊	3800	5000
3	何许诺	5240	5000
4	陈奎	5290	5000
5	苏荣	4300	5000
6	张成瑞	5400	5000
7	张梓含	5360	5000
8	秦亥	6400	5000
9	邓明明	6010	5000
10			

图 15-98

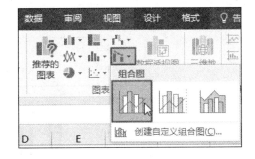

图 15-99

步骤 03 选中图表，将鼠标指针指向右下角的控点，按住鼠标左键拖动（如图 15-101 所示）可调节图表的纵横比，调节后可以看到图表变为纵向版式，这种版式也是商务图表中常用的效果，如图 15-102 所示。

步骤 04 执行上述操作步骤后，图表已基本创建完成，可按自己的设计要求对图表进行填充与线条的美化设置等，完成效果如图 15-103 所示。

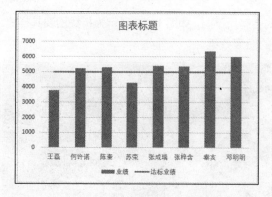

图 15-100

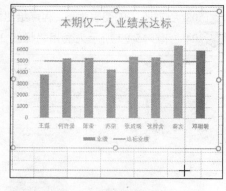

图 15-101

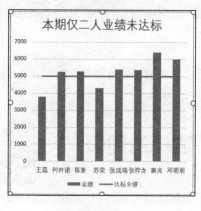

图 15-102

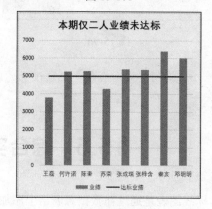

图 15-103

15.6　综合实例 2：计划与实际营销对比图

为了查看计划与实际营销的区别，可以创建用于比较的温度计图表。如图 15-104 所示的温度计图表展示了预算销售额与实际销售额相比较的情况，从图中可以清楚地看到哪些月份的销售额没有达标，哪些月份的销售额高于预算。温度计图表还常用于今年与往年数据的对比。

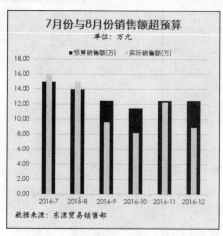

图 15-104

1. 创建图表

步骤 01 选中 A1:C7 单元格区域，在"插入"→"图表"选项组中单击"插入柱形图或条形图"下拉按钮，弹出下拉菜单，在"二维柱形图"组中单击"簇状柱形图"（如图 15-105 所示）即可在工作表中插入柱形图，如图 15-106 所示。

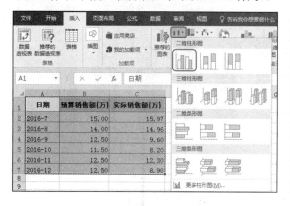

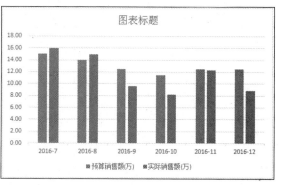

图 15-105   图 15-106

步骤 02 在"实际销售额"数据系列上单击一次将其选中，选中该数据系列后单击鼠标右键，在弹出的快捷菜单中单击"设置数据系列格式"命令（如图 15-107 所示），打开"设置数据系列格式"窗格。

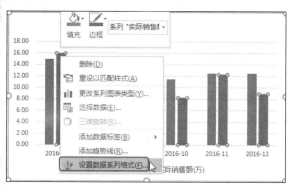

图 15-107

步骤 03 选中"次坐标轴"单选按钮（此操作将"实际销售额"系列沿次坐标轴绘制），接着将"分类间距"设置为"400%"，如图 15-108 所示。设置后图表显示的效果如图 15-109 所示。

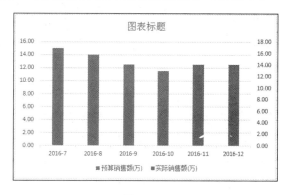

图 15-108   图 15-109

步骤 04 在"预算销售额"数据系列上单击一次将其选中，设置"分类间距"为"110%"（如图 15-110 所示）即可实现"实际销售额"系列位于"预算销售额"系列内部的效果，如图 15-111 所示。

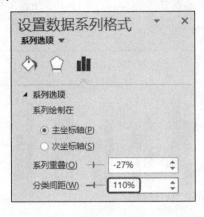

图 15-110

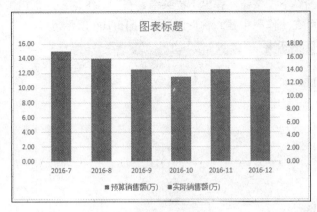

图 15-111

2. 固定坐标轴的最大值

本例最主要的一项操作是使用次坐标轴，而使用次坐标轴的目的是让两个不同系列拥有各自不同的分类间距，即图 15-111 中所示的实际销售额柱子显示在预算销售额柱子内部的效果。但是二者的坐标轴值必须保持一致，在如图 15-111 中可以看到左侧坐标轴的最大值为"16"，而右侧坐标轴的最大值却为"18"，这是程序默认生成的，这就造了两个系列的绘制标准不同，因此必须要把两个坐标轴的最大值调整为相同。

步骤 01 选中次坐标轴后双击，打开"设置坐标轴格式"窗格，单击"坐标轴选项"标签按钮，在"最大值"数值框中输入"18.0"，如图 15-112 所示。

步骤 02 按照相同的方法在主坐标轴上双击，也设置坐标轴的最大值为"18.0"，从而保证主坐标轴和次坐标轴的数值一致，如图 15-113 所示。

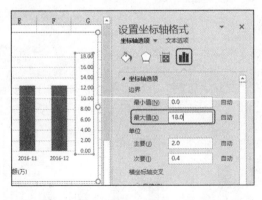

图 15-112

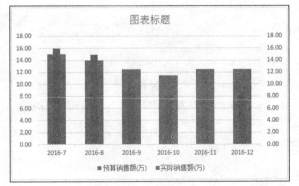

图 15-113

步骤 03 单击图表右上角的图表元素按钮，在打开的菜单中单击"坐标轴"右侧的按钮，弹出子菜单，撤选"次要坐标轴"复选框（如图 15-114 所示），即可隐藏次要坐标轴，如图 15-115 所示。

步骤 04 完成上面的操作步骤后，图表的基本设置就已经完成了，后面是添加图表标题、调节版式及图表美化的操作，在本节引文部分中已给出效果图，如图 15-104 所示，读者可按本章介绍的知识点去自行完成。

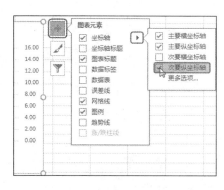

图 15-114

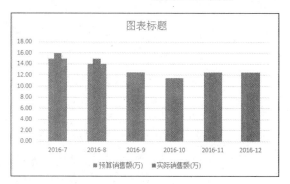

图 15-115

提 示

该图表的创建与编辑涉及的知识点非常多，有些是对前面介绍的知识点综合应用，有些是新的知识点。

（1）为什么要启用次坐标轴？目的是为了让两个系列绘制到不同的坐标轴上，这样才能设置不同的分类间距。有了不同的分类间距才能让一个柱子位于另一个柱子的内侧。

（2）对坐标轴刻度的固定。两个系列虽然有不同的坐标轴，但因为是在同一图表中进行比较，所以它们的绘制标准是一样的，所以最大值必须保持一致，这时就必须要固定最大值。

（3）坐标轴的隐藏。

第 16 章

幻灯片新建及整体布局

应用环境

　　一个演示文稿中的幻灯片应该具备统一的布局效果（如同一风格的背景效果、统一的文字格式、统一的页面装饰等），而不是各行其是、各不相同的风格，因此幻灯片的整体布局是创建演示文稿的首要工作。

本章知识点

① 选用和下载模板
② 创建任意版式的幻灯片
③ 在母版中的布局设置
④ 自定义版式

16.1　创建"年终工作总结"演示文稿

　　使用 PowerPoint 制作的文件统称为演示文稿，演示文稿是微软公司 Office 办公套件中的一个重要组件之一，其主要作用是用于设计和制作会议总结、专家报告、产品演示、广告宣传、教学授课等电子版的幻灯片。使用 PowerPoint 能够把静态文件制作成动态文件，相对于枯燥的文字而言，可以让复杂的问题变得通俗易懂，更加便于用户阅读与理解，并且还可以配合公众演示，在愉快的环境中已将信息传达。

　　在幻灯片演示中，会议总结是比较常见的商务活动演示文稿，是对前期工作的总结以及对今后工作的规划。下面将介绍如何创建"年终工作总结"演示文稿并加以保存。

16.1.1　以模板创建新演示文稿

　　在计算机中启动 PowerPoint 程序就是新建了一个演示文稿，默认创建的演示文稿是空白幻灯片，没有任何内容和对象。除此之外我们可以套用模板来创建新演示文稿。

提 示

模板是 PPT 的骨架,它定义了幻灯片的整体设计风格(使用的版式、色调,以及使用什么样的图形、图片作为设计元素等),模板包括了封面页、目录页、过渡页、内页、封底等。有了这样的模板,在实际创建 PPT 时可以填入相应内容,再补充设计即可。想要制作精彩的演示文稿,离不开好的内容和模板,光有好的内容,模板选择得不合适,最终演示文稿效果也是大大减分的,所以选择合适的模板也是至关重要的。

1. 使用程序自带模板

步骤 01 在桌面左下角单击"开始"按钮,然后依次单击"所有程序"(单击后转变为"返回"字样)→"PowerPoint 2016",如图 16-1 所示。

图 16-1

步骤 02 启动 PowerPoint 2016,进入 PowerPoint 启动界面,在右侧窗口中单击选中想要使用的目标模板,如图 16-2 所示,即可以选择的模板来创建演示文稿。

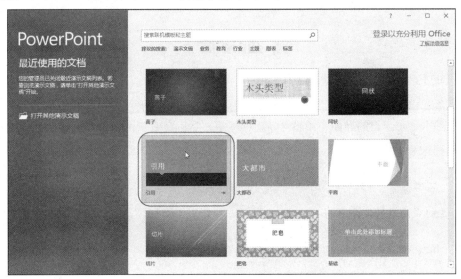

图 16-2

步骤 03 单击目标模板，弹出窗口，右上角还提供了各种配色方案以供选择，选中其中一种配色方案并单击"创建"按钮即可，如图 16-3 所示。

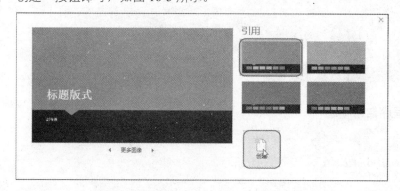

图 16-3

步骤 04 此时即可以选中的模板和配色方案来创建新演示文稿，如图 16-4 所示。

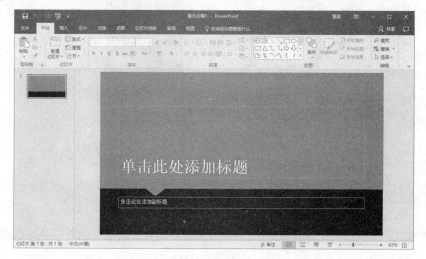

图 16-4

❈ 知识扩展 ❈

在打开的 PPT 程序中创建新演示文稿

如果已经打开了 PPT 程序，而又要再创建另一个新演示文稿，则在程序中单击左上角位置的"文件"选项卡，在弹出的界面中单击"新建"标签，然后在右侧可以选择创建新演示文稿或依据模板来创建新演示文稿。

提 示　如果经常要创建演示文稿，用户可以在"开始"菜单中将 PowerPoint 2016 快捷方式发送到桌面或锁定到任务栏中，这样在创建演示文稿只需要双击图标即可。

2. 在 office online 上搜索模板

程序列举的模板有限，而且很多效果稍显老旧并不符合现代商务办公的需求，因此还可以通过搜索的方式获取 office online 上的模板，搜索到想使用的模板后，下载即可使用。

步骤 01 在 PowerPoint 启动界面中，或者单击"文件"选项卡，在展开的界面中单击"新建"标签，在右侧窗口中可以看到有一个搜索文本框。在搜索文本框中输入关键字，如输入"商务报告"关键字（如图 16-5 所示），然后单击"ρ"按钮即可实现搜索。

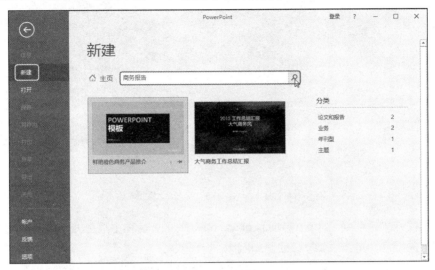

图 16-5

步骤 02 搜索到的模板会呈现出来，在需要的模板上单击，然后单击"创建"按钮（如图 16-6 所示）即可以此模板创建新演示文稿。

图 16-6

16.1.2 下载模板并使用

好的模板绝对离不开好的设计，但是在现实工作或学习中，需要使用到 PPT 软件时，对软件模板与样式的设计丝毫不通的大有人在，因此模板的下载与使用就显得尤其重要。

PowerPoint 2016 中的模板有几种来源，一种是软件自带的模板（通过上一小节的介绍知道这些模板效果并不是很好）；二是通过 Office.com 下载的模板；三是通过其他网站（如 WPS 官网、无忧 PPT、锐普、扑奔等网站下载）。网络是一个丰富的资源共享平台，在互联网上有很多专业的、非专业的 PPT 网站中都提供了较多的模板下载。通过下载的模板，用户可以取别人之长，补己之短。

如图 16-7 所示为在扑奔网站上下载的"简约蓝色商务 PPT 模板"，版式非常齐全，设计元素简约而不单调。

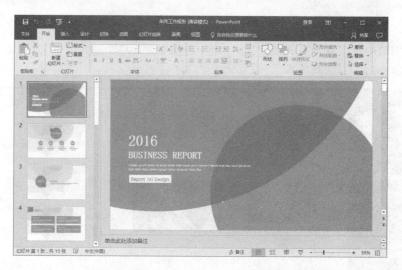

图 16-7

步骤 01 打开"扑奔网（http://www.pooban.com/）"网页，在主页上方搜索导航框内输入"商务 PPT"搜索关键字，单击"🔍"按钮，如图 16-8 所示。

图 16-8

步骤 02 打开"商务 PPT"搜索列表（如图 16-9 所示），单击"简约蓝色商务 PPT 模板"，打开"简约蓝色商务 PPT 模板"下载网页，单击"立即下载"按钮即可，如图 16-10 所示。

图 16-9

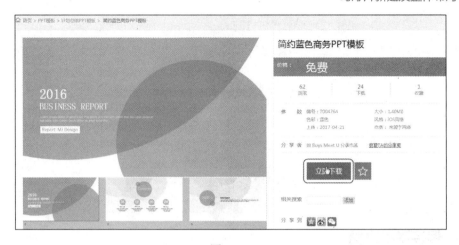

图 16-10

步骤 03 在打开的小窗口中继续单击"下载"按钮,弹出"新建下载任务"对话框,设置好下载模板的文件名与文件的存放路径,如图 16-11 所示。

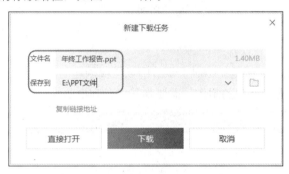

图 16-11

步骤 04 单击"下载"按钮,下载完成后,即可打开下载的模板并使用。

✖ **知识扩展** ✖

其他模板网站

"扑奔 PPT""无忧 PPT""泡泡糖模板"以及"3Lian 素材"是目前几家不错的 PPT 网站。用户可以利用百度搜索,然后进入网站,根据这些网站上提供的站内搜索来搜索需要的模板。但用户要注意的一点是,大部分网站是需要通过注册才能完成下载,部分网站还需要通过积分或付费的形式才可以使用更多的优质资源。

✖ **知识扩展** ✖

解压 PPT 压缩包

下载的 PPT 模板大多数是以压缩包的形式存在,因此下载模板后,需要对其进行解压。解压的前提是必须保证电脑程序中安装有解压软件,比如"闪电好压"。解压的方法是双击压缩包则会进入解压软件程序中,选中指定文件,单击"解压到"按钮(如图 16-12 所示),设置解压文件的保存路径为一般默认安装包的设置位置,解压完成后即可使用。

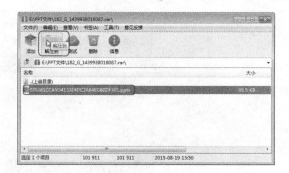

图 16-12

16.1.3　保存演示文稿

在创建演示文稿后要进行保存操作，即将它保存到电脑中的指定位置，这样下次才可以进入这个保存目录中再次打开使用或编辑。可以在创建演示文稿后就保存（上一小节下载模板时，下载过程中就设置了其保存位置），也可以在编辑后保存。建议是先保存，设置保存名称与保存位置后，后期的整个编辑过程中随时单击左上角的"保存"按钮🖫及时更新保存即可。

如图 16-13 所示的演示文稿是在 16.1.1 小节中以模板创建的演示文稿（默认名称为"演示文稿＊"），现在已经完成了标题幻灯片的制作，需要将其保存到电脑中。

图 16-13

步骤01 创建演示文稿或编辑演示文稿后，在左上角的快速访问工具栏中单击"保存"按钮🖫（如图 16-14 所示），弹出"另存为"提示界面，单击"浏览"按钮（如图 16-15 所示），弹出"另存为"对话框。

步骤02 在地址栏中设置好保存位置，在其下方单击"文件名"文本框中，输入文件名，设置文件名和保存位置后，单击"保存"按钮即可，如图 16-16 所示。

提 示　在设置文件保存位置时，可以从左边的树状目录中依次点击进入，直到找到要保存的位置，如本例中就是先单击"本地磁盘(E:)"，然后在下一级目录中单击"PPT 文件"即可进入此目录中。

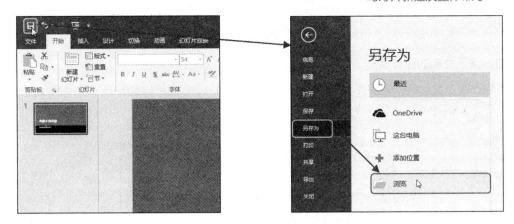

图 16-14   图 16-15

图 16-16

步骤03 单击"保存"按钮，即可看到当前演示文稿已按指定的名称和保存位置被保存，如图 16-17 所示。

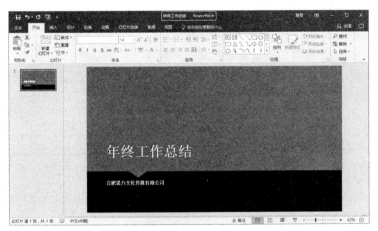

图 16-17

提 示

创建新演示文稿后首次单击"保存"按钮[圖]会提示设置演示文稿的保存位置，对于已保存的演示文稿或下载时就已经设置保存位置的演示文稿，在编辑过程中随时单击左上角的[圖]按钮不再提示设置保存位置，只是对已保存文件进行更新保存。还可以直接按 Ctrl+S 组合键实现演示文稿的快速更新保存。

❈ 知识扩展 ❈

更改演示文稿的保存类型

在保存演示文稿时，如果不设置其"保存类型"项，程序默认将其保存为普通的 PPT 文稿。除此之外，PowerPoint 还支持将演示文稿保存为其他格式的文档，如图 16-18 所示。

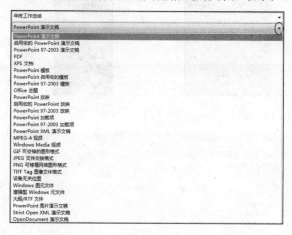

图 16-18

比如选择保存为"PowerPoint 97-2003 演示文稿"，可以实现让保存的演示文稿也能在低版本的 PowerPoint 软件中打开；选择保存为"PowerPoint 模板"，可以实现让演示文稿重复使用。下面介绍保存为模板的操作步骤。

01 如图 16-19 所示为放置"保存类型"为"PowerPoint 模板"后，可以看到保存位置会默认定位到模板的保存位置，此位置不要更改。

02 单击"保存"按钮即可将此演示文稿保存为模板。

03 保存模板完成后，后面如果需要以此模板创建演

图 16-19

示文稿，直接进入演示文稿的新建界面后，单击"自定义"链接（如图 16-20 所示），即可看到所保存的模板，如图 16-21 所示。

04 双击模板即可以此模板创建新演示文稿。

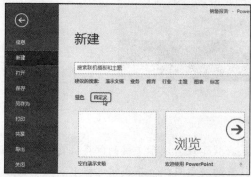

图 16-20

图 16-21

16.1.4　创建新幻灯片

无论是以程序内置的模板创建新演示文稿还是以下载的模板创建新演示文稿，当所提供的幻灯片版式或幻灯片张数无法满足需求时，都可以通过创建新幻灯片来完成幻灯片内容的编辑、排版与设计。

步骤01 打开"年终工作总结"演示文稿，在"开始"→"幻灯片"选项组中单击"新建幻灯片"下拉按钮，在其下拉菜单中选择想要使用的版式，比如"标题和内容"版式，如图 16-22 所示。

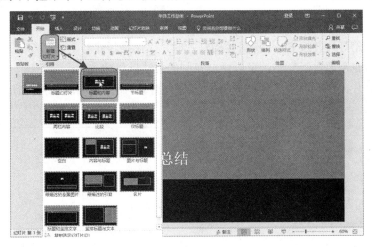

图 16-22

步骤02 单击即可以此版式创建一张新的幻灯片，如图 16-23 所示。

图 16-23

步骤03 此时可以在此幻灯片中编辑文本内容，达到如图 16-24 所示的效果。

图 16-24

知识扩展

快速新建幻灯片

除了使用上述所讲的方法创建幻灯片外，还可以使用快捷键快速创建。在幻灯片窗格中选中目标幻灯片后，按下 Enter 键或 Ctrl+M 组合键就可以依据上一张幻灯片的版式来创建新幻灯片。

知识扩展

复制幻灯片

在选择上一张幻灯片并按 Enter 键新建幻灯片时，仅仅是新建与上一张幻灯片相同的版式，如果对于其中的元素也需要进行复制，可以通过复制的方法批量建立。

选中目标幻灯片，在右键快捷菜单中单击“复制幻灯片”命令（如图 16-25 所示），即可对选中的幻灯片进行复制。

图 16-25

移动幻灯片

复制来的幻灯片与其他幻灯片在位置上不对应时，此时不需要删除任何幻灯片再新建以达到统一，只需要通过移动幻灯片即可。

选中目标幻灯片，按住鼠标左键不放，此时滚动条自动滚动（如图 16-26 所示），将其放置在需要的位置，释放鼠标左键即可完成对幻灯片的移动，并重新对幻灯片编号。

图 16-26

删除幻灯片

选中幻灯片并单击鼠标右键，在快捷菜单中我们选择相关命令可以对幻灯片进行删除操作，单击"删除幻灯片"即可删除幻灯片。

16.2 创建"销售报告"演示文稿模板

上一节以创建"年终工作总结"演示文稿为例介绍演示文稿的相关知识点，本节以"销售报告"演示文稿为例介绍如何创建演示文稿的模板。

16.2.1 了解幻灯片母版

1. 了解模板

在幻灯片的框架布局上必须要遵循以下两个要点：

- 整体布局的统一协调
  完整的幻灯片是一个整体，所以在所有幻灯片中表现信息的手法要保持一致，以达到布局协调的效果。布局协调不仅要求过渡页间、内容页间具有类似的合成元素，而且还要求演示文稿文字的色彩、样式、效果也应该保持统一，这样才会让演示文稿具有整体感，也符合人们的视觉习惯，保证整体主题风格的统一。

- 统一的设计元素
  对于一个空白的演示文稿一般都需要使用统一的页面元素进行布局，比如在顶部或底部添加图形图片进行装饰，页面元素是幻灯片组成的一部分，一般起到点缀美化的作用。统一的页面元素并不是说所有幻灯片的页面元素完全一致，而是应用相同风格的元素，比如色调统一、形状统一等，而排列方式有所差异反而会增强幻灯片的整体灵动性。

如图 16-27 所示的一组图，可以看到幻灯片不仅具有统一的布局，也具有统一的设计元素。

图 16-27

在框架布局上要做到上述这两点，首先就要为幻灯片建立模板。模板是 PPT 的骨架，它体现了幻灯片的整体设计风格，即使用哪些版式，使用什么色调，使用什么图片、图形作为统一的设计元素等。此外模板中还包含版式，比如在一组演示文稿中经常使用某一种版式，而默认版式中又不包含，这时则可以自己新建一个版式，创建版式后就可以保存下来像默认版式一样重新使用。

如图 16-28 所示的组图是一套模板，有了这样的模板，幻灯片的整体设计风格就确定了，剩下的工作就是按实际内容对幻灯片进行逐张编辑。

图 16-28

2. 了解母版

说到模板的创建自然离不开母版，我们先来了解一下什么是幻灯片母版？使用母版有什么作用？

幻灯片母版是定义演示文稿中所有幻灯片页面格式的幻灯片视图，包括使用的字体、占位符的大小及位置、背景的设计和配色方案等。使用幻灯片母版的目的是为了对整个演示文稿进行全局的设计或更改，并使该更改应用到演示文稿中的所有幻灯片中。因此在母版中的设置即为演示文稿中的共有信息，可以让演示文稿中的各张幻灯片都具有相同的外观特点，比如设置所有幻灯片具有统一的字体、定制统一的项目符号、添加统一的图形修饰、添加统一的页脚以及 LOGO 标志。在下面的小节中会更加详细地介绍在母版中的操作，进一步了解母版中的编辑为整篇演示文稿带来的影响。

在"视图"→"母版视图"选项组中单击"幻灯片母版"按钮（如图 16-29 所示），即可进入母版视图，可以看到幻灯片版式与占位符等，如图 16-30 所示。

图 16-29

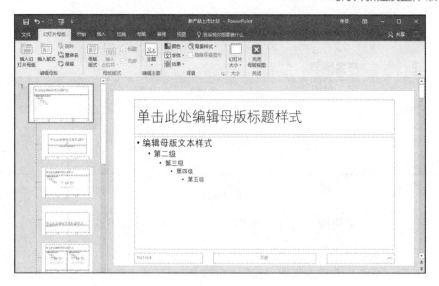

图 16-30

- 版式：左侧列表中列出多种版式，一般包括"标题幻灯片""标题和内容""图片和标题"
  "空白""比较"等 11 种版式，这些版式都是可以进行修改与编辑的。
- 占位符：是一种带有虚线或阴影线边缘的框，绝大部分的幻灯片版式中都有这种框，在这
  些框内可以放置标题及正文，或者是图表、表格和图片等对象，并规定这些内容默认放置
  的位置和区域面积。占位符就如同一个文本框，还可以自定义其边框样式与填充效果等，
  定义后，应用此版式创建新幻灯片时就会呈现出所设置的效果。如图 16-31 所示的幻灯片，
  可以看到有几种不同的占位符，同时有些占位符被设置了填充色。

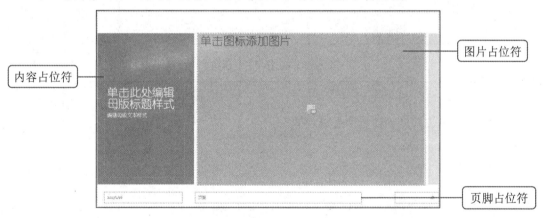

图 16-31

16.2.2 定制统一背景

所谓幻灯片的背景是指幻灯片内容主体后面所呈现的背景效果，它能够在一定
程度上对幻灯片的主题起到衬托作用，同时也能够丰富幻灯片的整体设计效果。常
见的背景主要有纯色背景（如白色、灰色、蓝色等）、图片背景、纹理背景与图案填
充背景等。

而要想制作一套具有关联性的演示文稿，设计出统一的背景效果是非常有必要的，如图 16-32
所示即为幻灯片应用了统一的图片背景效果（本例只列举两张幻灯片）。

图 16-32

当需要为所有幻灯片应用统一的背景效果时，就需要进入母版中进行设置。

步骤 01 在"视图"→"母版视图"选项组中单击"幻灯片母版"按钮，进入母版视图中。

步骤 02 在左侧列表中选中主母版（如图 16-33 所示），在占位符以外的空白位置单击鼠标右键，在弹出的快捷菜单中单击"设置背景格式"命令（如图 16-34 所示），打开"设置背景格式"右侧窗格。

图 16-33

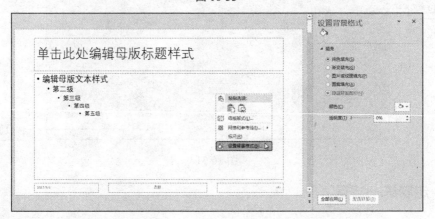

图 16-34

步骤 03 选中"图片或纹理填充"单选按钮，单击"文件"按钮（如图 16-35 所示），打开"插入图片"对话框，找到图片所在的路径并选中，如图 16-36 所示。

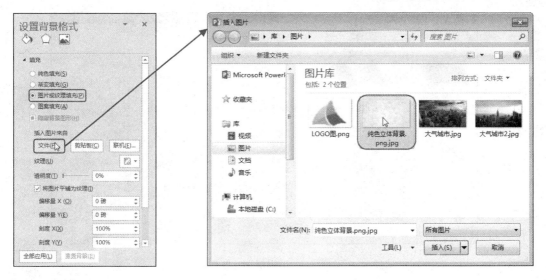

图 16-35　　　　　　　　　　　　　　　　图 16-36

步骤 04 单击"插入"按钮,此时所有版式都应用了所选择的图片背景(在左侧的版式列表中可以看所有的版式都应用了图片背景),如图 16-37 所示。

图 16-37

步骤 05 在"幻灯片母版"→"关闭"选项组中单击"关闭母版视图"按钮即可退出母版视图,可以看到整篇演示文稿都使用了刚才所设置的背景。

提 示　　图片背景和纯色背景是比较常用的背景格式。纯色背景的设置方法较为简单,只要在"设置背景格式"右侧窗格中选中"纯色填充"单选按钮,然后设置填充的颜色即可。设置背景时要注意不应选择过于鲜艳、突出的颜色,毕竟背景只是辅助幻灯片设计的一个元素,不应掩盖主题,应以突出主题为主。

※ **知识扩展** ※

其他背景格式

除了图片背景与纯色背景外,还可以设置图案背景与渐变背景,其中渐变背景也较为常用。

如图 16-38 所示,在"设置背景格式"右侧窗格中选中"渐变填充"单选按钮并设置渐变参数,可以实现渐变背景效果。

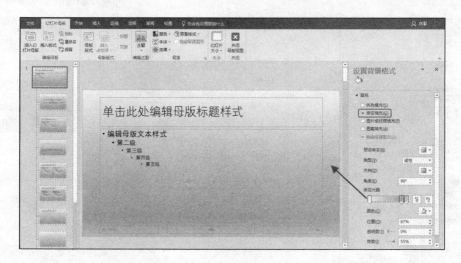

图 16-38

如图 16-39 所示，在"设置背景格式"右侧窗格中选中"图案填充"单选按钮并设置参数，可以实现图案背景效果。

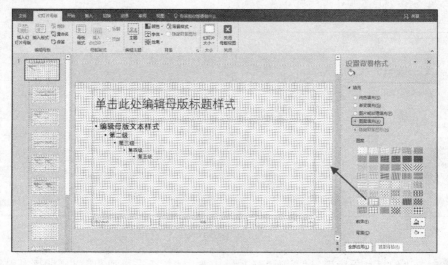

图 16-39

16.2.3　统一使用图形图片布局页面

在制作应用型的演示文稿时，除了先设定好背景外，经常还会使用图形、图片作为幻灯片整体布局的修饰，如添加统一的企业 LOGO 标志，在标题位置上设计图形修饰，给标题添加修饰性的文本框等，这些操作都可以丰富版面。如图 16-40 所示为幻灯片母版添加了 LOGO 标志，并添加了图形来修饰标题文本。接下来以添加这两种元素为例，还可以根据实际需要设计更多效果。

> 共有元素在母版中去添加与设计，非共有元素在普通视图中逐一选中幻灯片后逐一进行设置。

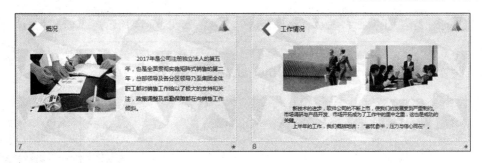

图 16-40

1. 插入图片

步骤 01 在"视图"→"母版视图"选项组中单击"幻灯片母版"按钮,进入母版视图中,在左侧列表中选中主母版。

步骤 02 在"插入"→"图像"选项组中单击"图片"按钮(如图 16-41 所示),打开"插入图片"对话框,在地址栏中依次进入图片的保存位置(或从左侧树状目录中进入),选中图片,如图 16-42 所示。

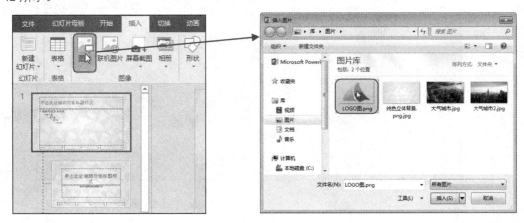

图 16-41　　　　　　　　　　　　　　　图 16-42

步骤 03 单击"插入"按钮,即可将 LOGO 标志添加到所有版式母版中(注意看左侧版式列表中,每个版式上都有添加的 LOGO 图标),如图 16-43 所示。

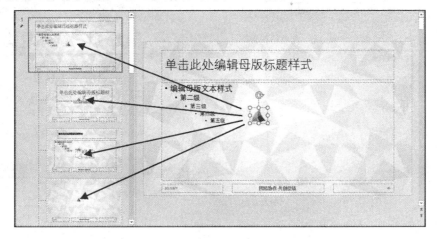

图 16-43

步骤 04 此时再根据版面将图片移动到合适的位置，如图 16-44 所示。

图 16-44

2. 添加图形修饰

步骤 01 接着在左侧列表中选中"标题和内容"版式母版，如图 16-45 所示。

图 16-45

步骤 02 在"插入"→"插图"选项组中单击"形状"下拉按钮，在下拉列表中选中"菱形"图形样式（如图 16-46 所示），此时光标变为十字图形样式，在选定的幻灯片版式上完成绘制即可，如图 16-47 所示。

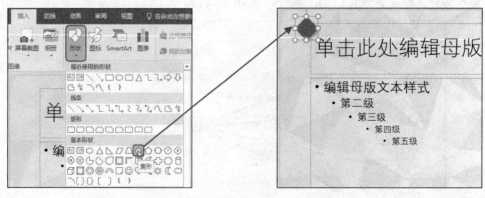

图 16-46   图 16-47

步骤 03 保持图形的选中状态，在"绘图工具-格式"→"形状样式"选项组中单击"形状轮廓"下拉按钮，在下拉菜单中单击 "无轮廓"命令即可取消图形的轮廓线，如图 16-48 所示。

步骤 **04** 接着单击"形状效果"下拉按钮，在下拉菜单中单击"阴影"→"偏移：右下"命令，使图形具有立体感，如图 16-49 所示。

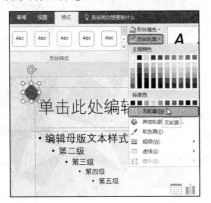

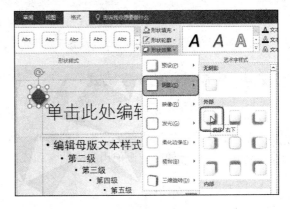

| 图 16-48 | 图 16-49 |

步骤 **05** 接着复制当前图形并按一定的次序进行叠加（如图 16-50 所示），在"绘图工具-格式"→"形状样式"选项组中单击"形状填充"下拉按钮，在下拉菜单中重置图形填充色为"白色，背景 1"，如图 16-51 所示。

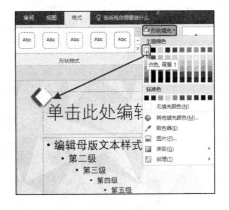

| 图 16-50 | 图 16-51 |

步骤 **06** 将制作好的图形移至标题占位符的前面（或按自己的设计思路放置），如图 16-52 所示。在"幻灯片母版"→"关闭"选项组中单击"关闭母版视图"按钮即可退出母版，所有"标题和内容"版式的幻灯片都将应用这种效果。

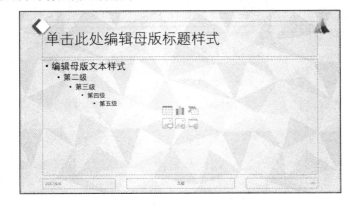

图 16-52

如果对主母版进行编辑，那么接下来进行的操作将应用于所有版式母版，即无论以哪个版式创建幻灯片，则都会包含这些设计元素；如果选中主母版下的某个版式母版，那么接下来进行的设置将只应用于这个版式，即当以这个版式新建幻灯片时应用此效果，以其他版式新建幻灯片时不应用。

16.2.4　定制统一的文字格式

无论是新建空白的演示文稿，还是套用模板或主题创建新演示文稿，我们看到标题文字与正文文字的格式都采用默认的字体、字号。如果想更改整篇演示文稿中的文字格式（比如标题想统一使用另外的字体或字号），可以进入幻灯片的母版中进行操作。

1. 统一的文字格式

如图 16-53 所示幻灯片标题与内容使用的是默认的文字格式，如图 16-54 所示是进入母版后对标题文字与内容文字的格式进行了设置。

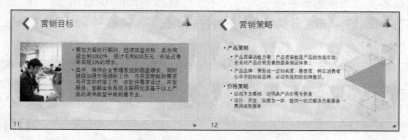

图 16-53

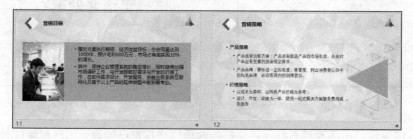

图 16-54

步骤 01 在"视图"→"母版视图"选项组中单击"幻灯片母版"按钮，进入母版视图中，在左侧列表中选中"标题和内容"版式母版，如图 16-55 所示。

图 16-55

步骤 02 选中"单击此处编辑母版标题样式"文字，在"开始"→"字体"选项组中设置文字的格式（字体、字形与颜色等），如图 16-56 所示。

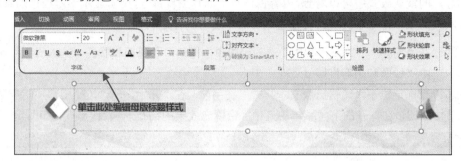

图 16-56

步骤 03 选中"编辑母版文本样式"文字，在"开始"→"字体"选项组中设置文字的格式（字体、字形、颜色等），如图 16-57 所示。

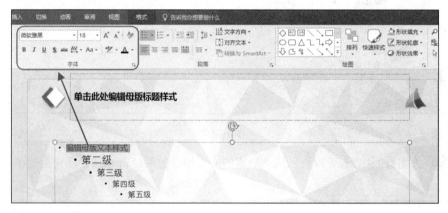

图 16-57

步骤 04 再依次设置其他级别的文本格式并调整占位符的位置，达到如图 16-58 所示的效果。

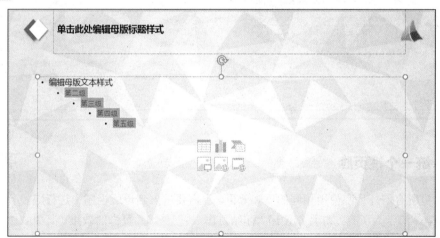

图 16-58

步骤 05 在"关闭"选项组中单击"关闭母版视图"按钮回到幻灯片中，可以看到所有幻灯片标题文本与其他级别文本的格式都已按照在母版中所设置的效果显示。

2. 统一的项目符号

从幻灯片的默认版式中可以看到，内容占位符中都有项目符号，用于显示不同级别的条目文本。那么如果默认的项目符号不美观，可以进入母版中统一进行定制。

步骤01 在"视图"→"母版视图"选项组中单击"幻灯片母版"按钮，进入母版视图中，在左侧列表中选中"标题和内容"版式。

步骤02 光标定位于"编辑母版文本样式"文字前，在"开始"→"段落"选项组中单击"项目符号"下拉按钮，在打开的下拉菜单中选中"带填充效果的钻石形项目符号"，如图 16-59 所示。

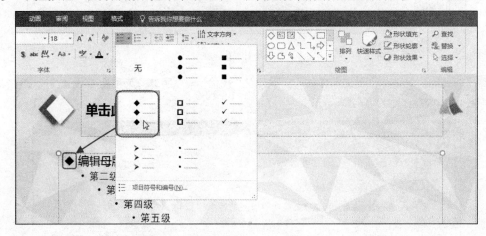

图 16-59

步骤03 关闭母版视图，可以看到这一级别的文本前面的项目符号样式都被更改了，如图 16-60 所示。

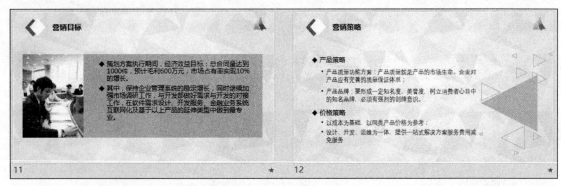

图 16-60

16.2.5 统一个性页脚

如果希望所有幻灯片都使用相同的页脚效果，也需要进入到母版视图中进行编辑。如图 16-61 所示为所有幻灯片都使用"团结协作 共创佳绩"页脚的效果（其中封面幻灯片未应用页脚）。

步骤01 在"视图"→"母版视图"选项组中单击"幻灯片母版"按钮，进入母版视图中。在左侧列表选中主母版，在"插入"→"文本"选项组中单击"页眉和页脚"按钮（如图 16-62 所示），打开"页眉和页脚"对话框。

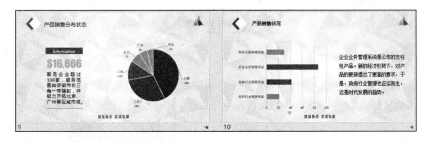

图 16-61

图 16-62

步骤 02 选中"页脚"复选框，在下面的文本框中输入页脚文字，如果标题幻灯片不需要显示页脚，则撤选"标题幻灯片中不显示"复选框，如图 16-63 所示。

图 16-63

步骤 03 单击"全部应用"按钮即可在母版中看到页脚文字，如图 16-64 所示。

图 16-64

步骤 04 对文字及文本框进行格式设置，可以设置字体、字号、字形等，可以根据设计思路选用合理的美化方案，如图 16-65 所示。

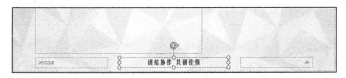

图 16-65

步骤 05 设置完成后，关闭母版视图即可看到每张幻灯片中都显示了相同的页脚。

知识扩展

插入其他对象

除了可以为页脚设置特定的文字外，还可以设置日期、时间以及幻灯片编号等作为页脚的显示内容，如图 16-66 所示。

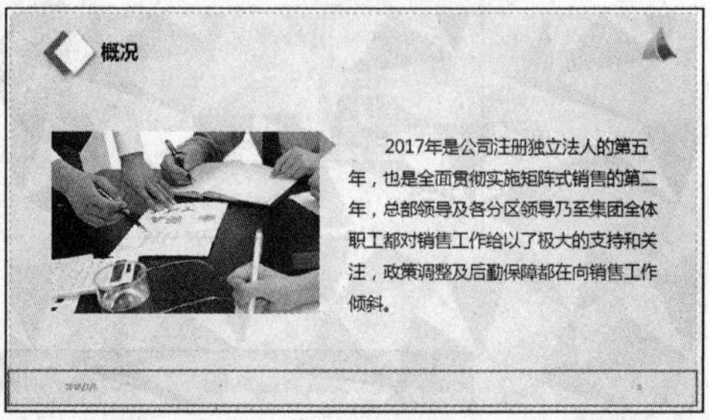

图 16-66

16.2.6 自定义版式

系统自带了 11 种版式，比如“标题幻灯片”“标题和内容”“两栏内容”等都是程序自带的版式。在新建幻灯片时可以选择这些版式创建新幻灯片（在 16.1.4 小节中已经讲解过），但如果想使用的版式是这些列表中没有的，则可以自定义创建新版式。自定义创建新版式可以在原版式上修改，也可以重新创建一个新版式。无论是哪种情况，所进行的更改都会保存到到版式列表中，方便用户重复使用。

接下来我们要创建一个转场页的版式（因为这个版式在整篇演示文稿中需要多次使用到），以“节标题”版式为基础进行更改。

1. 在母版中编辑版式

步骤 01 在“视图”→“母版视图”选项组中单击“幻灯片母版”按钮，进入母版视图中，在左侧列表中选中“节标题”版式，如图 16-67 所示。

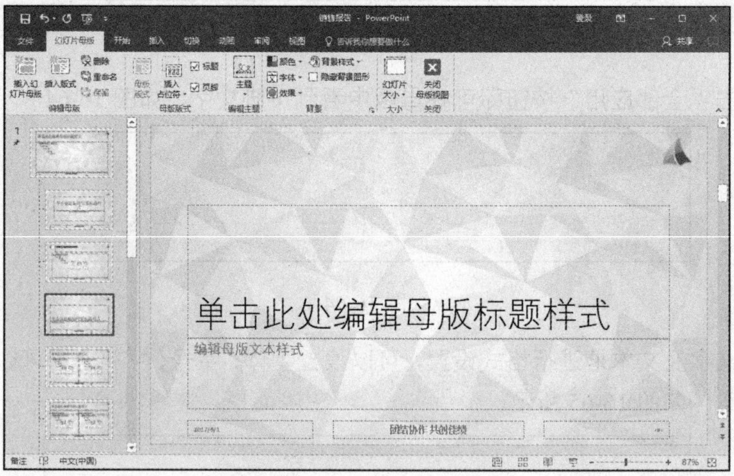

图 16-67

步骤 02 在“插入”→“插图”选项组中单击“形状”下拉按钮，在下拉列表中选中“矩形”图形样式（如图 16-68 所示），此时光标变为十字图形样式，在选定的幻灯片版式上完成绘制，如图 16-69 所示。

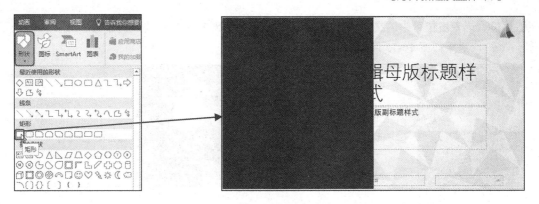

| 图 16-68 | 图 16-69 |

步骤 **03** 按照同样的方法在"矩形"图形的右侧边线上绘制"等腰三角形"图形，如图 16-70 所示。

步骤 **04** 接着添加圆形，并设置内侧圆形为纯白色无轮廓形状效果，设置外侧圆形为无填充圆点轮廓效果，如图 16-71 所示。

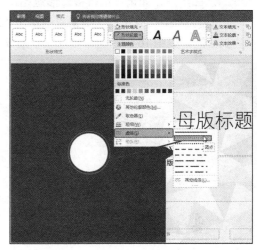

| 图 16-70 | 图 16-71 |

提 示　图形是幻灯片设计中一个非常重要的元素，通过图形的组合设计可以完成很多有创意的设计效果，关于图形的应用及格式的设置将在后面的章节中重点介绍。

步骤 **05** 选中标题占位符，将鼠标指针指向左上角的拐角处（如图 16-72 所示），按住鼠标左键向右下角拖动即可更改占位符的大小，如图 16-73 所示的效果。

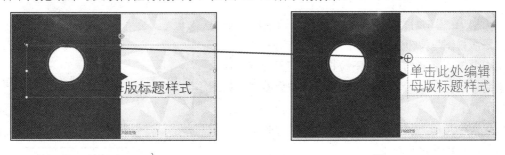

| 图 16-72 | 图 16-73 |

步骤06 选中占位符中的文本（如图 16-74 所示），可对文字的格式进行设置（在 16.2.3 小节中已经讲解），效果如图 16-75 所示。

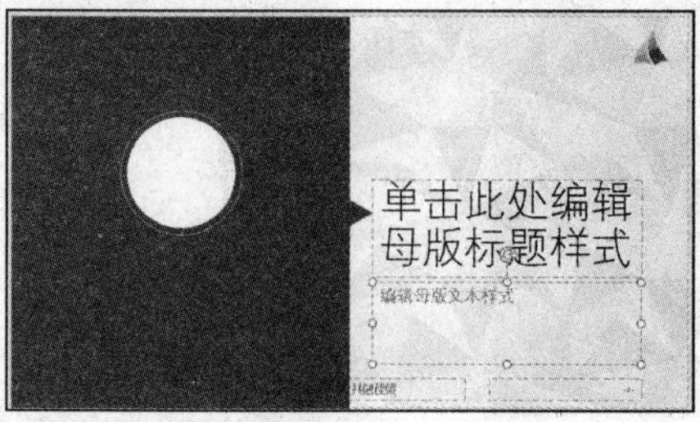

图 16-74

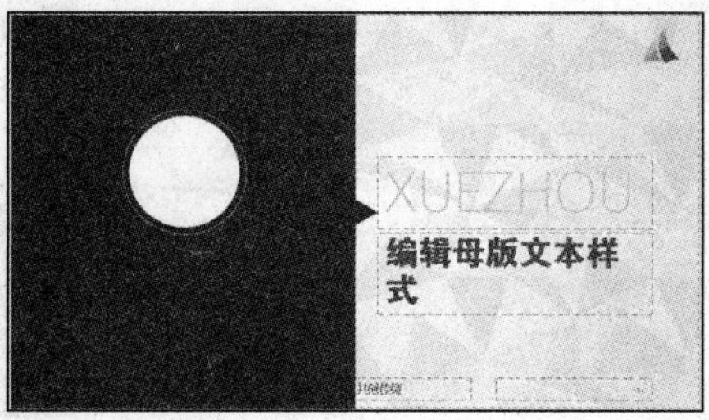

图 16-75

知识扩展

解决占位符被覆盖的问题

在添加图形后，如果占位符被图形遮挡，并想让占位符显示在图形的上方，则需要选中占位符，单击鼠标右键，在弹出的快捷菜单中单击“置于顶层”→“置于顶层”命令（如图 16-76 所示），即可达到目的，如图 16-77 所示。

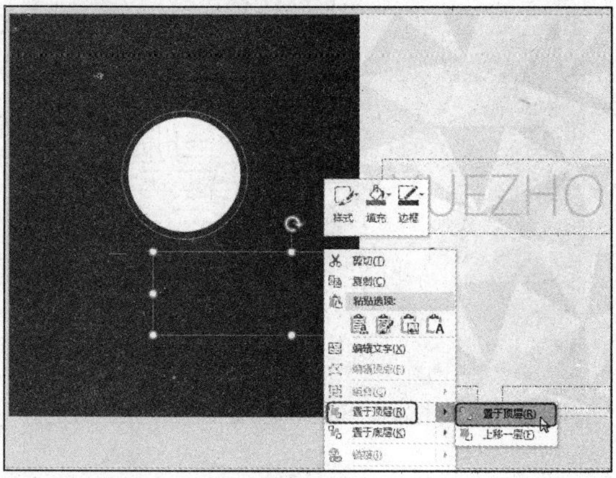

图 16-76

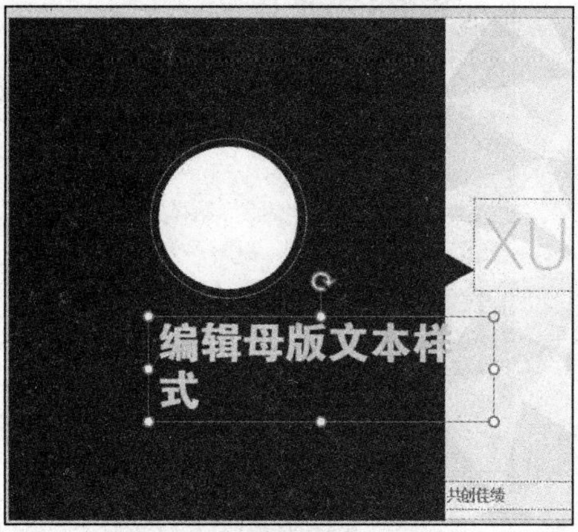

图 16-77

2. 应用版式创建新幻灯片

在母版中将版式编辑完成后，即可退出母版，然后可以使用编辑的版式创建新幻灯片。

步骤01 在“幻灯片母版”→“关闭”选项组中单击“关闭母版视图”按钮退出母版，在“开始”→“幻灯片”选项组中单击“新建幻灯片”下拉按钮，打开下拉菜单，可以看到“节标题”这个版式的效果已经被更改了，如图 16-78 所示。

步骤02 单击“节标题”版式，即可以此版式创建新的幻灯片，如图 16-79 所示。

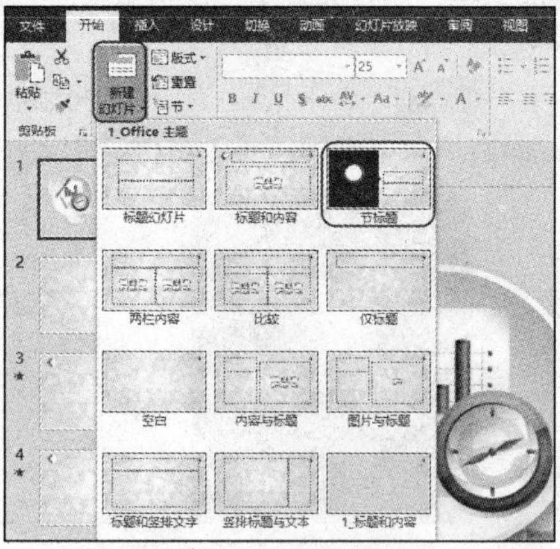

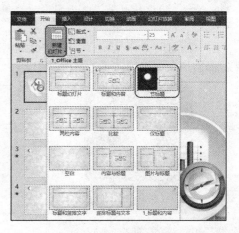

图 16-78

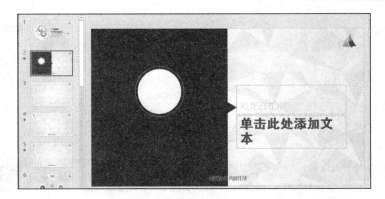

图 16-79

步骤 **03** 在幻灯片中编辑文本，生成第一张节标题幻灯片，如图 16-80 所示。当进入下一节时，再依据此版式创建新的幻灯片，然后编辑相应内容即可，如图 16-81 所示。

图 16-80

图 16-81

第17章

>>> 文本型幻灯片的编排

应用环境

　　文字是幻灯片中重要的元素，因此除了编辑与排版外，也要注重设计，让文字信息既便于传达信息也能美化版面。

本章知识点

① 添加文本
② 文字排版（项目符号、段落格式、间距调整等）
③ 设置大号字的填充效果、轮廓线
④ 设置立体字、发光字、映射字

17.1　输入与编辑文本

　　文字是 PPT 页面的重要组成部分。虽然很多时候我们都在强调要多用图少用字，甚至是能用图的就不用字，但是任何观点都不是绝对的，假如你想表达较为抽象的一个观点，只用图？试想一下，有多少人愿意花费过多的心思去思索或是揣测，可能这时还不如用总结性的文字更加直接。

　　当然对于这必不可少的文字信息，我们也不是不做任何处理就随意堆积在幻灯片上，对于大篇幅的文字该总结的要总结，该提炼的要提炼，该设计的还要设计，这样才能让文字信息有条理地展现出来。重点信息突出展现出来，同时也优化了版面的视觉效果。

17.1.1　在占位符中输入文本

　　幻灯片上的"占位符"是指先占住一个固定的位置，表现为一个虚框，虚框内部有"单击此处添加标题"之类的提示语（如图 17-1 所示），一旦单击之后，提示语会自动消失。

图 17-1

步骤 01 鼠标指针指向占位符的任意位置处，单击一次提示文字即可消失，并且光标在框内闪烁（如图 17-2 所示），此时即可输入文本，如图 17-3 所示。

图 17-2

图 17-3

步骤 02 接着鼠标指针指向副标题占位符，按照同样的方法输入副标题即可，如图 17-4 所示。

步骤 03 为了使标题更加醒目，输入文字后还可以设置字体格式（在 17.1.4 小节中会着重讲解），可达到如图 17-5 所示的效果。

图 17-4

图 17-5

✖ 知识扩展 ✖

其他占位符

除了文本占位符外，有些版式中还有图片占位符、图表占位符以及媒体占位符等，这些都是类似于文本占位符用来排版，以达到幻灯片内容不错乱的目的，使用户更能有效地输入和编辑内容，用户也可根据实际内容来调整占位符。

17.1.2　调整占位符的大小及位置

无论是幻灯片母版中的占位符还是普通版式中的占位符，在实际编辑时都可以按当前的排版方案对占位符的大小与位置进行调整（关于在母版中调节占位符的大小与位置在 16.2.5 小节中已经讲解）。

步骤 01　选中文本占位符，鼠标指针指向占位符边框右下方的尺寸控点上，当其变为"🔥"样式时（如图 17-6 所示），按住鼠标左键当鼠标指针变为"+"样式时向左上方拖动占位符到需要的大小（如图 17-7 所示），释放鼠标左键后即可完成对占位符大小的调整。

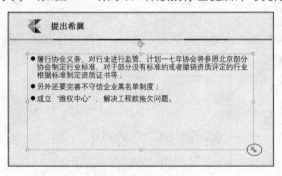

图 17-6

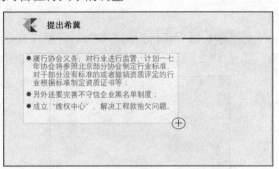

图 17-7

步骤 02　保持占位符的选中状态，鼠标指针指向占位符边线上（注意不要定位在调节控点上），当其变为"🔥"样式时（如图 17-8 所示），按住鼠标左键当鼠标指针变为"✛"样式时向下拖动占位符到合适的位置（如图 17-9 所示），释放鼠标左键后即可完成对占位符位置的移动。

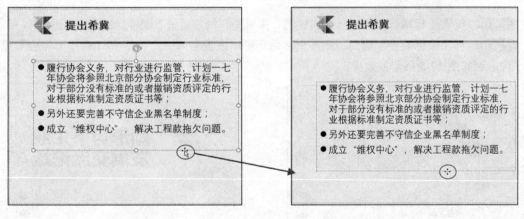

图 17-8

图 17-9

步骤 03　调节占位符后可根据实际需要添加图片、图形等元素以布局版面，如图 17-10 所示。

提 示　在普通视图中向占位符输入文本时，如果占位符不足以满足文本长度的大小，会导致文本自动换行或压缩字号，此时都需要通过调整占位符的大小和位置以使文本能够完整呈现。

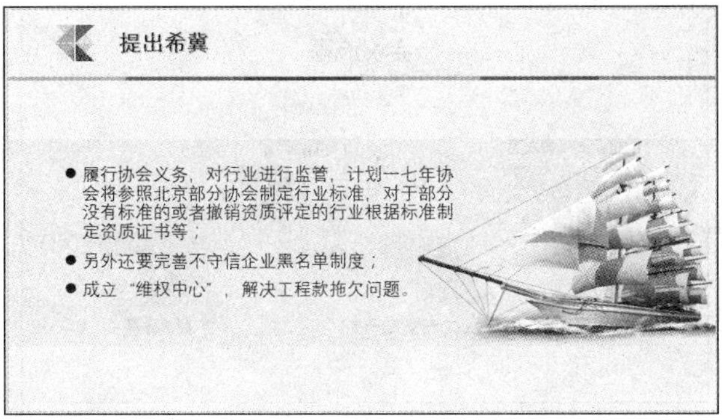

图 17-10

知识扩展

快速美化占位符

在占位符中输入文本后，占位符就相当一个文本框，我们可以通过格式设置快速美化占位符。

选中占位符，在“绘图工具-格式”→“形状样式”选项组中单击“”下拉按钮，在下拉菜单中单击样式即可快速将其应用到选中的占位符上，如图 17-11 所示。

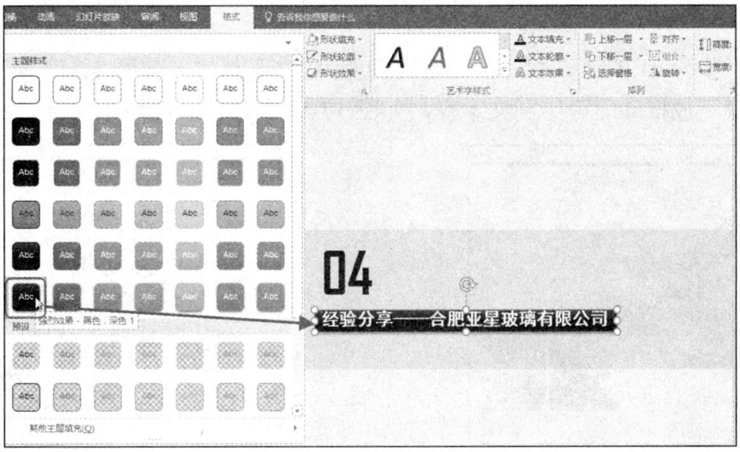

图 17-11

17.1.3 利用文本框添加文本

如果幻灯片使用的是默认版式，如“标题和内容”“两栏内容”版式等，其中包含的文本占位符是有限的。而有些幻灯片版面布局活跃，设计感明显，此时则需要更加灵活地使用文本框，即当某个位置需要输入文本时，直接绘制文本框并输入文字即可。如图 17-12 所示的幻灯片中，多处包含自由文本框。

1. 绘制文本框

步骤 01 在“插入”→“文本”选项组中单击“文本框”下拉按钮，在下拉菜单中单击“横排文本框”命令，如图 17-13 所示。

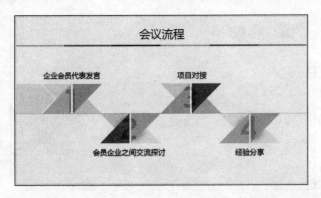

图 17-12

图 17-13

步骤 02 执行步骤 01 的操作后，鼠标指针会变为"↓"样式（如图 17-14 所示），在需要的位置上按住鼠标左键不放拖动即可绘制文本框，如图 17-15 所示。

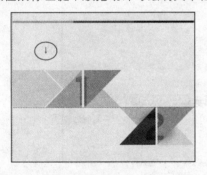

图 17-14

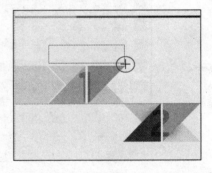

图 17-15

步骤 03 绘制完成后释放鼠标，光标自动定位到文本框中进入文本编辑状态（如图 17-16 所示），此时可在文本框中编辑文字，如图 17-17 所示。

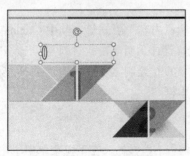

图 17-16

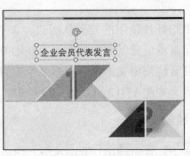

图 17-17

步骤 04 按照此操作方法可添加其他文本框并输入文字，设置文本格式即可达到如图 17-12 所示的效果。

✾ 知识扩展 ✾

关于占位符文本与文本框文本

有的用户会认为使用文本框比使用占位符更加自由灵活，是不是可以直接使用文本框而不使用占位符了呢？针对这一问题，需要了解占位符起到的作用。占位符不但存在于普通幻灯片中，还存在于母版中，因此在占位符中输入的文本可以通过母版控制它的文字格式，而文本框中的文本无法控制。如果演示文稿只有少量的张数，而且每张幻灯片的文字格式都是特殊设计的，那么可以不使用占位符；而如果演示文稿页面数量大，页面版式又可以分为固定的若干类，那么对于文本内容则很有必要使用占位符来统一设置其文字格式。

如图 17-18 所示的两张幻灯片，虽然页面效果不尽相同，但是都包含标题与正文文本，使用在占位符中输入文本的方式，对于标题与正文的格式可以通过在母版中进行统一控制和调节。

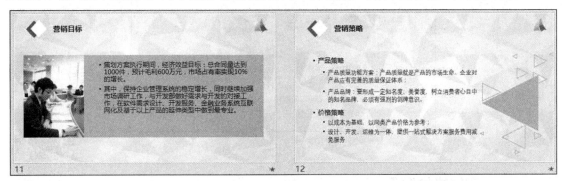

图 17-18

如果某处的文本框与前面的文本框格式基本相同，可以选中文本框，按 Ctrl+C 组合键复制，然后按 Ctrl+V 组合键粘贴，再重新编辑文字，只要将文本框移至需要的位置上即可。

2. 自定义文本框的外观

无论是文本占位符，还是文本框，在本质上都可以实现文本的编辑，所以也都可以为它们设置边框和填充效果，起到美化的作用。

步骤 01 选中文本框，在"绘图工具-格式"→"形状样式"选项组中单击"形状填充"下拉按钮，在下拉菜单中为文本框应用能够匹配幻灯片基调的填充色，如图 17-19 所示（鼠标指针指向时预览，单击即可应用）。

步骤 02 接着单击"形状轮廓"下拉按钮，在下拉菜单的"主题颜色"区域中单击某一颜色即可为文本框应用边框颜色，如图 17-20 所示。

步骤 03 在如图 17-21 所示的幻灯片中，为上面的两个文本框应用了填充颜色与线条，下面两个文本框为程序默认的无填充色和无线条，可对比效果。

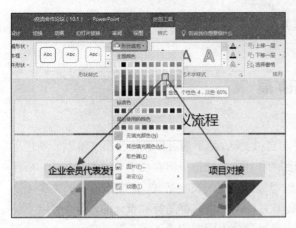
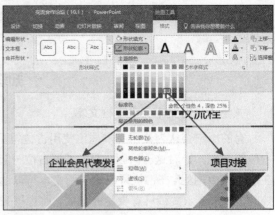

图 17-19   图 17-20

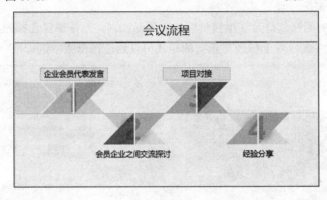

图 17-21

17.1.4　文字格式的设置

由以上内容的可见，无论是事先插入的文本框还是后添加的文本框，程序默认其字体为"等线"，字号大小为 18。而占位符的文本大小是由其文本级别决定。因此很多时候都需要根据设计思路对文本的格式进行设置，如标题文本一般都需要放大显示，内容文本需要保证清晰，另外，还有一些需要特殊设计的文本，以保证整个幻灯片版面的协调、美观。

对文本格式的设置主要涉及文本的字体、大小、颜色、阴影、加粗、倾斜、下画线、突出显示颜色的强调效果等，个别文本还需要设置艺术效果以提升设计感。

如图 17-22 所示的幻灯片有占位符和添加的文本框，总体上版面比较拥挤，可识别性差，而通过字体格式的设置，可以使其达到比较良好的视觉效果，如图 17-23 所示。

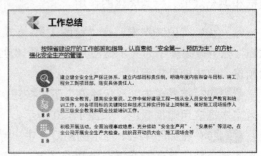

图 17-22   图 17-23

步骤 01 选择如图 17-22 所示的幻灯片中的标题文本，在"开始"→"字体"选项组中，单击"字体"设置框右侧的下拉按钮，在下拉列表中可选择想使用的字体，如此处选择"微软雅黑"，如图 17-24 所示。单击"字号"设置框右侧的下拉按钮，在下拉列表中可选择字号，如"28"，如图 17-25 所示。如果文字想加粗显示，则单击"加粗"按钮 B 一次。

图 17-24

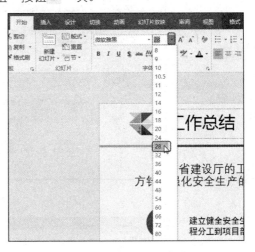

图 17-25

步骤 02 接着选择内容文本，在"开始"→"字体"选项组中，按照相同的方法设置"字体"为"微软雅黑"，设置"字号"为"17"（字号也可以直接在设置框中输入），并单击"下画线"按钮 U，如图 17-26 所示。

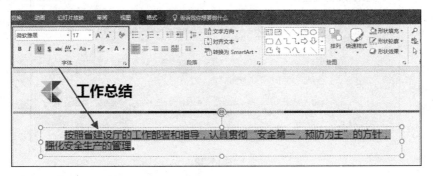

图 17-26

步骤 03 按住 Ctrl 键不放依次选择三个类目文本框，在"开始"→"字体"选项组中设置"字体"为"黑体"，"字号"为"14"，如图 17-27 所示。

提示 在配合 Ctrl 键依次选中多个对象时，在选中第一个对象后，按住 Ctrl 键不放，再将鼠标指针移至另一个目标对象上，在对象上移动鼠标指针，直到鼠标指针变为 样式时，单击一次才可以选中第二个对象，接着按照相同的方法依次选中其他对象。

步骤 04 按住 Ctrl 键不放，依次选择三个关键词文本框，在"开始"→"字体"选项组中设置"字体"为"锐字工房云字库姚体"，"字号"为"12"，单击"文字阴影"按钮 S，接着单击"字符间距"按钮 AV，设置"字符间距"为"稀疏"（默认为"常规"），如图 17-28 所示。

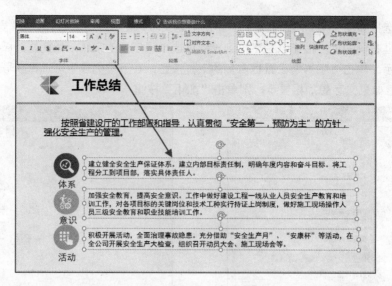

图 17-27

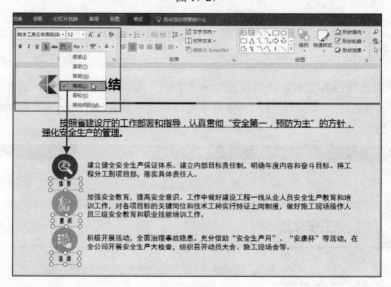

图 17-28

✖ 知识扩展 ✖

清除文本格式

如果对文本格式设置不满意，可以选中文本，在"开始"→"字体"选项组中单击"清除所有格式"按钮，实现一次性对所有格式的彻底清除。

17.2　排版"市场推广计划"演示文稿

上一节介绍了在幻灯片中文本的基本输入与编辑，实际上，在文本后期处理的过程中，还会涉及文本排版及美化设置。本节以"项目推广计划"演示文稿为例，介绍文本排版的技巧。

17.2.1　调整文本的字符间距

　　字符间距是指两个字符之间的间隔宽度，调整字符间距包含了对加宽或紧缩所
选取字符和对大于某个磅值的字符进行字距调整两个方面的设置。

　　如图 17-29 所示的幻灯片英文文本为程序默认间距，稍显拥挤，可以通过设置加宽字符间距值
的方法进行调整，如图 17-30 所示为设置加宽间距值为"6 磅"后的效果。

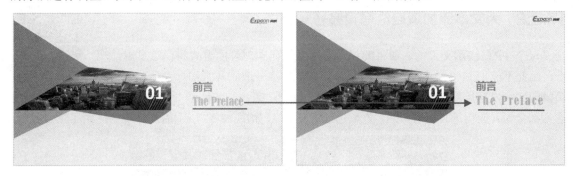

图 17-29　　　　　　　　　　　　　　　　　　　图 17-30

步骤 01　选中文本，在"开始"→"字体"选项组中单击"字符间距"下拉按钮，在弹出的下
拉菜单中单击"其他间距"命令（如图 17-31 所示），打开"字体"对话框。

图 17-31

步骤 02　单击"间距"设置框右侧的下拉按钮，在下拉列表框中选择"加宽"选项，在"度量
值"文本框中输入"6"，如图 17-32 所示。

图 17-32

步骤 03 单击"确定"按钮即可将选中文本的间距更改为 6 磅。

提示 在"开始"→"字体"选项组中,一般情况下,文本的"字符间距"默认为"常规"。在"字符间距"下拉菜单中有"很紧""紧密"以及"稀疏"和"很松"几个快速设置项,通过选中这几种设置项,可以实现对字符间距的快速设置(此操作在 17.1.4 小节中已有介绍)。

17.2.2 为文本添加项目符号和编号

每个 PPT 演示文稿的主要目的都是通过容易让人理解的方式将信息呈现给观众,因此不能把 PPT 当作 Word 使用,即随意将文字分散到各张幻灯片中,要将大篇幅的文字内容尽量提炼,让观众一眼就能看见你所要阐述的重点。因此当列举一些观点、条目时通常都会为其应用项目符号,以使文本更加便于阅读,如图 17-33 所示的幻灯片中应用了项目符号。

图 17-33

1. 快速套用内置项目符号

步骤 01 选取要添加项目符号的文本框(如图 17-34 所示),在"开始"→"段落"选项组中单击"项目符号"下拉按钮,在弹出的下拉菜单中提供了几种可以直接供用户套用的项目符号样式。

步骤 02 将鼠标指针指向项目符号样式时可预览效果,单击后即可套用,如图 17-35 所示。

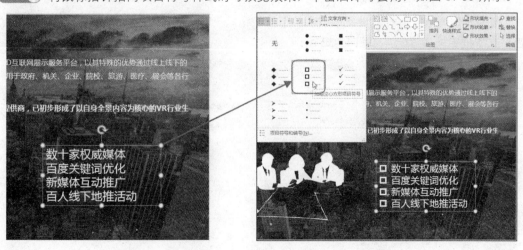

图 17-34   图 17-35

添加程序默认的项目符号时，其默认颜色是"黑色"，如果想重置其颜色，需要打开"项目符号和编号"对话框进行设置。

步骤 03 在"项目符号"的下拉菜单中单击"项目符号和编号"命令，打开"项目符号和编号"对话框。单击"颜色"右侧的下拉按钮，在下拉列表中可设置项目符号的颜色（如图 17-36 所示），设置颜色后，可以看到列表中的项目符号全部改变了颜色。再选择项目符号的样式，单击"确定"按钮，项目符号的应用效果如图 17-37 所示。

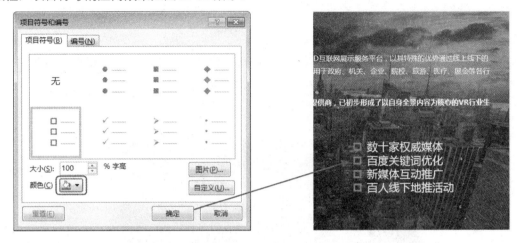

图 17-36   图 17-37

2. 自定义项目符号

除了程序内置的几种项目符号外，还可以自定义项目符号的样式，以获取更加丰富的版面效果。下面介绍为项目符号自定义图片的方法。为了体现图片修饰性的功能，多采用无背景格式，即 PNG 格式。

步骤 01 配合 Ctrl 键选取要添加项目符号的文本（如图 17-38 所示），在"开始"→"段落"选项组中单击"项目符号"下拉按钮，在弹出的下拉菜单中单击"项目符号和编号"命令，打开"项目符号和编号"对话框。

图 17-38

步骤 02 单击"图片"按钮（如图 17-39 所示），打开"插入图片"对话框，选中作为项目符号显示的图片（经过处理的 PNG 格式），如图 17-40 所示。

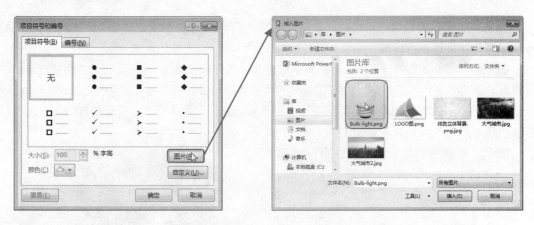

图 17-39 图 17-40

步骤 03 单击"插入"按钮后即可为文本批量添加项目符号,效果如图 17-41 所示。

图 17-41

3. 添加编号

当条目文本要使用编号时,可以使用如下方法为其添加。

步骤 01 选中需要添加编号的文本内容,如果文本不连续可以配合 Ctrl 键一次性选中,如图 17-42 所示。

步骤 02 在"开始"→"段落"选项组中单击"编号"下拉按钮,在下拉菜单中选择一种编号样式(如图 17-43 所示),选中即可预览效果,单击即可应用,如图 17-44 所示。

图 17-42

图 17-43

图 17-44

❈ 知识扩展 ❈

"格式刷"刷取格式

如果已经设置某一处的项目符号，其他文本也想使用相同的项目符号，可以选中文本，在"开始"→"剪贴板"选项组中单击"格式刷"按钮（如图 17-45 所示），然后鼠标指针变为 ▲I 样式，在需要使用相同项目符号的文本上拖动即可刷取相同格式，如图 17-46 所示。

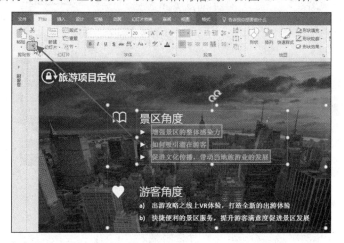

图 17-45

图 17-46

17.2.3 排版时增加行与行之间的间距

当文本包含多行时，行与行之间默认是无间隔紧凑排列的。根据排版要求，有时需要调整行距以获取更好的视觉效果。如图 17-47 所示为排版前的文本（行间距默认值为 1.0），如图 17-48 所示为增加行距后的效果。

图 17-47

图 17-48

选中文本框，在"开始"→"段落"选项组中单击"行距"下拉按钮，在打开的下拉菜单中选中"1.5"（如图 17-49 所示），此时即可将行距调整为"1.5"。

图 17-49

❀ 知识扩展 ❀

设置段间距

如果文本是多段落的，想要设置段落之间的间距，该如何设置呢？

步骤 01 选中文本框，在"开始"→"段落"选项组中单击"行距"下拉按钮，在打开的下拉菜单中单击"行距选项"命令，打开"段落"对话框。

步骤 02 在"段前"文本框中输入"24"，在"行距"下拉列表框中选择"固定值"选项，然后在后面的文本框中设置任意间距值（如图 17-50 所示），设置后的效果如图 17-51 所示。

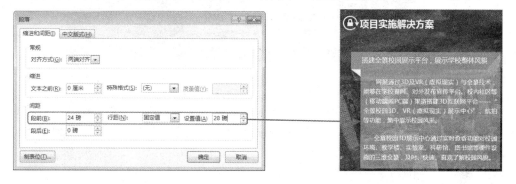

图 17-50　　　　　　　　　　　　　　图 17-51

在"开始"→"段落"选项组的"行距"功能按钮的下拉菜单中给出的是几种比较常用的行间距值，如果想自定义行间距值，需要打开"段落"对话框，按图 17-50 所示的方法设置。

提示

17.2.4　为大号标题文字设置填充效果

制作出的演示文稿常用于演示场合，因此标题文字或者是一些需要着重强调的观点常会使用特殊的方式进行修饰或处理，比如常会使用加大字号，同时还可以为这些文字设置渐变、图片或纹理、图案等填充效果来进行特殊美化。

1. 文字渐变填充

渐变填充即填充的颜色有一个变化过程，如图 17-52 所示为标题文字设置渐变后的效果。

图 17-52

步骤 01 选中文字,在"绘图工具-格式"→"艺术字样式"选项组中单击" ⌐ "按钮(如图 17-53 所示),打开"设置形状格式"右侧窗格。

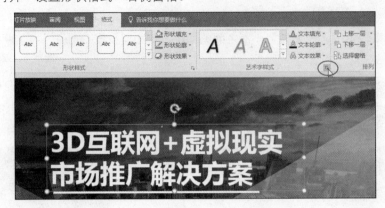

图 17-53

步骤 02 单击"文本填充与轮廓"标签按钮,在"文本填充"栏中选中"渐变填充"单选按钮,单击"预设渐变"右侧的下拉按钮,在下拉列表中选择"顶部聚光灯-个性色 4"(如图 17-54 所示),即可达到如图 17-55 所示的填充效果。

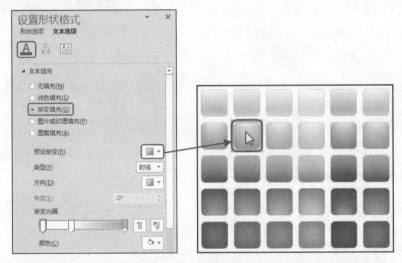

图 17-54

图 17-55

步骤 03 单击"类型"设置框右侧的下拉按钮,在下拉列表框中选择"线性"选项;在"方向"下拉列表框中选择"线性向下"选项(如图 17-56 所示),可将渐变效果设置为如图 17-57 所示的填充效果。

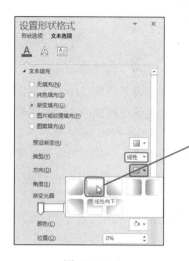

图 17-56

图 17-57

步骤 04 如果不想使用这几种渐变颜色，则可以在"渐变光圈"栏中依次选中每个光圈，然后单击下方的"颜色"下拉按钮，即可更改光圈的颜色（如图 17-58 所示），拖动光圈可调节渐变所覆盖到的区域，如图 17-59 所示。

图 17-58

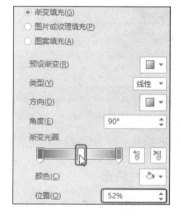

图 17-59

步骤 05 通过更改渐变颜色，可以达到如图 17-60 所示的渐变效果。

图 17-60

❈ 知识扩展 ❈

增减光圈个数

渐变的效果在于对光圈的设置。我们在选择预设渐变时，会根据预设效果默认添加了光圈，在此基础上可以进行调整，以获取更加满意的效果。例如上文中介绍的重设光圈的颜色、改变光圈的位置都是在对渐变效果进行调整。

另外，在"渐变光圈"区域中，通过单击"⬜"按钮（如图 17-61 所示）可添加渐变光圈的个数。同样选中不需要的光圈，通过单击"⬜"按钮可减少渐变光圈的个数（如图 17-62 所示）。

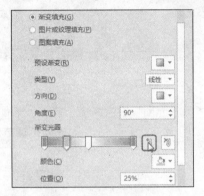

图 17-61

图 17-62

 提 示 关于渐变效果的设置是非常丰富的，如渐变的类型、角度、渐变的光圈数、每个光圈所在的位置等，任意一个不同的参数都会影响渐变的效果，因此我们在上述步骤中给出的只是操作的方法，至于效果的掌控，读者完全可凭自己的设计思路调节。

2. 文字图片填充

图片填充即把图片填充到文字中，即达到如图 17-63 所示的填充效果，此填充效果也适合标题文字的设置。

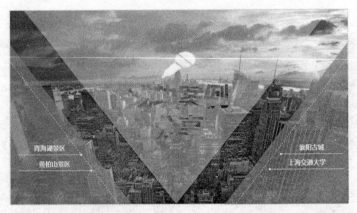

图 17-63

步骤 01 选中文字并单击鼠标右键，在弹出的快捷菜单中单击"设置文字效果格式"命令（如图 17-64 所示），打开"设置形状格式"右侧窗格。

图 17-64

步骤 02 单击"文本填充与轮廓"标签按钮,在"文本填充"栏中选中"图片或纹理填充"单选按钮,单击"文件"按钮(如图 17-65 所示),打开"插入图片"对话框,找到图片所在的路径并选中图片,如图 17-66 所示。

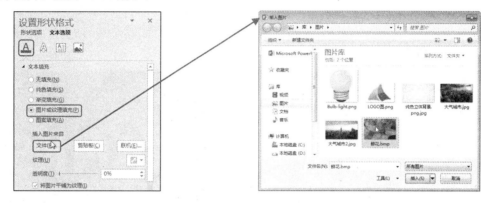

图 17-65   图 17-66

步骤 03 单击"插入"按钮即可将图片作为文本的填充效果。

在给文字设置图片填充时,要注意图片的选择切勿过多色彩效果而且要与演示文稿的整体基调及元素配色保持一致。

提 示

3. 文字图案填充

文字图案填充是应用程序内置的用一些图案来填充文字,如图 17-67 所示为文字设置了图案填充后的效果。

图 17-67

步骤 **01** 选中目标文字并单击鼠标右键，在弹出的快捷菜单中单击"设置形状格式"命令（如图 17-68 所示），打开"设置形状格式"右侧窗格。

图 17-68

步骤 **02** 单击"文本选项"，再单击"文本填充与轮廓"标签，在"文本填充"一栏中选中"图案填充"单选按钮。在"图案"列表中选择"虚线网络"样式（如图 17-69 所示），效果如图 17-70 所示。

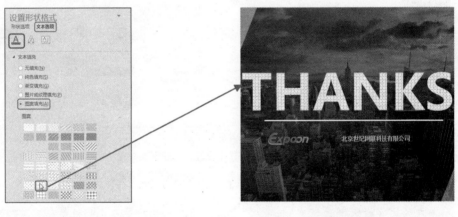

图 17-69   图 17-70

步骤 **03** 重新设置"前景"为"橙色，个性色 2，深色 25%"，"背景"为"白色，背景 1"（如图 17-71 所示），即可更改图案的颜色。

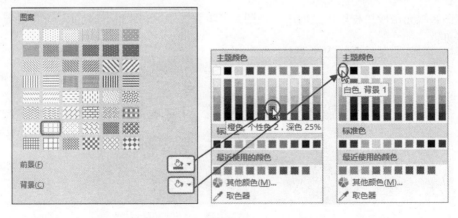

图 17-71

❧ 知识扩展 ❧

其他文字填充效果

另外还可以为文字设置其他填充效果，如纹理填充效果。

打开"设置形状格式"右侧窗格，在"文本填充"栏中选中"图片或纹理填充"单选按钮，单击"纹理"右侧的下拉按钮（如图 17-72 所示），在弹出的下拉列表中可选择相应的纹理，如图 17-73 所示。

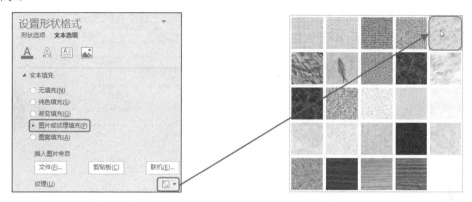

图 17-72   图 17-73

例如选择"水滴"纹理，效果如图 17-74 所示。

图 17-74

17.2.5 文字的轮廓线效果

对于一些大字号的标题文字或需要特殊显示的文字，还可以为其设置轮廓线条，这也是美化和突出文字的一种方式。如图 17-75 所示为默认的文字效果，如图 17-76 所示为文字设置白色加粗方点轮廓线后的效果。

图 17-75   图 17-76

选中文本框，在"绘图工具-格式"→"艺术字样式"选项组中单击"文本轮廓"下拉按钮，在"主题颜色"区域中选择一种轮廓线颜色；接着单击"粗细"命令并在子菜单中单击"2.25 磅"；接着再单击"虚线"命令并在子菜单中单击"方点"（如图 17-77 所示），设置完成后即可达到如图 17-76 所示的效果。

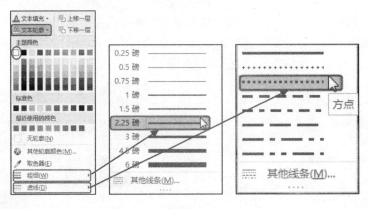

图 17-77

❋ 知识扩展 ❋

设置轮廓线

轮廓线的应用效果主要体现在线条颜色、粗细和线型上，可以打开"设置形状格式"窗格进行设置，以达到不同的设置效果。

步骤 01 在"粗细"或"虚线"的子菜单中单击"其他线条"命令（如图 17-78 所示），打开"设置形状格式"右侧窗格，选中"实线"单选按钮（如图 17-79 所示），还可以设置线条的颜色、宽度、类型等。

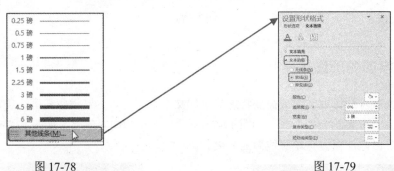

图 17-78   图 17-79

步骤 02 如图 17-80 和图 17-81 分别为设置不同的轮廓线效果。

图 17-80

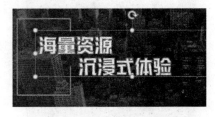
图 17-81

17.2.6 立体字

为了体现出特殊的设计效果，在幻灯片中设计文字时，有时需要为文字设置立体效果，从而提升幻灯片的整体视觉效果。要实现立体字效果，需要从阴影、三维格式（棱台）和三维旋转几个方面来进行设置。

1. 阴影立体效果

为文本设置的阴影效果犹如现实物体呈现阴影一样。如图 17-82 所示为文本的常规效果，如图 17-83 所示为文本设置"偏移：右上"的阴影效果。

图 17-82

图 17-83

步骤 01 选中文本，在"绘图工具-格式"→"艺术字样式"选项组中单击"文本效果"下拉按钮，在下拉菜单中将鼠标指针指向"阴影"，可在其子菜单中显示出多种阴影效果（如图 17-84 所示）。通过选中不同的预设阴影可得到不同的效果，如图 17-85、图 17-86 和图 17-87 所示分别为"偏移：右上""内部：中"和"透视：右上"的效果。

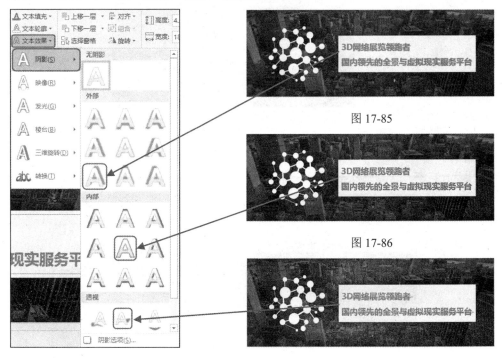

图 17-84　　　　　　　　　　　　　　图 17-87

步骤 02 如果对预设的效果不满意，可以单击"阴影选项"（如图 17-88 所示），打开"设置形状格式"右侧窗格。

步骤 03 在"阴影"栏中重新设置阴影的相关参数（为图 17-83 所示中的参数设置），如图 17-89所示。

图 17-88

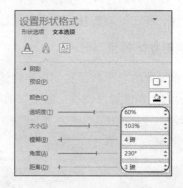

图 17-89

 提 示 无论是"外部""内部"，还是"透视"阴影效果，通过为其设置不同的"透明度""大小""模糊度""角度"以及"距离"都会为用户带来不一样的视觉感受。上述步骤中只给出了操作方法，至于效果的掌控，读者也可以凭自己的设计思路来调节。

2. 棱台和三维转换立体效果

阴影配合棱台和三维旋转效果可以使文字更具立体感，如图 17-90 中所示的文字立体感效果很好。

图 17-90

步骤 01 选中文字，在"绘图工具-格式"→"艺术字样式"选项组中单击"⌐"按钮（如图17-91 所示）打开"设置形状格式"右侧窗格。

图 17-91

步骤 **02** 展开"阴影"栏，在选择一种阴影预设效果后设置其各项参数（如图 17-92 所示），使文字达到如图 17-93 所示的效果。

图 17-92   图 17-93

步骤 **03** 关闭"阴影"栏，展开"三维格式"栏，单击"顶部棱台"的下拉按钮，在下拉列表框中选择"柔圆"，并将"宽度"和"高度"分别设为"6 磅""2 磅"，如图 17-94 所示。

步骤 **04** 接着展开"三维旋转"栏，在"预设"下拉列表框中选中"离轴 2：左"，并设置"X 旋转"为"30°"，"Y 旋转"为"18°"，"Z 旋转"为"0°"如图 17-95 所示。

步骤 **05** 设置完毕后关闭窗格即可。经过上面的多步设置即可让文字达到如图 17-90 所示的立体效果。

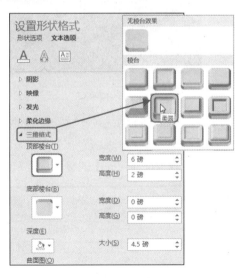

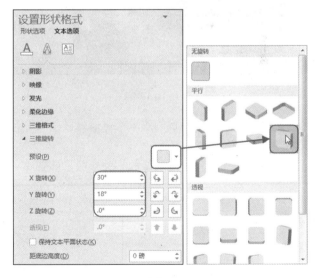

图 17-94   图 17-95

17.2.7　文字的特殊效果

除了以上操作为文字设置的立体效果外，还可以为文字设置诸如映像、发光、转换等格式，都可以增强文本的视觉效果。

1. 映像效果

当幻灯片为深色背景时，为文字设置映像效果可以达到犹如镜面倒影的效果，如图 17-96 所示。

图 17-96

步骤 **01** 选中文本，在"绘图工具-格式"→"艺术字样式"选项组中单击"文本效果"下拉
按钮，在下拉菜单中将鼠标指针指向"映像"，在其子菜单中选中一种预设效果（如图 17-97 所示），
达到如图 17-98 所示的效果。

图 17-97

图 17-98

步骤 **02** 如果对预设的效果不满意，可单击"映像选项"（如图 17-99 所示），打开"设置形状
格式"右侧窗格。

步骤 **03** 可重新设置映像的相关参数，如图 17-100 所示（为效果图 17-96 中的参数设置）。

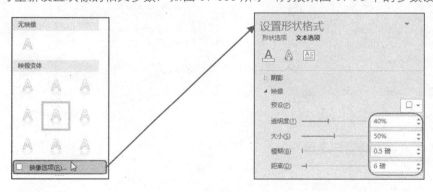

图 17-99

图 17-100

2. 发光效果

如果当前幻灯片背景色稍深且偏灰暗，为文字设置发光效果有时可获取不一样的视觉效果。如图 17-101 所示为默认文本，如图 17-102 所示为设置文本发光后的效果。

图 17-101

图 17-102

步骤 01 选中文本并单击鼠标右键，在弹出的快捷菜单中单击"设置对象格式"命令，如图 17-103 所示。

步骤 02 打开"设置形状格式"右侧窗格，展开"发光"栏，在"预设"下拉列表框中选择发光效果，接着设置发光颜色（如果预设效果中无法找到满足的发光色则进行此设置）、大小和透明度，如图 17-104 所示。

图 17-103

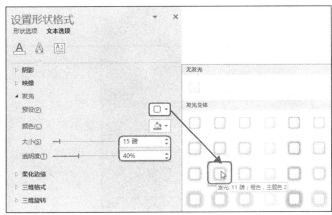

图 17-104

3. 文字转换效果

建立文本后，无论是否是艺术字，都可以根据排版特征设置其转换效果，使其呈现出一种流线型的美感。如图 17-105 和图 17-106 所示都是为文字设置不同转换后的效果。

图 17-105

图 17-106

选中文本框（如图 17-107 所示），在"绘图工具-格式"→"艺术字样式"选项组中单击"文本效果"下拉按钮，在下拉菜单中将鼠标指针指向"转换"，在其子菜单中选择一种预设效果，如图 17-108 所示。

图 17-107

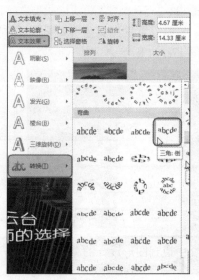

图 17-108

第 18 章

图文混排幻灯片的编排

应用环境

图片与图形是增强幻灯片可视化效果的核心元素。在添加图片和图形到幻灯片中后，不但可以对单个对象美化编辑，同时要注重在整张幻灯片中的布局安排与混排效果。

本章知识点

① 向幻灯片中添加图形、图片
② 图形填充、边框、特殊效果设置
③ 应用 SmartArt 图
④ 图形的修整及在幻灯片中的排版

18.1 "公司介绍"演示文稿中应用图形

图形是幻灯片设计中一个必不可少的元素，图形的设计可以布局版面、修饰文字、数据图示化等。因此图形的运用非常重要，幻灯片中应用图形能够将图文结合起来，使所要表达的内容更形象、更具有视觉效果。这样才能调动读者兴趣，让信息更快、更精准的传达。

"公司介绍"演示文稿是企业常用的演示文稿之一，当企业需要对外宣传时，通常情况下都需要制作"公司介绍"演示文稿，用于展示公司的发展历程、主体项目等。下面以"公司介绍"演示文稿为例介绍在幻灯片如何应用及编排图形。

18.1.1 向幻灯片中添加图形

上文中说到图形设计的重要性，而插入图形是基础的操作。下面以在"公司介绍"演示文稿中插入图形为例来学习图形的插入及编辑技巧。

1. 在幻灯片中绘制图形

步骤 01 选中目标幻灯片，在"插入"→"插图"选项组中单击"形状"下拉按钮，在下拉列表中单击选中"矩形：剪去对角"，如图 18-1 所示。

图 18-1

步骤 02 此时鼠标指针变成十字形状，按住鼠标左键拖动即可进行图形的绘制（如图 18-2 所示），释放鼠标左键图形即可绘制完成，效果如图 18-3 所示。

图 18-2

图 18-3

步骤 03 绘制图形后，如果要调整图形的大小，可将鼠标指针指向图形的拐角控点（如图 18-4 所示），按住鼠标左键拖动可同时调整图形的高度与宽度；将鼠标指针指向除拐角之外的控点（如图 18-5 所示），按住鼠标左键拖动可调整图形的高度或宽度。

步骤 04 选中图形，设置图形边框并设置半透明效果（关于图形的格式设置将在 18.1.2 小节及 18.1.3 小节中详细介绍），复制一个图形并改变其大小将其放置于前一图形的内部，在图形上添加文本框，达到如图 18-6 所示的效果。

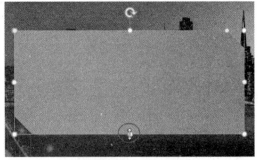

图 18-4 图 18-5

图 18-6

2. 编辑图形顶点自定义图形样式

PPT 对于图片本身只具有裁剪的编辑功能，但却没有编辑顶点的功能，而对图形则具有编辑顶点的功能，所以通过图形辅助可以完成对图片进行任意形状的调整。

步骤01 选中目标幻灯片，在"插入"→"插图"选项组中单击"形状"下拉按钮，在下拉列表中单击选中"矩形"，如图 18-7 所示。

步骤02 此时光标变成十字形状，按住鼠标左键拖动即可进行绘制，释放鼠标左键即可绘制完成，效果如图 18-8 所示。

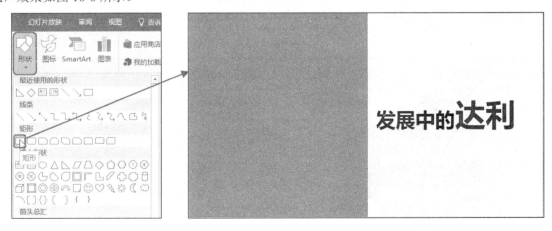

图 18-7 图 18-8

步骤 03 为绘制的图形设置如图 18-9 所示的图片填充效果（关于图形的填充操作详见 18.1.2 小节）。

步骤 04 选中图形，在"图形工具-格式"→"插入形状"选项组中单击"编辑形状"下拉按钮，在弹出的下拉菜单中单击"编辑顶点"命令（如图 18-10 所示），此时图形添加了红色边框，黑实心正方形突出显示图形顶点（如图 18-11 所示），鼠标指针指向顶点即变为"⬥"样式，如图 18-12 所示。

图 18-9

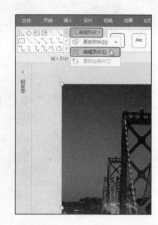

图 18-10

步骤 05 此时按住鼠标左键不放可按一定路径进行拖曳（如图 18-13 所示），到适当位置释放鼠标左键即可，如图 18-14 所示。

步骤 06 按照同样的操作方法，拖动另一个顶点，达到如图 18-15 所示的效果。

图 18-11

图 18-12

图 18-13

图 18-14

图 18-15

步骤 **07** 接着添加其他的图形达到一个修饰效果，并向图形中添加文字，得到如图 18-16 所示的幻灯片效果。

图 18-16

> 也可以在绘制图形时先编辑顶点将图形调整为需要的样式，然后为图形设置图片填充效果。但二者得到的结果会有所不同，即图片在图形中显示的布局会不一样。读者可尝试两种不同的设置方法。

3. 绘制正图形

绘制正图形即让绘制的图形呈现宽度与高度完全相等。这种图形手动拖动鼠标很难准确绘制，可以按如下方法绘制。

步骤 **01** 选中目标幻灯片，在"插入"→"插图"选项组中单击"形状"下拉按钮，在下拉列表中选中"椭圆"，如图 18-17 所示。

步骤 **02** 此时光标变成十字形状，按住 Shift 键的同时拖动鼠标绘制（如图 18-18 所示），即可得到一个正图形，效果如图 18-19 所示。

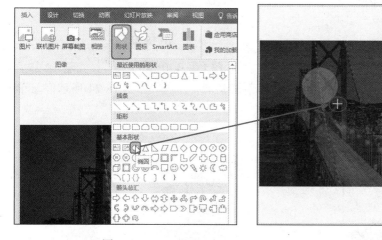

图 18-17　　　　　　　　　　图 18-18　　　　　　　　　　图 18-19

步骤 **03** 完成图形的绘制后设置图形的填充效果，并复制图形改变其大小，按一定的空间顺序排列，添加文本，达到如图 18-20 所示的幻灯片效果。

4. 绘制形状并添加文字

我们可以把文本框置于图形内以突显文字，或者直接在图形内添加文字，起到衬托的作用。

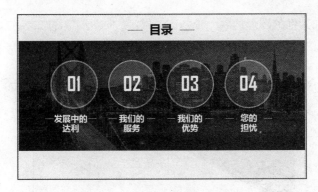

图.18-20

步骤 01 选中目标幻灯片，在"插入"→"插图"选项组中单击"形状"下拉按钮，在下拉列表中选中"矩形"，如图 18-21 所示。

步骤 02 此时鼠标指针变成十字形状，按住鼠标左键拖动即可进行图形的绘制，释放鼠标左键即可完成图形的绘制，效果如图 18-22 所示。

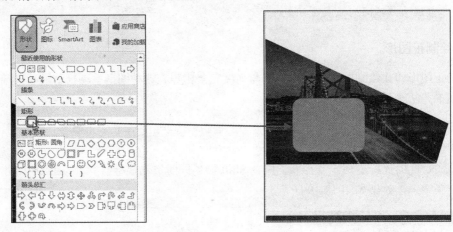

图 18-21　　　　　　　　　　　　　　　　　　　图 18-22

步骤 03 重新设置图形格式（图形格式的设置方法详见 18.1.2 及 18.1.3 小节），如图 18-23 所示。选中图形并单击鼠标在右键，在快捷菜单中单击"编辑文字"命令（如图 18-24 所示），此时光标在图形中闪烁（如图 18-25 所示），即可向图形中输入文字，如图 18-26 所示。

图 18-23

图 18-24

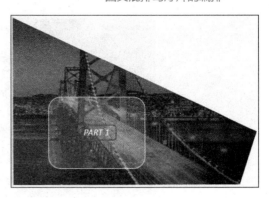

图 18-25   图 18-26

步骤 04 选中文字，重新设置文字的字体、字号等格式，达到如图 18-27 所示的幻灯片效果。

图 18-27

❈ 知识扩展 ❈

用文本框添加文本

在图形上添加文字时，最常用的还是使用文本框，如图 18-28 所示的图形上要使用不同层次的文本，此时可以分别绘制文本框，然后把它们按设计思路摆放，以便获取更加紧凑排列自由的设计效果。（关于文本框的绘制及格式的设置在 17.1.3 小节中已作介绍。）

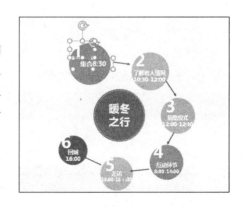

图 18-28

---

5. 合并多形状获取新图形

PowerPoint 2016 中提供了一个"合并形状"的功能按钮，利用它可以对多个图形进行联合、合并、相交、剪除等操作，从而得出新的图形样式。这项功能对于爱好图形设计的用户来说，是一项很实用的功能。它突破了"形状"列表中的图形样式，可以让用户很自由地根据自己的设计思路设置图形。如图 18-29 所示的两个去掉了边角的正方形就是多图形合并的结果。下面将以此图为例介绍多图形合并的方法。

图 18-29

步骤 01 选中目标幻灯片，在"插入"→"插图"选项组中单击"形状"下拉按钮，在下拉列表中选中"矩形"并绘制（如图 18-30 所示），接着选择"椭圆"图形，在矩形的 4 个拐角上绘制正圆形（可以绘制一个，其他复制），注意压角位置，如图 18-31 所示。

图 18-30

图 18-31

步骤 02 在"绘图工具-格式"→"插入形状"选项组中单击"合并形状"下拉按钮，在弹出的下拉菜单中单击"剪除"命令（如图 18-32 所示），达到如图 18-33 所示的效果。这个图形就是如图 18-29 所示幻灯片中图形的雏形。

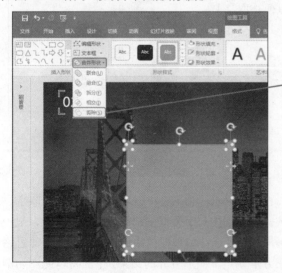

图 18-32

图 18-33

步骤 03 接着可对图形进行格式设置，以达到美化的效果。

❈ 知识扩展 ❈

其他形状合并效果

除了上述图形的组合方式外，我们还可以通过其他组合方式得到更多的图形组合的创意图形。

下面给出一组图形合并的应用对比效果，如图 18-34 所示。第一幅图为两个原始图形形状，对于这两个形状执行不同的组合命令可得到不同的组合图形。

图 18-34

提 示

在合并图形时，有一点需要注意，当图形叠加时，先选择哪个图形所得到的合并图形是不一样的。如图 18-35 所示的两个图形，如果先选中矩形再选中圆形，执行"合并形状"按钮下的"剪除"命令后得到的图形如图 18-36 所示；如果先选中圆形再选中矩形，执行"合并形状"按钮下的"剪除"命令后得到的图形如图 18-37 所示。

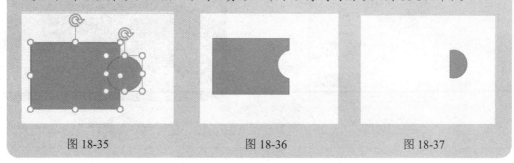

图 18-35   图 18-36   图 18-37

因此想要得到什么图形，应该以什么次序选中图形，用户在设计时可自己尝试。

18.1.2 形状填充颜色设置

在上一小节中，我们主要介绍是如何绘制图形以及通过编辑顶点、合并形状等方法获取新的图形，对图形的边框及填充效果没有作详细讲解。图形填充颜色的设置能够使图形的美观度大大提升，在一定层面上能更好地展示演示内容。

1. 自定义图形的填充颜色

步骤01 选中图形（也可以一次性选中多个），在"绘图工具-格式"→"形状样式"选项组中单击"形状填充"下拉按钮，在"主题颜色"列表中可以选择使用哪种颜色来填充当前图形，如图18-38 所示（单击即可应用）。如果对图形的颜色有很精确的要求，则单击"其他填充颜色"命令，打开"颜色"对话框（如图18-39 所示）。

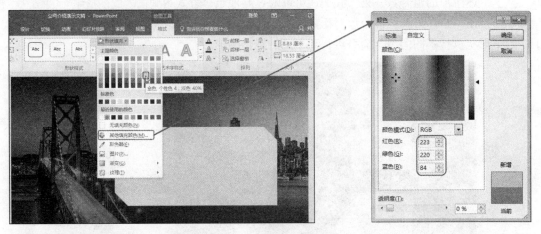

图 18-38   图 18-39

步骤02 在"颜色"对话框中单击"自定义"标签，可以分别在"红色（R）""绿色（G）"和"蓝色（B）"文本框中输入颜色值，设置精确的颜色值。设置颜色后如果想实现图形的半透明效果（半透明的填充效果是一项常用的设置），则可以在"透明度"栏中拖动滑块设置透明度，如图18-40 所示。

步骤03 单击"确定"按钮可以看到幻灯片中图形的填充颜色及半透明的效果，如图18-41 所示。

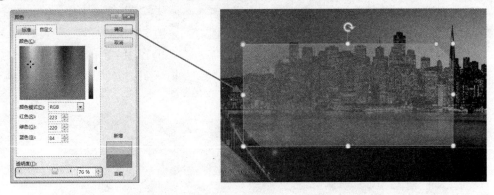

图 18-40   图 18-41

✖ **知识扩展** ✖

用好取色器

合理的配色是提升幻灯片质量的关键所在，但若非专业的设计人员，往往在配色方面总是达不到令人满意的效果，而在 PowerPoint 2016 中为用户提供了"取色器"这项功能，即当你看到某个较好的配色效果时，可以使用"取色器"快速拾取它的颜色，从而为自己的设计配色。这为初学者配色提供了很大的便利。

在"形状填充""形状轮廓""文本填充""背景颜色"等涉及颜色设置的功能按钮下拉菜单中都可以看到有一个"取色器"命令，当需要引用网络完善的配色方案时，可以借助此功能进行色彩的提取。

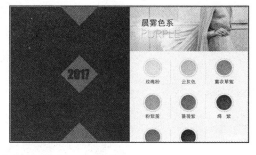

步骤 01 将所需要引用其色彩的图片复制到当前的幻灯片中来（先暂时放置，用完之后再删除），如图 18-42 所示。

步骤 02 选中需要更改色彩的图形，在"绘图工

图 18-42

具-格式"→"形状样式"组中单击"形状填充"下拉按钮，在打开的下拉菜单中单击"取色器"命令，如图 18-43 所示。

步骤 03 此时鼠标指针变为类似于笔的形状，将其移到想取图片颜色的位置，就会拾取该位置下的色彩，如图 18-44 所示。

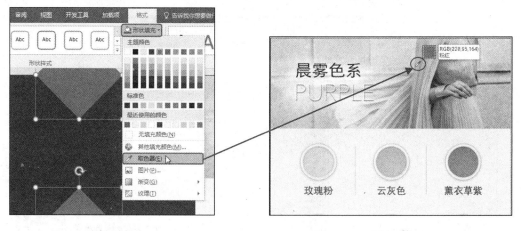

图 18-43

图 18-44

步骤 04 确定填充色彩后，单击鼠标左键，即可完成对色彩的拾取，删除为引用颜色而插入的图片即可，如图 18-45 所示。

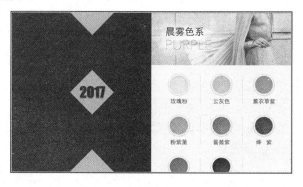

图 18-45

2. 图形的渐变填充效果

绘制图形后默认都是单色填充的，渐变填充效果可以让图形更具层次感，可根据当前的设计需求合理为图形设置渐变填充效果。

步骤 01 选中图形，在"绘图工具-格式"→"形状样式"选项组中单击"⬛"按钮（如图 18-46 所示）打开"设置形状格式"右侧窗格。

图 18-46

步骤 02 单击"填充与线条"标签按钮，在"填充"栏选中"渐变填充"单选按钮。在"预设渐变"下拉列表框中选择"顶部聚光灯-个性色 3"（如图 18-47 所示），达到如图 18-48 所示的效果。

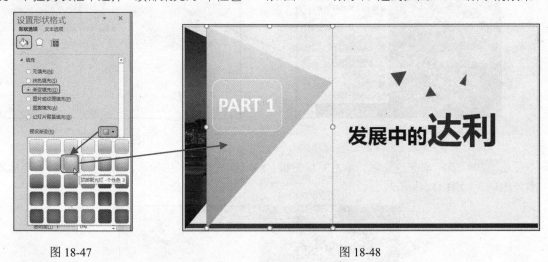

图 18-47   图 18-48

步骤 03 在"类型"下拉列表框中选择"线性"选项；在"方向"下拉列表框中选择"线性向上"（如图 18-49 所示），达到如图 18-50 所示的效果。

步骤 04 选中任意一个光圈，可重新设置光圈颜色，并且还可以在"透明度"文本框中设置透明度大小（如图 18-51 所示），设置后可达到如图 18-52 所示的渐变效果。

提 示

在设置渐变效果时可以看到有很多的设置项，比如不同的渐变类型、不同的方向、渐变光圈的多少以及各光圈的颜色等，这些都会影响最终的渐变效果。用户可根据自己的实际需要进行设置，并且有些设计效果可能需要多次尝试才能确定。

在选择预设渐变时，会有默认的光圈数，如果要增加光圈则单击 ⬛ 按钮，如果要减少光圈则单击 ⬛ 按钮。光圈数越多，渐变的颜色层次就越多，因此在设计过程中也是需要经过多次尝试才能确定。

图 18-49   图 18-50

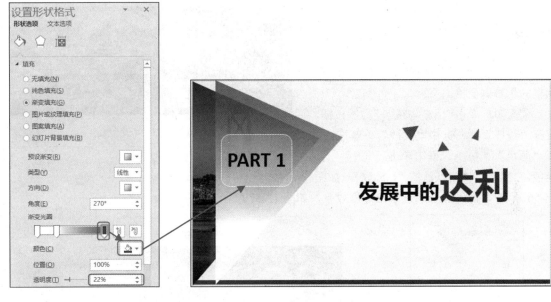

图 18-51   图 18-52

✖ **知识扩展** ✖

其他填充效果

除渐变填充效果外，还可以为图形设置图案填充效果、图片填充效果等，操作方法都不难，只要在"填充"栏中选中相应的单选按钮，然后根据提示进行设置即可。

值得一提的是，如果设置图形以"幻灯片背景填充"将会完成一个很有个性的填充效果，如图18-53 所示的图形设置以"幻灯片背景填充"，当前图形的填充效果为幻灯片背景图上相应位置的图像；当移动图形到其他位置时，填充效果会变为幻灯片背景图上相应位置的图像，如图 18-54 所示。

图 18-53

图 18-54

18.1.3 图形边框线条设置

图形边框线条的设置也是图形美化的一项操作，默认情况下图形填充色与线条都是同一种颜色，因此线条颜色并不能很好地呈现出来。图形边框线条的颜色、粗细、虚实等都可以自定义设置，如图 18-55 所示为原图形，当前是无边框状态。

步骤01 选中图形（可一次性选中多个），在"绘图工具-格式"→"形状样式"选项组中单击"⌐"按钮，打开"设置形状格式"右侧窗格。

步骤02 单击"填充与线条"标签按钮，打开"线条"栏，选中"实线"单选按钮，在"颜色"下拉列表框中单击"白色"标准色，"宽度"使用默认的"0.5 磅"（如图18-56 所示），此时图形已显示出边框效果，如图 18-57 所示。

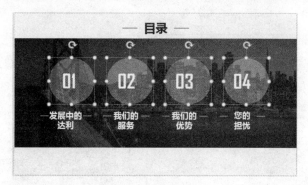

图 18-55

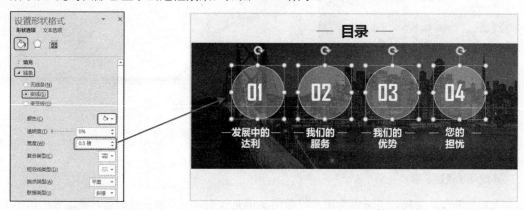

图 18-56

图 18-57

步骤03 如果设置线条"宽度"为"4.75 磅"，在"复合类型"下拉列表框中选择"双线"（如图 18-58 所示），呈现的是双线边框的效果，如图 18-59 所示。

步骤04 如果设置线条"宽度"为"3.25 磅"，在"短划线类型"下拉列表框中选择"短划线"（如图 18-60 所示），呈现的是虚线边框的效果，如图 18-61 所示。

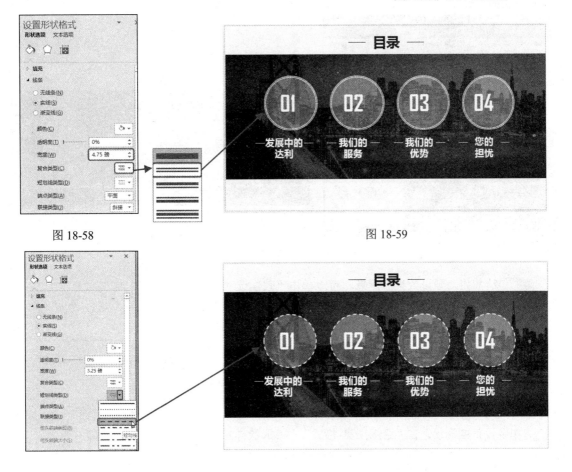

图 18-58

图 18-59

图 18-60

图 18-61

18.1.4 设置图形的形状效果

选中图形时，可以在"绘图工具-格式"→"形状样式"选项组中看到有一个"形状效果"功能按钮，单击此下拉按钮，在弹出的下拉菜单有"阴影""映像""发光""柔化边缘"等命令（如图 18-62 所示），这些菜单命令都有相应的子菜单，可以选择预设效果为图形的特殊效果，也可以自定义效果的参数。

1. 映射效果

映射效果是一种镜像效果，在深色背景上使用映射效果可以获取不一样的视觉效果。

步骤 01 选中要设置的形状，在"绘图工具-格式"→"形状样式"选项组中单击"形状效果"下拉按钮，在弹出的下拉菜单的"映像"子菜单中提供了多种预设效果（如图 18-63 所示），选中即可预览，单击即可应用，比如"半映像：8 磅偏移量"，应用后的效果如图18-64 所示。

图 18-62

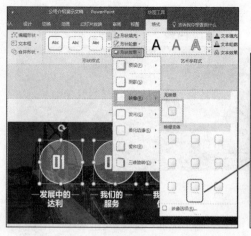

图 18-63 图 18-64

步骤 02 如果对预设效果不满意，可以单击"映像选项"
命令，打开"设置形状格式"右侧窗格，单击"效果"标签按
钮，展开"映像"栏，可继续对映像参数进行调整，如图 18-65
所示。

2. 发光效果

图形添加后可以在适当的时候应用发光效果。

选中要设置的形状，在"绘图工具-格式"→"形状样式"
选项组中单击"形状效果"下拉按钮，在弹出的下拉菜单的"发
光"子菜单中提供了多种预设效果（如图 18-66 所示），选中

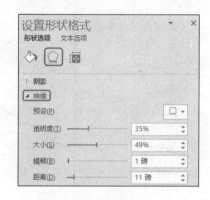

图 18-65

即可预览，单击即可应用，比如"发光：11 磅；蓝色 主题色 1"，应用后的效果如图 18-67 所示。

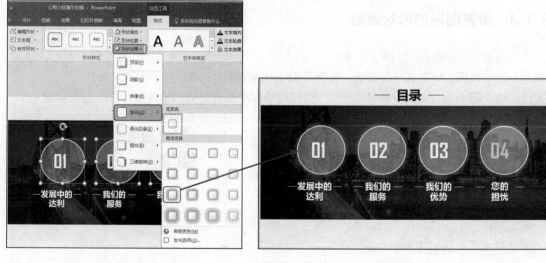

图 18-66 图 18-67

3. 立体效果

同立体化文字一样，图形也可以设置立体化效果，比如阴影格式、三维格式等。

阴影

步骤 01 选中要设置的形状，在"绘图工具-格式"→"形状样式"选项组中单击"形状效果"下拉按钮，在弹出的下拉菜单的"阴影"子菜单中提供了多种预设效果，选中即可预览，单击即可应用，比如"偏移：右下"（如图 18-68 所示），可获取如图 18-69 所示的阴影效果。

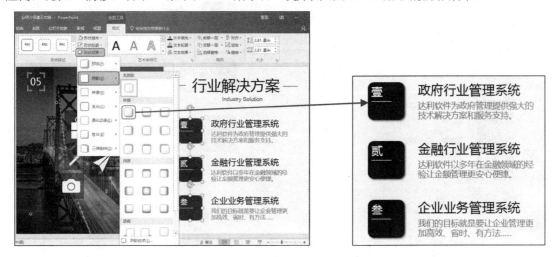

图 18-68   图 18-69

步骤 02 如果预设中找不到满意的效果，可以单击"阴影选项"命令，打开"设置形状格式"右侧窗格，可继续对阴影参数进行调整（如图 18-70 所示），调整后可获取不同的阴影效果，如图 18-71 所示。

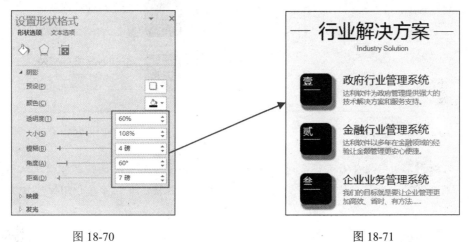

图 18-70   图 18-71

三维特效

三维特效是美化图形的一种常用方式，应用这种效果可以让图形呈现立体化效果。

步骤 01 选中所有图形，在"绘图工具-格式"→"形状样式"选项组中单击"形状效果"下拉按钮，在弹出的下拉菜单的"预设"子菜单中可以选用几种预设的立体样式（如图 18-72 所示），比如单击"预设 3"，应用效果如图 18-73 所示。

步骤 02 也可以继续单击"三维选项"命令，打开"设置形状格式"右侧窗格，单击"效果"标签按钮，展开"三维格式"栏，在"顶部棱台"下拉列表中单击"凸圆形"（如图 18-74 所示），并且各项参数都可以进行设置。应用后的图形效果如图 18-75 所示。

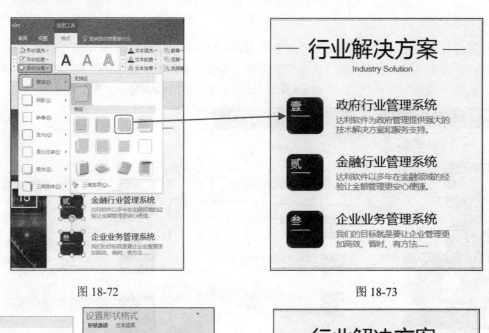

图 18-72

图 18-73

图 18-74

图 18-75

提示

在对图形进行立体效果设置时，参数的设置有很多，每一次调整都可以获取不同的效果，有时要获取一种效果需要进行很多次参数的调整，本例旨在介绍操作方法。

18.1.5 多对象的处理

图形、图片都是幻灯片中的对象，在幻灯片的设计过程中经常需要使用多个对象，那么为了使多个对象可以有序的放置，能快速对多个对象进行合理排列（比如左对齐、顶端对齐、均衡分布等）则可以节约时间，提高工作效率。

从 PowerPoint 2013 版本开始，在拖动对象靠近另一个对象时会显示自动对齐及参考线的功能，那么对幻灯片上的图形、图片等对象进行拖动时就会显示参考线（左对齐、顶端对齐、居中对齐、相等间距等），释放鼠标后对象即可对齐。如图 18-76 所示显示左对齐与相等间隔的参考线，如图 18-77 所示显示顶端对齐的参考线，出现参考线后释放鼠标即可实现对齐的效果。

图 18-76

图 18-77

如果要一次性对齐多个对象，则可以使用对齐命令来实现。

1. 快速精确对齐多图形

在制作图形的过程中通过拖动鼠标放置图形，难免会不够精准，如图 18-78 所示的图形中，圆形图形需要顶端对齐并且保持相等间距，可以按如下操作步骤实现。

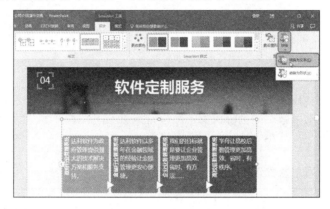

图 18-78

步骤 01 选中所有圆形图形，在"绘图工具-格式"→"排列"选项组中单击"对齐"下拉按钮，在弹出的下拉菜单中选择"顶端对齐"命令（如图 18-79 所示），即可达到如图 18-80 所示的效果。

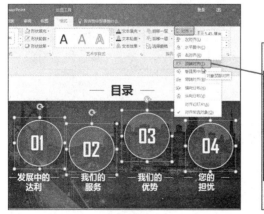

图 18-79

图 18-80

步骤 02 执行"顶端对齐"命令之后，需要圆形图形在横向上也保持相同间距。保持图形的选中状态，在"对齐"下拉菜单中选择"横向分布"命令（如图 18-81 所示），即可达到如图 18-82 所示的效果。

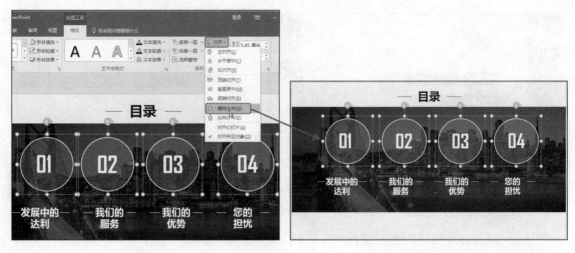

图 18-81　　　　　　　　　　　　　　　　　图 18-82

通过上面的两个操作步骤的对齐功能可以使图形迅速对齐，如果还需要对图形整体位置进行移动，可以一次性选中图形后拖动即可。

2. 组合设计完成的多对象

有时一项设计需要使用多个对象才能完成，如图形的叠加、在图形上又使用文本框等。因此，为方便对象的整体移动或调整，则可以将多个图形对象组合成一个对象。

步骤 01　按住鼠标左键进行拖动，框选住所有需要选择的对象（如图 18-83 所示），释放鼠标即可将框选位置上的所有对象都选中，如图 18-84 所示。

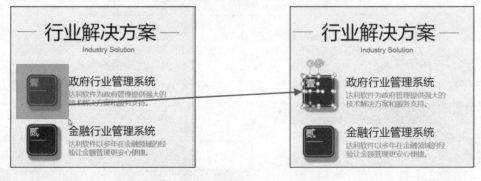

图 18-83　　　　　　　　　　　　　　　　　图 18-84

步骤 02　在选中的对象上单击鼠标右键，在弹出的快捷菜单中单击"组合"→"组合"命令（如图 18-85 所示），即可将多个对象组合成一个对象，如图 18-86 所示。

提　示

（1）对于组合好的图形，如果需要对其中的单个对象重新执行编辑操作，可以先对图形解组，再对单个对象进行编辑。方法是选中图形后单击鼠标右键，在弹出的快捷菜单中单击"组合"→"取消组合"命令。

（2）多图形的选取也是一项非常实用的操作。有时多图形叠加时，仅用鼠标点选去选取，很难选中，利用框选的办法可以很方便对多个对象进行选取。

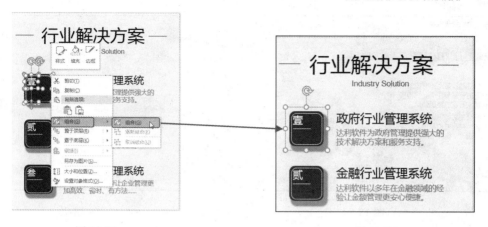

图 18-85 图 18-86

18.1.6 应用 SmartArt 图形

在幻灯片中使用 SmartArt 图形有以下优点:

- 更好地展现文字信息;
- 帮助观众理顺信息的逻辑关系,增强信息的表现力;
- 丰富的页面设计增强幻灯片的视觉效果。

在 PowerPoint 中,除了手工绘制图形外,程序还提供了 SmartArt 图形,其中内置了可以表达各种关系的图形,如果没有特殊要求,直接使用程序提供的 SmartArt 图形即可。

1. 学会选用合适的 SmartArt 图形

SmartArt 图形在幻灯片中的使用非常广泛,可以让文字图形化,并且通过选择合适的类型,可以很清晰地表达出各种逻辑关系,比如并列关系、流程关系、循环关系、递进关系等。

并列关系

表示句子或词语之间具有一种相互关联,或是同时并举,或是同时进行的关系。要表达并列关系的数据可以选择"列表"类图形,如图 18-87 和图 18-88 所示的幻灯片效果。

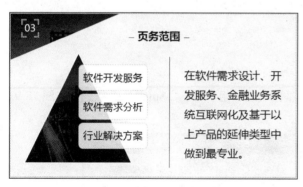

图 18-87

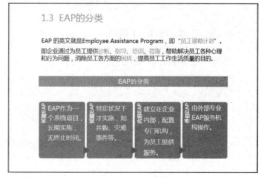

图 18-88

流程关系

表示事物进行中的次序或顺序的布置和安排。要表达流程关系的数据可以选择"流程"类图形,如图 18-89 和图 18-90 所示的幻灯片效果。

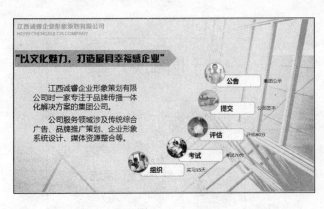

图 18-89   图 18-90

循环关系

表示事物周而复始地运动或变化的关系，如图 18-91 所示的幻灯片效果。

图 18-91

在这里只是给出部分 SmartArt 图形的示例，有时基础图形能满足需要，只要输入文字即可；有时基础图形并不一定完全满足需要，这时需要进行编辑和调整，并且有些图形可以单独选中后再去自定义格式。

2. 创建 SmartArt 图形

创建 SmartArt 图形的操作步骤如下。

步骤 01 打开目标幻灯片，在"插入"→"插图"选项组中单击"SmartArt"按钮（如图 18-92 所示），打开"选择 SmartArt 图形"对话框。

图 18-92

步骤 02 在左侧列表框中选择"循环"选项，接着选中"分段循环"图形，如图 18-93 所示。

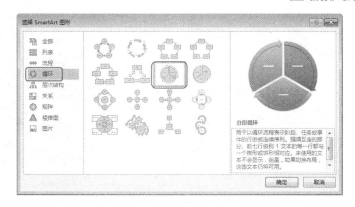

图 18-93

步骤 03 单击"确定"按钮，此时插入的 SmartArt 图形默认的效果如图 18-94 所示。

图 18-94

步骤 04 根据需要选中多余图形按 Delete 键进行删除（接下来会讲到如果图形不够时也可以随时添加），得到如图 18-95 所示的图形。

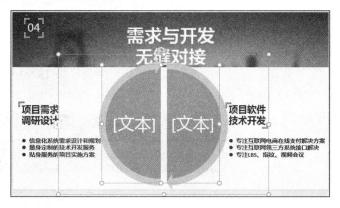

图 18-95

步骤 05 单击"文本"提示文字即可进入文本编辑状态（如图 18-96 所示），然后在光标闪烁处输入文本即可，如图 18-97 所示。

步骤 06 通过此设置就得到了图形的雏形样式，接着可以选中文字，在"开始"→"字体"选项组中重新设置字体字号；并且也可以通过套用样式快速美化 SmartArt 图形（在后面的小节中会介绍）。

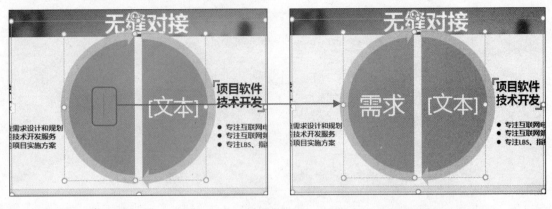

图 18-96   图 18-97

3. 添加形状

根据所选择的 SmartArt 图形的种类，其默认的形状个数也各不相同，但一般都只包含两个或三个形状。当默认的形状数量不够时，可以自行添加更多的形状来进行编辑。在如图 18-98 所示的图形中共有 4 个分类，很明显，形状不够，因此需要添加形状。

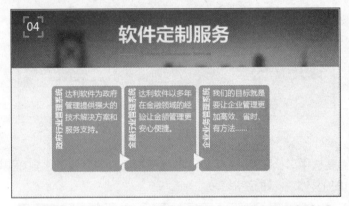

图 18-98

步骤01 选中最后一个形状，在"SmartArt 工具-设计"→"创建图形"选项组中单击"添加形状"下拉按钮，展开下拉菜单，单击"在后面添加形状"命令（如 18-99 所示），即可在所选形状后面添加新的形状，如图 18-100 所示。

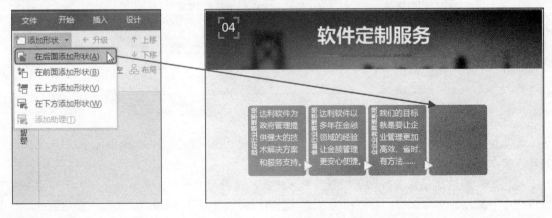

图 18-99   图 18-100

步骤 02 添加形状后，形状上没有文本占位符，因此不能直接编辑文本，需要打开"文本窗格"才能输入文本。单击 SmartArt 图形左侧边缘上的"◁"按钮打开"文本窗格"，拖动滑块到底部，定位光标后（如图 18-101 所示）即可输入文本。

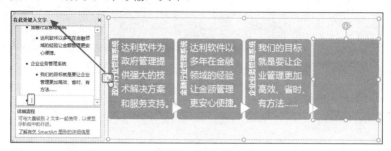

图 18-101

步骤 03 因为当前文本分二级显示，在输入一级文本后需要按 Enter 键，但按 Enter 键时会默认新的同一级别的文本，因此会默认又增添了同一级形状，如图 18-102 所示。（因此需要对文本降级。）

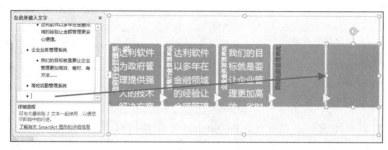

图 18-102

步骤 04 在"文本窗格"中准确定位光标或选中最后一个图形，在"SmartArt 工具-设计"→"创建图形"选项组中单击"降级"命令按钮（如图 18-103 所示）即可将文本降级，如图 18-104 所示。

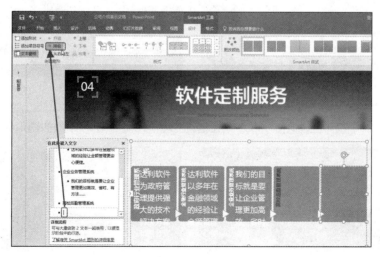

图 18-103

步骤 05 在"文本窗格"中输入文本即可，如图 18-105 所示。

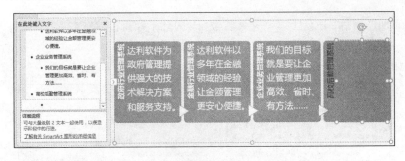

图 18-104

图 18-105

✖ 知识扩展 ✖

有二级图形时如何准确添加形状

在添加形状时需要注意如果当前使用的 SmartArt 图形只有一级文本,那么添加时只需要考虑在形状前面添加还是在后面添加即可;如果当前使用的 SmartArt 图形包含有二级文本,那么在添加时注意一定要准确选中目标图形,然后按实际需要进行添加形状。

如图 18-106 所示选中一级图形,执行"在后面添加形状"命令时添加的图形如图 18-107 所示。

图 18-106   图 18-107

如图 18-108 所示选中二级图形,执行"在后面添加形状"命令时添加的图形如图 18-109 所示。

图 18-108   图 18-109

4. 套用样式模板一键美化 SmartArt 图形

创建 SmartArt 图形后，可以通过 SmartArt 样式进行快速美化，SmartArt 样式包括颜色样式和特效样式。

步骤01 选中目标幻灯片中的 SmartArt 图形，在"SmartArt 工具-设计"→"SmartArt 样式"选项组中单击"更改颜色"下拉按钮，在下拉列表中可以选择"彩色范围-个性色 3 至 4"，如图 18-110所示。

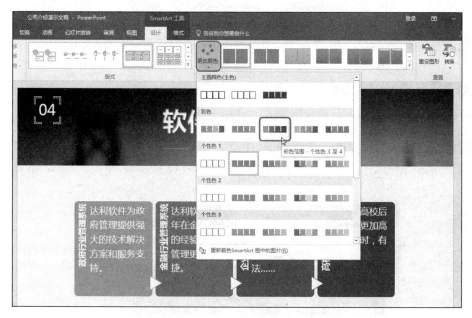

图 18-110

步骤02 在"SmartArt 样式"选项组中单击"⫟"按钮展开下拉列表，选择"卡通"效果（如图 18-111 所示）。执行此步骤 01 和步骤 02 的操作后，即可达到如图 18-112 所示的效果。

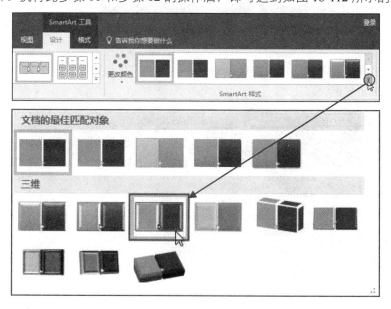

图 18-111

图 18-112

5. 快速提取 SmartArt 图形中的文本

创建 SmartArt 图形后，如果需要图形中的文本，也可以将其提取出来使用。

步骤 01 选中 SmartArt 图形，在 "SmartArt 工具-设计" → "重置" 选项组中单击 "转换" 下拉按钮，在下拉菜单中选择 "转换为文本" 命令（如图 18-113 所示），即可将 SmartArt 图形转换为文本。

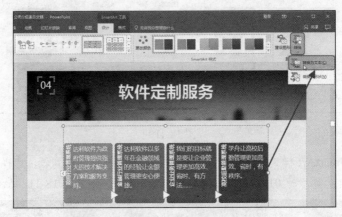

图 18-113

步骤 02 转换后的文本自动根据其在 SmartArt 图形中的级别显示，如图 18-114 所示。可重新对文字进行其他编辑与设计。

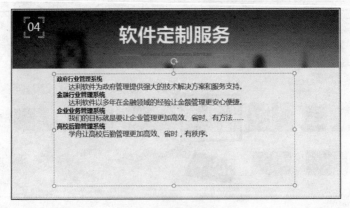

图 18-114

18.1.7 图形布局幻灯片

版面布局在幻灯片的设计中是极为重要的，合理的布局能瞬间给人设计感，给人不一样的视觉感受。而图形是布局版面最重要的元素，一张空白的幻灯片，经过图形布局可立即呈现不同的布局。实际利用图形布局版面我们一直都在这样做，只是有些人设计感强布局出来的版面效果专业大方；有些人设计感差些布局出来的版面效果稍显粗陋。

如图 18-115 和图 18-116 所示的幻灯片都在使用图形布局版面。

图 18-115

图 18-116

图形的编辑及格式的设置方法都在前面的知识点中讲解过，关键是要有合理的设计思路，这样才能布局出合格的页面效果。如图 18-117 所示的幻灯片仅使用线条布局版面，一方面使版面活泼起来，另一方面又能有效突出主题。

如图 18-118 所示的幻灯片，无任何图片，只使用了图形的设置布局了整张幻灯片的版面，也完成了很成功的扁平化设计效果。

图 18-117

图 18-118

18.2 "产品展示"演示文稿中编排图片

图片是增强幻灯片可视化效果的核心元素，合理使用图片元素能够帮助观众解读幻灯片中的信息内容。在幻灯片中插入精美的图片还能够使画面更加丰富，更加吸引观众视线。图片不仅能直观地传递信息，还能够美化页面，渲染幻灯片演示气氛。但要想让图片真正发挥作用，就一定要用对图片。在幻灯片中一般会使用两种类型的图片。

有创意关联

有创意关联，简言之就是要兼顾美观、匹配和故事性。美观可以包含色彩、清晰度以及与背景是否协调等；匹配是指要与当前表达的主题有关联；故事性是指最好再能给人延伸与遐想的空间。这三方面的要求至少要做到两样，才能算是用了基本合格的图片。

有真实形象

有时，需要提供真实图片才具有说服力，比如产品的图片、所获取的成就实拍展示等。一般与工作有关的场景很多时候需要使用真实的图片来展示。

使用这类图片在保持初始状态的同时，还要对图片进行处理，避免高矮、大小不一，随意粗糙堆积在一起。其实处理起来也很容易，使用统一边框、裁切为统一形状等。

"产品展示"类演示文稿是一种常用的工作型 PPT，通常新产品首发或者产品介绍时都要用到。下面以建立"产品展示"演示文稿为例介绍如何应用及编排图片。

18.2.1 插入图片及调整大小与位置

要使用图片必须先插入图片，默认插入图片的大小和位置有时并不适合版面要求，为了达到预期的设计效果，通常都需要对图片的大小和位置进行调整。

1. 插入图片

步骤 01 选中目标幻灯片，在"插入"→"图像"选项组中单击"图片"按钮（如图 18-119 所示），打开"插入图片"对话框，在地址栏中定位到图片的保存位置，选中目标图片，如图 18-120 所示。

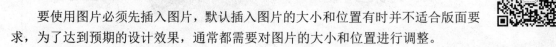

图 18-119

图 18-120

步骤 02 单击"插入"按钮，插入后效果如图 18-121 所示。

图 18-121

步骤 03 保持图片的选中状态，鼠标指针指向左上方拐角（如图 18-122 所示），光标变为 样式，按住鼠标左键不放，光标变为+样式，拖动鼠标即可成比例放大或缩小图片，如图 18-123 所示。

图 18-122

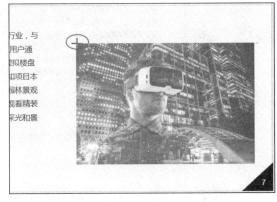

图 18-123

步骤 04 图片大小调到合适的尺寸后，继续保持图片的选中状态，光标定位除边缘控点外的任意位置，光标变为 样式（如图 18-124 所示），此时按住鼠标左键不放，可将图片移动合适的位置（如图 18-125 所示），释放鼠标即可。

图 18-124

图 18-125

步骤 05 为图片设置边框并使用图形进行边角修饰，可达到如图 18-126 所示的效果。

图 18-126

提 示　如果要使用的图片是从网络中搜索到的，可以将其保存到电脑中再按上面的操作执行插入操作，也可以复制图片，然后切换到目标幻灯片中，按 Ctrl+V 组合键粘贴到幻灯片中。

2. 插入图标

在 PowerPoint 2016 版中提供了插入图标的功能，程序内置了一些矢量图标，如果设计中想使用这些图标可以不用搜索，直接在程序中插入即可。

步骤 01 选中目标幻灯片，在"插入"→"插图"选项组中单击"图标"按钮（如图 18-127 所示），打开"插入图标"对话框。

图 18-127

步骤 02 左侧列表框中是对图标的分类,可以选择相应的分类,然后在右侧选择想使用的图标,还可以一次性选中多个,如图 18-128 所示。

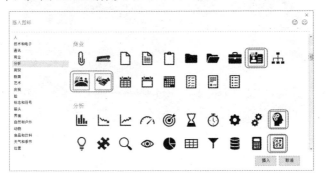

图 18-128

步骤 03 单击"插入"按钮即可插入图标到幻灯片中,如图 18-129 所示。

图 18-129

步骤 04 图标可以移至目标位置（如图 18-130 所示）,并且可以在"图形工具-格式"→"图形样式"选项组中单击"图形填充"下拉按钮,在下拉菜单中可选择颜色对图形重新着色,如图 18-131 所示。

图 18-130

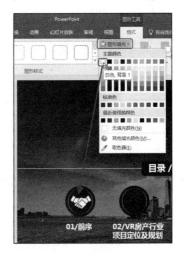

图 18-131

步骤 05 如图 18-132 所示是多图标应用于幻灯片中的效果。

图 18-132

18.2.2　裁剪图片

默认插入的图片不一定能正好满足版面的设计需要，我们可能需要的只是图片的部分元素，这时可以对图片进行裁剪。裁剪可以有两种方式，一是自由裁剪，即裁剪掉图片的上下左右多余的部分；二是将图片整体裁剪为自选图形样式。

1. 裁剪图片多余部分

当前插入的图片如图 18-133 所示，下面对此图进行裁剪，让其与幻灯片整体布局相匹配。

图 18-133

步骤 01 选中图片，在"图片工具-格式"→"大小"选项组中单击"裁剪"按钮，此时图片边缘上会出现 8 个裁切控制点，如图 18-134 所示。

图 18-134

步骤 02 使用鼠标左键拖动相应的控制点到合适的位置即可对图片进行裁剪。先定位到底部中间的控点，向上拖动可裁剪图片的底部，如图 18-135 所示；定位到顶部中间的控点，向下拖动可裁剪图片的顶部，如图 18-136 所示

图 18-135

图 18-136

步骤 03 调整完成后在图片以外的任意位置单击一次即可完成图片的裁剪。然后移动图片到合适位置，幻灯片的效果如图 18-137 所示。

图 18-137

2. 将图片裁剪为自选图形样式

插入图片后为了设计需求也可以快速将图片裁剪为自选图形的样式。

步骤 01 选中图片，在"图片工具-格式"→"大小"选项组中单击"裁剪"下拉按钮，在下拉菜单中选中"裁剪为形状"命令，在弹出的子菜单中选择"平行四边形"，如图 18-138 所示。

图 18-138

步骤 02 单击"平行四边形"即可将图片裁剪为指定形状样式，达到如图 18-139 所示的效果。

图 18-139

18.2.3　图片的边框调整

在插入图片后，默认情况下图片是不具备边框线的（如图 18-140 所示），但有时为了美化图片需要为图片添加边框。

图 18-140

1. 快速应用框线

步骤01 选中图片，在"图片工具-格式"→"图片样式"选项组中单击"图片边框"下拉按钮，在下拉菜单的"主题颜色"区域中选择边框颜色，如图 18-141 所示。

步骤02 接着在"图片边框"下拉菜单中单击"粗细"命令，在子菜单中选择线条的粗细值，如图 18-142 所示。

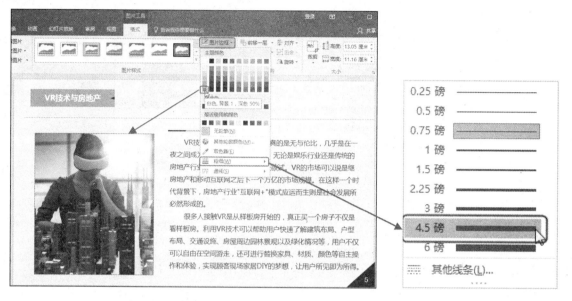

图 18-141   图 18-142

步骤03 设置线条的粗细值后，图片边框的效果如图 18-143 所示。

图 18-143

2. 精确设置边框效果

除了在以上功能区域设置图片的边框效果以外，还可以打开"设置图片格式"右侧窗格进行边框线条的设置，并且有些线条格式（比如双线效果、渐变线效果）必须在右侧窗格中设置。

步骤01 选中图片（也可以一次性选中多张图片），在"图片工具-格式"→"图片样式"选项组中单击" "按钮（如图 18-144 所示），打开"设置图片格式"右侧窗格。

图 18-144

步骤 **02** 单击"填充与线条"标签按钮，展开"线条"栏，选中"实线"单选按钮，设置线条颜色和线条的"宽度"值，即线条的粗细值。再单击"复合类型"右侧的下拉按钮，在下拉列表框中可以选择几种复合线条类型，如图 18-145 所示。

步骤 **03** 设置完成后，图片即可应用所设置的边框效果，如图 18-146 所示。

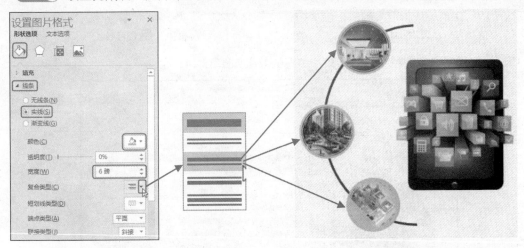

图 18-145   图 18-146

如果想实现渐变线的效果，则选中"渐变线"单选按钮，设置渐变参数，如图 18-147 所示（设置方法不再详细介绍，读者可参照 18.1.2 小节"2.图形的渐变填充效果"中的讲解）。设置后即可将渐变线的效果应用于图片边框，如图 18-148 所示。

提示

无论是填充线条或者图形，还是填充文字，凡是用到渐变效果，对参数的设置方法都是一样的，即可以选择预设渐变、设置渐变类型、设置渐变方向、调整光圈位置、设置光圈颜色和增减光圈等。

在设置图片边框线条为渐变效果时，一是注意最好线条粗一些；二是只要确定线条要使用的颜色，对其他参数的设置可以不必那么精确。

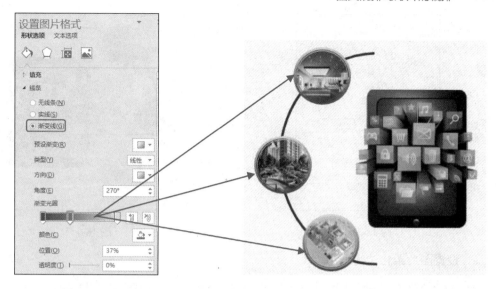

图 18-147   图 18-148

18.2.4 设置图片阴影、柔化边缘等效果

同文本、图形一样，图片也可以设置一些特殊效果，如阴影效果、柔化边缘效果和映射效果等。

1. 设置图片阴影效果

步骤01 选中图片，在"图片工具-格式"→"图片样式"选项组中单击"图片效果"下拉按钮，在下拉菜单中鼠标指针指向"阴影"，在弹出的子菜单中选择"偏移 左下"，如图 18-149 所示。

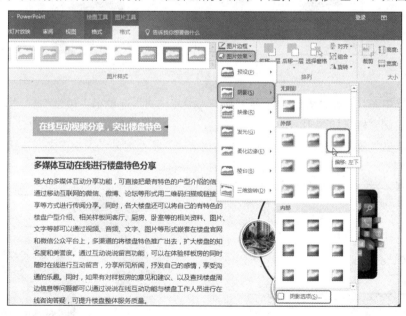

图 18-149

步骤02 继续单击"阴影选项"命令，打开"设置图片格式"右侧窗格，在"阴影"一栏中，对参数进行调整（如图 18-150 所示，调整了两项参数），图片的阴影效果如图 18-151 所示。

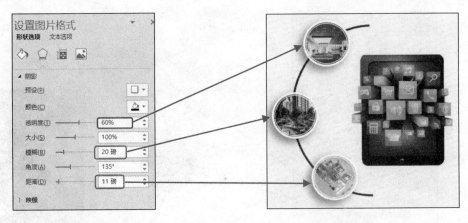

图 18-150   图 18-151

2. 设置图片柔化边缘效果

图片插入到幻灯片时，很多时候会存在硬边缘，这让图片不能很好地与背景融合。如图 18-152 所示的幻灯片中，最右侧的图片存为白色边缘，而幻灯片底纹使用的是浅灰色，因此图片与幻灯片融合度不好，这样的问题可以使用柔化图片边缘的功能轻松解决。

图 18-152

步骤 **01** 选中图片，在"图片工具-格式"→"图片样式"选项组中单击"⌐"按钮，打开"设置图片格式"右侧窗格（如图 18-153 所示）。

步骤 **02** 单击"效果"标签按钮，展开"柔化边缘"栏，拖动"大小"微调按钮调整柔化的幅度，如图 18-154 所示。经过调整后可以看到图片效果有所改善。

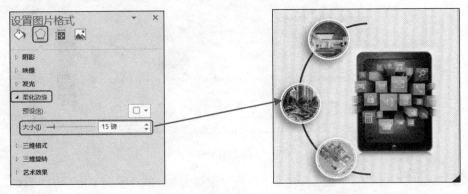

图 18-153   图 18-154

❈ **知识扩展** ❈

套用图片样式快速美化图片

图片样式是程序内置的、用来快速美化图片的模板，一般是应用了多种格式设置，包括边框、柔化、阴影、三维效果等。如果没有特别的设置要求，通过套用样式是快速美化图片的捷径。

按 Ctrl 键一次性选中所有图片，在"图片工具-格式"→"图片样式"选项组中单击"其他"按钮，在下拉列表中选择一种图片样式即可，如图 18-155 所示。

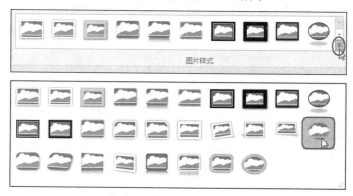

图 18-155

18.2.5 全图形幻灯片

全图通常都是作为幻灯片的背景使用。使用全图作为幻灯片的背景时，注意要选用背景相对单一的图片，以便为文字预留空间；更多时候会使用图形遮挡来预留文字空间。全图形 PPT 中的文字可以简化到只有一句，这样重要的信息就不会被干扰，观众能完全聚焦在主题上。

如图 18-156 所示为设计合格的全图形幻灯片。

图 18-156

步骤01 选中目标幻灯片，在右键快捷菜单中单击"设置背景格式"命令（如图 18-157 所示），打开"设置背景格式"右侧窗格。

步骤02 在"填充"一栏中，选中"图片或纹理填充"单选按钮，单击"文件"按钮（如图 18-158 所示），打开"插入图片"对话框。

图 18-157   图 18-158

步骤 **03** 找到图片存放位置，选中目标图片，单击"插入"按钮（如图 18-159 所示），即可设置图片为幻灯片背景。

步骤 **04** 在"插入"→"插图"选项组中单击"形状"下拉按钮，在下拉列表中选择"椭圆"并按 Shift 键绘制正圆形，如图 18-160 所示。

图 18-159   图 18-160

步骤 **05** 绘制完成后，效果如图 18-161 所示。按 Ctrl+C 组合键复制，再按 Ctrl+V 组合键粘贴，得到相同的图形，调整其大小并按如图 18-162 所示样式叠放。

图 18-161   图 18-162

步骤 **06** 选中大圆，在右键快捷菜单中单击"设置形状格式"命令，打开"设置形状格式"右侧窗格，展开"填充"栏，设置填充颜色为"黑色"，透明度为"30%"（如图 18-163 所示）；再选中小圆，设置填充颜色为"红色"，如图 18-164 所示。

图 18-163　　　　　　　　　　　　　图 18-164

 步骤07 设置完图形的填充色后，保持小圆的选中状态，在右键快捷菜单中单击"编辑文字"命令（如图 18-165 所示），即可在图形中输入文字，达到如图 18-156 所示的效果。

图 18-165

如图 18-166 与图 18-167 所示的幻灯片都是采用全图作为幻灯片背景的范例。如图 18-166 所示的幻灯片在设置全图为幻灯片背景后，使用图形作为文字编辑区。如图 18-167 所示的幻灯片在设置全图为幻灯片背景后，又绘制一个与幻灯片相同大小的矩形图形，并设置图形为半透明的效果，这样使得图片上的其他元素不被底图干扰，这也是全图形幻灯片中一种常用的处理方式。

图 18-166

图 18-167

第 **19** 章

>>> **在幻灯片中应用表格与图表**

应用环境

　　表格是辅助幻灯片设置的一个工具，如统计数据、显示分类文本等经常会使用。除了调整表格结构布局外，还需要注意其整体美化。图表是辅助数据分析的一个工具，在一些分析性的幻灯片中也经常使用。

本章知识点

　　① 向幻灯片中添加表格
　　② 表格框架结构的调整及外观样式的设置
　　③ 向幻灯片中添加图表
　　④ 图表的编辑美化

19.1 在幻灯片中插入与编辑表格

在幻灯片中有如下一些场合需要使用到表格：

- 给出统计数据；
- 清晰展示某些条目文本；
- 利用表格创意布局。

无论表格最终呈现怎样的效果，其最初插入的初始状态都是一样的，关键在于插入后进行怎样的排版与格式设置。不同的排版可以让表格呈现出与初始状态完全不同的效果。

步骤 01 打开演示文稿，在"插入"→"表格"选项组中，单击"表格"下拉按钮，在展开的下拉菜单的表格框内使用鼠标拖动确定合适的表格行列数，如图 19-1 所示。

步骤 02 确定行数与列数后，单击即可插入表格，如图 19-2 所示。

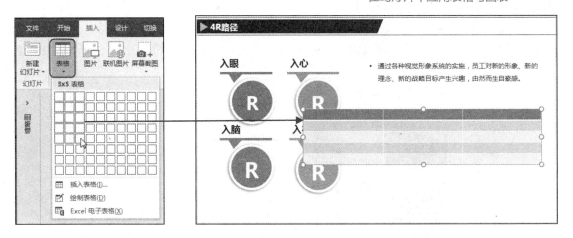

图 19-1　　　　　　　　　　　　　　　　　　　图 19-2

　　直接插入的表格显然简易单调并且效果粗劣，因此要想用好表格，表格的格式优化设置是必不可少的。我们可以从多个方面着手对表格的样式进行编辑与优化，比如对表格默认的文字格式进行调整；对默认的边框线条进行设置，还可以根据需要进行填充，或者决定有的位置是否使用边框等。在美化表格的同时，也优化了幻灯片的整体页面效果。如图 19-3 所示为原始表格，如图 19-4 所示为美化后的表格。

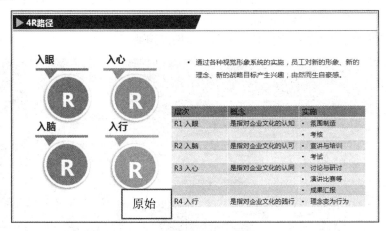

图 19-3

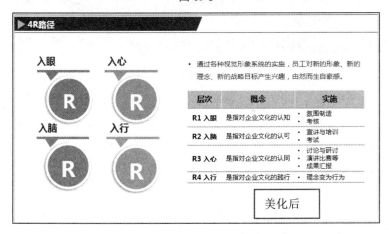

图 19-4

再看如图 19-5 所示的表格，其设置的关键在于将表格该隐藏的框线隐藏起来，只显示想要的框线（在 19.2 节中会介绍表格框线的应用方法），并在表格框架规划好后应用了图形、图片元素。

图 19-5

如图 19-6 所示的表格，乍一看上去似乎不是表格，实际上是使用与幻灯片大小一致的表格，并设置部分单元格半透明填充效果，部分单元格无填充；输入文字的底部单元格进行了合并处理并设置填充色。此图中使用的表格完全是用于布局页面而用的。

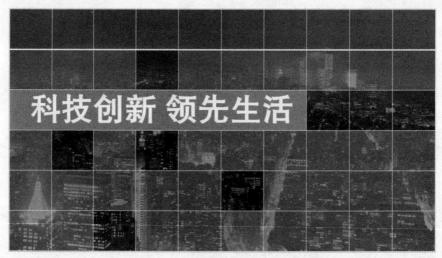

图 19-6

通过上面对表格应用场合及应用效果的分析可以发现表格的应用并不仅仅局限于方方正正的样式，通过编排更加广泛的应用效果。有了这样的应用思路，相信大家也会举一反三，再结合下面介绍的表格基本编辑方法可以将表格应用得更加贴切与合理。

19.1.1　单元格的合并与拆分

在创建表格时有时并不完全是一一对应的关系，很多时候涉及一对多的关系，这时在默认表格中就需要执行合并单元格或是拆分单元格重新布局表格的操作。

步骤 **01** 选中需要合并的单元格区域，可以是多行、多列，或是多行多列的一个区域（如图 19-7 所示），在"表格工具-布局"→"合并"选项组中单击"合并单元格"命令按钮（如图 19-8 所示），可以将该列两行单元格合并成一列，如图 19-9 所示。

步骤 **02** 按照同样的操作方法可依次合并其他单元格，如图 19-10 所示。

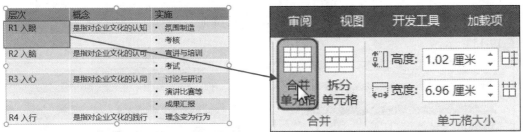

图 19-7   图 19-8

图 19-9   图 19-10

❀ 知识扩展 ❀

拆分单元格

如果需要拆分单元格（如图 19-11 所示），选中需要拆分的单元格区域，在"表格工具-布局"→"合并"选项组中单击"拆分单元格"命令按钮，弹出"拆分单元格"对话框（如图 19-12 所示），设置想将单元格区域拆分为的列数和行数。单击"确定"按钮即可完成拆分，如图 19-13 所示。

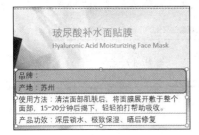      

图 19-11   图 19-12   图 19-13

提示

插入表格后，选中表格时其边框上会出现圆形控点，鼠标指针指向控点时可以对表格的大小进行调节。如果要调节整个表格的大小，则将鼠标指针指向拐角控点进行拖动。对表格大小的调节与对图形、图片大小的调节方法是一样的。

19.1.2 表格行高、列宽的调整

创建好表格后，其单元格的行高和列宽是默认值，如果输入内容过多，超出列宽时会自动换行。因此创建表格后，内容较少的列可调小列宽，内容较多的列可根据情况调大列宽；同时行高也可以视情况进行调整。

步骤01 将鼠标指针定位于列分割线上（如图 19-14 所示），按住鼠标左键拖动可以调整列宽，如图 19-15 所示。

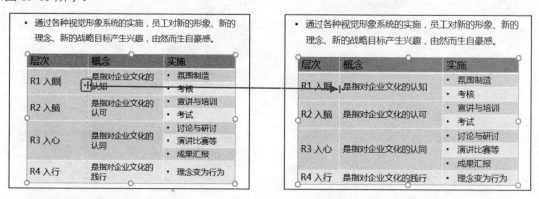

图 19-14　　　　　　　　　　　　　图 19-15

步骤02 将鼠标指针定位于行分割线上（如图 19-16 所示），按住鼠标左键拖动可以调整行高，如图 19-17 所示。

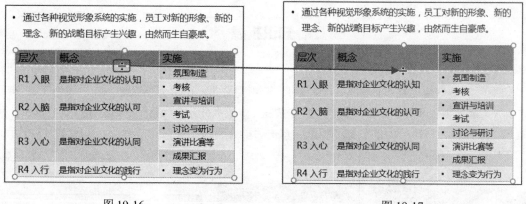

图 19-16　　　　　　　　　　　　　图 19-17

❀ 知识扩展 ❀

使用"分布列"功能一次设置相同列宽

在手动调整行高、列宽时，难免会有行高、列宽不统一的情况。如果表格中文本内容分布均衡，则可以快速设置其等行高、等列宽效果。通过"分布行"功能可以实现让选中行的行高平均分布；使用"分布列"功能可以实现让选中列的列宽平均分布。

比如选中需要调整的行后（如图 19-18 所示），在"表格工具-布局"→"单元格大小"选项组中单击"分布列"按钮 (如图 19-19 所示)，即可实现平均分布这几列的列宽，如图 19-20 所示。

图 19-18	图 19-19	图 19-20

同样的操作，单击"分布行"按钮，就可以实现平均分布表格的行高。在执行"分布行""分布列"操作时，如果选中的是整张表格，其操作将应用于整体表格的行列。如果只想部分单元格区域应用分布效果，则可以在执行操作前准确选中区域。

19.1.3 表格数据对齐方式设置

在表格中输入文本内容时，会发现其默认显示在单元格左上角位置，即默认对齐方式为"左对齐-顶端对齐"，可根据实际情况重设文本的对齐方式。

选中单元格区域，在"表格工具-布局"→"对齐方式"选项组中同时单击"居中"和"垂直居中"两个按钮，即可一次性使文本横向与纵向居中显示，如图 19-21 所示。

图 19-21

可能有的读者会认为，不管表格中文本默认对齐方式如何，最保险的设置方法就是全部设置居中显示。其实不然，比如图 19-22 所示表格的"实施"这一列的文本，如果设置为居中显示，很明显效果不佳，给人凌乱的感觉。因此如果表格中文本长短不一，建议采用左对齐的方式，既整齐又有很好的归属感。

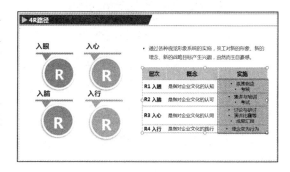

图 19-22

19.2　表格框线及底纹设置

表格框线及底纹的设置是表格美化的关键，并且在学会基本方法后一定要灵活运用。往往一个框架完全相同的表格经过框线及底纹的设置就可以呈现出完全不同的效果。

19.2.1　隐藏/显示任意框线

在美化与设计表格的过程中，总是不断地要在边框或填充颜色上下功夫。当表格使用程序默认的线条时，我们可以先取消其默认的线条，需要应用时再为其添加自定义线条即可。

其方法是：选中表格、单元格或行列后（如图 19-23 所示，初始表格），在"表格工具-设计"→"表格样式"选项组中单击"边框"命令下拉按钮。在展开的下拉菜单中选择"无框线"命令（如图 19-24 所示），即可取消表格的所有框线，如图 19-25 所示。

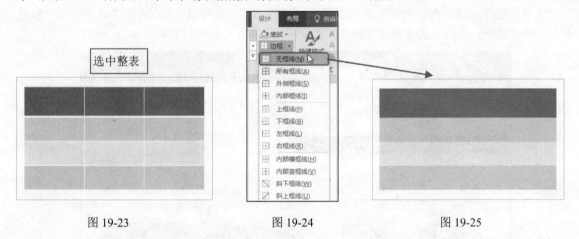

图 19-23　　　　　　　　图 19-24　　　　　　　　图 19-25

而且并非所有的单元格区域都使用默认的线条样式或相同的线条样式，因此在这种情况下也要不断地取消特定区域的框线，再按实际情况为特殊单元格区域应用需要的框线。

如图 19-26 所示的表格是在"边框"下拉菜单中执行了"所有框线"操作；如图 19-27 所示的表格选中第一行执行了"上框线"和"下框线"的操作。（其中框线的线条样式、粗细值、颜色等格式可以事先自定义设置好，后面例子中会讲到。）

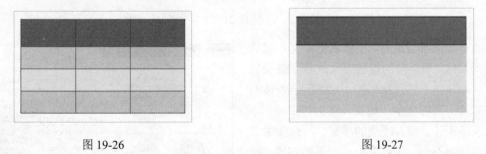

图 19-26　　　　　　　　　　　　　　　图 19-27

再创建如图 19-28 所示的表格，首先选中整张表格，执行"无框线"操作取消所有框线，再选中第一行单元格区域，执行"下框线"操作（如图 19-29 所示），就可以达到如图 19-30 所示的表格效果。

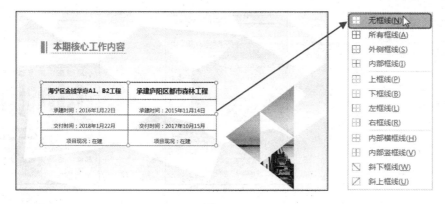

图 19-28

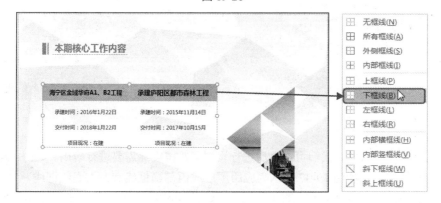

图 19-29

图 19-30

19.2.2　自定义设置表格框线

在 19.2.1 小节中介绍了如何取消与应用框线，在应用框线前可以先设置框线的格式，比如使用的线型、颜色、粗细程度等。设置线条格式后，再按 19.2.1 小节中的方法可以应用到任意需要的单元格区域上。

其方法是：选中表格，在"表格工具-设计"→"绘图边框"选项组中，可以设置边框线条的线型、粗细值以及颜色，分别如图 19-31、图 19-32 和图 19-33 所示。

设置框线的格式后，如图 19-34 所示为初始表格，先取消所有框线，保持整张表格的选中状态，应用"内部横框线"命令，则可以将表格的框线设置为如图 19-35 所示的效果。

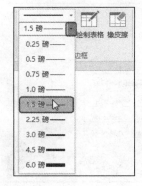

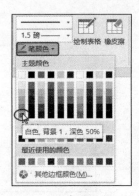

图 19-31　　　　　　　　　　图 19-32　　　　　　　　　　图 19-33

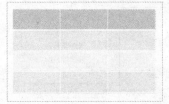

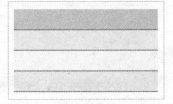

图 19-34　　　　　　　　　　　　　　　图 19-35

当需要其他边框样式时，我们可以再次进行设置，并按实际需要进行应用。如图 19-36 所示为应用了虚线内部横框线。如图 19-37 所示为应用了虚线内部横框线和左右虚线框线。

图 19-36　　　　　　　　　　　　　　　图 19-37

要完成图 19-38 幻灯片中表格的框线效果在设置时经历了如下几个步骤：

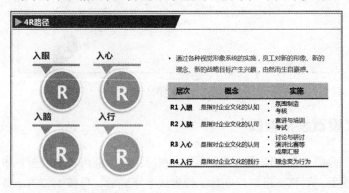

图 19-38

步骤 01　选中整张表格，执行"无框线"操作取消所有框线。

步骤 02　在"表格工具-设计"→"绘制边框"选项组中设置线条样式、粗细值与笔颜色，如图 19-39 所示。

步骤 03　选中第一行单元格区域，如图 19-40 所示。

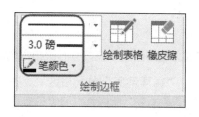

图 19-39

图 19-40

步骤 04 在"边框"下拉菜单中单击"下框线"命令（如图 19-41 所示），应用效果如图 19-42 所示。

步骤 05 接着选中最后一行，应用"下框线"命令即可完成如图 19-38 所示的效果。

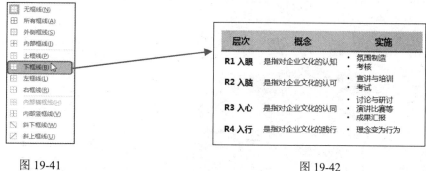

图 19-41

图 19-42

19.2.3　自定义单元格的底纹色

在美化表格时，设置底纹色也是必要的操作。一般会用底纹色突出显示列标识或突出强调数据。最常用的是纯色底纹，除此之外也可以按实际情况合理设置图片、纹理、渐变并配合纯色填充等效果。

1. 纯色底纹

为表格设置纯色底纹显得庄重、整洁、不浮夸，是商务幻灯片中比较常用的方式。

其方法是：准确选中要设置的单元格区域，在"表格工具-设计"→"表格样式"选项组中单击"底纹"命令下拉按钮，在下拉菜单中选择需要的颜色（如图 19-43 所示），即可应用（如图 19-44 所示）。如果想设置图片、纹理、渐变等效果，单击相应的命令即可。

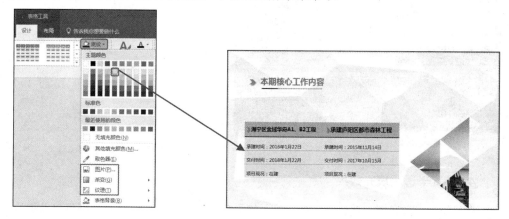

图 19-43

图 19-44

2. 渐变底纹

如图 19-45 所示的表格整体使用纯色填充，对主要文字部分使用渐变填充，具有突出主题的作用。

其设置方法为：先选中整张表格设置纯色填充，再选中"循环健康"单元格区域，在"底纹"下拉菜单中鼠标指针指向"渐变"命令，在子菜单中单击"更多渐变"命令，打开"设置形状格式"右侧窗格。在"类型"下拉列表框中选择"射线"，保持两个渐变光圈，一个在 0% 位置处，设置"颜色"为"白色"；另一个在 100% 位置处，设置"颜色"为"黄色"，如图 19-46 所示。（关于渐变参数的设置，可以参照 18.1.2 小节中的介绍。）

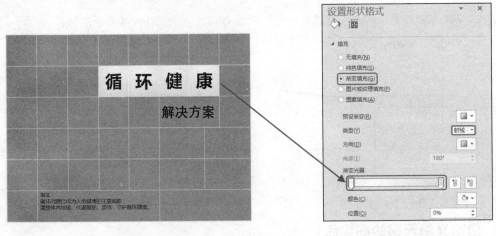

图 19-45   图 19-46

3. 图片底纹

如图 19-47 所示表格整体使用纯色填充，部分单元格区域使用图片填充。

其设置方法为：先选中整张表格设置纯色填充，再选中目标单元格区域（注意本例中是一个合并后的单元格），在"底纹"下拉菜单中单击"图片"命令，打开"插入图片"对话框，找到图片存放路径并选中图片（如图 19-48 所示），单击"插入"按钮，即可将图片作为底纹填充。

图 19-47   图 19-48

4. 设置半透明填充效果

在设置底纹颜色时，默认是本色填充，如果想对其透明度进行调整，则可以获取别具一格的设置效果。如图 19-49 所示表格的部分单元格区域交替使用半透明填充的效果。

其设置方法为：选中表格的目标单元格区域，在"底纹"下拉菜单的"主题颜色"区域中可以选择颜色，选择后单击"其他填充颜色"命令（如图 19-50 所示），打开"颜色"对话框，在底部可对"透明度"进行调节，如图 19-51 所示。

图 19-49

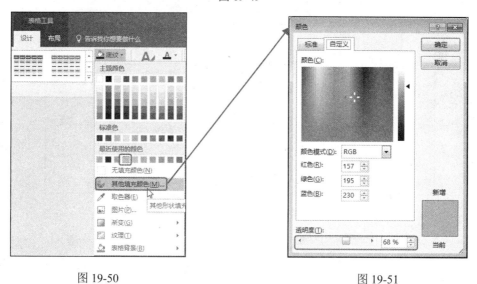

图 19-50   图 19-51

19.3 在幻灯片中创建图表

数据图表是 PPT 中常见的元素，也是增强 PPT 的数据生动性和提升数据说服力的有效工具。合适的数据图表可以让复杂的数据可视化，这在幻灯片演示中显得尤其重要。因此如果要制作的幻灯片涉及数据的分析与比较，建议可以使用图表来展示数据结果。

柱形图

柱形图是一种以柱形的高低来表示数据值大小的图表，用来描述一段时间内数据的变化情况，也用于对多个系列数据的比较，如图 19-52 所示。

折线图

折线图用于展现随时间有序变化的数据，表现数据的变化趋势，如图 19-53 所示。

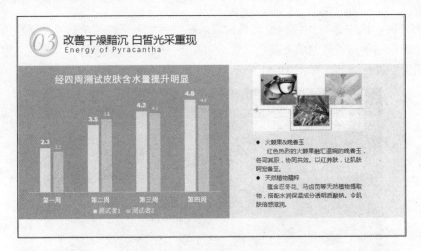

图 19-52

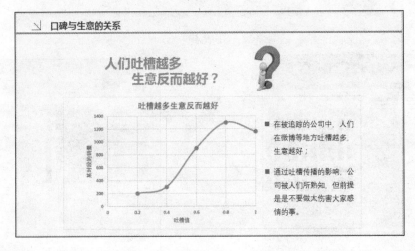

图 19-53

饼图

饼图显示一个数据系列中各项的大小在各项总和的占比，在强调同系列某项数据占所有数据的比重时，饼图具有很好的效果，如图 19-54 所示。

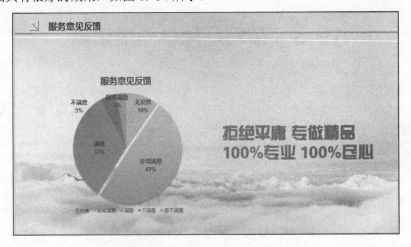

图 19-54

条形图

条形图也是用于数据大小比较的图表，可以将其看作是纵向的柱形图，是用来描述各个项目之间数据差别情况的图表。与柱形图相比，它不太重视时间因素，强调的是在特定的时间点上进行分类和数值的比较，如图 19-55 所示。

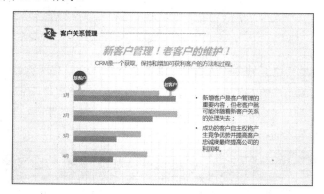

图 19-55

图表的种类是多种多样的，与 Excel 中图表的类型是相同的，但 Excel 中的图表重在分析，PPT 中的图表重在展示。因此 PPT 中的图表的排版及美化效果一定要与幻灯片版面搭配，另外很多时候还可以添加图形辅助修饰。

19.3.1 新建图表

要使用图表，首先需要创建新图表。本例以柱形图为例来介绍创建新图表的操作方法，具体操作如下。

步骤 01 在"插入"→"插图"选项组中单击"图表"按钮（如图 19-56 所示），打开"插入图表"对话框，在左侧图表列表框中单击"柱形图"，在其右侧子图表类型下单击"簇状柱形图"图表类型，如图 19-57 所示。

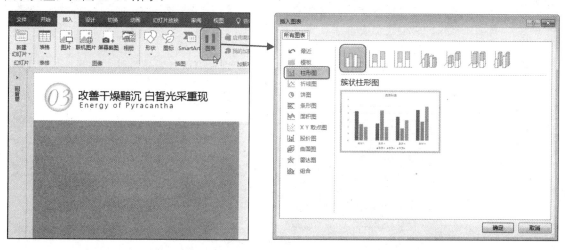

图 19-56　　　　　　　　　　　　　　　　图 19-57

步骤 02 此时，幻灯片编辑区显示出新图表，其中包含编辑数据的表格"Microsoft PowerPoint 中的图表"，如图 19-58 所示。（表格中是程序默认的一些数据。）

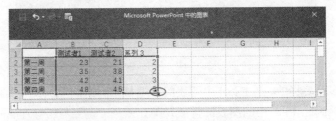

图 19-58

步骤 03 向对应的单元格区域中输入数据，由于当前表格中只有两列数据，用鼠标指针指向最后一行和最右列交叉处单元格的右下角（如图 19-59 所示），按住鼠标左键拖动框选已输入的数据（测试者 1 和测试者 2 列），如图 19-60 所示。（如果不进行此操作步骤，"系列 3"还将作为系列显示在图表中，显然这是我们不需要的。）

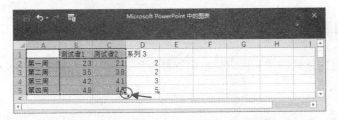

图 19-59

图 19-60

> **提示** 对于多余的数据可以选中相关的行或列将其删除，注意一定要删除整行或整列，如果只删除数据，它们仍然会在图表中以 0 值占位。

步骤 04 单击"关闭"按钮关闭数据编辑窗口，在幻灯片中可以看到默认的图表，如图 19-61 所示。

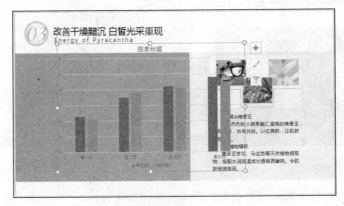

图 19-61

步骤 05 通过拖动尺寸控制点调整图表的大小并移动到合适位置,然后在标题框中设置标题格式,并编辑图表中系列的颜色等,图表的显示效果如图 19-62 所示。(关于设置系列颜色、添加数据标签等编辑操作在 19.4 节中会逐一介绍。)

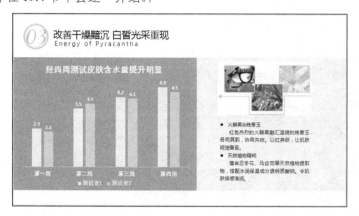

图 19-62

19.3.2 重设图表数据源或追加新数据

创建图表后,如果想重新修改图表的数据源,不必重建图表,可以直接在原图表上更改。

步骤 01 选中图表,在"图表工具-设计"→"数据"选项组中单击"编辑数据"下拉按钮,如图 19-63 所示。

图 19-63

步骤 02 打开图表的数据源表格,表格中显示的是原图表的数据源,然后将新数据源输入到表格中,如图 19-64 所示。

步骤 03 输入数据后,注意要拖动原数据源右下角的填充柄,将新加入的数据框选,如图 19-65 所示。

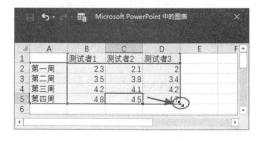

图 19-64   图 19-65

步骤 **04** 单击"关闭"按钮关闭数据编辑窗口，在幻灯片中可以看到图表中新加入的数据，如图 19-66 所示。

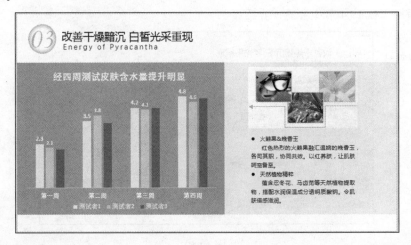

图 19-66

 提 示 如果要删除数据，也是在打开数据编辑窗口后，直接将不需要的数据删除即可。注意仍然要选中整行或整列进行删除。

19.3.3 为图表添加数据标签

系统默认插入的图表是不显示数据标签的，现在要求为图表添加数据标签。一般数据类标签直接添加即可，但要是饼图的百分比数据标签就要通过设置实现转化。

1. 添加数据标签

步骤 **01** 选中图表，此时图表编辑框右上角出现"图表元素""图表样式"和"图表筛选器"三个图标，单击"图表元素"图标，选中"数据标签"复选框，如图 19-67 所示。

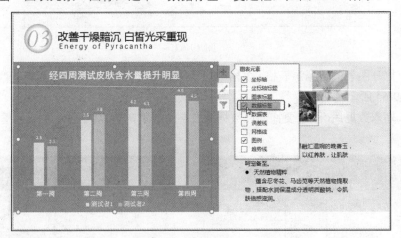

图 19-67

步骤 **02** 在图表上单击选中数据标签，在"开始"→"字体"选项组中重新设置标签文字的字体与字号，如图 19-68 所示。

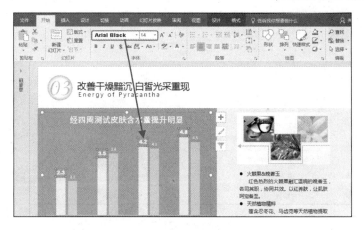

图 19-68

 提示

如果只想为单个系列添加数据标签，则在图表中选中单个系列，然后执行添加数据标签的操作。

❀ **知识扩展** ❀

选中图表中任意对象

图表由多个对象组成（如绘图区、系列、网格线、坐标轴等），要实现对图表中任意对象的编辑，首先要准确选中对象。准确选中对象的方法如下：将鼠标指针指向对象，停顿两秒钟可以出现对象名称的提示文字，单击一次即可选中该对象，如图 19-69 所示。

在选中数据系列时有一点需要注意，在某个系列的任意柱子上单击即可选中这个系列。如果接着再在选中系列的柱子上单击则可以只选中这一个数据点，如图 19-70 所示。

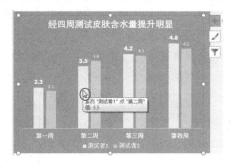

图 19-69

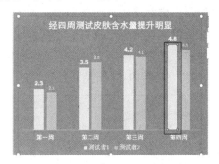

图 19-70

2. 为饼图添加类别名称及百分比标签

默认插入的饼图不含数据标签，而饼图常用的处理方式就是要标签而不要图例。通常都需要为饼图添加类别名称与百分比数据标签，本例中要求百分比包含两位小数，即达到如图 19-71 所示的效果。

步骤 **01** 选中图表（在图表的边框区域上单击），此时图表编辑框右上角出现"图表元素""图表样式"和"图表筛选器"三个图标，单击"图表元素"图标，选中"数据标签"复选框并打开其子菜单，在子菜单中单击"更多选项"（如图 19-72 所示），弹出"设置数据标签格式"右侧窗格。

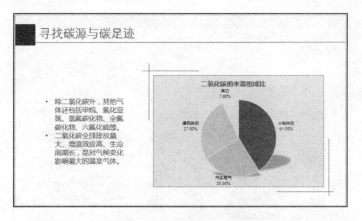

图 19-71

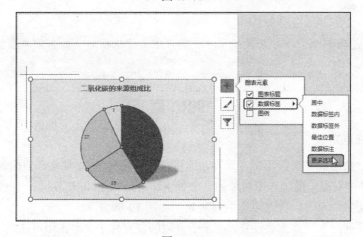

图 19-72

步骤 **02** 展开"标签选项"栏，在"标签包括"栏中选中"类别名称""百分比"和"显示引导线"复选框，在"分隔符"下拉列表框中选择"分行符"选项，如图 19-73 所示。

步骤 **03** 展开"数字"栏，在"类别"下拉列表框中选择"百分比"类型，然后设置"小数位数"为"2"，如图 19-74 所示。

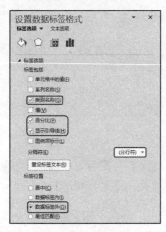

图 19-73

图 19-74

步骤 **04** 设置完成后关闭"设置数据标签格式"窗格，可以看到图表添加了类型名称与百分比数据标签，并分行显示。选中数据标签，在“图表工具-格式”→“形状样式”选项组中单击“▾”下拉按钮，在打开的下拉列表中可以为标签形状套用一种图形样式（如图 19-75 所示），单击后即可应用效果，如图 19-76 所示。

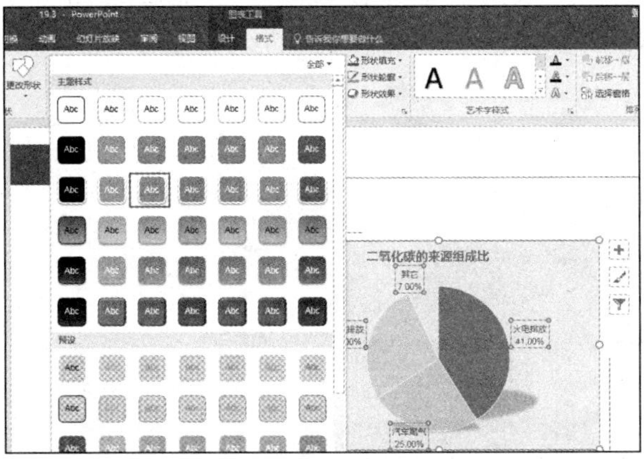

图 19-75

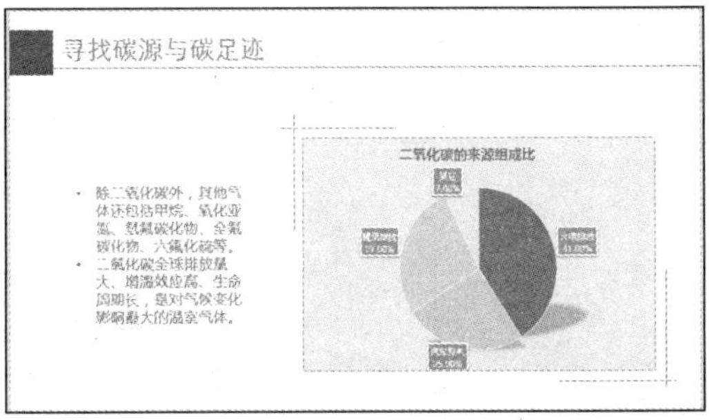

图 19-76

知识扩展

更改数据标签的外观样式

在添加数据标签后，我们还可以为数据标签应用特殊形状以突出强调。其方法为：选中已经添加了的数据标签，在右键快捷菜单中选中“更改数据标签形状”命令，在其子菜单中单击“对话气泡：矩形”（如图 19-77 所示），此时即可应用特殊形状的标签，如图 19-78 所示。

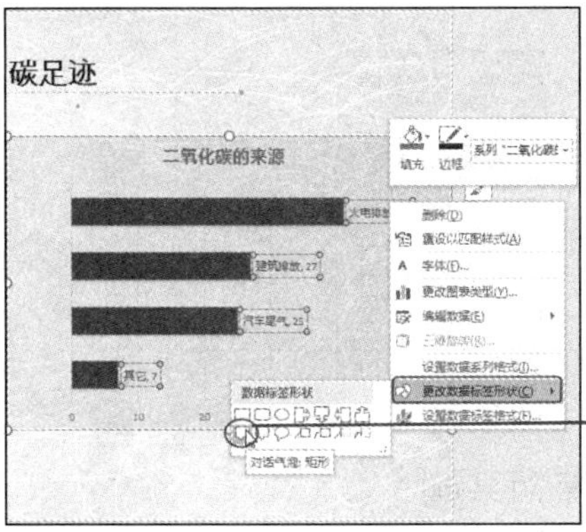

图 19-77

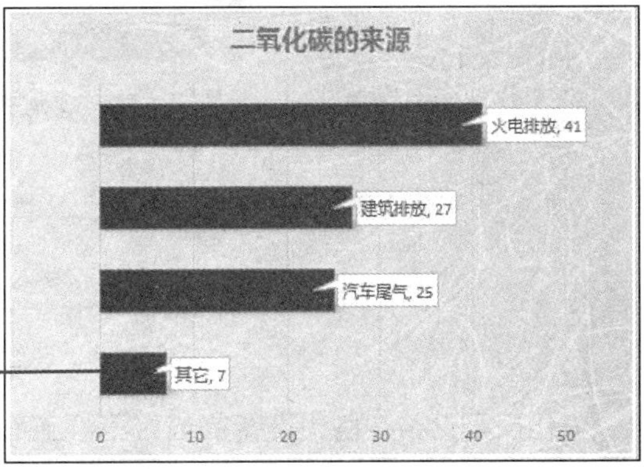

图 19-78

19.4 图表美化

PPT 中的数据图表和 Excel 中的图表在操作和使用方法上几乎是一致的，但在 PPT 的使用场景中有更高的设计要求，对图表的美化是 PPT 中用好图表的关键点。

图表由多个对象组成，任意对象都可以进行格式设置。其中数据系列的格式设置是美化的重点，网格线、数据标签等其他元素也均可以实现隐藏或设置格式达到整体协调。

美化原则 1——元素该隐藏就隐藏

这是图表数据处理最基本的原则，默认创建的图表包含较多的元素，而对于图表中不必要的对象是可以实现隐藏简化的，当然也可以添加必要元素。如图 19-79 所示的初始条形图包含坐标轴、网格线、图例等，通过设置可以隐藏不必要的元素使图表简洁，如图 19-80 所示的图表为处理后的图表。

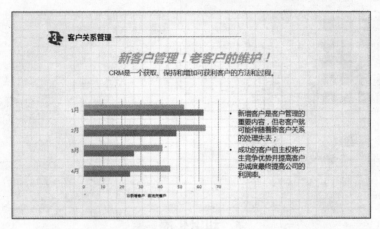

图 19-79

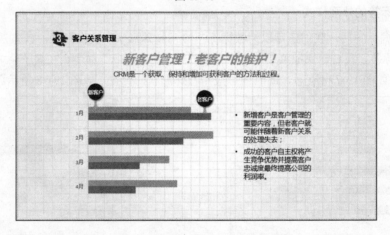

图 19-80

美化原则 2——格式设置得当，不要五花八门、各行其道

图表美化加工的操作涉及各类元素的格式设置，格式设置要有所突出，有所隐晦，总之要总体协调，而不是各行其道。

19.4.1　隐藏图表中不必要的对象实现简化

默认创建的图表包含较多元素，而对于图表中不必要的对象是可以隐藏简化的，这样更有利于突出重点对象，也让图表更简洁。比如隐藏坐标轴线，有数据标签时将坐标轴值隐藏等。前文中讲解图表美化原则时已对隐藏对象前后的效果进行了对比，此处介绍隐藏与重新显示对象的方法。

步骤 01 选中图表，单击右上角的"图表元素"图标，在展开的菜单中撤选"网格线""图例"复选框，图表中同步取消显示，如图 19-81 所示。

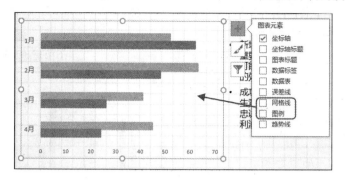

图 19-81

继续在"图表元素"菜单中鼠标指针指向"坐标轴",在其子菜单中撤选"主要横坐标轴"复选框即可取消横坐标轴显示,如图 19-82 所示。

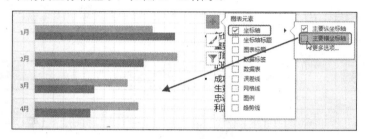

图 19-82

提 示　在隐藏对象时有一种更简洁的方法就是选中目标对象,按键盘上的 Delete 键进行删除,与上面达到的效果一样。但如果要恢复对象的显示,则必须单击"图表元素"图标,重新选中前面的复选框才能恢复对象显示。

19.4.2　套用图表样式实现快速美化

新插入的图表保持默认格式,通过套用图表样式可以达到快速美化图表的目的。这项功能对于初学者而言非常实用,建议先套用图表样式再对不满意之处补充设计。

如图 19-83 所示为初始图表,通过套用图表样式可以将其美化成各种样式(如图 19-84 所示),具体操作如下。

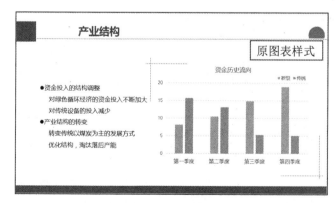

图 19-83

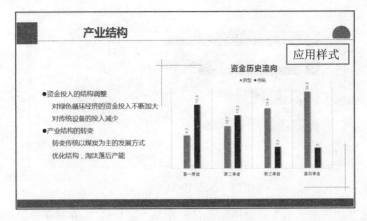

图 19-84

步骤 01 选中图表，在"图表工具-设计"→"图表样式"选项组中单击"⊡"下拉按钮，在下拉列表中选择想要套用的样式，如图 19-85 所示。

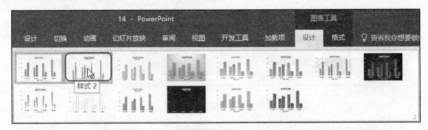

图 19-85

步骤 02 比如单击"样式 2"，应用效果如图 19-86 所示，如果觉得对部分图表效果不太满意，可以对其进行修改以达到更好的效果。此时可以重新设置系列的效果，如图 19-87 所示。

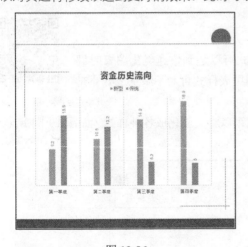

图 19-86

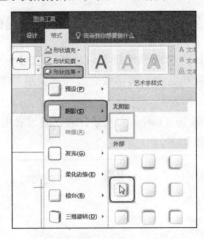

图 19-87

步骤 03 重新设置系列的填充色（如图 19-88 所示），经过两次操作可得到如图 19-89 所示的效果。

套用图表样式时会将原来所设置的格式取消，因此如果想通过套用图表样式来美化图表，可以在建立图表后首先进行套用，然后对需要补充设计的对象进行设置。

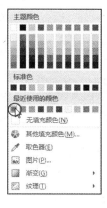

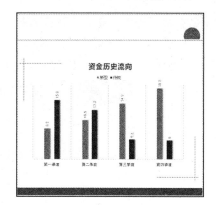

<table>
<tr><td>图 19-88</td><td>图 19-89</td></tr>
</table>

19.4.3　图表中对象填充颜色设置

创建的图表也有其要表达的重点，对于图表中的重点对象可以为其进行特殊的美化，比如设置突出的填充色、美化边框效果等，以达到突出显示的目的。

如图 19-90 所示的图表默认图表区是无填充颜色的，现在需要为其设置填充颜色。

步骤01 选中图表区，在"图表工具-格式"→"形状样式"选项组中单击"形状填充"下拉按钮，在打开的下拉菜单中设置图表区填充颜色，如图 19-90 所示。

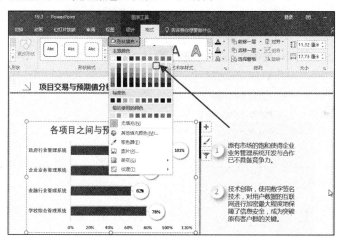

图 19-90

步骤02 单击颜色后，即可为图表区应用填充颜色，如图 19-91 所示。

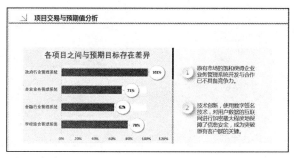

图 19-91

步骤 **03** 选中图表中最大值的数据点，在"图表工具-格式"→"形状样式"选项组中单击"形状轮廓"下拉按钮，在打开的下拉菜单中选择轮廓颜色，然后继续在下拉菜单中用鼠标指针指向"粗细"命令，在打开的子菜单中设置线条的粗细值，如图 19-92 所示。

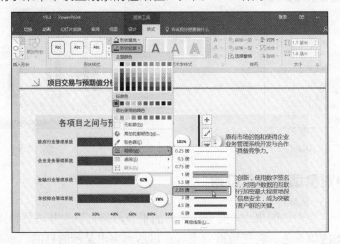

图 19-92

步骤 **04** 通过让特定的数据以特殊格式显示，可以达到突出显示数据的目的，如图 19-93 所示。

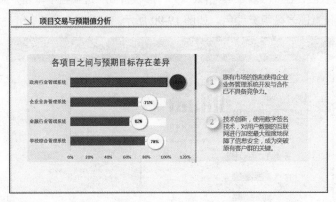

图 19-93

步骤 **05** 在饼图中，还可以选中最大扇面的数据点并为其设置深颜色，其他扇面使用浅色，以达到突出显示最大扇面的目的，如图 19-94 所示。

图 19-94

❋ 知识扩展 ❋

将设计好的图表转化为图片

在幻灯片中创建图表并设置好效果后，可以将图表保存为图片，当其他地方需要使用时，即可直接插入转换后的图片使用。

选中图表并单击鼠标右键，在弹出的快捷菜单中选择"另存为图片"命令（如图 19-95 所示），打开"另存为图片"对话框，设置好图片的保存位置与名称，单击"保存"按钮即可，如图 19-96 所示。

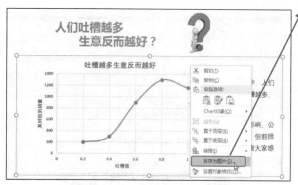

图 19-95

图 19-96

19.5　复制使用 Excel 表格与图表

在 PPT 中创建表格后如果想对数据进行运算，并不方便计算能力较强的莫过于 Excel，而且 Excel 中的表格也可以很方便地复制到 PPT 中来使用。如果我们想创建专业的表格，就可以很方便地利用 Excel 软件来实现，然后直接将 Excel 表格数据嵌入到幻灯片中来使用即可，从而实现数据共享。也就是说在 Excel 中创建的图表可以快速复制到幻灯片中来使用。

19.5.1　复制使用 Excel 表格

要复制使用 Excel 表格，需要同时打开 Excel 工作表与目标幻灯片，然后使用快捷键完成复制粘贴的操作。

步骤 01 打开 Excel 程序，选中要使用的表格区域，按 Ctrl+C 组合键复制，如图 19-97 所示。

步骤 02 回到幻灯片页面上上，按 Ctrl+V 快捷键粘贴表格，如图 19-98 所示。

步骤 03 粘贴得到的表格默认会自动匹配当前幻灯片的主题配色,位置需要按当前版面重新调整。如果想让表格保留原来的格式，可以单击"粘贴选项"下拉按钮，在下拉列表中选择"保留源格式"命令即可让表格保留原有格式，如图 19-99 所示。

步骤 04 将表格插入到幻灯片中后，选中表格，在功能区中可以看到"表格工具"选项卡，若对表格的格式不满意，则可以像编辑普通表格一样对表格进行补充编辑，如图 19-100 所示。

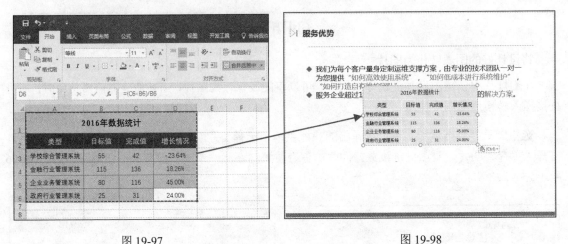

图 19-97   图 19-98

图 19-99   图 19-100

提示

在"粘贴选项"按钮的下拉列表中还有"嵌入" 和"图片" 等不同的选项按钮。在执行复制粘贴的操作后，单击"粘贴选项"下拉按钮，选择"嵌入"命令，即可将表格以对象的形式嵌入到幻灯片中。嵌入对象是指将 Excel 表格连同程序一起嵌入到幻灯片中，只要在表格上双击即可进入 Excel 数据编辑状态，同时功能区中会出现关于 Excel 数据表编辑的菜单项，即可以同在 Excel 中一样编辑表格。以"图片"的方式粘贴很好理解，即将 Excel 表格转换为图片。

19.5.2 复制使用 Excel 图表

如果幻灯片中需要使用的图表在 Excel 中已经创建好，则可以直接进入 Excel 程序中复制图表，然后直接粘贴到幻灯片中来使用。

步骤01 在 Excel 工作表中选中图表，按 Ctrl+C 组合键复制图表，如图 19-101 所示。

步骤02 切换到演示文稿中，按 Ctrl+V 组合键，然后单击"粘贴选项"下拉按钮，在打开的下拉列表中单击"保留源格式与链接数据"按钮，如图 19-102 所示。

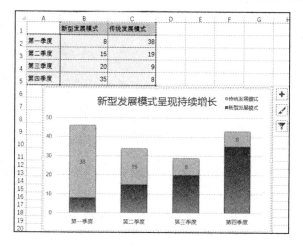

图 19-101

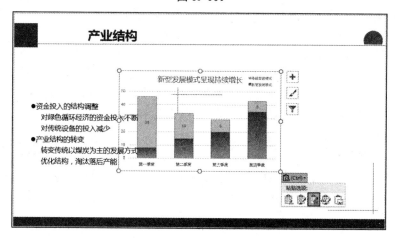

图 19-102

步骤 03 移动图表的位置即可达到如图 19-103 所示的效果。

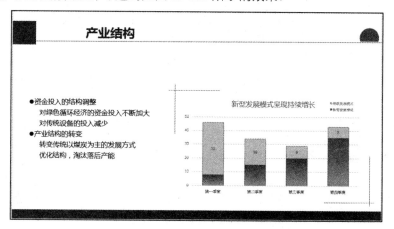

图 19-103

第 20 章

>>> 多媒体应用及动画效果实现

应用环境

　　视频与音频属于幻灯片中的多媒体应用。比如幻灯片添加背景音乐、添加活动录制的视频等经常要用到。另外，在幻灯片中合理使用动画可以更好地展现幻灯片中的重要元素，帮助演示者吸引观众的注意力。

本章知识点

① 插入并编辑音频文件　　　　　　② 插入并编辑视频文件

③ 设置切片动画　　　　　　　　　④ 设置对象动画

20.1 应用音频和视频文件

　　将音频与视频文件集成到 PPT 演示文稿中的做法已经变得越来越普遍了。无论是一段营造气氛的音乐、强调幻灯片放映的声音效果、宣传产品的演示，还是吸引观众注意力的动画，对多媒体的有效使用都将起到丰富幻灯片播放效果、调动观众情绪与兴趣的作用。

20.1.1 插入并编辑音频文件

　　在制作 PPT 时，根据设计需要，有些幻灯片需要使用音频文件。此时可以将音频文件准备好并存储到计算机中，然后将音频文件添加到幻灯片中。在放映幻灯片过程中，默认需要单击添加的音频才能播放，再次单击则停止播放。

　　步骤 01 选中目标幻灯片，在"插入"→"媒体"选项组中单击"音频"下拉按钮，在弹出的下拉菜单中单击"PC 上的音频"命令（如图 20-1 所示），打开"插入音频"对话框，找到音频文件的存放位置，如图 20-2 所示。

图 20-1

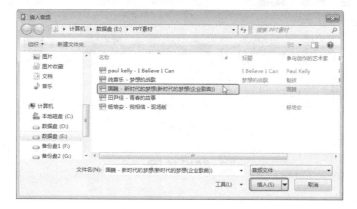

图 20-2

步骤 02 单击"插入"按钮即可在幻灯片中插入音频，如图 20-3 所示。

图 20-3

步骤 03 在小喇叭以外的位置单击可以看到控制条隐藏，只显示小喇叭图标，如图 20-4 所示。

图 20-4

1. 背景音乐循环播放效果

如果是浏览型的幻灯片，为幻灯片添加贯穿始终的背景音乐效果则显得非常必要。不仅如此，普通幻灯片在讲解过程中也可以插入舒缓的音乐作为背景音乐。

在演示文稿的首张幻灯片中插入音频，选中插入音频后显示的小喇叭图标，将其移动到幻灯片中的合适位置，在"音频工具-播放"→"音频选项"选项组中选中"循环播放，直到停止"复选框，如图 20-5 所示。

图 20-5

❈ 知识扩展 ❈

让音频自动播放

插入音频后，默认只有通过单击才能进行播放，如果想让音频能自动播放，则需要选中小喇叭图标，在"音频工具-播放"→"音频选项"选项组中，单击"开始"右侧的下拉按钮，在下拉列表框中单击"自动"选项（如图 20-6 所示）即可。

图 20-6

---

2. 设置音乐淡入/淡出效果

插入的音频在开头或结尾有时会过于高潮化，影响整体播放效果，可以将其设置为淡入/淡出的播放效果，这种设置比较符合人们缓进与缓出的听觉习惯。

选中插入音频后显示的小喇叭图标，在"音频工具-播放"→"编辑"选项组中，在"淡化持续时间"下的"淡入"和"淡出"设置框中输入淡入/淡出时间或者通过大小调节按钮"⏶"设置时间（默认都是 0），如图 20-7 所示。

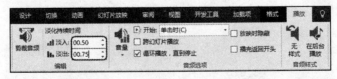

图 20-7

3. 在幻灯片中录制声音

除了向幻灯片中插入音乐外，还可以向幻灯片中录制声音，如领导致辞、祝福语等都可以采取录制的办法实现。

步骤 01 选中幻灯片，在"插入"→"媒体"选项组中单击"音频"下拉按钮，在弹出的下拉菜单中选择"录制音频"命令，打开"录制声音"对话框。在"名称"文本框中输入"那些花儿"，如图 20-8 所示。

步骤 02 单击"录制"按钮后，即可使用麦克风进行录制，录制完成后单击"停止"按钮，如图 20-9 所示。

图 20-8　　　　　　　　　　　　　　　　图 20-9

步骤 03 单击"确定"按钮即可插入录制的音频，如图 20-10 所示。

图 20-10

20.1.2　插入并编辑视频文件

如果需要在 PPT 中插入视频文件，可以先将文件下载到计算机上，然后将其插入到幻灯片中即可。

步骤 01 打开目标幻灯片，在"插入"→"媒体"选项组中单击"视频"下拉按钮，在下拉菜单中单击"PC 上的视频"命令（如图 20-11 所示），打开"插入视频文件"对话框，找到视频所在的路径并选中视频，如图 20-12 所示。

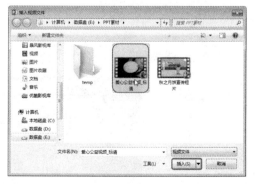

图 20-11　　　　　　　　　　　　　　　　图 20-12

步骤 02 单击"插入"按钮，即可将选中的视频插入到幻灯片中，将视频窗口拖到合适位置，如图 20-13 所示。

步骤 03 插入视频后，选中视频时下面会出现播放控制条，单击"播放"按钮即可开始播放视频，如图 20-14 所示。

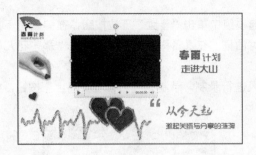

图 20-13   图 20-14

提 示

PPT 对导入的视频格式要求很严格，不是什么格式的都能播放，所以很多视频插入 PPT 后无法正常播放，比如 MP4、AVI、MLV 等。对于不能播放的视频格式，可以通过格式工厂进行转换，比如狸窝全能视频转换器，再插入到 PPT 中就可以播放了。

1. 自定义视频播放窗口的样式

系统默认播放视频的窗口是长方形的，也可以将其设置为其他的外观样式。

步骤01 选中视频，在"视频工具-格式"→"视频样式"选项组中单击"视频形状"下拉按钮，在下拉列表中选择"流程图：多文档"图形，如图 20-15 所示。

图 20-15

步骤02 程序会自动根据选择的形状更改视频播放窗口的外观形状，如图 20-16 所示。

图 20-16

2. 重设视频的封面

在幻灯片中插入视频后，默认显示视频第一帧处的画面（如图 20-17 所示）。如果不想让观众看到第一帧处的图像，可以重新设置其他图片来作为视频的封面，也可以将视频中指定帧处的画面作为视频的封面。

1. 设置图片为封面

步骤 **01** 选中视频，在"视频工具-格式"→"调整"选项组中单击"海报帧"下拉按钮，在下拉菜单中单击"文件中的图像"命令，如图 20-18 所示。

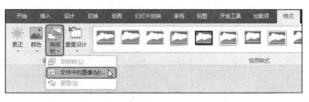

图 20-17 　　　　　　　　　　　　　　图 20-18

步骤 **02** 按照提示单击"浏览"链接按钮（如图 20-19 所示），打开"插入图片"对话框，找到要设置为视频封面的图片所在的路径并选中图片，如图 20-20 所示。

图 20-19 　　　　　　　　　　　　　　图 20-20

步骤 **03** 单击"插入"按钮，即可在视频上覆盖原有的图片，如图 20-21 所示。单击"播放"按钮即可进入视频播放模式。(这里新插入的封面图片只是起到一个遮盖的作用。)

2. 将视频中的重要场景设置为封面

如果视频中的某个场景适合用来作为封面，则也可以快速设置。

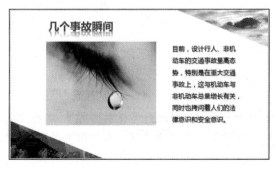

图 20-21

步骤 01 播放视频到需要的画面时，单击"暂停"按钮将画面定格，如图 20-22 所示。

图 20-22

步骤 02 在"视频工具-格式"→"调整"选项组中单击"海报帧"下拉按钮，在展开的下拉菜单中单击"当前帧"命令（如图 20-23 所示）即可。

图 20-23

20.1.3　裁剪音频或视频

如果对插入的音频部分地方不满意（尤其是录制音频可能存在杂音），可以对其进行裁剪，然后保留整个音频中有用的部分。同理对于插入的视频也可以按实际需要进行裁剪只保留需要的　部分。

1. 裁剪音频

步骤 01 选中插入的音频文件，在"音频工具-播放"→"编辑"选项组中单击"裁剪音频"按钮（如图 20-24 所示），打开"裁剪音频"对话框。

图 20-24

步骤 02 单击"▶"按钮试听音频，接着拖动进度条上的两个标尺确定裁剪的位置（两个标尺中间的部分是保留部分，其他部分会被裁剪掉），如图 20-25 所示。

步骤 03 裁剪完成后，再次单击"播放"按钮试听截取的声音，如果还有要截取掉的部分音频，则可以按相同的方法进行裁剪即可。

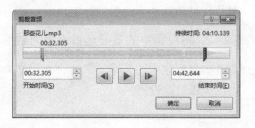

图 20-25

2. 裁剪视频

如果插入的视频有不适宜播放的部分，也可以对其进行裁剪，只播放有效部分的视频。

步骤 01 选中插入的视频，在"视频工具-播放"→"编辑"选项组中单击"裁剪视频"按钮（如图 20-26 所示），打开"裁剪视频"对话框。

步骤 02 单击"▶"按钮预览视频，接着拖动进度条上的两个标尺确定裁剪的位置（两个标尺中间的部分是保留部分，其他部分会被裁剪掉），如图 20-27 所示。

图 20-26　　　　　　　　　　　　　　　　图 20-27

步骤 03 裁剪完成后，再次单击"播放"按钮即可预览视频，如果还需要再次截取，则按相同的方法操作即可。

20.2 设置动画效果

动画可以更好地展现幻灯片中的各个元素，帮助演示者吸引观众的注意力。另外，对于一些逻辑性较强的图示与图表，通过设置动画，可按顺序逐个地显示幻灯片的项目元素，以便让观众从头开始阅读时能更直观地了解项目间的逻辑性。

然而，如果只是为了增强效果而滥用动画，将不但失去动画原本的优势所在，还会给人带来杂乱的感觉。因此设置动画效果也要遵循一定的原则。

首先，自然有序是动画设计的首要原则。自然，就是遵循事物本身的变化规律，符合人们的常识。文字、图形元素易采用柔和出现的方式。为使幻灯片中的内容有条理、清晰地展现给观众，一般都是遵循从上到下、逐条按顺序步入的原则。

其次，重点用动画强调。幻灯片中有需要重点强调的内容时，动画就可以发挥很大的作用。比如用片头动画吸引观众的视线；在关键处用夸张的动画引起观众的重视等。使用动画旨在吸引观众的注意力，达到强调的效果。

20.2.1 设置幻灯片切片动画

在放映幻灯片时，当前一张放映结束并进入下一张放映时，可以设置不同的切换方式。PowerPoint 2016 中提供了非常多的切片效果以供使用。页面切换动画主要是为了缓解幻灯片页面之间转换时的单调感而设计的，应用这一功能能够使幻灯片放映时比传统幻灯片放映生动了许多。

放映幻灯片的过程中，可以根据实际需要选择合适的切片动画。切片动画类型主要包括细微型、华丽型以及动态内容。

1. 为幻灯片添加切片动画

步骤 01 选中要设置动画的幻灯片，在"切换"→"切换到此幻灯片"选项组中单击"▼"按钮（如图 20-28 所示），在下拉列表中选择切换效果，本例选择"随机线条"，如图 20-29 所示。

图 20-28

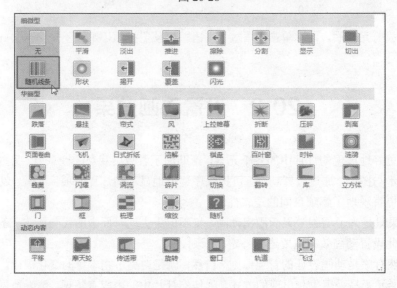

图 20-29

步骤 02 设置完成后，当在播放幻灯片时即可在幻灯片间切换时使用切换效果，如图 20-30 所示为"随机线条"切片动画，如图 20-31 所示为"蜂巢"切片动画。

图 20-30

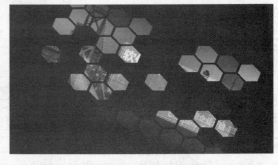

图 20-31

2. 切片效果的统一设置

在设置好某一张幻灯片的切换效果后，为了省去逐一设置的麻烦，用户可以将幻灯片的切换效果一次性应用到所有幻灯片中。

其方法为：设置好幻灯片的切片效果之后，单击"切换"→"切换到此幻灯片"选项组中的"棋盘"按钮，并"切换"→"计时"选项组中单击"全部应用"按钮（如图 20-32 所示），即可同时设置全部幻灯片的切片效果。

图 20-32

3. 自定义切片动画的持续时间

为幻灯片添加了切片动画后，一般默认时间是 01:00 秒，这个切换的速度是比较快的。而切片动画的速度是可以改变的，而且根据不同的切换效果应当选择不同的持续时间。

步骤 01 设置好幻灯片的切片效果之后，在"切换"→"计时"选项组中的"持续时间"设置框里可以看到默认的持续时间，如图 20-33 所示。

图 20-33

步骤 02 此时可根据每张幻灯片切换效果的不同来输入不同的持续时间。在左侧缩略图中选中目标幻灯片，然后通过上下调节按钮设置持续时间，如图 20-34 所示。

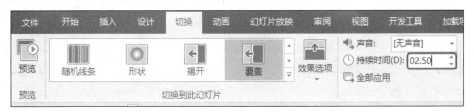

图 20-34

❋ **知识扩展** ❋

一次性清除切片动画

如果想一次性取消所有的切片动画，其操作方法如下：

在幻灯片的缩略图列表中按 Ctrl+A 组合键一次性选中所有幻灯片，单击"切换"→"切换到此幻灯片"选项组中的"其他"按钮，在打开的下拉列表中选择"无"选项，即可取消幻灯片所有切换效果。

20.2.2　添加动画

幻灯片中的元素包括图形、图片对象以及文字对象，对于这些对象都可以为其添加动画效果。如图 20-35 所示的幻灯片中，首先为左侧底部圆形添加进入动画。

图 20-35

步骤 01 选中圆形图形，在"动画"→"动画"选项组中单击"⚊"按钮，在其下拉列表的"进入"栏中选中"轮子"动画样式，如图 20-36 所示。此时对象旁边出现一个"1"，表示已添加了动画，如图 20-37 所示。

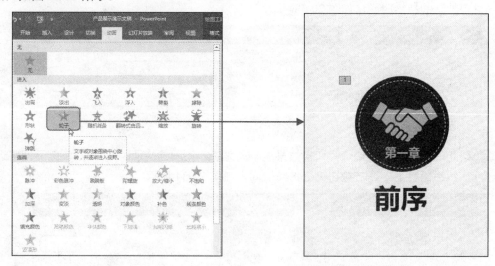

图 20-36　　　　　　　　　　　　　　　　　图 20-37

步骤 02 选中虚线圆形图形，在"动画"→"动画"选项组中为该对象应用"陀螺旋"动画样式，如图 20-38 所示。此时对象旁边出现一个"2"，表示已添加了动画，如图 20-39 所示。

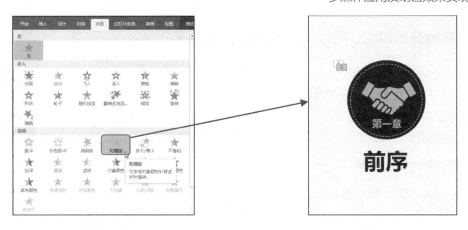

图 20-38　　　　　　　　　　　　　图 20-39

步骤 03 接着依次选中手形图片、"第一章"文字、"前序"文字等，分别为它们添加动画。每添加一个动画对象旁边都会自动添加动画序号，如图 20-40 所示的幻灯片中添加了 7 个动画。

图 20-40

❀ 知识扩展 ❀

更多进入动画

在动画列表中显示的动画效果有限，如果想寻找更加合适的动画效果，则可以在列表底部单击"更多进入效果"（如果设置强调动画就单击"更多强调效果"），如图 20-41 所示。打开"更改进入效果"对话框（如图 20-42 所示），在这里可以选择更多的动画样式。

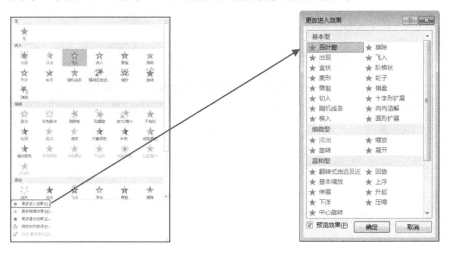

图 20-41　　　　　　　　　　　　　图 20-42

20.2.3 动画开始时间、持续时间等属性设置

按顺序为对象添加动画后，按照动画添加的顺序，对象旁边会依次显示1、2、3、……这样的序号。在默认情况每单击一次就进入下一项动画，但更多时候我们是需要动画能依次自动播放。而且有的动作的持续时间也需要调整，有的动作需要一直保持着运动状态等，要达到这些效果都需要对动作属性进行设置。

1. 设置动画的持续时间

为对象添加动画后，默认播放速度都很快，通过设置动画的播放时间可以让动作慢一些。

其方法为：选中需要调节的动画，在"动画"→"计时"选项组中，调节"持续时间"设置框里的上下调节按钮即可调节此动画的播放时间。如图 20-43 所示为"轮子"动画的默认持续时间是 2 秒；如图 20-44 所示将时间调整为 4 秒，时间越长，速度越慢。

图 20-43

图 20-44

2. 控制动画的开始时间

在播放动画时，如果希望一个动画播放后能自动进入下一个动画，需要重新设置动画的开始时间。

如图 20-45 所示为动画默认的开始时间，即"单击时"。

图 20-45

步骤 01 选中需要调整动画开始时间的对象，在"动画"→"计时"选项组中的"开始"下拉列表框中选择"上一动画之后"选项，如图 20-46 所示。此时可以看到这个动画的序号变为与前一动画序号相同，如图 20-47 所示。

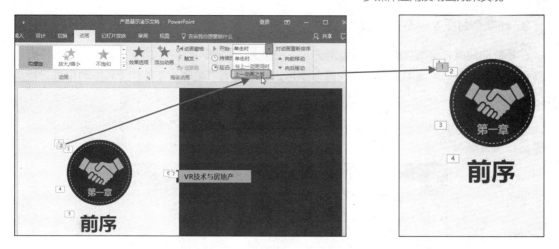

图 20-46   图 20-47

步骤 02 按照相同的方法将除第一个动画之外的所有动画的开始时间都更改为"上一动画之后",在图 20-48 中,可以看到所有动画的序号都显示为 1。

图 20-48

❈ **知识扩展** ❈

一次性设置所有动画都从上一项之后开始

如果一张幻灯片中应用了多个动画,要想一次性设置所有动画都从上一项之后开始,可以在"动画"→"高级动画"选项组中单击"动画窗格"按钮,打开"动画窗格"。选中首个动画后,按住 Shift 键,单击最后一个动画,即可选中所有动画,再单击最后一个动画右侧的下拉按钮,在下拉菜单中单击"从上一项之后开始"即可,如图 20-49 所示。

图 20-49

3. 让某个对象始终是运动的

在播放动画时，动画播放一次后就会停止，如果为了突出幻灯片中的某个对象，可以设置让其始终保持运动状态。本例中要设置虚线圆形图形始终保持着"陀螺旋"动作（其他动作进行播放时这个动作也一直保持）。

步骤01 在"动画"→"高级动画"选项组中单击"动画窗格"按钮（如图 20-50 所示），打开"动画窗格"。

图 20-50

步骤02 在"动画窗格"中找到目标动画并选中，单击动画右侧的下拉按钮，在下拉菜单中单击"计时"命令（如图 20-51 所示），打开"陀螺旋"对话框。

步骤03 单击"重复"设置框右侧的下拉按钮，在下拉列表中单击"直到幻灯片末尾"选项，如图 20-52 所示。

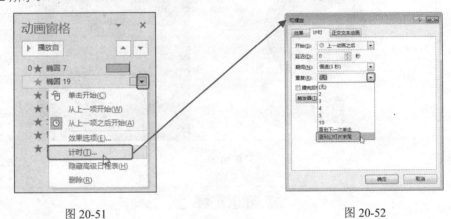

图 20-51　　　　　　　　　　　　图 20-52

步骤04 单击"确定"按钮，当幻灯片在放映时这个动作会始终保持，直到这张幻灯片放映结束。

通过 20.2.2 与 20.2.3 小节的设置，可以完成此张幻灯片的动画效果，预览效果如图 20-53、图 20-54、图 20-55、图 20-56 所示。

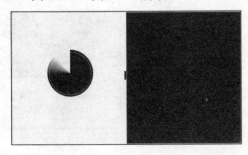　　　

图 20-53　　　　　　　　　　　　图 20-54

图 20-55　　　　　　　　　　　图 20-56

4. 播放动画时让文字按字、词显示

在为一段文字添加动画后，系统默认是将一段文字作为一个整体来播放，即在动画播放时整段文字同时出现。通过设置可以实现让文字按字、词播放。

步骤 01　选中已设置动画的对象，在"动画"→"高级动画"选项组中单击"动画窗格"按钮，打开"动画窗格"。

步骤 02　在"动画窗格"中找到目标动画，选中动画，单击动画右侧的下拉按钮，在下拉菜单中单击"效果选项"命令（如图 20-57 所示），打开"上浮"对话框。

步骤 03　单击"动画文本"设置框右侧的下拉按钮，在下拉列表中选择"按字/词"选项，如图 20-58 所示。

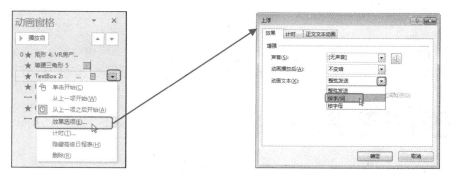

图 20-57　　　　　　　　　　　图 20-58

步骤 04　单击"确定"按钮返回幻灯片中，即可在播放动画时按字/词方式来显示文字，预览效果如图 20-59 所示。

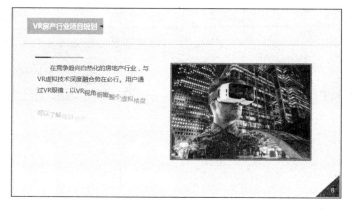

图 20-59

20.2.4 设置路径动画

在幻灯片中使用动画可以使幻灯片看起来更加精彩，除了常用的进入、退出、强调动画之外，还可以添加路径动画，使某一对象按照设计的运动路径进行运动。路径动画使用恰当会让幻灯片页面看起来更加生动并且有创意。

步骤01 选中对象，本例中是图片左上角的图形，在"动画"→"动画"选项组中可以看到已经设置了"出现"动画，如图 20-60 所示。

图 20-60

步骤02 保持对象的选中状态，在"动画"→"高级动画"选项组中单击"添加动画"下拉按钮，在打开的下拉列表的"动作路径"组中单击"直线"路径（如图 20-61 所示），此时可以看到对象的动作路径如图 20-62 所示。

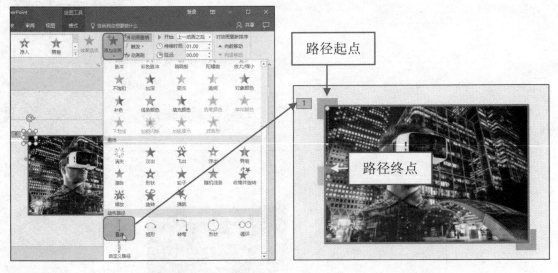

图 20-61　　　　　　　　　　　　　　　　　　图 20-62

步骤03 插入的动作路径中的绿色控点为路径起点，红色控点为路径终点。这两个点可以根据需要进行调整。如图 20-63 所示拖动绿色控点到图片中心；接着再拖动红色控点到图片左上角位置，调整后的路径如图 20-64 所示。

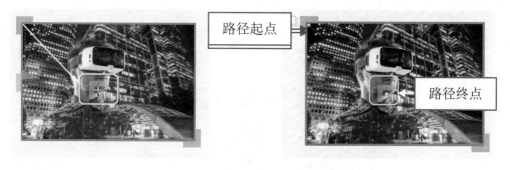

图 20-63   图 20-64

步骤 04 按照相同的方法为图片右下角的图形添加"直线"路径，如图 20-65 所示。调整绿色控点到图片中心，调整红色控点到图片右下角位置，调整后的路径如图 20-66 所示。

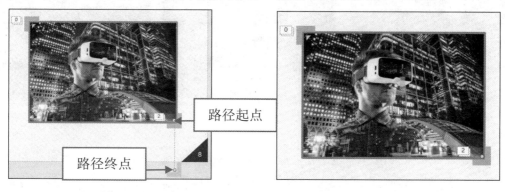

图 20-65   图 20-66

步骤 05 在"动画窗格"中选中为左上角图形添加的两个动画，单击右下角的下拉按钮，在打开的下拉菜单中单击"从上一项之后开始"命令，如图 20-67 所示。

图 20-67

步骤 06 在"动画窗格"中选中为右下角图形图表添加的两个动画，单击右下角的下拉按钮，在打开的下拉菜单中单击"从上一项开始"命令，如图 20-68 所示。（此操作的目的是让两个图形能同时动作，即左上角图形动作时，右下角的图形同时动作。）

步骤 07 完成动作路径的绘制及其开始的时间设置后，预览动画，可以看到两个图形同时向对角运动，如图 20-69、图 20-70、图 20-71 所示。

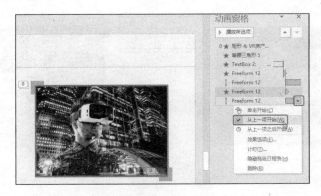

图 20-68

图 20-69

图 20-70

图 20-71

提 示

在本例的步骤 01 中介绍了左上角图形已添加了"出现"动画，那么如果同时为其应用"路径"动画，则需要单击"动画"→"高级动画"选项组中的"添加动画"命令按钮来添加第二种动画。由此可知，一个对象是可以使用多种动画的。但在添加动画时有一点需要注意，就是应用第二种动画时，必须使用"添加动画"命令按钮来添加，如果只在"动画"选项组中设置，则会用新设置的动画替换原有的动画。

❀ 知识扩展 ❀

手动自定义动作的路径

除了使用程序提供的路径样式外（当然路径添加后可以在其基础上调整），还可以使用"自定义路径"这个选项，手动去绘制任意路径。如图 20-72 所示是正在绘制路径的过程。

值得注意的是即使使用手动绘制路径，也要注意遵循事物的运动规律，切忌不可随意满屏乱绘，这样只会给幻灯片的播放带来极坏的负面影响。

图 20-72

20.2.5　图表动画

对幻灯片中的图表使用动画效果可以让图表中的系列按照解说顺序依次出现，从而让幻灯片整体效果更具有逻辑性，层次感也更强，进而能让观众对某些需要强调的部分有更深刻的印象。

给图表添加动画的时候尤其需要遵循前文所介绍的原则,用适合的动画才更能展现幻灯片演示的效果。比如饼图多为圆形或扇形,在动画中选择"轮子"动画会比较适合;柱形图一般都是条状图形,选择"擦除"动画能展示柱形的出现。

1. 饼图的轮子动画

PPT 中每个动画都要有其设置的必要性,可以根据对象的特点完成设置,比如为饼图设置轮子动画正是符合了饼图的特征。

步骤 01 选中饼图,在"动画"→"动画"选项组中单击"﹀"按钮,在其下拉列表的"进入"区域中选择"轮子"动画样式(如图 20-73 所示),即可为饼图添加该动画效果。

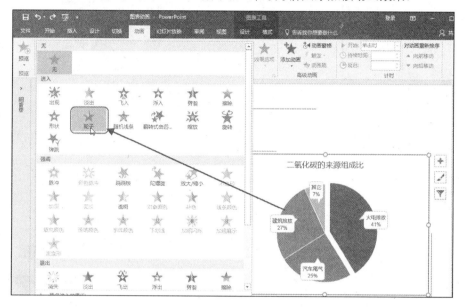

图 20-73

步骤 02 选中图表,单击"动画"→"动画"选项组中的"效果选项"下拉按钮,在下拉菜单中选择"序列"区域中的"按类别"命令(如图 20-74 所示),即可实现单个扇面逐个进行轮子动画的效果,如图 20-75 所示,可以看到有多个动画序号。

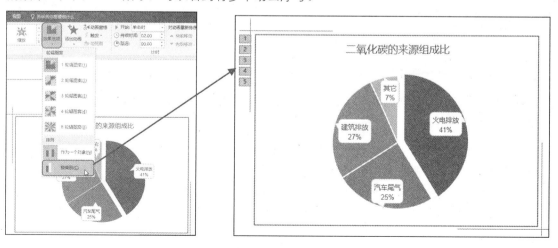

图 20-74　　　　　　　　　　　　　　　　图 20-75

步骤 03 打开"动画窗格",选中关于图表的所有动画,单击下拉按钮,在打开的下拉菜单中单击"从上一项之后开始"命令,如图 20-76 所示。设置后可以看到所有动画序号变为同一序号(如图 20-77 所示),即它们在一个扇面动作完成后自动进入下一扇面,而不必手动单击。

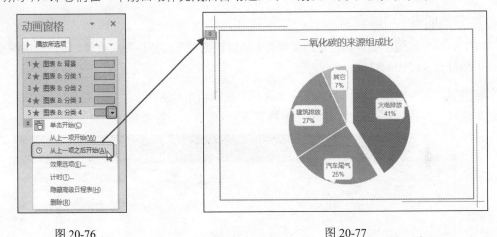

图 20-76 图 20-77

步骤 04 完成动画的设置后,预览动画,可以看到饼图逐个扇面轮子播放的效果,如图 20-78 和图 20-79 所示。

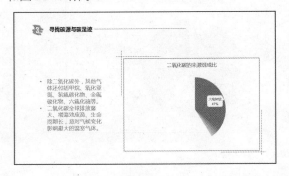 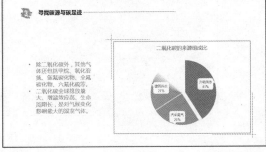

图 20-78 图 20-79

提示 轮子动画默认是"作为一个对象"动作的,作为一个对象时无法实现按单个轮子动作。因此需要选择"按类别"进行动作,从而实现各个扇面逐一动作,这项操作是完成此动画设置关键。

2. 柱形图的逐一擦除式动画

根据柱形图中的柱子代表着不同的数据系列,可以为柱形图制作逐一擦除式动画效果,从而帮助观众对图表的理解。

步骤 01 选中图形,在"动画"→"动画"选项组中单击""按钮,在其下拉列表的"进入"区域中选中"擦除"动画样式,如图 20-80 所示。

步骤 02 在"动画"→"计时"选项组中,在"持续时间"设置框里将持续时间设置为"02:00"。单击"动画"→"动画"选项组中"效果选项"的下拉按钮,在下拉菜单中"方向"区域中选择"自底部"命令,在"序列"区域中选择"按类别"命令,如图 20-81 所示。

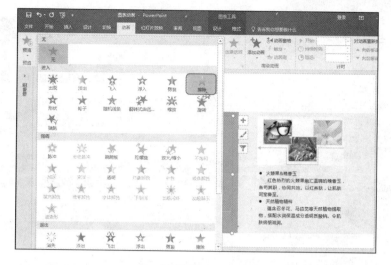

图 20-80

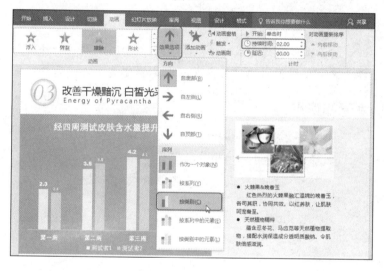

图 20-81

步骤 **03** 完成上述设置后，播放动画时图表即可按系列从底部擦除出现，如图 20-82 与图 20-83 所示。

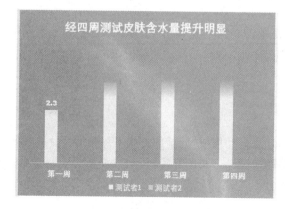

图 20-82

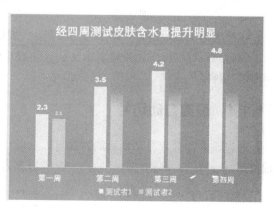

图 20-83

第21章

演示文稿的放映及输出

应用环境

演示文稿制作完成后，放映、转换为 PDF 文件、转换为视频文件、创建讲义等都属于不同的应用方式，也是创建演示文稿的最终目的。

本章知识点

① 设置幻灯片自动放映

② 手动放映中一些相关的操作

③ 演示文稿打包或输出为其他格式的文件

21.1 设置幻灯片自动放映

在放映演示文稿时，如果是人工放映，一般都是单击一次才进入下一对象的放映。如果不采用单击的方式，可以设置让整篇演示文稿自动放映。一些浏览性质的演示文稿中通常要使用这种播放方式。

21.1.1 设置自动切片

通过设置幻灯片自动切片的方式可以实现让幻灯片自动播放。此播放方式下每张幻灯片的播放时长都是一样的，即幻灯片播放指定时长后就自动切换至一下张幻灯片。

步骤01 打开演示文稿，选中第一张幻灯片，在"切换"→"计时"选项组中选中"设置自动换片时间"复选框，单击右侧数值框的微调按钮可以设置换片时间，如图 21-1 所示。

图 21-1

步骤02 设置好换片时间后,在"切换"→"计时"选项组中单击"全部应用"按钮(如图21-2所示),即可快速为整个演示文稿设置相同的换片时间。

图 21-2

提 示

值得注意的是在单击"全部应用"按钮时,程序默认对所设置的切换效果和持续时间都统一应用到所有幻灯片中。如果想要实现不同的幻灯片以不同的播放时间进行放映,就需要单独设置。在设置完任意一张幻灯片的播放时间后,可以按照相同的操作方法设置下一张幻灯片的播放时间。

21.1.2 使用排练计时实现自动放映

根据幻灯片内容长度的不同,如果对幻灯片播放时间无法精确控制,就可以通过排练计时来自由设置播放时间。排练时间就是在幻灯片放映前预放映一次,而在预放映的过程中,程序记录下每张幻灯片的播放时间,在设置无人放映时就可以让幻灯自动以这个排练的时间来自动放映。

步骤01 切换到第一张幻灯片中,在"幻灯片放映"→"设置"选项组中单击"排练计时"按钮(如图21-3所示),此时会切换到幻灯片的放映状态,并在屏幕左上角出现一个"录制"对话框,其中显示出时间,如图21-4所示。

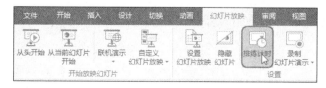

图 21-3

步骤 02 当时间达到预定的时间后，单击"下一项"按钮，即可切换到下一个动作（如果幻灯片添加了动画、音频、视频等则会包含多个动作）或者下一张幻灯片，开始对下一项进行计时，并在右侧显示总计时，如图 21-5 所示。

图 21-4

图 21-5

步骤 03 依次单击"下一项"按钮，直到幻灯片排练结束，按 Esc 键退出播放，系统自动弹出提示，询问是否保留此次幻灯片的排练时间，如图 21-6 所示。

步骤 04 单击"是"按钮，演示文稿自动切换到幻灯片浏览视图，每张幻灯片右下角会显示出每张幻灯片的排练时间，如图 21-7 所示。

图 21-6

图 21-7

完成上述设置后，幻灯片放映时即可按照排练设置的时间自动进行播放，而无须使用鼠标单击来放映幻灯片。

- -

✖ 知识扩展 ✖

清除排练时间

如果不再需要演示文稿中设置的排练时间，可以将其删除。方法如下：

在"幻灯片放映"→"设置"选项组中单击"录制幻灯片演示"下拉按钮，在下拉菜单中选择"清除"→"清除所有幻灯片中的计时"命令（如图 21-8 所示），即可清除添加的排练计时。

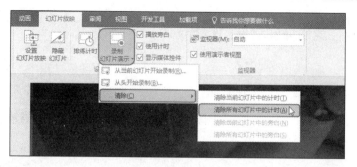

图 21-8

提 示 设置排练计时实现幻灯片自动放映与幻灯片自动切片实现自动放映的区别主要在于排练计时是以一个对象为单位的，比如幻灯片中的一个动画、一个音频等都是一个对象，可以分别设置它们的播放时间。而自动切片是以一张幻灯片为单位，比如设置的切片时间为 1 分钟，那么一张幻灯中的所有对象的动作都要在这 1 分钟内完成。

21.1.3 设置循环播放幻灯片

在幻灯片放映时，默认到最后一张幻灯片时会自动结束放映，如果希望幻灯片能循环放映，可以通过如下设置实现。尤其是为演示文稿设置自动放映后，很多时候需要进行这项设置以实现无人放映时幻灯片能自动循环播放。

步骤 01 打开目标演示文稿，在"幻灯片放映"→"设置"选项组中单击"设置幻灯片放映"命令按钮（如图 21-9 所示），打开"设置放映方式"对话框。

步骤 02 选中"循环放映，按 ESC 键终止"复选框（如图 21-10 所示），单击"确定"按钮完成设置即可。

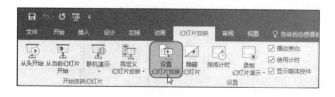

图 21-9

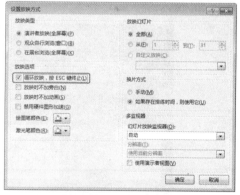

图 21-10

21.2 手动放映中的操作

在实际放映幻灯片的过程中有一些必要的操作需要掌握，比如幻灯片间的随意跳转、边放映边用笔做标记讲解等。

21.2.1 放映时任意切换到其他幻灯片

在放映幻灯片时，是按顺序依次播放每张幻灯片的。如果在播放过程中需要跳转到某张幻灯片，可以按如下操作实现。

步骤 01 在播放幻灯片时，单击鼠标右键，在弹出的快捷菜单中单击"查看所有幻灯片"命令，如图 21-11 所示。

图 21-11

步骤 02 此时进入幻灯片浏览视图状态，选择需要切换的幻灯片（如图 21-12 所示），单击即可实现切换，如图 21-13 所示。

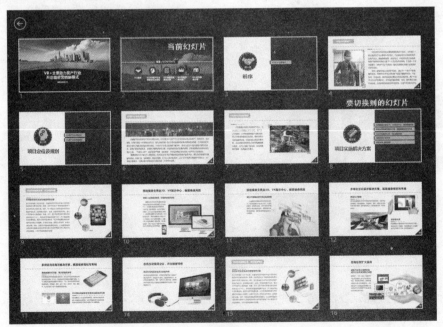

图 21-12

图 21-13

21.2.2　放映时边讲解边标记

当在放映演示文稿的过程中需要讲解时，还可以将光标变成笔的形状，在幻灯片上直接画线做标记。

步骤 01　进入幻灯片的放映状态，在屏幕上单击鼠标右键，在弹出的快捷菜单中将光标指向"指针选项"，在子菜单中单击"笔"命令，如图 21-14 所示。

步骤 02　此时鼠标指针变成一个红点，拖动鼠标即可在屏幕上留下标记，如图 21-15 所示。

图 21-14

图 21-15

✖ 知识扩展 ✖

设置笔

在放映幻灯片时，可以选择"笔""荧光笔"和"激光指针"3 种方法显示光标，用户可以根据需要进行选择；还可以根据幻灯片的色调区选择不同的笔颜色，如图 21-16 所示。

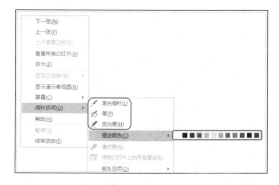

图 21-16

21.2.3 放映时放大局部内容

在 PPT 放映时，可能会有部分文字或图片较小的情况，此时在放映时可以通过局部放大 PPT 中的某些区域，使内容被放大而清晰呈现在观众面前。

步骤 01 进入幻灯片的放映状态，在屏幕上单击鼠标右键，在弹出的快捷菜单中单击"放大"命令，如图 21-17 所示。

步骤 02 此时幻灯片编辑区鼠标指针变为一个放大镜的图标，鼠标指针周围是一个白色矩形的区域，其他部分则是灰色，矩形所覆盖的区域就是即将放大的区域，将鼠标指针移至要放大的位置后，单击一下即可放大该区域，如图 21-18 所示。

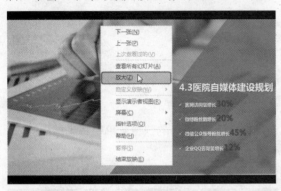

图 21-17

图 21-18

步骤 03 放大之后，矩形覆盖的区域占据了整个屏幕，这样就实现了局部内容被放大，如图 21-19 所示。

图 21-19

步骤 04 当查看完内容后，单击鼠标右键即可恢复到原始状态。

21.3 演示文稿的输出

演示文稿创建完成后，为了方便使用通常会进行打包处理。为了方便在任意载体上播放幻灯片需要将其转换成 PDF 或视频文件等，这些操作都归纳为演示文稿的输出。

21.3.1　打包演示文稿

许多用户都有过这样的经历，在自己计算机中放映顺利的演示文稿，当复制到其他电脑中进行播放时，原来插入的声音和视频都不能播放了，或者字体也不能正常显示了。要解决这样的问题，可以使用 PowerPoint 2016 的打包功能，将演示文稿中用到的素材打包到一个文件夹中。打包后的文件无论拿到什么地方放映都可正常显示与播放。

步骤 01　打开目标演示文稿，单击"文件"选项卡，单击"导出"标签，在右侧窗口中单击"将演示文稿打包成 CD"命令，然后单击"打包成 CD"按钮（如图 21-20 所示），打开"打包成 CD"对话框。

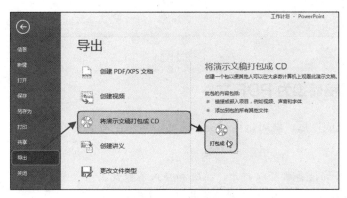

图 21-20

步骤 02　单击"复制到文件夹"按钮（如图 21-21 所示），打开"复制到文件夹"对话框，在"文件夹名称"文本框中输入名称，在"位置"文本框中单击右侧的"浏览"按钮，设置好文件的保存路径，如图 21-22 所示。

图 21-21

图 21-22

步骤 03　单击"确定"按钮，弹出提示框询问是否要在包中包含链接文件，如图 21-23 所示。

图 21-23

步骤 04　单击"是"按钮，即可开始进行打包。打包完成后，进入保存的文件夹中，可以看到除了包含一个演示文稿外，还包含着其他的内容，如图 21-24 所示。

图 21-24

21.3.2　演示文稿转换为 PDF 文件

演示文稿编辑完成以后，就可以根据实际需要将其保存为 PDF 文件。PDF 文件具有以下几项优点：

- 任何支持 pdf 的设备都可以打开，排版和样式不会乱。
- 能够嵌入字体，不会因为找不到字体而显示得乱七八糟。
- 文件体积小，方便网络传输。
- 支持矢量图形，放大缩小不影响清晰度。

正因为以上的一些优点，因此可以将制作好的演示文稿转换为 PDF 文件，以方便查看与传阅。

如图 21-25 所示是在查看 PDF 文件的状态。PDF 由 Adobe 公司开发，要打开 PDF 文件必须确保计算机安装了相关程序。

图 21-25

步骤 **01** 打开目标演示文稿，单击"文件"选项卡，在界面中单击"导出"标签，在右侧单击"创建 PDF/XPS 文档"命令，然后单击"创建 PDF/XPS"按钮，如图 21-26 所示。

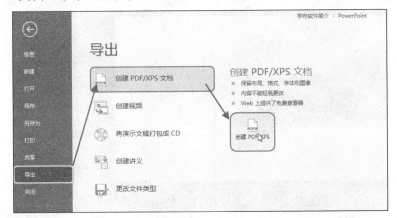

图 21-26

步骤 **02** 打开"发布为 PDF 或 XPS"对话框，设置 PDF 文件保存的路径，如图 21-27 所示。

步骤 **03** 单击"发布"按钮，系统弹出对话框，提示正在发布，如图 21-28 所示。发布完成后，即可将演示文稿保存为 PDF 格式。

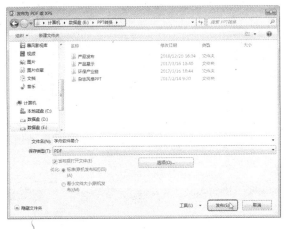

图 21-27

图 21-28

21.3.3　演示文稿转换为视频文件

将制作好的演示文稿转换为视频文件可以方便携带，也便于在特定的场合中观看。PowerPoint 程序自带了转换工具，可以很方便地进行转换操作。

如图 21-29 所示是正在使用暴风影音播放演示文稿，要达到这一效果需要将制作好的演示文稿保存为视频文件。

步骤 **01** 打开目标演示文稿，单击"文件"选项卡，单击"导出"标签，在右侧的窗口中单击"创建视频"命令，然后单击"创建视频"按钮（如图 21-30 所示），打开"另存为"对话框。

步骤 **02** 设置视频文件保存的路径与保存名称，如图 21-31 所示。

图 21-29

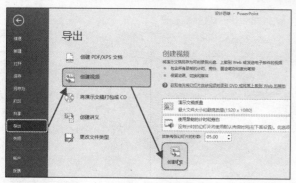

图 21-30

图 21-31

步骤 03 单击"保存"按钮，可以在演示文稿下方看到正在制作视频的提示（如图 21-32 所示）。制作完成后，找到保存路径（如图 21-33 所示），即可将演示文稿添加到视频播放软件中进行播放。

图 21-32

图 21-33

21.3.4　将每张幻灯片批量输出为单张图片

PowerPoint 2016 中自带了快速将演示文稿保存为图片的功能，即将设计好的每张幻灯片都转换成图片。转换后的图片可以像普通图片一样使用，并且使用起来也很方便。

步骤 **01** 打开目标演示文稿，单击"文件"选项卡，单击"导出"标签，在右侧窗口中单击"更改文件类型"命令，然后在右侧选择"JPEG 文件交换格式"，单击"另存为"按钮，如图 21-34 所示。

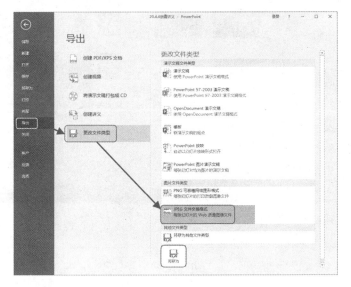

图 21-34

步骤 **02** 打开"另存为"对话框，设置文件保存的路径与保存名称，如图 21-35 所示。

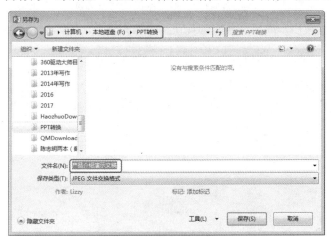

图 21-35

步骤 **03** 单击"保存"按钮，弹出"Microsoft PowerPoint"对话框（如图 21-36 所示），按照提示单击"所有幻灯片"按钮，导出成功后弹出如图 21-37 所示的提示，即可将各张幻灯片导出为图片格式，并保存到指定的文件夹中，如图 21-38 所示。

图 21-36

图 21-37

图 21-38

21.3.5 创建讲义

讲义是指一页中包含 1 张、2 张、3 张、4 张、6 张或 9 张幻灯片，将讲义打印出来，可以方便演讲者使用，或提前分发到观众手中作为资料使用。

1. 创建讲义

步骤 01 打开目标演示文稿，单击"文件"选项卡，单击"打印"标签，在右侧窗口"打印"栏的"设置"区域内单击"整页幻灯片"右侧下拉按钮，在展开的下拉列表中的"讲义"栏下选择合适的讲义打印选项，如图 21-39 所示。

图 21-39

步骤 **02** 设置完成后，单击"打印"按钮即可，设置不同打印版式会呈现不同打印效果，如图 21-40 所示为"3 张幻灯片"的效果。如图 21-41 所示为"6 张水平放置的幻灯片"的效果。

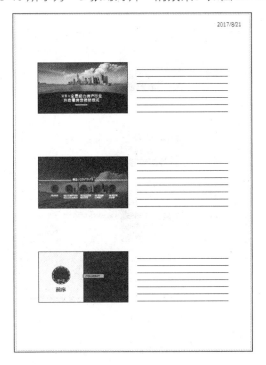

图 21-40   图 21-41

2. 在 Word 中创建讲义

在保存演示文稿时，可以将其以讲义的方式插入到 Word 文档中，且每张幻灯片都以图片的形式显示出来，而且如果在创建幻灯片时为幻灯片添加了备注信息，也会显示在幻灯旁边。

步骤 **01** 打开编辑完成后目标演示文稿，单击"文件"选项卡，单击"导出"标签，在右侧窗口中单击"创建讲义"命令，然后单击"创建讲义"按钮，如图 21-42 所示。

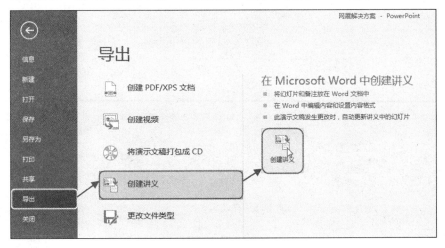

图 21-42

步骤 02 打开"发送到 Microsoft Word"对话框，在列表中选择一种版式，如图 21-43 所示。

步骤 03 单击"确定"按钮，即可将演示文稿以讲义的方式发送到 Word 文档中，如图 21-44 所示。

图 21-43

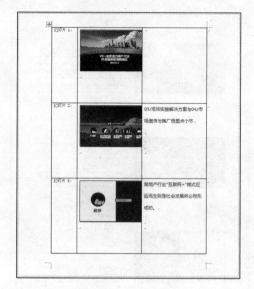

图 21-44